"十四五"职业教育国家规划教材

纺织服装高等教育"十四五"部委级规划教材

——| 新形态教材 |——

纺织材料与检测（3版）

FANGZHI CAILIAO YU JIANCE

杨乐芳　季荣　李建萍　主编

东华大学出版社
·上海·

图书在版编目(CIP)数据

纺织材料与检测 / 杨乐芳,季荣,李建萍主编.—
3 版.—上海:东华大学出版社,2023.1

"十四五"职业教育国家规划教材

ISBN 978-7-5669-2159-8

Ⅰ.①纺… Ⅱ.①杨…②季…③李… Ⅲ.①纺织
纤维—检测—教材 Ⅳ.①TS102

中国版本图书馆 CIP 数据核字(2022)第 242520 号

责任编辑:张　静
封面设计:魏依东

出　　　　版:东华大学出版社(上海市延安西路 1882 号,200051)
本 社 网 址:http://dhupress.dhu.edu.cn
天猫旗舰店:http://dhdx.tmall.com
营 销 中 心:021-62193056　62373056　62379558
印　　　　刷:句容市排印厂
开　　　　本:787 mm×1092 mm　1/16
印　　　　张:19.25
字　　　　数:512 千字
版　　　　次:2023 年 1 月第 3 版
印　　　　次:2024 年 1 月第 2 次印刷
书　　　　号:ISBN 978-7-5669-2159-8
定　　　　价:69.00 元

内 容 提 要

本书以项目形式介绍织物、纱线和纤维这三种形式的纺织材料形成过程、基本结构、性能特点及检测方法。

本书内容按以下七个方面构建:

【教学目标】把本项目要求达到的理论知识目标、实践技能、拓展知识和岗位知识作为导读内容,放在每个项目或子项目的前面。

【项目导入】设计一个项目案例,作为理论知识学习的切入口,目的是创建知识学习的问题情景,激发知识学习的动机。项目案例的内容与实际生产和内外贸易密切关联,且直观易懂,能引起学习兴趣,并包含理论知识学习目标的"专业新闻"。

【知识要点】项目完成过程中涉及的基本概念和术语的描述,材料结构特征和评价指标的表征,以及影响因素和操作原理的分析等理论知识内容。

【操作指导】项目完成过程中涉及的仪器设备、试样材料、操作步骤和相关标准等实践教学相关的资源和技能描述。

【知识拓展】纺织材料新品种、新鉴别方法等前沿知识内容,以及不作为教学主要内容,而是自学知识、拓展知识的内容。

【岗位对接】与生产实际联系密切的名称术语和技术经验等。

【课后练习】由专业术语辩析、填空题、是否题、选择题和分析应用题这五种类型的习题组成,题型组织丰富,内容设计巧妙,应用性与实用性突出。其中:专业术语辩析、填空题可作为课前导学引领用;是否题、选择题可作为课堂教学理解、释疑用;分析应用题可作为课后内化提高用。

本书还通过二维码的方式,提供了教学课件、实验操作视频和便于材料结构性能认识的思维导图等数字化教学资源。

本书适用于纺织加工和贸易专业系统学习纺织材料及其检测的教科书,也可作为纺织品生产和贸易等工作的从业人员了解纺织专用术语及纺织品结构、性能和检测的参考书。

前　　言

　　《纺织材料与检测》是基于工学结合开发的项目化教材,是为了适应"教、学、做"合一的教学方法的要求编写而成的。教材编写大纲经过课程开发团队的反复修改,并由教育专家和全国十所纺织类高职院校的专业教师组成的审纲组审定。教材2版在1版的基础上,根据教学要求和使用情况,增加了导论内容,调整了项目顺序,修改了课后练习,纠正了一些差错。本次修订形成3版,根据高职教学特点,简化了理论性比较强的原理等内容,增加了数字化教学资源。

　　本教材编写具有以下特点:

　　1. 教材结构要素多元立体,结构层次经纬分明。本教材每个项目的教学内容按教学目标、项目导入、知识要点、操作指导、知识拓展、岗位对接、课后练习共七个方面进行构建. 在教学过程中,各院校可根据自身的教学时间安排及学生特点、学习兴趣等方面的具体情况,对七个方面有所侧重或增删,尤其是项目导入、知识拓展、岗位对接,可按需自学。

　　2. 语言表述通俗易懂,图片展示简洁明了。专业术语和内容在表述上尽可能与实际生产和贸易及日常生活贴近,并突出实用性;结构原理尽可能用简洁明了的图片表达,书中有60余幅直观展现纤维、纱线和织物结构及其检测原理的原创图片。因此,每个项目都能适应学生课前、课中和课后的自学需要。

　　3. 课后练习题型多样,包括"纺织材料"课程知识技能考核中常见的专业术语辨析、填空题、选择题、判断题和分析应用题这五大题型,题量丰硕,涵盖了教学目标要求的主要知识点。

　　本书各项目的编写任务安排如下:

　　导论,项目2~5,项目8~10——浙江纺织服装职业技术学院杨乐芳;

　　项目1——浙江纺织服装职业技术学院陈敏;

　　项目6——成都纺织高等专科学校李建萍;

　　项目7——浙江纺织服装职业技术学院邵灵玲;

　　项目11——浙江纺织服装职业技术学院季荣。

　　数字化教学资源由杨乐芳制作。

　　全书由杨乐芳统稿校正。在本书编写过程中,聘请了纺织品生产、贸易和检测相关的行业专家做顾问,他们在编写内容组织、行业新动态等方面提供了真材实料和宝贵经验。在此,对他们表示诚挚感谢。

　　限于作者的水平、能力,纺织材料的发展,以及教学手段和方法的不断改进,书中定有不足、疏漏或错误之处。敬请专家和读者指正!

《纺织材料与检测》编写组

2022年11月

目　　录

导论　认识纺织材料种类

1　纺织材料的种类

纺织材料是指纤维及纤维制品，具体表现为纤维、纱线、织物三种形式。纤维是纱线和织物的原料，而纱线和织物则是通过纺织加工而形成的纤维集合体。纺织材料既是一种原料——用于纺织加工的对象，又是一种产品。

（1）纤维　直径为几微米到几十微米的细长而柔性的物质（图1-1）。纤维按来源和习惯分为天然纤维和化学纤维两大类，或按英美习惯将化学纤维分为人造和合成纤维两类，共分为三类。天然纤维根据纤维的来源属性分为植物纤维、动物纤维和矿物纤维；化学纤维按原料、加工方法和组成成分的不同，分为再生纤维、合成纤维和无机纤维三类。

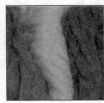   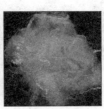

纺织材料
种类认识

(a) 有机棉纤维　　　(b) 毛发纤维　　　(c) 蚕丝纤维　　　(d) 涤纶纤维

图1-1　纤维

（2）纱线　由短纤维经纺纱或长丝纤维并合、变形加工形成的连续柔性长条（图1-2）。按纱线中纤维的长短，分为短纤维纱、长丝纱和长短复合纱三类。

 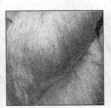  

(a) 粗纺毛纱　　　(b) 蚕丝绢纺纱　　　(c) 化纤花式纱　　　(d) 棉纱

图1-2　纱线

1

（3） 织物 用纺织纤维黏结和纱线织造而成的片状物体。按生产方法分为机织物、针织物、非织造织物和复合织物四类（图1-3）。

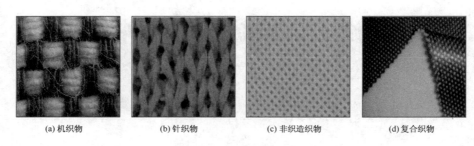

(a) 机织物　　　　(b) 针织物　　　　(c) 非织造织物　　　　(d) 复合织物

图1-3　织物

2　纺织材料知识要点和检测项目

2.1　纺织材料的类别认识与鉴别

（1） 纤维、纱线和织物三种形式的纺织材料的类别认识

（2） 常见天然纤维与化学纤维品种的鉴别

2.2　纺织材料的结构认识与检测

（1） 纤维的结构 纤维大分子结构、超分子结构和形态结构特征的认识。其中形态结构分为纵面和截面两种，借助显微镜能够观察，这是纤维品种鉴别的重要方法。图1-4所示为动物毛发纤维的纵面形态。

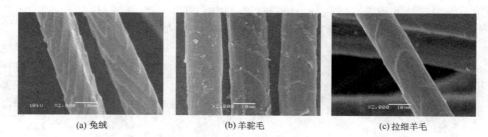

(a) 兔绒　　　　　　(b) 羊驼毛　　　　　　(c) 拉细羊毛

图1-4　动物毛发纤维纵面形态

（2） 纱线结构 纱线粗细、粗细均匀度、毛羽、捻度、混纺纱结构特征的表征与检测。图1-5所示为不同粗细结构的亚麻纤维纱。

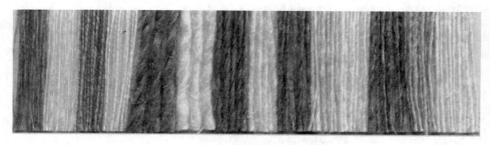

图1-5　不同粗细结构的亚麻纤维纱

（3）织物结构　织物组织、密度的认识与检测。机织物经纬纱交织规律及密度、针织物线圈穿套规律及非织造织物纤维排列及纤维网的固结方式,是认识织物结构的基本内容。图1-6所示为不同种类织物的结构特征。

　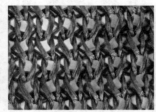　

(a) 机织物经纬纱交织规律　　　(b) 针织物线圈穿套规律　　　(c) 非织造布纤维的排列

图1-6　织物结构特征

2.3　纺织材料的性能认识与检测

（1）纤维的长度和细度等工艺性能的表征与检测
（2）纺织材料力学性能的表征与检测
（3）纺织材料吸湿性能的表征与检测
（4）纺织材料热学、电学性能的表征与检测
（5）纺织材料（织物）服用性能表征与检测

3　纺织材料的两个基本性能指标

3.1　吸湿指标——回潮率

（1）实际回潮率 W　实际回潮率是指纺织材料中所含水分质量占其干燥质量的百分比,是表征纺织材料在空气中吸收或放出水气的能力。其计算式如下:

$$W = \frac{G - G_0}{G_0} \times 100\%$$

（2）公定回潮率 W_k　纺织材料的实际回潮率随大气条件温湿度的变化而不同。因计量和核价的需要,对纺织材料统一规定的回潮率,为公定回潮率。例如:棉纤维和棉纱线的公定回潮率 $W_k=8.5\%$;涤纶纤维和涤纶纱线的公定回潮率 $W_k=0.4\%$。

3.2　细度指标——线密度

线密度是指纤维和纱线单位长度的质量,是表征纤维和纱线粗细程度的指标。其法定计量单位为特克斯(tex),指 1000 m 长的纤维和纱线在公定回潮率时的质量克数。其计算式如下:

$$T_t = \frac{1000 \times G_k}{L}$$

特克斯的千分之一和十分之一,分别称为毫特(mtex)和分特(dtex)。

项目1 纺织纤维的形成认识

教学目标

1. 理论知识:棉、麻、毛、丝和化学纤维的形成与特性。
2. 实践技能:各种类型纤维的识别,棉纤维成熟度检测。
3. 拓展知识:新型纺丝方法。
4. 岗位知识:常见化纤代号。

▰▰▰▰▶ 【项目导入】*大自然的恩赐和人类的创造*

　　自然界的植物和动物完成各自纤维的生长的目的,并不是为了人类的应用:棉花是为了携带种子,进行传播繁育后代;羊毛是为了保护自身肌肤和御寒保暖;蚕丝是为了构筑自身成长过程的防护体;麻纤维是为了保持麻生长的结构稳定和传输养分。因此,这些材料并不能直接用于纺织加工。好在自然界给予人类的恩赐是无私的,没有给人类利用天然纤维制造多少麻烦,取自植物和动物身上的纤维进行适当的初加工,即可作为纺织材料。

　　人类在享受大自然恩赐的同时,应该有意识地减轻大自然的负担,利用自己的聪明才智创造纤维。1644年,英国科学家罗伯特·胡克撰文说人类应该能够仿效蚕蛾产丝的工序。1883年,英国科学家约瑟夫·斯旺尝试种种供灯泡发电用的灯丝材料。他得出结论,如果把硝酸纤维素和醋酸混合,然后将混合物从一系列微小孔眼中"挤压出来",或者说强迫其流出,就能制造出纤维。与此同时,法国的坎特·希拉勒·德·查东内特也在通过孔眼挤出硝酸纤维素,来制造一种连续的细丝。查东内特称他的纤维是"人造丝"。后来,它以"人造纤维"而闻名于世。

　　由此,翻开了人类模仿天然纤维创造纤维的历史篇章(图1-1)。

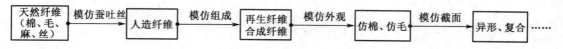

图1-1　人类模仿天然纤维的发展历程

【知识要点】

子项目 1-1 棉纤维的形成与特性

1 棉纤维的形成

人类早在公元前 5000 年甚至公元前 7000 年,就开始采用棉纤维进行纺织加工。棉纤维是目前最重要的纺织原料。

棉花(籽棉和皮棉的统称,也是棉植物开的花的名称)大多是一年生植物。其种植范围很广,在北纬 37°到南纬 30°之间的温带地区都可种植。中国、美国、印度、巴基斯坦、巴西、埃及和苏丹等国是主要的产棉国。中国也是棉花进口大国。

我国棉花在四五月间开始播种,一两周后发芽,于七八月间陆续开花,花期可延续一个月以上。花朵受精后就萎谢,花瓣脱落,开始结果,结的果称为棉桃或棉铃。这时,棉铃外壳变硬开裂,裂开后棉絮外露,称为吐絮(图 1-2)。棉铃内分为 3~5 个室,每室有 5~9 个棉籽。棉铃由小到大,45~65 天后成熟。根据收摘时期,有早期棉、中期棉和晚期棉之分。中期棉的质量最好,早期棉和晚期棉较差。

棉织物主要品种

（a）发芽

（b）开花

（c）结果

（d）吐絮

图 1-2 棉花的生长过程

棉纤维是由胚珠(即成熟后的棉籽)表皮细胞伸长加厚而成的。一个细胞长成一根纤维,它的一端着生于棉籽表面,另一端成封闭状。从棉桃中取出的带籽棉纤维称为籽棉。棉纤维从胚珠到形成纤维可以分为伸长期、加厚期和转曲期三个时期。

棉纤维形成

(1) 伸长期 棉花开花后,胚珠表皮细胞开始隆起伸长。胚珠受精后初生细胞继续伸长,同时细胞宽度增加,经过 25~30 天的生长,形成具有一定长度而胞壁极薄且有中腔的细长薄壁管状物。

(2) 加厚期 当初生细胞伸长到一定长度时,就进入加厚期。这时纤维长度很少增加,外周长的变化也不大,而细胞壁由外向内逐日淀积一层层纤维素,中腔渐渐减少,最后形成一根两端较细、中间较粗的棉纤维。加厚期为 25~30 天。纤维素的淀积是在较高温度下进行的,温度低于 20 ℃,淀积就会停止。由于白天和黑夜

棉桃中生长的棉纤维

图 1-3 棉纤维的生长日轮

的气温相差很大,纤维素在胞壁内的淀积时快时慢、时停时积,形成明显呈同心环状的层次。层次的数目与加厚的天数相当。这种层次有如树木的年轮,称为棉纤维的生长日轮(图1-3)。如果在棉纤维加厚期保持温度不变,就不会形成日轮。

(3)**转曲期** 随着生长天数的增加,棉纤维逐渐成熟,棉铃裂开吐絮,棉纤维与空气接触,纤维内水分蒸发,胞壁发生扭转,形成不规则的螺旋形,称为天然转曲或扭曲,在棉铃裂开后的3~4天进行。

2 棉花的初加工——剥离

棉花初加工即轧花,是对籽棉进行的加工。它是指通过轧花机的作用清除僵棉、排去杂质,实现棉纤维与棉籽的分离,然后将获得的皮棉分级、打包等一系列工艺过程。轧花的基本要求是清僵排杂,籽棉经轧花后纤维不受损伤,保持棉纤维的自然品貌。轧花机有锯齿机和皮辊机两种,作用原理不同,因此得到的皮棉类型有锯齿棉和皮辊棉之分。

(1)**锯齿轧花与锯齿棉** 锯齿机是棉花加工的主要设备。它的工作原理是利用几十片圆锯片的高速旋转,对籽棉上的纤维进行勾拉,通过间隙小于棉籽的肋条的阻挡,使纤维与棉籽分离(图1-4)。

锯齿机上有专门的除杂设备,因此锯齿棉含杂较少。由于锯齿机勾拉棉籽上短纤维的几率较小,故锯齿棉短绒率较低,纤维长度整齐度较好。但锯齿机作用剧烈,容易损伤较长纤维,也容易产生轧工疵点,使平均长度缩短,棉结、索丝和带纤维籽屑较多。又由于轧花时纤维是被锯齿勾拉下来的,所以皮棉呈蓬松分散状态。

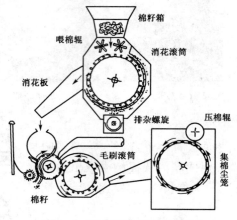

图1-4 锯齿轧花机工作原理

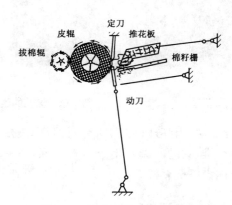

图1-5 皮辊轧花机工作原理

(2)**皮辊轧花与皮辊棉** 皮辊机的工作原理是利用表面毛糙的皮辊的摩擦作用,带住籽棉纤维从上(定)刀与皮辊的间隙通过时,依靠下(动)刀向上的冲击力,使棉纤维与棉籽分离(图1-5)。

由于皮辊机设备小并缺少除杂机构,所以皮辊棉含杂较多。皮辊机具有将长短纤维一起轧下的作用特点,因此皮辊棉的短绒率较高,纤维长度整齐度稍差。但也有人认为,不考虑排除短绒的话,皮辊棉较锯齿棉的长度整齐度好。皮辊机作用较缓和,不易损伤纤维,轧工疵点也较少,但皮棉中有黄根。由于皮辊机是依靠皮辊与上刀和下刀的作用进行轧花的,所以皮棉呈条块状。皮辊棉可较多地用于纺精梳纱品种。

锯齿轧花产量高,大型轧花厂都用锯齿机轧花,棉纺厂使用的细绒棉也大多为锯齿棉。皮辊轧花产量低,由于纤维损伤小,长绒棉、留种棉一般用皮辊轧花。轧花机加工成的皮棉经打包机打成符合国家标准的棉包。国家标准规定的皮棉包装有三种包型:85 kg/包(±5 kg/包);200 kg/包(±10 kg/包);227 kg/包(±10 kg/包)。

锯齿棉和皮辊棉的性能特点汇总于表 1-1 中。

表 1-1　锯齿棉和皮辊棉的性能特点

类型	锯齿棉	皮辊棉
外观形态	纤维紊乱,蓬松均匀,污染分散,颜色较均匀,重点黄染不易辨清	纤维平顺,厚薄不匀,呈条块状,有水波形刀花,重点污染较明显
疵点	棉结、索丝较多,并有少量带纤维籽屑	黄根较明显,有带纤维籽屑,破籽极少,有棉结、索丝
杂质	叶片、籽屑、不孕籽等较少	棉籽、籽棉、破籽、籽屑、不孕籽、软籽表皮、叶片等较多
长度	稍短	稍长
整齐度	稍好	稍差
短绒率	较低	较高

3　棉纤维的种类

3.1　按棉花品系分

棉属植物很多,但对纺织业有经济价值的栽培种主要有四种,即陆地棉、海岛棉、亚洲棉(中棉)和非洲棉(草棉或小棉),是一年生草本植物。

按照棉花的栽培种,结合纤维的长短粗细,纺织业将其分为细绒棉、长绒棉和粗绒棉三大品系,其性状见表 1-2,据此可鉴别原棉种类。

表 1-2　棉花的品系

品系	细绒棉	长绒棉	粗绒棉
纤维色泽	精白、洁白或乳白,纤维柔软有丝光。	色白、乳白或淡黄色,纤维细软,富有丝光	色白、呆白,纤维粗硬,略带丝光
纤维长度(mm)	25～33	33 以上	23 以下
线密度(dtex)	1.67～2(5000～6000)[a]	1.18～1.43(7000～8500)	2.5 以上(4000 以下)
纤维宽度(μm)	18～20	15～16	23～26
单纤强力(cN)	3～4.5	4～5	4.5～7
断裂长度(km)	20～25	33～40	15～22
天然转曲(个/cm)	39～65	80～120	15～22
适用纺纱品种	纯纺或混纺 11～100 tex 的细纱	4～10 tex 的高档纱和特种纱	粗线密度纱

a. 括号内为公制支数。

(1)细绒棉　细绒棉是指陆地棉各品种的棉花,纤维细度和长度中等,一般长度为 25～33 mm,细度为 5000～6000 公支;色洁白或乳白,有丝光;可用于纺制 10～100 tex(60^S～6^S)的细纱。细绒棉占世界棉纤维总产量的 85%,也是目前我国主要栽种的棉种(占 93%)。

(2)长绒棉　长绒棉是指海岛棉各品种的棉花和海陆杂交棉,纤维特长,细而柔软,一般为 33～39 mm,最长可达 64 mm;细度为 7000～8500 公支;色乳白或淡黄,富有丝光;品质优良,是生产 10 tex 以下棉纱的原料。海岛棉最初发现于美洲大西洋沿岸群岛,后传入北美洲东南沿海岛屿,因而得名。现生产长绒棉的国家

细绒棉和长绒棉手扯长度比较

主要有埃及、苏丹、美国、摩洛哥、中亚各国等。新疆等部分地区是我国长绒棉的主要生产基地。长绒棉又可分为特长绒棉和中长绒棉。

① 特长绒棉：特长绒棉是指纤维长度在 35 mm 以上的长绒棉，通常用于纺制 4～7.5 tex（120^s～80^s）精梳纱、精梳宝塔线等高档纱线。

② 中长绒棉：中长绒棉是指长度为 33～35 mm 的长绒棉，品级较高的中长绒棉可用于纺制 7.5～10 tex（80^s～60^s）的精梳纱、轮胎帘子线、精梳缝纫线等纱线。

（3）粗绒棉 粗绒棉是指中棉和草棉各品种的棉花，纤维粗短，富有弹性。此类棉纤维长度短而粗硬，色白或呆白，少丝光，使用价值和单位产量较低，在国内已基本淘汰，世界上也没有商品棉生产。其品种目前主要作为种源库保留。

3.2 按棉花的色泽分

（1）白棉 正常成熟的棉花，不管色泽呈洁白、乳白或淡黄色，都称为白棉。棉纺厂使用的原棉，绝大部分为白棉。

（2）黄棉 棉铃生长期间受霜冻或其他原因，铃壳上的色素染到纤维上，使纤维大部分呈黄色，以符号"Y"在棉包上标示。一般属低级棉，棉纺厂仅有少量使用。

（3）灰棉 棉铃在生长或吐絮期间，受雨淋、日照少、霉变等影响，使纤维色泽灰暗，以符号"G"在棉包上标示。灰棉一般强力低，品质差，仅在纺制低级棉纱时搭用。

4 棉纤维特性

4.1 棉纤维的断面结构

棉纤维的横断面由许多同心层所组成，主要有初生层、次生层和中腔三部分（图 1-6）。

（1）初生层 初生层是棉纤维的外层，即棉纤维在伸长期形成的纤维细胞的初生部分。初生层的外皮是一层极薄的蜡质与果胶，表面有细丝状皱纹。蜡质（俗称棉蜡）对棉纤维具有保护作用，能防止外界水分的侵入。

（2）次生层 次生层是在棉纤维加厚期间淀积纤维素所形成的部分，是棉纤维的主要构成部分，几乎全为纤维素组成。次生层决定了棉纤维的主要物理力学性能。

（3）中腔 中腔是棉纤维生长停止后所遗留的内部空隙。中腔内有少数原生质和细胞核残余物，对棉纤维的本色有影响。随着棉纤维成熟度不同，中腔宽度有差异，成熟度高，中腔小。

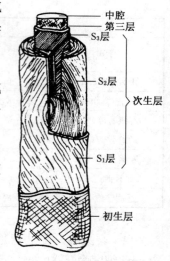

图 1-6 棉纤维的断面结构

4.2 棉纤维的组成物质与化学性质

（1）棉纤维的组成物质 棉纤维的主要组成物质是纤维素，正常成熟的棉纤维中纤维素含量约为 94%。此外，还含有蜡质、脂肪、糖分、灰分、蛋白质等纤维素伴生物，如表 1-3 所示。

表 1-3 棉纤维各组成物质的含量

组成物质	纤维素	蜡质与脂肪	果胶	灰分	蛋白质	其他
含量范围/%	93.0～95.0	0.3～1.0	1.0～1.5	0.8～1.8	1.0～1.5	1.0～1.5
一般含量/%	94.5	0.6	1.2	1.2	1.2	1.3

纤维素伴生物的存在对棉纤维的加工使用性能有较大影响。蜡质、脂肪会影响棉纤维的毛细管效应,能防止外界水分立即侵入,除去脂肪的脱脂棉能提高纤维的吸湿性。棉蜡在纺纱过程中起润滑作用,是棉纤维具有良好纺纱性能的原因之一。但在高温时,棉蜡容易熔化,从而影响纺纱工艺。棉纤维、棉纱线和棉织物在染整加工前,必须经过煮练以去除棉蜡,从而保证染色均匀。

某些地区生产的棉花,表面含有较多的糖分。含糖较多的棉花在纺纱过程中容易引起绕罗拉、绕皮辊、绕皮圈等现象,影响加工和产品质量。这些糖分主要是外来物,如昆虫的分泌物等。在棉花检验中应进行含糖分析或黏性测试,以确定其含量,对加工中的黏性进行评估。

(2) 棉纤维的化学性质 由于棉纤维的主要组成物质为纤维素,而纤维素是一种碳水化合物,所以较耐碱但不耐酸。无机酸(如硫酸、盐酸、硝酸)对棉纤维有破坏作用,有机酸(如甲酸)的作用较弱。稀碱溶液在常温下对棉纤维不发生破坏作用,但会使纤维膨化。浓碱在高温下可对棉纤维起破坏作用。

利用稀碱溶液可对棉纱和棉布进行"丝光"处理。把棉纤维放在一定浓度的 NaOH 溶液中处理一定时间,纤维横向会膨胀,天然转曲消失,截面由腰圆形变为圆形,纤维呈现丝一般的光泽(图1-7)。如果膨化的同时再给予拉伸,则在一定程度上可改变纤维内部结构,从而提高纤维强力。这一处理称为"丝光"。经丝光加工的纺织品,命名时冠以"丝光"二字,如丝光棉、丝光纱、丝光床单等。

棉纤维丝光过程中纤维截面形态变化

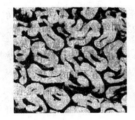  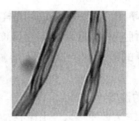 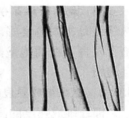

(a) 丝光前截面形态　　(b) 丝光后截面形态　　(c) 丝光前纵面形态　　(d) 丝光后纵面形态

图1-7　丝光前后棉纤维形态对比

4.3　棉纤维的成熟度

棉纤维的成熟度是指纤维胞壁加厚的程度和纤维中纤维素充满的程度。胞壁愈厚,纤维素淀积得愈多,成熟度愈高。

成熟度与棉花品种、生长条件有关,尤其受生长条件的影响。棉纤维成熟度不同,纤维形态则不同。成熟度高,则中腔小、胞壁厚,腔宽与壁厚的比值小。

4.3.1　棉纤维成熟度的指标与检验

表示棉纤维成熟度的指标有成熟系数、成熟纤维百分率和成熟度比等。

(1) 成熟系数 K 根据棉纤维腔宽与壁厚比值的大小(与纤维形态有关,图1-8)所定出的相应数值,即将棉纤维成熟程度分为18组后所规定的18个数值,最不成熟的棉纤维的成熟系数定为"0",最成熟的棉纤维的

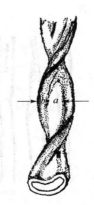

a—腔宽　b—壁厚
图1-8　棉纤维的腔宽与壁厚

成熟系数定为"5",以表示棉纤维成熟度的高低。棉纤维的成熟系数与腔宽壁厚比值间的对应关系见表1-4。

表1-4 成熟系数与腔宽壁厚比值对照表

成熟系数	0.00	0.25	0.50	0.75	1.00	1.25
腔宽壁厚比值	32～22	21～13	12～9	8～6	5	4
成熟系数	1.50	1.75	2.00	2.25	2.50	2.75
腔宽壁厚比值	3	2.5	2	1.5	1.0	0.75
成熟系数	3.00	3.25	3.50	3.75	4.00	5.00
腔宽壁厚比值	0.50	0.33	0.20	0.00	不可察觉	

正常成熟的细绒棉的成熟系数一般为1.5～2.0,低级棉的成熟系数低于1.4。从纺纱工艺与成品品质考虑,成熟系数为1.7～1.8时较为理想。长绒棉的成熟系数通常为2.0左右,比细绒棉高。

(2)成熟度比 M 指棉纤维细胞壁的实际增厚度(即棉纤维细胞壁的实际横截面积对相同周长的圆面积之比)与选定为0.577的标准增厚度之比。成熟度比越大,说明纤维越成熟;成熟度比低于0.8的纤维,未成熟。

(3)成熟纤维百分率 P 指一个试验试样中成熟纤维根数占纤维总根数的百分率。成熟纤维是指发育良好而胞壁厚的纤维,经 NaOH 溶液膨胀后纤维呈无转曲状。不成熟纤维是指发育不良而胞壁薄的纤维,经 NaOH 溶液膨胀后纤维呈螺旋状或扁平状,纤维胞壁薄且透明。

4.3.2 棉纤维成熟度的测定

棉纤维成熟度的测定方法较多,常用的有腔壁对比法、偏振光法等。

(1)中腔胞壁对比法 腔壁对比法是通过显微镜目测棉纤维的中腔宽度与胞壁厚度的比值,对照表1-4,或者对照图1-9所示的各种成熟系数的棉纤维形态确定成熟度系数。

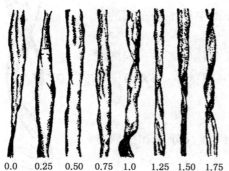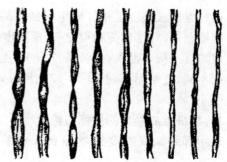

图1-9 各种成熟系数的棉纤维形态

平均成熟系数的计算式如下：

$$K = \frac{\sum K_i n_i}{\sum n_i} \qquad (1-1)$$

式中：K 为平均成熟系数；K_i 为第 i 组纤维的成熟系数；n_i 为第 i 组纤维的根数。

根据需要还可以计算成熟系数的标准差、变异系数和未成熟纤维百分数（即成熟系数为 0.75 及以下的纤维根数占测定纤维总根数的百分数）等指标。

（2）偏振光法 采用棉纤维偏光成熟度仪，根据棉纤维的双折射性质，应用光电方法测量偏振光透过棉纤维和检偏片后的光强度。由于光强度与棉纤维的成熟度相关，成熟度高则光强度强，成熟度低则光强度弱，因而通过转化计算可求得棉纤维的成熟系数、成熟度比、成熟纤维百分率等指标。

4.3.3 棉纤维成熟度与成纱质量、纺纱工艺的关系

棉纤维的各项性能几乎都与成熟度有关。正常成熟的棉纤维，截面粗、强度高、弹性好、有丝光，并有较多的天然转曲，可产生较大的抱合力，成纱强度高。成熟度的高低在很大程度上还决定着纺纱工艺的设计和成品质量。通常认为，成熟度高的棉纤维能经受工艺设备的打击，容易清除杂质，产生的棉结、索丝等有害疵点较少；纺纱过程中，车间的飞花和落棉少，成品制成率高；纤维吸色性好，织物染色均匀。如果成熟度过高或过低，由于纤维偏粗或偏细，反而导致成纱强度不高。因此，成熟度是综合反映棉纤维质量的一项指标。

5 棉纤维品质

棉纤维品质是原棉贸易时工商交接验收的依据，因此品质检验又称为业务检验。品质检验所采用的标准，各国不完全相同。国际上通用的棉花品质标准有以下三种：

（1）美国农业部"国际通用标准" 等级和颜色以美国农业部每年修订的标准样为贸易时的品质标准。由于该标准已在国际上被广泛接受，因此该标准既被叫作"美棉标准"，又被称为"国际通用标准"。

（2）小样标准 此标准一般以卖方提供的小样作为品质标准。一般小样仅代表等级，长度、细度、强力等需单独注明。

（3）美国农业部"绿卡棉"标准 该标准实际上也以"国际通用标准"为依据，但品质以美国农业部原始检验的等级、强力、细度、长度结果（绿卡或 FORM A、FORM R 证书）作为最终结算依据。买方不得对品质提出索赔。由于绿卡棉在品质上更有保证，所以绿卡棉一般比同等级棉花加一些溢价。

我国锯齿轧花细绒棉质量检验有两个部分：一是品质检验，包括颜色级、轧工质量、长度、马克隆值、异性纤维、断裂比强度；二是质量检验，包括回潮率、含杂率、公定质量等。皮辊轧花细绒棉的品质检验包括品级、长度、马克隆值、异性纤维、断裂比强度，与锯齿轧花细绒棉的品质检验略有不同，它的质量检验与锯齿轧花细绒棉相同。

5.1 颜色级

棉花颜色按黄色深度分为白棉、淡点污棉、淡黄染棉和黄染棉四种类型。每个类型又依据明暗程度分为不同级别：白棉一至五级，淡点污棉一至三级，淡黄染棉一至三级，黄染棉一级和二级，共 13 个级别。各级别代号和特征见表 1-5。

表 1-5　棉花颜色级代码及特征

颜色类型 颜色种类	级别	代码	颜色特征	颜色特征图
白棉	一	11	洁白或乳白,特别明亮	
	二	21	白或乳白,明亮	
	三	31	白或乳白,稍亮	
	四	41	色白略有浅灰,不亮	
	五	51	色灰白或灰暗	
淡点污棉	一	12	乳白带浅黄,稍亮	
	二	22	乳白带阴黄,显淡黄点	
	三	32	灰白带阴黄,显淡黄点	
淡黄染棉	一	13	阴黄,略亮	
	二	23	灰黄,显阴黄	
	三	33	暗黄,显灰点	
黄染棉	一	14	色深黄,略亮	
	二	24	色黄,不亮	

5.2　品级

根据棉花的成熟程度、色泽特征、轧工质量,将皮辊轧花细绒棉分为七个级别,即一至七级,一级最好,七级最差。其中,三级为品级标准级,一至五级为纺用棉(五级为转杯纺用棉),六级以下为废纺原料或民用絮棉。品级标准分文字标准和实物标准。

实物标准:根据品级条件而产生,其中一级和七级的实物标样如图 1-10 所示。各级实物标准都是底线。实物标准每年更新,并保持各级程度的稳定,其使用期限为一年。

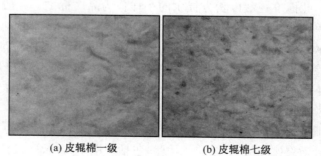

(a) 皮辊棉一级　　　　　　　　(b) 皮辊棉七级

图 1-10　皮辊轧花细绒棉一级和七级实物标样对比

文字标准:各品级棉花应达到的成熟程度、色泽特征、轧工质量条件,皮辊棉、锯齿棉各有规定。

5.3　原棉长度

棉花长度检验分手扯尺量法检验和 HVI 检验,以 HVI 检验为准。

（1）**手扯长度与长度分级** 所谓手扯长度是用手扯尺量的方法所测的原棉中根数最多的纤维的长度，简称长度。原棉手扯长度检验，就是从被检验的棉花中，取出少量的棉样，经过手扯整理，使棉纤维伸直平行、排列有序，找出具有代表性的众数长度，即为手扯长度。手扯尺量长度时，反复拉扯棉束，要求"稳、准、快"，经常用长度标准棉样校对手法，在稳和准的基础上求快。影响手扯长度正确性的主要因素是手扯方法，包括所取棉束的数量、拉扯过程中的丢长弃短和整理成的棉束数量。手扯长度以 1 mm 为级距，分成 25 mm、26 mm、27 mm、28 mm、29 mm、30 mm、31 mm 七级，28 mm 为长度标准级，具体分级范围见表 1-6。五级棉花长度大于 27 mm，按 27 mm 计；六七级棉花长度均按 25 mm 计。

表 1-6 手扯长度分级范围

长度级(mm)	25	26	27	28	29	30	31
分级范围 （mm）	25.9 及以下	26.0～26.9	27.0～27.9	28.0～28.9	29.0～29.9	30.0～30.9	31.0 及以上

用手扯尺量法检验棉花长度，对批样逐样检验，每份样品检验一个试样。手扯的方法有一头齐法和两头齐法。检验时，取有代表性的棉样 10 g 左右，双手平分，抽取纤维，反复整理成没有丝团、杂物和游离纤维，一头齐的平直棉束约 60 mg，棉束宽度约 20 mm；置于黑绒板上，用纤维专用尺在棉束两端切线，切线位置以不露黑绒板为准，量取两切线间的距离（采用两头齐法时，直接量取纤维长度，以不露黑绒板为准），量取结果保留一位小数（以毫米为单位），逐样记录检验结果。计算批样中各试样长度的算术平均值及各长度级的百分比，保留一位小数。长度平均值所对应的长度级定为该批棉花的长度级。

手扯长度测量

手扯的准确性，以棉花长度实物标准校准，而长度实物标准则根据 HVI 测定的棉花上半部平均长度结果定值。

（2）**HVI 仪器测试长度** HVI（High Volume Inspection），即大容量纤维测试仪，是由 Uster 公司研制的多功能纤维品质检测仪，一般由取样部分、长度/强力组件、马克隆组件、颜色组件和杂质组件等组成，可测试棉纤维的多项品质指标。其中长度/强力组件是大容量纤维测试仪的"心脏"。试样由梳夹夹取后嵌入仪器的梳夹架，在计算机的控制下，仪器对试样进行梳理并通过光电扫描获得照影仪曲线（详见纤维长度细度与纺纱工艺项目），依据照影仪曲线可获得 2.5% 跨距长度、50% 跨距长度、上半部平均长度（UHML）等长度指标，其中上半部平均长度与手扯长度接近。

5.4 马克隆值

马克隆值（Micronaire）是采用一定量的棉纤维在规定条件下用马克隆气流仪测得的指标，其实质为透气性量度，但以马克隆刻度表示。马克隆刻度建立在已由国际协议确定其马克隆值的成套"国际校准棉花标准"的基础之上，马克隆值没有计量单位。马克隆值是同时反映棉纤维细度和成熟度的综合性指标，其数值越大，则棉纤维越粗，成熟度较高。马克隆值分三个级别，即 A 级、B 级、C 级。B 级为马克隆值标准级。马克隆值分级范围如图 1-11 所示。

马克隆值检验采用马克隆气流仪逐样测试马克隆值。对于每个试验样品，根据其马克隆值确定马克隆值级，计算各马克隆值级所占的百分比，其中百分比最大的马克隆值级定为该批棉花的主体马克隆值级。

图 1-11 棉纤维马克隆值分级

5.5 异性纤维

异性纤维指混入棉花中的非棉纤维和非本色棉纤维,如化学纤维、塑料绳等。异性纤维检验采用手工挑拣法。

5.6 公量检验

(1)含杂率检验 杂质是原棉中夹杂的非纤维性物质,包括泥沙、枝叶、铃壳、棉籽、籽棉、不孕籽及虫屎等。混入棉花并对棉花的加工、使用和质量有严重影响的硬杂物和软杂物,如金属、砖石以及化学纤维、丝、麻、毛发、塑料绳、布块等异性纤维或色纤维,是危害性杂物。

杂质既影响纺纱用棉量,又影响纺纱工艺和纱布质量。粗大杂质由于其质量比棉纤维大,容易与纤维分离而排除。细小杂质,特别是连带纤维的细小杂质,在棉纺过程中较难排除。在排除杂质的同时,由于受到运转机件的打击,粗大杂质分裂成碎片。因此在纺纱过程中,虽然杂质的质量越来越少,但是粒数越来越多,从而影响最后成品的外观质量。棉花标准含杂率,皮辊棉为 3.0%,锯齿棉为 2.5%。

原棉含杂率采用原棉杂质分析机检验。取一定质量的试样,拣出粗大杂质后喂入该机,经刺辊锯齿分梳松散,在机械和气流的作用下,由于纤维和杂质的形状及质量不同,它们所受的力不同,使纤维和杂质分离,称取杂质质量,计算而求得原棉含杂率。计算式如下:

$$Z = \frac{F+C}{S} \times 100\% \qquad (1-2)$$

式中:Z 为含杂率;F 为机拣杂质质量(g);C 为手拣粗大杂质质量(g);S 为试验试样质量(g)。

(2)回潮率检验 棉纤维具有良好的吸湿性,正常情况下棉花都会含有一定的水分,这使得棉织物具有优良的服用性能。原棉吸湿的多少,以回潮率表示,按下式计算:

$$W = \frac{G-G_0}{G_0} \times 100\% \qquad (1-3)$$

式中:W 为棉纤维的回潮率;G 为棉纤维的实际质量(g);G_0 为棉纤维的干燥质量(g)。

回潮率不仅影响原棉的真实质量和棉纤维的性能,而且对生产工艺和成品质量有影响。原棉回潮率过高,在贮存过程中易霉烂变质,在清棉、梳棉等纺纱工艺过程中易扭结,疵点增加,除杂效率低。原棉含水率过低,纤维强度低,容易被机械打断成短纤维,增加车间飞花,降低成纱强度。影响原棉水分多少的因素,除周围空气的温湿度外,主要是原棉的成熟度。成熟度高,水分少;成熟度低,水分多。低级棉成熟度差,水分含量一般较高。我国原棉的含水率一般为 7%~11%,南方棉区的棉花含水率较高,北方棉区的棉花含水率较低。一般原棉含水率宜控制在 7%~9%。棉花的公定回潮率为 8.5%,棉花回潮率最高限度为10.5%。棉花回潮率检验使用烘箱法或电测器法,通常使用电测器法,但公证检验时以烘箱法为准。

（3）公量计算 公量是指标准含水率和含杂率时的原棉质量,其计算式如下:

$$G_s = G_a \times \frac{(1+W_k)(1-Z)}{(1+W_a)(1-Z_0)} \quad (1-4)$$

式中:G_s 为原棉公量(t);G_a 为原棉称得质量(t);W_k 为原棉的公定回潮率;Z_0 为原棉标准含杂率;W_a 为原棉回潮率;Z 为原棉含杂率。

5.7 棉花质量标识

棉花初加工的最后一项工作是打包刷唛。"唛"即"Mark",是原棉标志的意思。刷唛即指皮棉经打包后,在棉包的头端刷上原棉的棉花质量标识标志(图1-12)。

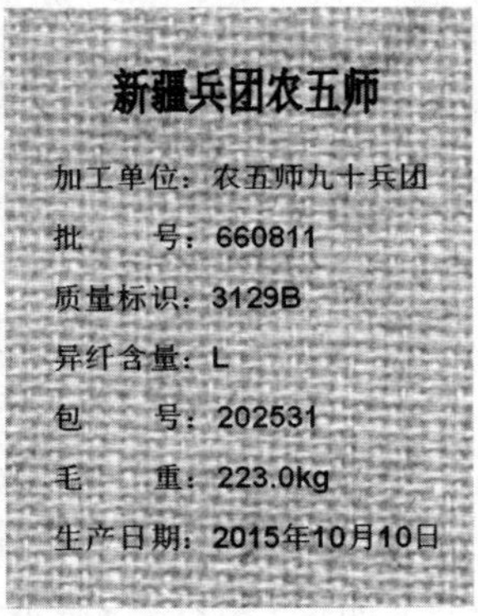

皮辊轧花细绒棉质量标识按棉花类型、主体品级、长度级、主体马克隆值级顺序标示,六、七级棉花不标示马克隆值级。类型代号:黄棉以字母Y标示,灰棉以字母G标示,白棉不作标示。品级代号:一级至七级,用1～7标示。长度级代号:25～31 mm,用25～31标示。马克隆值级代号:A、B、C级分别用A、B、C标示。皮辊棉在质量标示符号下方加横线"—"标示。例如:

四级皮辊白棉,长度30 mm,马克隆值B级,质量标识为:<u>430B</u>;
五级皮辊黄棉,长度27 mm,马克隆值C级,质量标识为:<u>Y527C</u>;
五级皮辊灰棉,长度25 mm,马克隆值C级,质量标识为:<u>G525C</u>。

锯齿轧花细绒棉质量标识按颜色级、长度级、主体马克隆值级顺序标示。例如:

三级锯齿白棉,长度29 mm,马克隆值B级,质量标识为:3129B;
二级锯齿浅污点棉,长度27 mm,马克隆值C级,质量标识为:2227C。

新疆兵团农五师
加工单位：农五师九十兵团
批　　号：660811
质量标识：3129B
异纤含量：L
包　　号：202531
毛　　重：223.0kg
生产日期：2015年10月10日

图1-12　棉包刷唛

子项目1-2 麻纤维的形成与特性

1 麻纤维的形成和种类

麻纤维是从各种麻类植物上获取的纤维的统称,包括韧皮纤维和叶纤维两类。麻纤维是人类最早用于衣着的纺织原料。

韧皮纤维是从一年生或多年生草本双子叶植物的韧皮层中取得的纤维,品种繁多,纺织业采用较多,经济价值较大的有苎麻、亚麻、黄麻、洋麻、大麻、苘麻、蕁麻和罗布麻等。这类纤维质地柔软,适宜纺织加工,商业上称为"软质纤维"。

叶纤维是从草本单子叶植物的叶子或叶鞘中获取的纤维,具有经济和实用价值的有剑麻、蕉麻和菠萝麻等。这类纤维比较粗硬,商业上称为"硬质纤维"。

麻织物
主要品种

1.1 苎麻

苎麻主要产于我国的长江流域,以湖北、湖南、江西出产最多。印度尼西亚、巴西、菲律宾等国也有种植。苎麻属蕁麻科苎麻属的多年生宿根草本植物(图1-13),麻龄可达10～30年。

苎麻分白叶种苎麻和绿叶种苎麻两类。白叶种苎麻起源于我国南部山区,在我国的栽培历史悠久,有"中国草"之称。绿叶种苎麻起源于东南亚热带山区,麻茎高大,叶背呈绿色,无白色茸毛,产量、质量都差。苎麻栽培一年后,一般一年能收获三次,三次收获的苎麻分别称为头麻、二麻、三麻。一般头麻产量最高,二麻次之,三麻最低。

苎麻是麻纤维中品质最好的纤维,用途广泛,在工业上用于制造帆布、绳索、渔网、水龙带、缝纫线、皮带尺等。苎麻织物具有吸湿、凉爽、透气的特性,而且硬挺、不贴身,宜作夏季面料和西装面料。苎麻抽纱台布、窗帘、床罩等,是人们喜爱的日用工艺品。我国近年来对苎麻进行变性处理,变性后苎麻的纯纺与混纺产品更具有独特的风格。

图 1-13 苎麻植株

1.2 亚麻

亚麻适宜在寒冷地区生长,俄罗斯、波兰、法国、比利时、德国等是主要产地,我国的东北地区及内蒙古等地也有大量种植。亚麻属亚麻科亚麻属,纺织用的亚麻均为一年生草本植物(图 1-14)。亚麻分纤维用、油用和油纤兼用三种,前者统称亚麻,后两者一般称为胡麻。纤维用亚麻茎细而高,蒴果少,一般不分枝,纤维细长、质量好,是优良的纺织纤维。油用亚麻茎粗短,蒴果多,分枝多,主要是取种籽供榨油用,纤维粗短、质量差。油纤兼用亚麻的特点介于纤维用亚麻和油用亚麻之间,既收取种籽也收取纤维,可用于纺织。

图 1-14 亚麻植株

亚麻品质较好,用途较广,适宜织制各种服装面料和装饰织物,如抽绣布、窗帘、台布、男女各式绣衣、床上用品等。亚麻在工业上主要用于织制水龙带和帆布等。

1.3 黄麻

黄麻适合在高温多雨地区种植,印度、孟加拉国是主要产地,东南亚及南亚国家也有种植,我国现以台湾、浙江、广东三地的种植最多。黄麻属椴树科黄麻属的一年生草本植物,每年三四月间播种,六七月间高度达到 2~3 m 时开花,结果后的纤维强力下降,所以一般在结果前收割(图1-15)。黄麻主要用于粮食和食盐等物品的包装袋、纤维及纱线和布匹的包布、沙发面料和地毯基布及电缆包覆材料等,很少用于衣料。

图 1-15 黄麻植株

1.4 洋麻

洋麻又称槿麻、红麻,属锦葵科木槿属的一年生草本植物(图1-16),起源于东南亚和非洲,20 世纪初传入我国种植。洋麻的主要生产国为印度和孟加拉国,其次为中国、泰国、尼泊尔、越南和巴西等。此外,在欧美一些国家也有少量种植。洋麻作物对环境的适应性强,分南方型和北方型两种。南方型分布于热带或亚热带地区,北方型分布在温带地区。洋麻是黄麻的主要代用品,其用途与黄麻相同。

1.5 大麻

大麻是世界上最早栽培利用的纤维作物之一,属大麻科大麻属的一

图 1-16 洋麻植株

年生草本植物(图 1-17)。大麻原产于亚洲,公元前 1500 年左右传入欧洲。目前主要产地有中国、印度、意大利、德国等。我国的大麻主要分布在山东、河北、山西等地。

由大麻织制的服装面料,风格粗犷,穿着挺括、透气、舒适。大麻具有杀菌消炎等作用,也常用于保健织物。此外,大麻还可作装饰布、包装用布、渔网、绳索、嵌缝材料等。

图 1-17　大麻植株

1.6　罗布麻

罗布麻多为野生,又称红野麻、夹竹桃麻、茶叶花,属夹竹桃科罗布麻属的多年生宿根草本植物(图 1-18)。由于最初在新疆罗布泊发现,故以罗布麻命名。罗布麻有红麻与白麻之分,前者植株较高,幼苗为红色,茎高大,一般为 1.5～2 m,最高可达 4 m 以上;后者较矮小,幼苗为浅绿色或灰白色,茎高一般为 1～1.5 m,最高可达 2.5 m。罗布麻广泛生长在盐碱、沙荒地带,集中在新疆、内蒙古、甘肃和青海等地。罗布麻是我国近年来新开发的天然纤维,不仅具有优良的服用性能,而且具有良好的医疗保健功能,特别适于制作夏天的服装。

图 1-18　罗布麻植株

1.7　剑麻

剑麻又称西色尔麻,属龙舌兰科龙舌兰属的多年生宿根草本植物(图 1-19)。剑麻的茎短,被簇生的叶片环抱,因叶片外形似剑,故名。一般种植两年左右后,叶片长达 80～100 cm,叶片数达 80～100 片时收割。收割过早,纤维率低,纤维强度低;收割过迟,因叶脚枯干影响纤维质量。故纤维的收割必须适时。剑麻原产于中美洲,现世界上剑麻的主要产国有巴西、坦桑尼亚等,我国剑麻主要分布在南方各省。剑麻可制成绳索、刷子、包装材料、纸张、地毯底布或与塑料压成建筑板材等。

西色尔
(Sisal)麻片

1.8　蕉麻

蕉麻是一种芭蕉科植物,为多年生高大草本植物(图 1-20)。它与香蕉同属一类,长得也差不多,而且能结出像香蕉那样的果实。不过蕉麻的果实并不能吃。蕉麻的叶柄中含有很多纤维,人们可以用来提取纤维。蕉麻的纤维长度可以达 1～3 m,具有非常好的强度和柔软度,同时由于蕉麻纤维有浮力和抗海水腐蚀,因此可用来制作船缆、鱼线、绳索等。蕉麻还可以制成地毯、服装和纸等。蕉麻原产于菲律宾,也称马尼拉麻。蕉麻的植株是从地下的根茎中长出来的,一个植株可以长很多主茎,每个主茎生长一年半到两年就可以收割;但十年后必须重新种植新的根茎。

图 1-19　剑麻植株

1.9　菠萝麻

菠萝麻原产于巴西,又称凤梨麻,属凤梨科龙舌兰属的多年生常绿草本植物(图 1-21)。菠萝的叶片较短、较薄,纤维含量较少。菠萝麻性

图 1-20　蕉麻植株

喜温暖，在热带和亚热带地区广泛种植，我国的主要产地有台湾、广东、广西、福建、海南和云南等地。菠萝麻纤维纯白而有光泽，纤维较粗硬，具有与棉相当或比棉更高的强度（菠萝叶纤维的强度与成熟度的关系很大），断裂伸长接近苎麻、亚麻，初始模量高，不易变形，吸湿性好。菠萝麻纤维可纺性差，常以工艺纤维进行纺织加工，可制成绳索、包装材料、缝鞋线，也可用于造纸原料和土法编席等。

图 1-21　菠萝麻植株

2　麻的初加工——脱胶

2.1　苎麻纤维初加工

麻纤维的初加工也称脱胶。苎麻纤维初加工是指从麻秆韧皮中提取纤维的过程（图 1-22），其主要工序是脱胶。麻皮自茎上剥下后，先刮去表皮，称为刮青。目前，我国苎麻的剥皮和刮青以手工操作为主。经过刮青的麻皮晒干或烘干后成丝状或片状的原麻，即商品苎麻。苎麻历史上一贯采用生物脱胶方法，近年来渐渐采用化学脱胶。国内主要采用以下化学脱胶工艺流程：

苎麻原料选麻→解包剪束扎把→浸酸→高压煮练（废碱液）→高压煮练（碱液、硅酸钠）→打纤→浸酸→洗麻→脱水→给油（乳化油、肥皂）→脱水→烘燥→精干麻

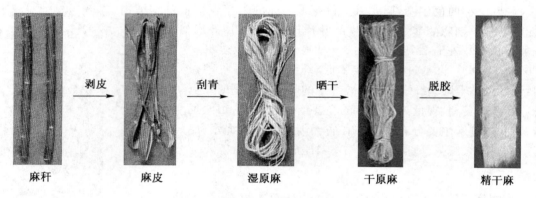

图 1-22　苎麻纤维初加工过程

根据纺织加工的要求，脱胶后苎麻的残胶率应控制在 2% 以下，脱胶后的纤维称为精干麻，色白而富有光泽。

微生物脱胶精干麻

由于苎麻纤维存在断裂伸长小、弹性差、织物不耐磨、易折皱和吸色性差等缺点，因而近年来对苎麻纤维进行改性处理。例如用碱-尿素改性的苎麻，结晶度、取向度减少，因而强度降低，伸长率提高，纤维的断裂功、勾接强度、卷曲度等都有明显提高，吸湿、散湿性也比改性前更强，从而改善了纤维的可纺性，提高了成品的服用性能。苎麻经磺化处理后，纤维的结构与性能亦有明显改变。

2.2　亚麻纤维初加工

从亚麻茎中获取纤维的方法称为脱胶、浸渍或沤麻。亚麻的茎细，木质不发达，从韧皮部分制取纤维，不能采用一般的剥制方法。亚麻的初加工流程如下：

亚麻原茎→选茎与束捆→浸渍麻→干燥→入库养生成干茎→碎茎→

　　　　　打麻→打成麻
　　　　　　↓
　　　　　粗麻处理→粗麻成包→手工梳理→分等成束→打包

　　亚麻脱胶的方法很多,主要作用为破坏麻茎中的黏结物质(如果胶等),使韧皮层中的纤维素物质与其周围的组织成分分开,以获得有用的纺织纤维。国内外普遍采用的方法有以下几种:

　　(1)雨露浸渍法　将亚麻茎铺放在露天 20～30 天,利用雨水和露水的自然浸渍和细菌分解条件来达到沤麻目的。此法操作简单,纤维质量较差。此法在国外农村中普遍采用。

　　(2)冷水浸渍法　将麻茎放入池塘河泊中浸渍 7～25 天,利用天然水浸渍和细菌分解来完成沤麻目的。此法亦很简单,纤维质量较差。此法在农村中采用。

　　(3)温水浸渍法　将麻茎放入沤麻池中,在 32～35 ℃的水温下浸渍 40～60 h。由于此法对沤麻条件能很好地控制,麻纤维质量较好。我国亚麻初加工厂基本采用此法。

　　(4)嫌氧空气沤麻法　将麻茎置于乏氧的空气条件下,利用嫌氧菌(如氮菌、果胶菌等)来完成沤麻任务,所得麻纤维呈灰色或奶油色,强度高、色泽均匀。浸渍时间比温水浸渍法省一半左右。

　　(5)汽蒸沤麻法　将麻茎置于一个密闭的蒸汽锅内,在 2.5 个大气压下蒸煮 1～1.5 h。这种汽蒸麻较粗硬。我国仅个别工厂进行试验,国外应用较多。

　　亚麻纤维由亚麻原茎经浸渍等加工而成。经过浸渍以后的亚麻,采用自然干燥或干燥机干燥,自然条件下干燥的麻,手感柔软有弹性,光泽柔和,色泽均匀,为我国普遍采用。干燥后的麻茎经碎茎机将亚麻干茎中的木质部分压碎、折断,使它与纤维层脱离。然后用打麻机把碎茎后的麻屑(木质和杂质)去除,获得可纺的亚麻纤维,称为打成麻,它是单纤维用剩余胶黏结的细纤维束。亚麻纤维就是采用这种胶黏在一起的细纤维束进行纺纱,其纺纱方法有干纺和湿纺两大系统,因此,形成的纱线有长麻干纺、湿纺的纯麻纱和混纺纱,以及短麻干纺、湿纺的纯麻纱和混纺纱。除打成麻外,打麻机上的落麻含有 40%左右的粗纤维,经进一步处理后可以利用。

3　麻纤维特性

3.1　麻纤维的组成物质与化学性质

　　麻纤维的主要化学组成为纤维素,并含有一定数量的半纤维素、木质素和果胶等。由于麻的品种不同,各种物质的含量也有所不同。常见麻纤维的化学组成见表 1-7。

表 1-7　常见麻纤维的化学组成

成分	苎麻	亚麻	黄麻	洋麻	大麻	苘麻	罗布麻	蕉麻	剑麻	菠萝麻
纤维素/%	65～75	70～80	64～67	70～76	85.4	66.1	40.82	70.2	73.1	81.5
半纤维素/%	14～16	12～15	16～19	—	—	—	15.46	21.8	13.3	—
木质素/%	0.8～1.5	2.5～5	11～15	13～20	10.4	13～20	12.14	5.7	11.0	12.7
果胶/%	4～5	1.4～5.7	1.1～1.3	7～8	—	—	13.28	0.6	0.9	—
水溶物/%	4～8	—	—	—	3.8	13.5	17.22	1.6	1.3	3.5
脂蜡质/%	0.5～1.0	1.2～1.8	0.3～0.7	—	1.3	2.3	1.08	0.2	0.2	—
灰分/%	2～5	0.8～1.3	0.6～1.7	2	0.9	2.3	3.82	—	—	1.1

（1）**纤维素**　纤维素是麻纤维的主要化学成分。与棉纤维相比,麻纤维中纤维素的含量较少。几种麻纤维中,大麻纤维的纤维素含量较高,而罗布麻纤维的纤维素含量较低。

（2）**半纤维素**　在所有的天然植物韧皮中,或多或少地存在着一些与纤维素结构相似、聚合度较纤维素低的糖类物质。它们与纤维素的区别包括:首先,在某些化学药剂中的溶解度大,很容易溶于稀碱溶液中,甚至在水中也能部分溶解;其次,水解成单糖的条件比纤维素简单得多。这部分结构与纤维素相似而能溶解于稀碱溶液中的物质称为半纤维素。

（3）**果胶**　麻皮中含有果胶物质,它是一种含有酸性、高聚合度、胶状碳水化合物的混合物,化学成分较为复杂,与半纤维素一样属于多糖类物质。果胶物质是植物产生纤维素、半纤维素和木质素的营养物质,它对植物生长过程起着调节植物体内水分的作用。

（4）**木质素**　木质素在植物中的作用主要是给植物一定的强度。麻纤维中木质素的含量多少直接影响纤维的品质。木质素含量少的纤维光泽好,柔软而富有弹性,可纺性能及印染时的着色性能均好。因此,根据纺纱工艺的要求,麻纤维中的木质素含量越低越好,即麻纤维脱胶过程中除去的木质素越多,越有利于工艺加工。但采用工艺纤维纺纱时,不能清除所有的木质素,所以其可纺性能较单纤维差。

（5）**其他成分**　麻皮中还含有脂肪、蜡质和灰分等。脂肪、蜡质一般分布在麻皮的表层,在植物生长过程中,有防止水分剧烈蒸发和浸入的作用。灰分是植物细胞壁中包含的少量金属性物质,主要为钾、钙、镁等无机盐和它们的氧化物。麻纤维中还含有少量的氮物质、色素等。这些物质都能溶于 NaOH 溶液。

3.2　麻纤维柔软度

麻纤维中木质素和胶质的存在,使麻纤维手感较为刚硬,尤其是剑麻、黄麻和洋麻。大麻纤维是麻类纤维中最细软的一种。麻纤维的柔软度与麻的品种、栽培和生长环境密切相关,与脱胶程度也有关系。纤维柔软度高,可纺性能好,断头率较低。麻纤维柔软度可用纱线捻度仪测试,取平直的一束纤维加捻,以加捻至断裂时所需的回转数表示,回转数越高,则纤维愈柔软。

3.3　麻纤维强度和伸长

麻纤维的大分子聚合度一般在 10000 以上,纤维的结晶度和取向度也很高,因此纤维的强度高、伸长小。

3.4　麻工艺纤维

除苎麻纤维以外,麻类纤维的单纤维长度一般很短,如黄麻和洋麻的单纤维长度仅为 1～6 mm,不能直接用于纺纱,而是利用其工艺纤维进行纺纱。所谓工艺纤维,是指经脱胶和梳麻机处理后符合纺纱要求、具有一定细度和长度的束纤维。

子项目 1-3　毛纤维的形成与特性

1　毛纤维的种类

天然动物毛的种类很多,按其性质和来源,纺织工业用毛纤维原料的分类见表 1-8。

毛织物
主要品种

表 1-8　天然动物毛的分类

绵羊	山羊	兔	牦牛	骆驼	羊驼	其他动物
绵羊毛	山羊绒	安哥拉兔毛	牦牛绒	驼绒	羊驼绒	藏羚羊羊绒、鹿绒等
	马海毛	其他兔毛	牦牛毛	驼毛	羊驼毛	

除马海毛外,其他毛纤维均以"动物名称＋毛或绒"命名。在纺织用毛绒类纤维中,绵羊毛所用数量最多。

除绵羊毛以外,可以用于纺织的其他动物毛纤维称为特种动物毛。由于特种动物毛的产量与绵羊毛相比,数量较少,所以又称之为"稀有动物纤维"。其中,绒山羊、牦牛、骆驼、羊驼等所产的毛集合体中,既有很粗的发毛又有很细的绒毛,经加工以后所得的绒毛是优良的纺织原料,所以又称这些毛集合体为"绒类纤维"。

1.1　特种动物毛

(1) 山羊绒　根据被饲养山羊的主要用途,可以将其分为肉用山羊和绒肉兼用山羊(图1-23,图1-24)。山羊绒是脱毛季节从山羊身上抓剪下来的绒纤维,是山羊为抵御寒冷而在山羊毛根处生长的一层细密而丰厚的绒毛,入冬寒冷时长出以抵御风寒,开春转暖后脱落,自然适应气候。气候愈寒冷,羊绒愈丰厚,纤维愈细长。

　(a) 内蒙古绒山羊　　　　(b) 西藏公山羊　　　　　(a) 成都公麻羊　　　(b) 四川建昌黑公山羊

　　　图 1-23　绒肉兼用山羊　　　　　　　　　　　**图 1-24　肉用山羊**

山羊绒在国际市场上被称为"开司米"(Cashmere),简称羊绒。由于过去曾以克什米尔作为山羊原绒的集散地,于是它就以克什米尔名称流行世界各地。据考证,克什米尔地区的山羊最早起源于我国西藏,是后来迁移到克什米尔地区的。山羊绒纤维是高档服饰原料,在我国享有"软黄金""纤维的钻石""纤维王子""白色的云彩""白色的金子"等美誉。

羊绒有白绒、紫绒、青绒、红绒之分,其中以白绒最为珍贵,仅占世界羊绒产量的 30% 左右;我国山羊绒的白绒比例较高,约占 40%。

羊绒产量极其有限,一只绒山羊每年产无毛绒(除去杂质后的净绒)200~500 g(改良型绒山羊的羊绒产量可以达到 750 g 左右)。世界上产羊绒的国家,以产量多少为顺序可排列为:中国、蒙古国、伊朗、阿富汗等。此外,印度、俄罗斯、巴基斯坦、土耳其等国也有少量生产。近年来,澳大利亚和新西兰也开始培育绒山羊。目前,世界羊绒年产量为 14000~15000 t,而中国的羊绒年产量约为 10000 t,占世界总产量的 70% 左右。

(2) 马海毛　安哥拉山羊(图1-25)所产的毛

图 1-25　安哥拉山羊

在商业上称为 Mohair,译作马海毛。"Mohair"一词来源于阿拉伯文,意为"似蚕丝的山羊毛织物",当今国际上已公认以马海毛作为有光山羊毛的专称。马海毛属珍稀的特种动物纤维,它以其独具的类似蚕丝般的光泽、光滑的表面、柔软的手感而傲立于纺织纤维的家族中。马海毛以白色为主,也有少数棕色与驼色。马海毛制品外观高雅、华贵,色深且鲜艳,洗后不像羊毛那样容易毡缩,不易沾染灰尘,属高档夏季或冬季面料的原料。

南非、美国、土耳其是当今世界安哥拉山羊毛的三大主要生产国。我国自 1985 年以来,陕西、四川、山西和内蒙古等地先后引入 200 多头纯种安哥拉山羊,现已繁育成一批纯种和杂交种安哥拉山羊,结束了无自产马海毛的历史,开始拥有国产的马海毛资源。

(3) 安哥拉兔毛 长毛兔(图 1-26),是在安哥拉兔的基础上发展起来的,现已发展成中国系安哥拉兔、英系安哥拉兔、法系安哥拉兔、德系安哥拉兔、日系安哥拉兔和丹麦系安哥拉兔。

彩色长毛兔是美国加州动物专家经 20 多年利用 DNA 转基因法培育而成的新毛兔品种,毛色有黑、褐、黄、灰、棕五种。该兔种育成后,首先在美国、英国、加拿大、法国等作为观赏动物饲养,全世界存量极少。

图 1-26 长毛兔

彩色长毛兔属"天然有色特种纤维",其毛织品的手感柔和细腻,滑爽舒适,吸湿性强,透气性高,弹性好,保暖性比羊毛、牦牛毛高三倍。

世界上生产兔毛的国家,除了我国以外,还有韩国、阿根廷、印度,以及非洲的部分国家。法、英、德、日等国虽有长毛兔饲养,但主要是培育优良品种,并未大面积饲养;这些国家生产的兔毛产量仅占世界总产量的 10% 左右。

(4) 牦牛绒 牦牛(图 1-27)是我国青藏高原特有的珍贵动物,已被列为国家一级保护动物。牦牛的叫声像猪鸣,所以又称它为"猪声牛",藏语中称为"吉雅克";西方国家见其主产于我国青藏高原藏族地区,因而称它为"西藏牛";牦牛的尾巴像马尾,所以也有人称它为"马尾牛";牦牛是我国西部特别是藏区人民饲养的能适应高寒、缺氧环境的一种多功能动物,所以又被誉为"高原之舟"。它们体型较大,肩高超过 150 cm,体重达 500 kg 以上,全身长有蓬松浓密的长毛。野牦牛生活在 4000～6000 m 高的山上,空气稀薄、草木荒凉、长期低温的环境造就了野牦牛顽强的性格与强壮的体质。牦牛具有肉用、役用、奶用等多种价值,其肉、奶等均是具有半野生风味的天然食品。藏族人民的衣食住行烧耕都离不开它,人们喝牦牛奶、吃牦牛肉、烧牦牛粪。牦牛的毛可制作衣服或帐篷,它的皮是制革的好材料。牦牛既可用于农耕,又可在高原作为运输工具。牦牛还有识途的本领,善走险路和沼泽地,而且能避开陷阱择路而行,可作

黑牦牛

白牦牛

白面黑身牦牛

图 1-27 牦牛

旅游者的前导。

从世界范围看,牦牛的分布主要限于亚洲的高原和山地,包括喜马拉雅、帕米尔高原、昆仑山、天山和阿尔泰山脉地段,即主要分布在世界屋脊——我国的青藏高原及其毗邻的高山地区,集中于东经 70°~115°、北纬 27°~55°。

我国是世界上牦牛数量最多的国家。全世界共有 1300 万头,我国有 1200 万头,占世界牦牛总数的 90% 以上。在我国,牦牛主要分布在海拔 3000 m 以上的西藏、青海、新疆、甘肃、四川、云南等省区。产区地势高峻,地形复杂,气候寒冷潮湿,空气稀薄。年平均气温均在 0 ℃ 以下,最低温度可达 −50 ℃;年温差和日温差极大;相对湿度在 55% 以上;无霜期 90 天。牧草生长低矮,质地较差。

蒙古是世界上第二个牦牛数量较多的国家,有牦牛 70.95 万头,占世界牦牛总数的 5%。其余 5% 分布在吉尔吉斯斯坦、哈萨克斯坦、尼泊尔、印度等。此外,不丹、锡金、阿富汗、巴基斯坦等国也有少量牦牛。散布于世界其他国家的牦牛数量却在下降,如印度、尼泊尔、不丹等国家,特别是遭自然灾害的蒙古国,其下降幅度更大,波动范围在 10%~20%,使中国牦牛占世界牦牛总数的比例达到 94%。

白牦牛被誉为祁连“雪牡丹”,产于甘肃省天祝,“天下白牦牛,惟独天祝有”。白牦牛是一种独特的蓄种资源,其肉高蛋白、低脂肪,对增强人体抗病力、细胞活力和器官功能有显著作用,属纯天然绿色保健食品;其绒、骨等也具有很高的利用价值和开发价值。

牦牛的被毛浓密粗长,内层生有细而短的绒毛,即牦牛绒,是高档毛纺原料。我国标准规定,直径为 35 μm 以下的称为牦牛绒。牦牛绒直径最细的可达 7.5 μm,平均细度为 18 μm 左右,长度 340~450 mm,强力大,光泽柔和,弹性好,可与山羊绒相媲美,但它是有色毛,限制了产品的花色。牦牛绒的抱合力较好,产品丰满柔软,缩绒性较强,抗弯曲疲劳性较差。牦牛绒可纯纺或与羊毛混纺制成花呢、针织绒衫、内衣裤、护肩、护腰、护膝、围巾等,这类产品手感柔软滑糯,保暖性强,色泽素雅,且具有保健性。而粗一点的牦牛毛是制造黑炭衬的理想原料,毛色黑,强韧光滑,富于弹性,尾毛更是加工假发的上好原料。

（5）骆驼绒　骆驼(图 1-28)为哺乳骆驼科反刍家畜。骆驼的胃里有水囊,能贮存很多水;驼峰内储存有 100 kg 以上的脂肪,必要时可以转变成水和能量,维持骆驼的生命活动。因此,它有很强的耐饥渴能力,能在沙漠中长途跋涉,故有“沙漠之舟”的美称。过去很长时间内曾作为关外与京城之间贸易的主要交通工具,故又有“京华之舟”的美誉。家骆驼是人类在沙漠中的主要交通工具。由于骆驼在行走或跑步的时候,同时伸出左侧或右侧的前后腿,所以人骑坐在上面会觉得很不稳定。

图 1-28　骆驼

骆驼分为单峰驼与双峰驼两大类。单峰驼产于热带的荒漠地区,如阿拉伯国家、印度和北非等地。根据这种地理分布,称单峰驼为南方种。双峰驼则分布于温带及亚寒带的荒漠地区,如中国、蒙古国、独联体以及巴基斯坦等地,所以又称之为北方种。由于单峰驼所处的地区炎热,所以身上的绒层薄,毛短而稀,无纺织价值。双峰驼则绒层厚密,保护毛也较多,单产毛绒平均 4 kg 左右,其中的绒为优良的纺织原料。驼绒的颜色有白色、黄色、杏黄色、褐色和紫红色等,以白色质量为最高,但数量很少;黄色和杏黄色其次,以杏黄色为最多;颜色愈深,质量愈差。

我国的骆驼主要是双峰驼，总计约 60 万，约占世界双峰驼总数量的 2/3，主要分布在内蒙古、新疆、青海、甘肃、宁夏，以及山西省北部和陕西、河北北部等约 110 多万平方公里的干旱荒漠草原上。

（6）**羊驼绒**　羊驼（图 1-29）又名骆马、驼羊，属哺乳纲骆驼科家畜；体型比骆驼小，背无肉峰，肩高 0.9 m 左右，耳朵尖长，脸似绵羊，故称"羊驼"。因其绒毛具有山羊绒的细度和马海毛的光泽，加之产量稀少，故极为名贵。在织物边字处注有"羊绒及维口纳"字样的，系指含羊驼绒 95% 以上的混纺产品。

苏力（Suri）

羊驼有骆马（Llama）、阿尔帕卡（Alpaca）、维口纳（Vicuna）和干纳柯（Guanaco）四个纯种，属羊驼家族中的四成员。骆马与阿尔帕卡杂交后，又产生两个杂交种：由骆马公羊与阿尔帕卡母羊杂交后生育的后代叫华里查（Huarizo）；由骆马母羊与阿尔帕卡公羊杂交后生育的后代叫密司梯（Misti）。

羊驼主要生长于秘鲁的安第斯山脉，是古代印加文明的一笔珍贵的财富，一直以来在印加文明的安第斯山脉以及南美山区扮演着主要的角色。安第斯山脉海拔 4500 m，昼夜温差极大，夜间 −20～−18 ℃，而白天为 15～18 ℃，阳光辐射强烈、大气稀薄、寒风凛冽。在这样恶劣的环境下生活的羊驼，其毛发当然能够抵御极端的温度变化。羊驼毛不仅能够保湿，还能有效地抵御日光辐射。羊驼毛纤维含有显微镜下可视的髓腔，而且线密度小，因此在其他条件相同的情况下，其织物的保暖性能优于羊毛、羊绒或马海毛织物。

华里查（Huarizo）

图 1-29　羊驼

羊驼毛纤维的另一个非常独特的特点，是具有 22 种天然色泽：从白到黑及一系列不同深浅的棕色、灰色，是特种动物纤维中天然色彩最丰富的纤维。纺织品原料标注中的"阿尔帕卡（Alpaca）"泛指羊驼毛，"华里查（Huarizo）""苏力（Suri）""密司梯（Misti）"分别指相应品种的成年羊驼毛，纤维较长，色泽靓丽；"贝贝（Baby）"则为羊驼幼仔毛，纤维较细、较软。羊驼毛面料的手感光滑，保暖性极佳。

美洲羊驼是一种高产绒用动物，平均每只羊驼年产绒量 3000～4000 g，是山羊的 20 倍以上，净绒率 87%～95%，远远高于山羊绒 43%～76% 的净绒率。

（7）**藏羚羊羊绒**　藏羚（图 1-30）因只分布于青藏高原，以羌塘为中心，南至拉萨以北，北至昆仑山，东至西藏昌都地区北部和青海西南部，西至中印边界，故名藏羚，又名藏羚羊；因角很长，又名长角羊。偶蹄目、牛科、藏羚属；肩高 80～85 cm（雄）、70～75 cm（雌）；体重 35～40 kg（雄）、24～28 kg（雌）。毛色：雄羊黄褐色到灰色，腹部白色，额面和四条腿有醒目黑斑记；雌羊纯黄褐，腹部白色。成年雄性角长 50～60 cm（雌性无角）。寿命一般不超过 8 岁。集成十几到上千只不等的种群，生活在海拔 4300～5100 m（最低 3250 m，最高 5500 m）的高山草原和高寒荒漠上。夏季雌性沿固定路线向北迁徙，6 月～7 月产仔后返回越冬地与雄羊合群，11 月～12 月交配。

一提到藏羚羊，就会想到可可西里，想到"沙图什"。"Hahtoosh"，即"沙图什"一词来自波

图 1-30　藏羚羊

斯语,"ah"意为皇帝,"oosh"则是羊绒,所以"Hahtoosh"意为"羊绒之王"。织成的一条长1～2 m,宽1～1.5 m的"沙图什"披肩,质量仅百克左右,可以轻易地穿过一枚戒指,所以该披肩又有"戒指披肩"之称。一条用"沙图什"——藏羚羊腹部底绒——织成的披肩,售价可高达11000 美元,可见藏羚羊羊绒之名贵。

1.2　羊毛

羊毛是绵羊毛的简称,按大的产毛区可将羊毛分为国毛与外毛两大类。我国绵羊主要分布在新疆、内蒙古、西藏等地。由于各个地区的自然条件、饲养条件不同,因而绵羊毛品种较多,主要分为改良毛与土种毛两大类。世界上产毛量最高的国家为澳大利亚,产毛量占世界总量的30%左右,素有"骑在羊背上的国家"的美誉;其次为新西兰、俄罗斯、阿根廷、乌拉圭、南非、美国、英国等。绵羊品种中最有名的是美利奴(Merino)羊(图 1-31),是细羊毛的主要品种,育成于西班牙,后输入德国、法国和澳大利亚,育成世界闻名的澳大利亚美利奴羊种。根据羊毛粗细和长短分为细毛羊、半细毛羊、粗毛羊和长毛羊。

(a) 美国美利奴公羊、母羊

(b) 中国美利奴公羊、母羊

图 1-31　美利奴羊

2 羊毛的初加工——清洁

羊毛原毛纤维集合体是一种含杂较多的天然纤维集合体。其中,来自羊体的杂质主要为脂、汗和皮屑;来自自然外界的杂质主要为沙土和植物质;来自人为的杂质主要为油漆、沥青和包装袋纤维等。

绵羊毛原毛
与洗净毛

（1）脂蜡　羊毛脂是羊只脂肪腺的分泌物,随着羊毛的生长沾附在羊毛的表面。

羊毛脂不同于一般动植物的油脂。一般的动植物油脂都是甘油和脂肪酸的混合物,但羊毛脂中不含甘油,所以它的正确名称应是"羊毛蜡",但习惯上仍称为羊毛脂。羊毛脂的主要成分是高级脂肪酸和高级一元醇。酸和醇既有以结合成酯的状态存在,也有以游离的状态存在。所以,羊毛脂的组分很复杂,是数千个化合物的混合物。

原毛长度

羊毛脂黏结羊毛形成毛束,可以减少羊毛对外界的暴露面积,防止尘砂进入,并且可以保护羊毛的物理化学性质。所以在羊种培育中要注意使羊毛具有一定含脂量。含脂量过小,影响羊毛的物理化学性质;含脂量过高,则影响净毛率。一般细毛羊羊毛的含脂量较高,最高可达30％以上;粗毛羊的羊毛含脂量较低;土种羊毛的含脂量则更低。

（2）汗质　羊汗是羊只汗腺的分泌物,其含量随羊的品种、年龄等而不同。一般细毛的含汗量低,粗毛的含汗量高。如美利奴细毛的含汗量为4％～8％,新西兰杂交种毛的含汗量为7％～10％,我国蒙古种羊毛的含汗量为8％～9.6％。这些物质大部分都溶于水,羊汗遇水以后有氢氧化钾生成,可以皂化羊毛脂中的脂肪酸,生成肥皂,有助于羊毛脂的洗涤和溶解,有利于洗毛。近年有将羊汗作为主要洗涤剂的研究报道,即羊汗洗毛法。

（3）羊皮屑　羊的皮肤表皮在过成熟后会脱落,有的甚至环套于羊毛纤维上。由于其主要组织也是角蛋白,因而在毛纺加工中完全去除非常困难。

（4）植物性杂质　主要指牧场上的草籽、草叶和草屑等。其中危害较大的是带钩刺的草籽,如苍耳籽、苜蓿籽、牛蒡等,与羊毛纤维纠缠勾挂,不易分离。为除去草籽,毛纺粗纺加工常采用炭化法,精纺则采用很多除草设备,这使羊毛的加工成本增加不少。

（5）矿物质　羊毛纤维外的矿物质主要是黏附的许多泥砂、尘土、粪块等杂质。脂汗多的羊毛,更易黏附尘杂。一般地说,细毛的含砂土率比粗毛高。砂土给以后的工艺加工带来不少困难。

（6）人为杂质　为了区分不同羊群,部分牧民用油漆或沥青给羊体做标记,从而形成人为杂质。另外,包装羊毛的包装袋纤维、冬季"羊穿衣"的羊衣纤维,都有可能形成羊毛集合体的人为杂质。

羊毛纤维的初加工就是清洗原毛中的油脂、植物草杂、沙土灰尘等伴生物,称为"洗毛"。羊毛初加工主要工序为洗毛、炭化。

3 羊毛纤维特性

3.1 羊毛纤维的主要组成物质与化学性质

羊毛纤维的主要组成物质是一种不溶性蛋白质,称为角朊,由多种 α-氨基酸缩合而成。羊毛纤维较耐酸而不耐碱。较稀的酸和浓酸短时间作用对羊毛损伤不大,所以常用酸去除原毛或呢坯中的草屑等植物性杂质。碱会使羊毛变黄和溶解。

3.2 羊毛纤维细度独有指标——品质支数

羊毛纤维线密度，即细度，是确定羊毛品质及其使用价值最重要的指标。羊毛纤维的细度指标，主要有线密度、品质支数、平均直径和公制支数四种表示方法。其中品质支数为毛纺工业所独有。品质支数是羊毛业中长期沿用下来的表示羊毛细度的一个指标。目前，商业交易、毛纺工业中的分级、制条工艺的制定等，都以品质支数作为重要依据。品质支数原意为在 19 世纪的纺纱工艺技术条件下，各种细度的羊毛实际能纺制的毛纱的最细支数，以此表示羊毛品质的优劣。随着科学技术的进步、生产工艺的改进，羊毛品质支数已逐渐失去它原来的意义。目前，羊毛的品质支数仅表示平均直径在某一范围内的羊毛细度指标。羊毛的品质支数与平均直径之间的关系见表 1-9。

表 1-9　羊毛的品质支数与平均直径之间的关系

品质支数	平均直径(μm)	品质支数	平均直径(μm)
70	18.1～20.0	48	31.1～34.0
66	20.1～21.5	46	34.1～37.0
64	21.6～23.0	44	37.1～40.0
60	23.1～25.0	40	40.1～43.0
58	25.1～27.0	36	43.1～55.0
56	27.1～29.0	32	55.1～67.0
50	29.1～31.0	—	—

3.3 羊毛纤维的形态结构与种类

3.3.1 羊毛的毛丛形态

羊毛纤维在羊的皮肤上并非均匀分布，而是成簇生长。在一小簇羊毛中，有一根直径较粗的毛称为导向毛，围绕着导向毛生长的较细的羊毛称为簇生毛，这样形成一个个毛丛。各毛丛之间有一定距离，由于羊毛的卷曲和脂汗等因素，它们互相粘连在一起，因此从羊身上剪下的羊毛是一片完整的羊毛集合体，称为毛被，又称套毛。

羊毛毛丛的形态可分为平顶毛丛和尖顶毛丛（又称毛辫形毛丛），如图 1-32 所示。如果毛丛中纤维的形态相同，细度、长度等性质差异较小，毛丛的底部到顶部具有同样的体积，顶端没有长毛突出，从外部看呈平顶状的，称为平顶毛丛；如果毛丛中纤维粗细混杂，长短不一，细短的毛生在毛丛的底部，粗长的毛突出在毛丛尖端并扭结成辫，形成底部大、顶部小的尖顶形，则称为尖顶毛丛。观察羊毛毛丛的形态，在一定程度上可以判断羊毛品质的好坏。平顶毛丛的羊毛品质较好，同质细羊毛多属这一类型。

图 1-32　国内外羊毛的几种毛丛形态

3.3.2 羊毛的截面结构

羊毛纤维截面从外向内由鳞片层、皮质层和髓质层组成。细羊毛(图1-33)无髓质层。

(1)鳞片层结构 羊毛纤维随绵羊品种的不同而有很大差异,但是它们的鳞片层差异并不很大。

鳞片在羊毛纤维毛干外的包围排列,基本上都是由毛根向毛梢一层一层包覆的。无论毛纤维粗或细,其每片鳞片的尺寸都基本相近。因此,细羊毛纤维的鳞片呈圈节状排列,粗羊毛纤维的鳞片呈瓦块状或龟裂状排列。

鳞片的形态和排列密度,对羊毛的光泽和表面性质有很大的影响。粗羊毛上鳞片较稀,易紧贴于毛干上,使纤维表面光滑,光泽强,如林肯毛;细羊

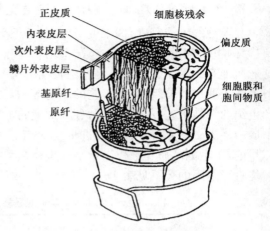

图1-33 细羊毛的结构模型

毛的鳞片呈环状覆盖,排列紧密,对外来光线的反射少,因而光泽柔和、近似银光,如美利奴细羊毛。

鳞片层的主要作用是保护羊毛不受外界条件的影响而引起其性质变化。另外,鳞片层的存在使羊毛纤维具有特殊的缩绒性。

(2)皮质层结构 羊毛纤维的皮质层位于鳞片层的里面,是羊毛的主要组成部分,也是决定羊毛物理化学性质的基本物质。

根据皮质细胞中的大分子排列形态和密度,可以分为正皮质细胞、偏皮质细胞和间皮质细胞。正皮质细胞的含硫量比偏皮质细胞少,与酶及其他化学试剂的反应活泼,盐基性染料易着色,吸湿性较大;偏皮质细胞含有较多的二硫键,使羊毛分子联结成稳定的交联结构,对酸性染料有亲合力,与化学试剂的反应性较弱;间皮质细胞的结构界于正皮质细胞和偏皮质细胞之间。

(3)髓质层结构 髓质层由结构松散和充满空气的角朊细胞组成。有髓质层的羊毛纤维其保暖性较好。髓质层的存在使羊毛纤维的强度、弹性、卷曲、染色等性能变差,纺纱性能也随之降低。这一层并非所有羊毛纤维都具有,品质优良的羊毛纤维一般无髓质层。

3.3.3 羊毛纤维的种类

(1)按纤维组织结构分 细绒毛、粗绒毛、粗毛、两型毛、发毛、腔毛、死毛。

① 细绒毛:细度较细(如直径在30 μm 以下的绵羊毛),一般无毛髓,富于卷曲。

② 粗绒毛:较细绒毛粗,直径在30~52.5 μm,一般无髓质层,卷曲较细绒毛少。

③ 粗毛:有髓质层,直径在52.5~75 μm,卷曲很少。

④ 两型毛:一根毛纤维有显著的粗细不匀,兼有绒毛和粗毛的特征,有断续的髓质层的,称为两型毛。

⑤ 发毛:有髓质层,直径大于75 μm,纤维粗长,无卷曲,在毛丛中常形成毛辫。

⑥ 腔毛:国产绵羊毛中,髓腔长50 μm 及以上、髓腔宽为纤维直径1/3及以上的毛纤维称为腔毛。上述粗毛、发毛和腔毛统称为粗腔毛。

⑦ 死毛:除鳞片层外,几乎全为髓质层的毛纤维,称为死毛。色泽呆白,纤维粗而脆弱易断,无纺织价值。

(2)按纤维类型分 同质毛和异质毛。

① 同质毛:羊体各毛丛由同一类型的毛纤维组成,纤维的细度、长度基本一致。同质毛一

般按细度分成以下支数毛：

> 细毛　品质支数为 60 支及 60 支以上的羊毛（平均细度为 25 μm 以下），称为细毛。

> 半细毛　品质支数为 46～58 支（平均细度为 25.1～37 μm）的羊毛，称为半细毛。

> 粗长毛　品质支数为 46 支以下（平均细度为 63 μm 以上）、长度为 10 cm 以上的羊毛，称为粗长毛。

② 异质毛：羊体的各毛丛由两种及以上类型的毛纤维组成，即同一毛被上的羊毛不属于同一类型的毛纤维，同时含有细毛、两型毛、粗毛、死毛等，称为异质毛。异质毛一般按粗腔毛含量进行分级。

3.4　羊毛纤维的缩绒性

羊毛纤维的表面有鳞片，而鳞片的生长具有方向性，鳞片的根部附着于毛干，其末端则伸出毛干的表面并指向毛尖。基于这一结构特征，当毛纤维沿长度方向滑动时，顺鳞片运动的摩擦系数小，逆鳞片运动的摩擦系数大，称为羊毛纤维摩擦差微效应。由于摩擦差微效应，使羊毛纤维受外力作用时始终保持根端向前蠕动，即向根性，称为摩擦定向效应。当羊毛纤维或织物在湿热或化学试剂作用下，其鳞片张开，再施以反复摩擦和挤压的外力，集合体中的纤维因摩擦定向效应而相互纠缠，啮合成毡，织物收缩紧密。这一性质称为羊毛纤维的缩绒性。

利用羊毛纤维的缩绒性，可以织制呢面风格的丰厚织物，织物风格独特，保暖性极优良。但缩绒性会影响织物的尺寸稳定性和织物表面的纹理。可以利用化学试剂破坏羊毛鳞片或在羊毛表面涂以树脂，使鳞片失去作用，可达到防缩的目的。

3.5　羊毛纤维的天然卷曲

羊毛的自然形态，并非直线，而是沿长度方向有自然的周期性卷曲。一般以单位长度（每厘米）的毛纤维所具有的卷曲数来表示羊毛卷曲的程度，称为卷曲度。按卷曲波的深浅，羊毛卷曲可分为弱卷曲、常卷曲和强卷曲三类（图 1-34）。常卷曲为近似半圆的弧形相对连接，略呈正弦曲线形状，细毛的卷曲大部分属于这种类型；强卷曲的卷曲波幅高而深，细毛腹毛多属这种类型；弱卷曲的卷曲波幅较浅平，半细毛多属这种类型。

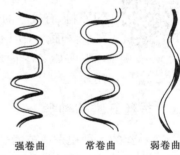

强卷曲　　常卷曲　　弱卷曲

图 1-34　羊毛卷曲形态

羊毛卷曲形态与羊毛正、偏皮质细胞的分布情况有关。优良品种的细羊毛，两种皮质细胞沿截面长轴对半分布，并且在羊毛轴间相互缠绕。这种羊毛在一般温湿度条件下，正皮质始终位于卷曲波形的外侧，偏皮质位于卷曲波形的内侧，羊毛呈卷曲双侧结构。粗羊毛大多呈皮芯结构，但因品种而有差异。例如，绵羊属的林肯毛，其皮层是以正皮质细胞为主的混合型，芯层为偏皮质细胞；山羊属的马海毛，其皮层为大量的偏皮质细胞，并混有正皮质细胞，芯层为正皮质细胞。它们之间的比例和偏心程度不同，卷曲形状也不相同。马海毛的卷曲形态见图 1-35。

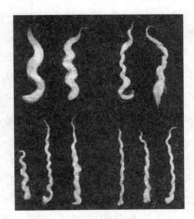

图 1-35　马海毛的卷曲形态

卷曲是羊毛的重要工艺特征。羊毛卷曲排列愈整齐，愈能使毛被形成紧密的毛丛结构，可以更好地预防外来杂质和气候影响，羊毛品质也愈好。细绵羊毛的卷曲度与纤维细度有密切关系,纤维越细,卷曲度越大,即卷曲越密。羊毛纤维在湿热条件下的缩绒性与其卷曲形态也有一定关系。

3.6 羊毛纤维的热塑性

羊毛分子结构的特点是具有网状结构。羊毛角朊大分子的空间结构可以是直线状的曲折链(β型),也可以是螺旋链(α型),如图1-36所示。在一定条件下,拉伸羊毛纤维,可使螺旋链伸展成曲折链,去除外力后仍可能回复。如果在拉伸的同时结合一定的湿热条件,将二硫键拆开,使大分子之间的结合力减弱,α型、β型的转变则较充分,回复至常温条件时形成新的结合点,外力去除后不再回复。羊毛的这种性能称为热塑性,这一作用就是热定形。

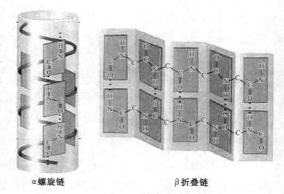

α螺旋链   β折叠链

图1-36 羊毛纤维分子结构

子项目1-4 蚕丝纤维的形成与特性

丝纤维织物
主要品种

蚕丝是由蚕分泌的黏液所形成的纤维物质。几千年来,蚕丝一直是高级的纺织原料,有较好的强伸度,纤维细而柔软、平滑而富有弹性,吸湿性好,光泽优雅,外观华丽。采用不同的线密度与组织结构,形成的丝织物既可以轻薄如纱,也可以厚实如冬季面料等。丝织物除日常之用外,在工业及国防工业中也有重要用途。

1 蚕丝纤维的种类

蚕丝的品种视蚕或茧的品种而异。蚕分为家蚕与野蚕两类。家蚕也称桑蚕,以桑叶为食物。由桑蚕茧制成的丝称为桑蚕丝,也叫家蚕丝。桑蚕丝的质量最好,是天然丝的主要来源,俗称真丝、厂丝。野蚕有柞蚕、蓖麻蚕、天蚕、樟蚕和柳蚕等数种,有的可在室外放养,所食饲料亦各不相同,其中以在柞树上放养的柞蚕为主。柞蚕茧可以制成柞蚕丝,是天然丝的第二大来源。其次,天蚕茧可以缫制成天蚕丝,天蚕丝较为昂贵,常作为高档的绣花线。其他野蚕结的茧不易缫丝,一般切成短纤维,用作绢纺原料或拉制丝绵。

桑蚕与桑蚕丝由于分类方法不同而有各种品种,现分述如下:

(1) 根据产地分 有中国种、日本种、欧洲种三个系统。

(2) 根据化性分 化性是指蚕儿在一年内孵化的次数,在自然温度下一年孵化一次的为一化性,孵化两次的为二化性,其余以此类推。其中,一化性的丝的质量最佳。

(3) 根据脱皮回数分 有三眠蚕、四眠蚕和五眠蚕等。

(4) 根据饲养季节分 有春蚕、夏蚕、秋蚕和相应的春蚕丝、秋蚕丝等。

(5) 根据茧色分 有白茧、黄茧、肉色茧等。

工业应用中主要根据所食饲料与饲养方法的不同分为家蚕丝和野蚕丝,而野蚕丝中可以用长丝形式作为丝织原料的只有柞蚕丝,因此一般把桑蚕丝和柞蚕丝称为天然丝的两大部分,其中又以桑蚕丝为主。柞蚕丝还可按煮茧、漂茧的方法以及使用的化学药剂的不同分为药水丝和灰丝。柞蚕丝亦是一种珍贵的天然纤维，具有天然淡黄色和珠宝光泽，用它织成的丝织品平滑挺爽、坚牢耐用、粗犷豪迈。柞蚕丝绸是我国传统的出口产品，畅销世界 60 多个国家和地区。

2 蚕丝纤维的形成

蚕的一生由卵、幼虫、蛹和成虫四个阶段组成（图 1-37）。幼虫一般称为"蚕儿"。蚕儿的一生要蜕皮四次，即有五个龄期。一龄的小蚕儿又称蚁蚕，五龄结束时称熟蚕。蚕儿的食管下面有一对用以形成蚕丝的半透明的管状腺体，分别位于蚕体的两侧，称为绢丝腺。当蚕儿成为熟蚕时，蚕体内的一对绢丝腺已发育成熟。绢丝腺的后端是闭塞的，整个腺体由后部丝腺、中部丝腺、前部丝腺和吐丝部（包括回合部、压丝部和吐丝口）等几个部分组成（图 1-38）。

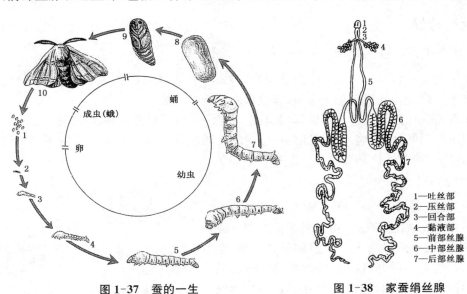

图 1-37 蚕的一生

1—吐丝部
2—压丝部
3—回合部
4—黏液部
5—前部丝腺
6—中部丝腺
7—后部丝腺

图 1-38 家蚕绢丝腺

3 蚕丝的初加工——解舒

蚕丝初加工是把蚕丝从茧子上解舒下来，又称缫丝。缫丝是将几根茧丝从茧子中顺序抽出，并依靠丝胶抱合成丝束的过程（图 1-39）。缫丝制得的由 7～9 根茧丝依靠丝胶胶合在一起的丝，称为生丝。生丝的纵面形态见图 1-40。用机器缫

茧子上的丝

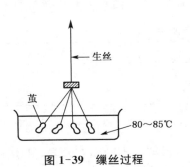

图 1-39 缫丝过程

图 1-40 生丝的纵面形态

制而成的称为厂丝,用手工缫制而成的则称为土丝或农工丝。生丝手感较硬,光泽较差。带丝胶的生丝所织成的丝织物,称为生织物或生货。经过精练脱胶后的蚕丝称为熟丝或精练丝。用精练丝织成的织物,则为熟织物或熟货。两条蚕共同做成的一个茧,称为双宫茧;以双宫茧为原料缫制的丝,称为双宫丝。

不能缫丝的下脚茧、野蚕茧和缫丝产生的下脚丝、丝织加工中的废丝和化学短纤维等都可作为绢纺原料,纺制而成的纱线称为绢丝。绢丝是一种名贵的丝织原料。它是一种短纤维纱线,其物理力学性能除与纤维本身的性能有关外,还取决于它的纱线结构。例如,绢丝的回潮率较生丝低,伸长率、强度也比生丝低。常用绢丝的细度为 140 公支双股并合、210 公支双股并合以及 240 公支双股并合等。为了得到特殊的外观效应,有时可手工纺制条干很粗且粗细不匀的大条丝等。

4 蚕丝的特性

4.1 蚕丝的化学组成与化学性质

蚕丝主要由丝素与丝胶组成。桑蚕丝中,丝素含量占其总量的 70%～80%,丝胶含量为 20%～30%。丝胶与丝素都是蛋白质,丝胶蛋白质能溶于水。

蚕丝在酸碱作用下能被水解破坏,尤其是对碱的抵抗力更差,遇碱即膨化水解。强的无机酸在常温下短时间处理也会使蚕丝溶解,但弱的无机酸和有机酸对蚕丝影响不大。同样条件下,柞蚕丝的耐酸碱性比桑蚕丝强。

4.2 蚕丝的形态结构

每根茧丝中包含来自两侧绢丝腺的两根丝素纤维。在光学显微镜下观察,茧丝的断面好似一副眼镜,包含两根外形接近于三角形的丝素纤维,包覆在其周围的是一层非纤维状的丝胶(图 1-41)。一粒茧的整根茧丝素的三角形由外层到内层逐渐由比较圆钝变为扁平。

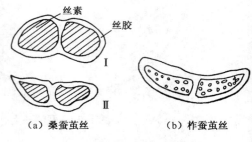

(a) 桑蚕茧丝   (b) 柞蚕茧丝

Ⅰ—内层茧丝   Ⅱ—外层茧丝

图 1-41 茧丝截面形态

4.3 蚕丝的长度

蚕丝是天然纤维中唯一的一种长丝纤维,一粒茧子的丝可达几百米至上千米。桑蚕和柞蚕的茧丝长度和直径的变化范围参见表 1-10。虽然柞蚕茧的茧层量和茧形均大于桑蚕,但因茧丝直径比桑蚕大,所以茧丝长度比桑蚕小。茧丝直径主要和蚕儿吐丝口的大小以及吐丝时的牵伸倍数有关,一般速度愈大茧丝愈细。

表 1-10 茧丝的长度与直径

纤维种类	长度(m)	直径(μm)
桑蚕茧丝	1200～1500	13～18
柞蚕茧丝	500～600	21～30

4.4 蚕丝的色泽

生丝的色泽是指生丝的颜色与光泽。丝的颜色随原料茧的不同而有差异,其中最常见的是白色和淡黄色。生丝的色泽在很大程度上体现了它本身的内在质量。如一般春蚕丝丝身洁白,表明丝身柔软、表面清洁、含胶量少,强度较低,耐磨性较差;而秋蚕丝丝身略黄、光泽柔和,表明含胶量多,强度较高,耐磨性较好。

光泽是纤维反射光线所引起的一种视觉效果。纺织纤维的光泽很重要。生丝经精练后具有其他纤维所不能比拟的柔和与优雅的独特光泽。这与丝素具有近似三角形的截面形状、丝纤维的原纤结构以及丝胶包覆丝素的层状结构、单丝表层的排列状态及单丝纤度细等因素有关。

柞丝一般呈淡黄、淡黄褐色。这种天然的淡黄色赋予柞丝产品一种更加华丽富贵的外观。柞丝的光泽也别具一格,它虽然不及桑丝那样柔和与优雅,却有一种隐隐闪光的效应,人称"珠宝光泽"。这与柞丝素更为扁平的三角形截面有关。

4.5 蚕丝的耐光性

在光的长时间作用下,不仅丝纤维中的氢键会发生断裂而恶化其力学性能,而且白光中的紫外线会在有氧和水存在的条件下,通过酪氨酸和色氨酸残基的氧化而使丝泛黄;如强烈地加热或加入中性盐等参与作用,泛黄变色会加剧。

子项目 1-5 化学纤维的形成与特性

从人类诞生到 19 世纪末,人们认识与使用的纤维主要是天然纤维。随着人类对纤维需求的增加,19 世纪末开始研究化学纤维的生产。1884 年,法国人获得从硝酸纤维素(棉硝化)制取人造丝的专利,在 1889 年的巴黎大博览会上展出并得到好评,于 1891 年开始商品化生产。接着,1901 年、1905 年、1920 年相继生产了铜氨纤维、黏胶纤维和醋酯纤维。化学纤维生产的新纪元开始于 20 世纪 30 年代末,1935 年出现了尼龙(Nylon),1938 年出现了涤纶纤维。

化学纤维用天然或合成的高聚物为原料,经过化学方法和机械加工制造而成。化学纤维的问世使纺织工业出现了突飞猛进的发展,经过一个世纪的发展,化学纤维不论是品种还是总产量都已经超过天然纤维。

1 化学纤维制造概述

化学纤维的制造一般经过成纤高聚物的提纯或聚合、纺丝流体的制备、纺丝和纺丝后加工四个过程。

1.1 成纤高聚物的提纯或聚合

化学纤维一般为高分子聚合物,可直接取自于自然界,也可以由自然界中的低分子物经化学聚合而成。作为成纤高聚物,应具有线性或小支链型分子结构、合适的相对分子质量或聚合度、一定的化学物理稳定性以及对人体的无侵害性。

再生纤维由天然高分子聚合物经化学加工制造而成。对于天然高分子聚合物,需经过提纯以去除杂质。例如,用于制造黏胶纤维的原料是棉短绒、木材、芦苇或甘蔗渣,它们的主要成分是纤维素,本身已是高分子聚合物,除杂提纯后,即可制成纺丝流体。

合成纤维以煤、石油、天然气及一些农副产品等低分子物为原料,制成单体后再经化学聚合或缩聚成高分子聚合物,然后制成纤维。合成纤维的学名基本上是在高聚物的单体名称前加"聚"字而命名。

1.2 纺丝流体的制备

将固体高聚物加工成纤维,首先要制备纺丝液。纺丝液的制备有熔体法和溶液法两种方法。若高聚物的熔点低于其分解温度,可将高聚物熔融成流动的熔体后进行纺丝;对于熔点高于分解温度的高聚物,则用适当的溶剂将高聚物溶解成具有一定黏度的纺丝液进行纺丝。

黏胶纤维、醋酯纤维等以天然纤维素为原料的化学纤维,其纺丝液的制备用溶液法。由于能直接溶解纤维素的溶剂很少,所以先把纤维素制成碱纤维素,然后将碱纤维素与二硫化碳发生化学反应,生成可溶性的纤维素黄酸酯,最后将纤维素黄酸酯溶解于稀碱溶液中,即可制成黏稠的黏胶纺丝流体。为了保证纺丝的顺利进行并纺得优质纤维,纺丝流体必须黏度适当,不含气泡和杂质,所以纺丝流体须经过过滤、脱泡等处理。

1.3 纺丝

将纺丝流体从喷丝头的喷丝孔中压出而成液体细丝状,再在适当介质中固化成细丝,这一过程称为纺丝。根据纺丝流体制备方法和液体细丝固化方法,常用的纺丝方法分为熔体纺丝和溶液纺丝两类。

(1)熔体纺丝 将熔融的成纤高聚物熔体从喷丝头的喷丝孔中压出,液体细丝在周围空气(或水)中冷却凝固成丝(图1-42)。涤纶、丙纶、锦纶、乙纶等均采用熔体纺丝方法。此法的优点是流程短、纺丝速度高、成本低。但喷丝头上的喷丝孔数少(图1-43),若用常规的圆形喷丝孔,则纺得的纤维截面大多为圆形(图1-44)。

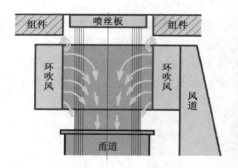

图1-42 熔体纺丝法

图1-43 喷丝头

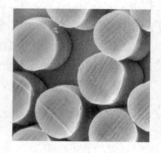

图1-44 熔体纺丝纤维截面

(2)溶液纺丝 根据凝固方法的不同分为湿法纺丝和干法纺丝。

① 湿法纺丝:将高聚物溶解所制得的纺丝液从喷丝孔中压出,在凝固液中固化成丝(图1-45)。腈纶、维纶、氯纶、黏胶纤维等可采用湿法纺丝。湿法纺丝的纺丝速度较慢,但喷丝孔数较多(可达5万孔以上)。由于液体凝固剂的固化作用,虽然是常规的圆形喷丝孔,但纤维截面大多不呈圆形,而且有较明显的皮芯结构(图1-46)。

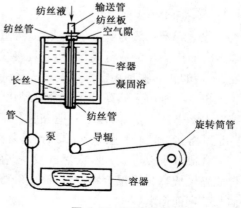

图1-45 湿法纺丝

34

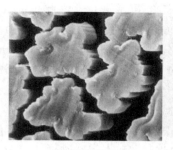
（a）黏胶纤维截面

（b）黏胶纤维纵面

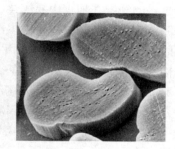
（c）腈纶纤维截面

图 1-46　湿法纺丝纤维形态

② 干法纺丝　将通过溶液法所制得的纺丝液从喷丝孔中压出,形成细流,进入热空气,随溶剂迅速挥发而凝固成丝(图1-47)。醋酯纤维、腈纶、氯纶、维纶、氨纶等均可采用干法纺丝。干法纺丝要求溶解高聚物的溶剂易挥发,即溶剂的挥发点低。此法纺丝速度较高,可纺得较细的长丝。但是,溶剂挥发易污染环境,所以需回收溶剂,设备工艺复杂、成本高,使用较少。

1.4　后加工

将纺丝流体从喷丝孔中喷出的固化丝称为初生纤维。虽已成丝状,但其内部结构还不完善,质量差、强度低、伸长很大、沸水收缩率很高,纤维硬而脆,没有使用价值,不能直接用于纺织加工,还必须经过一系列的后加工。后加工的工序主要因短纤维、长丝而异。所以,后加工分为短纤维的后加工和长丝的后加工。

1.4.1　短纤维的后加工

短纤维的后加工主要包括集束、拉伸、水洗、上油、卷曲、干燥、热定形、切断、打包等。

（1）**集束**　将几个喷丝头喷出的丝束以均匀的张力集合成规定粗细的大股丝束,以便于后加工。集束时必须张力均匀,否则经拉伸后会引起纤维的粗细不匀。

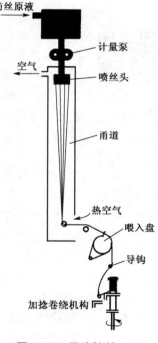

图 1-47　干法纺丝

（2）**拉伸**　集束后的大股丝束被引入拉伸机进行拉伸,使纤维大分子沿纤维轴向伸直而有序地排列(取向度提高),大分子间的作用力得到加强,从而改善了纤维的强度,降低了纤维的伸长度。所以,拉伸的主要作用是改善纤维的力学性质。改变拉伸倍数可使纤维大分子的排列状态不同,从而制得不同强伸度的纤维。如涤纶,拉伸倍数小,制得的纤维强度较低,伸长率较大,属低强高伸型;拉伸倍数大,制得的纤维强度较高而伸长率较小,属高强低伸型。

（3）**上油**　天然纤维表面有一层棉蜡、羊脂等保护层。它们能减少纤维与纤维、纤维与机件之间的摩擦及其他不良影响。为了改善化学纤维的工艺性能,需要对化学纤维上油。上油一方面是纺丝工艺的需要,另一方面是化学纤维纺织加工的需要。因此,化纤油剂有纺丝油剂和纺织油剂之分。

含油率的高低与纤维的可纺性有着十分密切的关系。含油率低的纤维易产生静电,而含油过多的纤维在加工中易缠绕纺纱器件,直接影响纺织工艺加工的正常进行。因此合成纤维在制造过程中要经过一次或多次的上油加工,上油后纤维的表面附着一层油膜,从而提高了纤维间的抱合力、抗静电性能和平滑柔软性。化学纤维的油剂成分基本上为表面活性剂,其分子结构中既有疏水基又有亲水基。表面活性剂在纤维表面呈定向排列:亲水基向着空气,疏水基向着纤维,使纤维表面形成易吸湿的薄膜,从而使纤维易于将产生的静电逸散到空气中去。另一方面表面活性剂的润滑作用能降低纤维表面的摩擦系数,也减少静电的产生。

按纤维品种不同,所用油剂品种也有所不同,如涤纶油剂、锦纶油剂和黏胶油剂等。而上油的多少对纺织加工能否正常进行有着密切关系,通常棉型涤纶、丙纶短纤维的上油率为 0.1%～0.2%,维纶为 0.15%～0.25%,腈纶为 0.3%～0.5%,锦纶为 0.3%～0.4%,毛型化纤的含油率要求稍高一些,如毛型涤纶的含油率以 0.2%～0.3%为宜,长丝以 0.8%～1.2%为宜。经常测定化学纤维的含油率,对产品加工性能及正确地计算纤维公量具有重要的意义。

三维卷曲中空涤纶纤维

（4）**卷曲** 卷曲由机械或化学方法加工而成,以增强纤维的抱合力,使纺纱工程正常进行并保证成纱强力,改善织物的服用性能,同时使纤维的外观与毛、棉等天然纤维相似,以利于混纺。

（5）**干燥和热定形** 干燥的作用是除去纤维中多余的水分,以达到规定的含水量。热定形的目的是消除纤维在纺丝、拉伸和卷曲时产生的内应力,重建其结构,以提高结晶度。经过定形可保持卷曲效果,降低纤维的沸水收缩率,提高尺寸的稳定性,改善纤维的使用性能。热定形可以分为松弛热定形和紧张热定形两类。

（6）**切断** 按照纤维的使用要求,将纤维切断成规定长度的短纤维,一般切断成棉型、中长型和毛型三种长度,以满足纯纺或混纺的加工要求。切断时要求刀口锋利,张力均匀,以免产生超长纤维和倍长纤维。

（7）**打包** 将纤维打成包以便于运输和存储。

1.4.2 长丝的后加工

长丝的后加工比短纤维复杂。如锦纶 6,其长丝的后加工包括拉伸加捻、后加捻、压洗(涤纶不需压洗)、干燥、热定形、平衡、倒筒、检验分级、包装等工序(图 1-48)。

长丝的拉伸目的与短纤维相同。由于长丝一般为复丝,加有一定的捻度后,可以增强丝的抱合力,减少使用时的抽丝,并提高复丝的强度。

压洗是在热水锅内对卷绕在网眼筒管上的丝条循环洗涤,以除去丝条上的单体等低分子物。

定形是在热定形锅内用蒸汽进行,以消除前段工序中产生的内应力,改善纤维的物理性能,并稳定捻度。

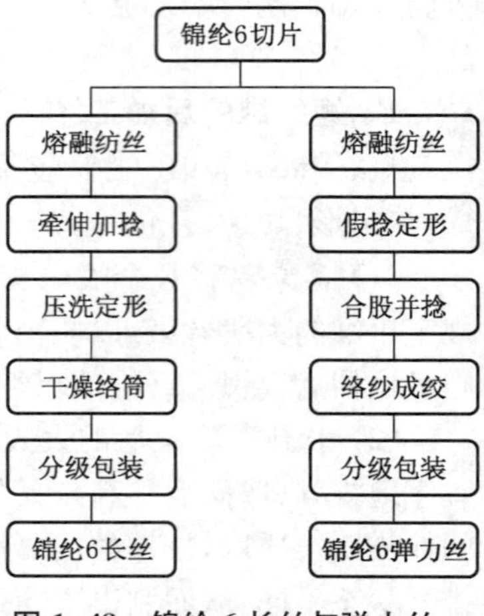

```
              锦纶6切片
           ┌──────┴──────┐
        熔融纺丝        熔融纺丝
           │              │
        牵伸加捻        假捻定形
           │              │
        压洗定形        合股并捻
           │              │
        干燥络筒        络纱成绞
           │              │
        分级包装        分级包装
           │              │
       锦纶6长丝       锦纶6弹力丝
```

图 1-48 锦纶 6 长丝与弹力丝加工流程

2 常见化学纤维的特性

与天然纤维相比,化学纤维有一些共同的特性,可以在一定程度上人为地改变。第一,可根据纺织加工设备类型,生产出长丝型和短纤维型化学纤维,其中的短纤维又可分为棉型、毛型和中长型三种,还可以通过牵切的方式得到不等长的化学短纤维。第二,化学纤维的强伸度可以通过改变后加工过程中的拉伸倍数来进行控制。第三,化学纤维的光泽和颜色可通过加入不同量的消光剂和不同颜色的染料或颜料而加以改变。总之,化学纤维的性能可控性较天然纤维多,且均匀性好,不同品种的化纤又各有其特性。现将常见化学纤维的特性简述如下。

2.1 再生纤维素纤维

再生纤维素纤维是以棉短绒、木材、甘蔗渣、芦苇等天然纤维素为原料,经过化学处理和机械加工而制成。国际人造丝及合成纤维标准局(BISFA)对再生纤维素纤维的命名见表 1-11。

表 1-11　再生纤维素纤维的名称和缩写

纤维名称	英文名	缩写	纤维名称	英文名	缩写
黏胶纤维	Viscose	CV	醋酯纤维(二醋酯)	Acetate	CA
莫代尔纤维(高湿模量)	Modal	CMD	三醋酯纤维	Triacetate	CTA
波里诺西克纤维(高湿模量)	Polynosic	CMD	莱赛尔纤维	Lyocell	CLY
铜氨纤维	Cupro	CUP	天丝	Tencel	TEL

2.1.1 黏胶纤维

黏胶纤维是我国对黏胶长丝和黏胶短纤维的统称,其商品名分别为人造丝和人造棉。黏胶纤维浆粕制备时,先将棉短绒、木材、麻材、竹子、甘蔗渣、芦苇、秸秆等原料中的天然纤维素制成纤维素黄酸钠溶液,然后在酸液中将纤维素析出,由于纤维素黄酸钠溶液的黏度很大,因而命名为"黏胶"。采用不同的原料和纺丝工艺,可分别制得普通黏胶纤维、高湿模量黏胶纤维、强力黏胶纤维和改性黏胶纤维等。普通黏胶纤维又可分为棉型(人造棉)、毛型(人造毛)、中长型和长丝。高湿模量黏胶纤维具有较高的强度、湿模量,湿态下强度为 2.2 cN/dtex,伸长率不超过 15%,其代表产品为富强纤维。强力黏胶纤维具有较高的强度和耐疲劳性能。

(1) 普通黏胶纤维的主要特性——吸湿易染

① 黏胶纤维采用湿法纺丝工艺,普通黏胶纤维的截面形状为锯齿形,有皮芯结构,纵向平直有沟槽。

② 黏胶纤维的基本组成是纤维素,与棉纤维相同。耐碱性较好,但不耐酸,其耐酸碱性均较棉纤维差。

③ 普通黏胶纤维的断裂强度较棉纤维小,为 1.6～2.7 cN/dtex;断裂伸长率比棉纤维大,为 16%～22%。黏胶纤维的湿强下降很大,仅为干强的 50% 左右,湿态伸长增加约 50%。其模量较棉低,弹性回复力差,尺寸稳定性差,织物易伸长,耐磨性差。富强纤维对黏胶纤维的上述缺点有较大的改善,特别是湿强有较大的提高。

④ 黏胶纤维的结构松散,其吸湿能力优于棉,是常见化学纤维中吸湿能力最强的纤维,公定回潮率为 13%。吸湿后显著膨胀,制成织物后遇水收缩大,手感发硬。

⑤ 黏胶纤维的染色性很好,染色色谱很全,可以染成各种鲜艳的颜色。

⑥ 黏胶纤维织物的悬垂性好,手感柔软,不起球。

⑦ 黏胶纤维的比电阻较低,抗静电性能很好。

⑧ 黏胶纤维的耐热性、热稳定性和耐光性与棉纤维相近。

(2) 黏胶纤维的用途　黏胶纤维可广泛应用于机织、针织、制线等领域,可以制作服装、被面、床上用品和装饰品等各种纺织品,也可与多种纤维交织或合股制成面料或纱线。

① 服装用:富春纺、美丽绸、人丝缎、人造棉及针织布、缝纫线等,主要作夏季服装面料。

② 装饰用:黏胶长丝和短纤维织物用于制作窗帘,黏胶雪尼尔纱则用于制作沙发布。

③ 工业用:高强力黏胶纤维可用作轮胎帘子线、运输带等。

(3) 黏胶织物的保养

① 随洗随浸:纤维素纤维的缩水率大,湿强度低,水洗时要随洗随浸,不可长时间浸泡。

② 轻揉轻洗:黏胶纤维织物遇水会发硬,洗涤时要"轻洗",以免起毛或裂口。一般以手洗为好。

③ 低温低碱:洗涤液的温度不能超过 45 ℃,用中性洗涤剂或低碱性洗涤剂。

④ 忌绞忌晒:洗后把衣服叠起来,大把地挤掉水分,切忌拧绞。洗后忌曝晒,应在阴凉通风处晾干。

2.1.2 醋酯(酸)纤维

醋酯纤维以纤维素为原料,经乙酰化处理使纤维素中的羟基与醋酸酐作用生成醋酸纤维素酯,再经干法或湿法纺丝而制得。醋酯纤维根据乙酰化处理的程度不同,可分为二醋酯纤维和三醋酯纤维;根据纤维形态,则有醋酯短纤维和醋酯长丝。

(1) 醋酯(酸)纤维的主要特性——酷似真丝

① 醋酯纤维的截面多为瓣形、片状或耳状,无皮芯结构。

② 对于二醋酯纤维,其纤维素中74%～92%的羟基被乙酰化;对于三醋酯纤维,其纤维素中 92%以上的羟基被乙酰化,因而它们的吸湿能力比黏胶纤维差。在标准大气条件下,二醋酯纤维的回潮率为 6.5%左右,三醋酯纤维的回潮率为 4.5%左右。

③ 醋酯纤维的吸湿能力较差,给染色带来了一定的困难,其染色性能较黏胶纤维差,通常采用分散性染料和特种染料染色。

④ 醋酯纤维对稀碱和稀酸具有一定的抵抗能力,但浓碱会使其皂化分解。

⑤ 醋酯纤维为热塑性纤维。二醋酯纤维在 140～150 ℃时开始变形,软化点为 200～230 ℃,熔点为 260～300 ℃;三醋酯纤维的软化点为 260～300 ℃。所以醋酯纤维的耐热性和热稳定性较好,具有持久的压烫整理性能。

⑥ 醋酯纤维具有一定的吸湿能力,比电阻较小,抗静电性能较好,几乎不产生静电现象。

⑦ 醋酯纤维的耐气候色牢度较差,在空气中受污染气体作用而变色。

⑧ 醋酯长丝酷似天然真丝,光泽柔和,色泽鲜艳,悬垂性和手感良好,不起球,并具有防霉防蛀性能。它不仅拥有天然纤维的基本特性,而且具有类似于合成纤维的特征,这是其他纤维素纤维所不能比拟的。

(2) 醋酯(酸)纤维的主要用途

① 高档服装面辅料:醋酯长丝主要用于制织礼服的面料和里料、丝巾、领带、睡衣等。

② 医用敷料:醋酯短纤维可用于服装面料和医用敷料。采用水刺工艺生产的无纺布,因不与伤口粘连,特别适用于外科手术包扎的敷料,是高级医疗卫生材料;也可以制成擦布或特殊用纸。醋酯短纤维还可以与其他纺织纤维混纺,如与羊毛、棉等天然纤维或涤纶、锦纶等合成纤维混纺,制成各种性能优良的服装面料。

③ 香烟滤嘴:醋酯纤维约 80%为烟用丝束,作香烟过滤嘴棒。

(3) 醋酯(酸)织物的保养 醋酯纤维与黏胶纤维一样,干强较低,湿强较干强下降30%～40%,耐磨性与弹性较差。因此,其织物的保养方法基本与黏胶织物相同。

① 轻揉手洗:避免用洗衣机水洗,因为产生的皱褶痕迹可能难以消失。应干洗或轻揉手

洗,水洗时要随洗随浸,不可长时间浸泡。

② 低碱洗涤:洗涤液的温度不能超过 45 ℃,用中性洗涤剂或低碱性洗涤剂。

③ 低温熨烫:熨烫时注意控制温度,在热水和吹干设备 90 ℃ 的作用下,强度大幅度下降,还可能产生过度收缩。

④ 密封保存:醋酯纤维织物在空气中容易改变色泽,特别是深蓝色和海军蓝,暴露在外的部分会由蓝色变成紫色和红色。

2.1.3 莱赛尔纤维

莱赛尔纤维为再生纤维素纤维,以天然纤维素高聚物为原料,采用 N-甲基吗啉-N-氧化物(N-Methy Morpholine Oxide,简称 NMMO)水溶液溶解纤维素后纺丝而成。生产过程中使用的有机溶剂 NMMO 在生产密封系统中的回收率达 99% 以上,对环境没有污染,且莱赛尔纤维易于生物降解,焚烧时也不会产生有害气体。所以,莱赛尔纤维是一种符合环保要求的再生纤维素纤维。1993 年底,莱赛尔纤维由英国化学纤维生产商 Courtaulds 公司在美国 Mobile 生产,纤维的商品名称为天丝(Tencel)。其后,世界各国纷纷投资生产该纤维。现将目前生产莱赛尔纤维的公司、商品名和纤维类型归纳于表 1-12 中。

表 1-12　莱赛尔纤维主要生产情况

生产国家和地区	商品名称	纤维种类	规格
Mobile(美国)	Tencel	短纤维	棉型、中长型,全消光,长度为 38 mm、51 mm 和 70 mm
Grimsby(英国)	Courtaulds Lyocell		
Heiligenkrenuz(奥地利)	Lenzing Lyocell	短纤维	1.7～3 dtex　38～40 mm
Obernburg(德国)	Newcell	长丝	40 dtex(30f)、80 dtex(60f)、120 dtex(60f)、150 dtex(90f)
Rudolstalt(德国)	Alceru	短纤维	—
Masan(韩国)	Cocel	短纤维	—
Mytishi(俄国)	Orcel	试验产品	—
台湾(中国)	Acell	短纤维	—

(1) 莱赛尔纤维的主要特性——环保高强

① 莱赛尔纤维的基本组成是纤维素,与棉、黏胶纤维相同。莱赛尔纤维的耐碱性较好,但不耐酸,其耐酸碱性均较棉纤维差。

② 莱赛尔纤维的断裂强度远远大于棉和普通黏胶纤维,可达 4.0～4.2 cN/dtex;其湿强虽有下降,但仍在 3.0 cN/dtex 以上,高于棉的湿强(2.6～3.0 cN/dtex)。所以,莱赛尔纤维不存在普通黏胶纤维湿强低的问题。这意味着,它能经受剧烈的机械处理和水处理,不会损伤织物的品质。莱赛尔纤维的断裂伸长率比普通黏胶纤维小,比棉纤维大,为 14%～16%;湿态伸长率增加 16%～18%。

③ 莱赛尔纤维的横截面形状近似圆形。和许多化学纤维一样,莱赛尔纤维也具有皮芯层结构,但皮层比例较小,在 5% 以下,皮层下面的纤维表面仍然光滑,没有黏胶纤维纵向平直有沟槽的特征。

④ 莱赛尔纤维的亲水基团与普通黏胶纤维相同,吸湿性较好,公定回潮率为 10%。莱赛尔纤维在水中有一个很重要的现象,即不仅有膨润现象,而且膨润的异向性特征十分明

显。这已成为莱赛尔纤维加工中的一个难点。但是它的纵向膨润率比较低,所以其总的体积膨润率低于普通黏胶纤维。这也是导致它在湿加工后尺寸稳定性优于黏胶纤维织物的一个因素。

⑤ 莱赛尔纤维的染色性能与棉纤维和黏胶纤维一样,适用于黏胶纤维的染料对它都适合,但相比之下,活性染料的效果更好一些,染色色谱很全,可以染成各种鲜艳的颜色。

⑥ 莱赛尔纤维很突出的特点是原纤化。莱赛尔纤维经摩擦或物理、化学处理,纤维表面呈现原纤、微原纤的趋向,沿纤维纵向分离出更细小的原纤(图 1-49)。原纤化产生的原因是 Lyocell 纤维具有较高的轴向取向度,微原纤间的横向结合力较弱,在湿态下纤维的高度膨化更加减弱了这种结合力,因此在纤维自身或与金属的摩擦作用下,部分皮层纤维脱落,残留的皮层纤维则沿纵向开裂,形成较长的不均匀的原纤茸毛。

图 1-49　原纤化(左)和低原纤化(右)Lyocell

Lyocell 的原纤化特性使得这种纤维织物的成品风格有两种类型。一种是利用纤维的原纤化特性,通过初级原纤化、酶处理和二次原纤化,制成桃皮绒风格的产品;另一种是在酶处理后不进行二次原纤化,制成表面整洁的光洁面积物。Lyocell 纤维易于原纤化的性能虽然给生产无纺布、过滤材料和桃皮绒风格的织物带来了方便,却给光洁织物的生产和使用带来麻烦,如生产过程中织物易起毛起球、染色易产生色花。另外,由 Lyocell 面料制成的服装经过多次日常洗涤后的严重原纤化,使服装具有很强烈的陈旧感。

⑦ 莱赛尔纤维的吸湿能力很强,比电阻较低,抗静电性能很好。

⑧ 莱赛尔纤维的耐热性、热稳定性和耐光性与棉纤维相近。

(2) 莱赛尔纤维的主要用途

① 高档服装面料:通过机织和针织而形成不同风格的纯 Lyocell 织物和混纺织物,用于高档牛仔服、女士内衣、时装以及男式高级衬衣、休闲服和便装等。细旦和超细旦 Lyocell 纤维在高档产品开发中发挥更好的作用。

② 特种工业用布:Lyocell 纤维具有较高的强度,干强与涤纶接近,湿强几乎达到干强的90%,是其他纤维素纤维无法比拟的,在非织造布、工业滤布、工业丝和特种纸等方面得到了广泛的应用。Lyocell 纤维可采用针刺法、水刺法、湿铺、干铺和热黏法等工艺制成各种性能的非织造布,性能优于黏胶纤维产品。

(3) 莱赛尔织物的保养　Lyocell 产品的洗涤方法大致与合成纤维产品相同。机织面料可机洗,因为干强和湿强都较大,缩水率较其他纤维素纤维小。但由于其原纤化的特点,洗涤时忌用刷子用力搓刷,尽量避免摩擦,洗衣机洗涤时最好将服装放入网兜。

2.2　再生蛋白质纤维

再生蛋白质纤维是指用酪素、大豆、花生、牛奶等天然蛋白质为原料制成,其组成成分仍为蛋白质的纤维。如大豆纤维、酪素纤维、花生纤维、牛奶纤维等。

2.2.1　大豆纤维

大豆纤维是由腈基、羟基等高聚物与大豆蛋白质接枝、共聚、共混制成一定浓度的纺丝液,再经湿法纺丝而制成的再生蛋白质纤维。大豆纤维由我国河南濮阳华康生物化学工程联合集团公司研制、开发并实现商业化生产,标志着我国大豆纤维生产技术达到国际领先水平。大豆纤维生产既有效地利用了大豆废粕,生产过程无污染,而且大豆纤维易生物降解。

大豆纤维的密度小,单丝线密度低,强度与伸长率较高,耐酸碱性较好,具有羊绒般的柔软手感、棉纤维般的吸湿导湿性和舒适性以及蚕丝般的柔和光泽,对人体有一定保健作用。大豆纤维的悬垂性优于蚕丝,染色性好,可用弱酸性、活性染料染色;其缺点是摩擦系数小、弹性小、缩水变形较大、不耐热、易起毛、抗皱性差。大豆纤维和常见纤维的性能比较见表 1-13。

表 1-13　大豆纤维和常见纤维性能比较

项目	大豆纤维	棉纤维	黏胶纤维
密度(g/cm³)	1.29	1.54	1.5～1.52
回潮率/%	5～9	8	13～15
干强(cN/dtex)	3.8～4.0	2.6～4.3	1.5～2.0
湿强(cN/dtex)	2.5～3.0	2.9～5.6	0.7～1.1
断裂伸长率/%	18～21	3.7	10～24
初始模量(cN/dtex)	53～98	60～82	57～75
钩接强度率/%	75～85	70	30～65
打结强度率/%	85	90～100	45～60
耐热性	差	较好	好
耐碱性	不耐碱	耐碱	耐碱
耐酸性	耐酸	耐冷稀酸	不耐酸
耐磨性	尚好	尚好	不好
耐霉蛀性	好	不好	好
舒适性	优	良好	一般
染色性	尚好	尚好	一般

大豆纤维可利用棉纺、毛纺设备进行纯纺和混纺,可通过机织、针织的方式加工成不同风格的新型高档面料,经印染加工后,可获得外观华丽、色泽鲜艳、色感柔和、弹性好、舒适性好且具有保健作用的功能纺织品,具有细度细、质地轻、强伸度高、吸湿、柔软、光泽好、保暖性好等优良服用性能,被称为"人造羊绒"。

2.2.2　酪素纤维

酪素纤维俗称牛奶纤维。20 世纪 40 年代初期,美国、英国研制成功酪素纤维,商品名为 Aralic(美国)、Fibralane(英国)。近年来,日本东洋纺公司开发了以新西兰牛奶为原料的再生蛋白质纤维"Chinon"。这是目前世界上唯一实现工业化生产的酪素纤维。它具有天然丝般的光泽和柔软的手感,有较好的吸湿导湿性能和极好的保湿性,穿着舒适。但由于 100 kg 牛奶只能提取 4 kg 蛋白质,制造成本高,至今无法大量推出使用。

2.3　合成纤维

合成纤维是利用煤、石油、天然气和一些农副产品等天然的低分子物并经过一系列化学、物理加工而制成的纺织纤维。合成纤维具有生产效率高、原料丰富、品种多、服用性能好、用途广等优点,因此发展迅速。目前常规的合成纤维有七大类:涤纶、锦纶、腈纶、维纶、丙纶、氯纶、氨纶。它们与天然纤维相比有着非常明显的共同特性(表1-14)。

表1-14　常规合成七大纶的纤维共同特性

项目	优点	缺点
力学性能	断裂强度、伸长率高,弹性和耐磨性好,其中锦纶的强度最大、耐磨性最好,涤纶最挺括	摩擦系数较大
外观性能	抗皱性、免烫性好	易勾丝、易起球
纤维密度	都较小,其中丙纶的密度为最小	—
染色性	锦纶较易上色	大多对一般染料的染色性较差,涤纶需用分散染料,采用非常规染色;腈纶需用阳离子染料
化学稳定性	较好,不霉不蛀,保养方便	锦纶对无机酸的抵抗力很差
热学性质	有热塑性,热定形性好	易熔孔
光学性质	较好,其中腈纶的耐日光性最好	锦纶和丙纶的耐光性较差
吸湿性	吸湿性差,导致织物易洗快干、免烫性好,氯纶织物产生的静电对治疗关节炎有辅助作用	丙纶、氯纶几乎不吸湿,导致纤维比电阻很高,易产生静电和吸附灰尘

由表可见,合成纤维在服用方面,保养性和耐用性优良,外观性较好,但舒适性差。所以,合成纤维适合制作外衣,不适合用于内衣。

合成纤维织物由于吸湿能力小,能水洗,且易洗快干;可用一般洗涤剂洗涤,可机洗。锦纶和丙纶纤维由于耐光性较差,故不宜曝晒。丙纶与氯纶纤维由于耐热性差,而不宜熨烫;熨烫时,丙纶的熨烫温度不宜超过100 ℃,氯纶熨烫温度不宜超过70 ℃。

2.3.1　涤纶纤维

涤纶是聚酯类纤维中用途最广、产量最高的一种,其化学名称为聚对苯二甲酸乙二酯(PET)纤维,由对苯二甲酸或对苯二甲酸二甲酯与乙二醇经缩聚反应得到聚对苯二甲酸乙二酯高聚物,再经纺丝加工而成。聚酯类纤维还有聚对苯二甲酸丙二酯(PPT)纤维、聚对苯二甲酸丁二酯(PBT)纤维和聚萘二甲酸乙二酯(PEN)纤维。我国将聚对苯二甲酸乙二酯的含量大于85%的纤维简称为涤纶,俗称"的确良"。国外的商品名称很多,如美国称"Dacron(达克纶)",日本称"Totoron(帝特纶)",英国称"Terylene(特丽纶)"等。

(1)涤纶纤维的主要特性——挺括不皱

① 涤纶为熔体纺丝,故常见的纤维截面为圆形,纵向为圆棒状。也可以改变喷丝孔的形状纺制成异形纤维。

② 涤纶的拉伸断裂强度和拉伸断裂伸长率都比棉纤维高。普通型涤纶的强度为3.5~5.3 cN/dtex,伸长率为30%~40%。根据纤维在加工过程中的拉伸倍数不同,可分为高强低伸型、中强中伸型和低强高伸型。涤纶在小负荷下的抗变形能力很强,即初始模量很高,在常见纤维中仅次于麻纤维。涤纶的弹性优良,在10%定伸长时的弹性回复率可达90%以上,仅次于锦纶。因此,织物的尺寸稳定性较好,织物挺括抗皱。涤纶的耐磨性仅次于锦纶,但织物易起毛起球,且不易脱落。

③ 涤纶的分子结构中吸湿基团极少,故吸湿能力很差。比电阻很高,导电能力极差,易产

生静电,给纺织加工带来了不利的影响。同时,由于静电电荷积累,易吸附灰尘。利用其电阻高的特性可加工成优良的绝缘材料。

④ 涤纶的染色性较差,染料分子难于进入纤维内部,一般染料在常温条件下很难上染。因此,多采用分散染料进行高温高压染色、载体染色或热融法染色,也可以通过纺丝流体染色生产有色涤纶。

⑤ 涤纶的耐碱性较差,仅对弱碱有一定的耐久性,但对酸的稳定性较好,特别是对有机酸有一定的耐久性。在 100 ℃下于 5% 的盐酸溶液中浸泡 24 h 或 40 ℃下于 70% 的硫酸溶液中浸泡 72 h,其强度几乎不损失。

⑥ 涤纶有很好的耐热性和热稳定性。在 150 ℃左右处理 1000 h,其色泽稍有变化,强力损失不超过 50%。但涤纶织物遇火种易产生熔孔。

⑦ 涤纶有较好的耐光性,仅次于腈纶。

(2) 涤纶纤维的主要用途 涤纶纤维有许多优良性能,服用价值高,有"的确良"的美誉,在家纺中也有广泛应用。涤纶短纤维可与棉、毛、丝、麻和其他化学纤维混纺,制成不同性能的纺织制品,用于服装、装饰等领域。涤纶长丝,特别是变形丝可用于针织、机织制成各种不同的仿真型内外衣;涤纶长丝广泛用于轮胎帘子线、工业绳索、传动带、滤布、绝缘材料、船帆、帐篷布等工业制品;多孔涤纶纤维则用于制作棉被等填充材料。涤纶以其发展速度快、产量高、应用广泛而被喻为化学纤维之冠。

2.3.2 锦纶纤维

锦纶为聚酰胺系纤维,其种类很多,凡分子主链中含有(—CONH—)的一类合成纤维,统称为聚酰胺纤维。其分子结构可用下列通式表示:

$$\left[NH-(CH_2)_x-CO \right]_n$$

$$\left[NH-(CH_2)_x-NHCO-(CH_2)_y-CO \right]_n$$

前一式表示聚酰胺仅由一种单体缩聚而成,单体含有一个端氨基和一个端羧基,或为环状的内酰胺。后一种表示聚酰胺由两种单体缩聚而成,一种单体含有两个端氨基,另一种含有两个端羧基。

聚酰胺纤维的命名采用数字标号法,即以单元结构中所含的碳原子数来命名。聚酰胺 6 为单元结构中含有 6 个碳原子 $\left[NH-(CH_2)_6-CO \right]$ 的高聚物,而聚酰胺 11 为单元结构中含有 11 个碳原子 $\left[NH-(CH_2)_{11}-CO \right]$ 的高聚物。所以,从数字的标号上可以看出 $\left[NH-(CH_2)_6-CO \right]$ 的化学组成。由二元胺与二元酸所组成的聚酰胺,数字标号分别用二元胺和二元酸中的碳原子个数来表示,前一组数字表示二元胺的碳原子数,后一组数字表示二元酸的碳原子数。例如聚酰胺 66 是由己二胺 $\left[NH_2-(CH_2)_6-NH_2 \right]$ 和己二酸 $\left[HOOC-(CH_2)_6-COOH \right]$ 制得的。

近年来发展了不少具有特殊性能的新品种,如吸湿能力强的锦纶 4 和锦纶 1010 等。除脂肪族聚酰胺纤维外,还有芳香族聚酰胺纤维,如耐高温、耐辐射的聚对苯二甲酰对苯二胺(芳纶 1414)、聚间二苯甲酰间二胺(芳纶 1313)、聚对苯甲酰胺(芳纶 14)和聚砜酰胺(芳砜纶)。虽然聚酰胺纤维的种类很多,而常用的是聚酰胺 6 和聚酰胺 66。我国的商品名称为锦纶;美国称"Nylon(尼龙)",已成为世界通用名称;德国称"Perlon(贝纶)";俄罗斯称"Kapron(卡普隆)"。

（1）锦纶纤维的主要特性——结实耐磨

① 锦纶与涤纶一样，采用熔体纺丝，所以锦纶的形态特征与涤纶相似，截面为圆形，纵向为圆棒状。异形纤维的截面形态因喷丝孔的形状不同而不同。

② 锦纶的化学组成为聚酰胺类高聚物，其代表产品有锦纶 6、锦纶 66，大分子上含有酰胺键（—CONH—）和氨基（—NH$_2$），大分子的柔曲性较好，因此织物的柔性较好、伸长能力较强。锦纶的耐碱性较好，但耐酸性较差，特别是对无机酸的抵抗力很差。

③ 锦纶纤维的强度高、伸长能力强，锦纶 6 的断裂强度为 3.8～8.4 cN/dtex；伸长率为16%～60%；锦纶 66 的断裂强度为 3.1～8.4 cN/dtex，伸长率为 16%～70%。锦纶的耐磨性是常见纤维中最好的。但锦纶在小负荷下易变形，初始模量较低，锦纶 6 为 7.0～40.0 cN/dtex，锦纶 66 为 4.4～51.0 cN/dtex。因此，织物的手感柔软，但保形性和硬挺性很差。

④ 锦纶的密度小于涤纶，为 1.14 g/cm^3 左右。

⑤ 锦纶含有酰胺键，故吸湿性较好。锦纶 4 的回潮率可达 7% 左右。

⑥ 锦纶的染色性较好，色谱较全。

⑦ 锦纶纤维的耐热性差，随温度的升高其强力下降。锦纶 6 的安全使用温度为 93 ℃以下，锦纶 66 的安全使用温度为 130 ℃以下。该纤维遇火种易产生熔孔。

⑧ 锦纶的比电阻较高，但具有一定的吸湿能力，因此静电现象不是很严重。

⑨ 锦纶的耐光性差，在长期的光照下，强度降低、色泽发黄。

（2）锦纶纤维的主要用途　锦纶是工业化生产最早的合成纤维，产量仅次于涤纶。锦纶生产以长丝为主，用于仿制丝绸型织物，也用于制作袜子、围巾、刷子和牙刷，还可织制地毯等；工业上主要用于制造轮胎帘子线、绳索、渔网等；国防上主要用于织制降落伞等。

2.3.3　腈纶纤维

腈纶纤维学名为聚丙烯腈纤维，又以其英文名（Acrylic）的谐音"亚克力"称呼，是指用85% 以上的丙烯腈和其他第二、三单体共聚的高分子聚合物纺制的合成纤维。美国杜邦公司于 20 世纪 40 年代研制成功纯聚丙烯腈纤维（商品名为 Orlon，奥纶），因染色困难、易原纤化，一直未投入工业化生产。后来在改善聚合物的可纺性和纤维的染色性的基础上，腈纶得以实现工业化生产。各个国家有不同的商品名，如美国有 Orlon（奥纶）、Acrilan（阿克利纶）、Cres-lan（克丽斯纶）、Zefran（泽弗纶），英国有 Courtelle（考特尔），日本有 Vonnel（毛丽龙）、Cashmi-lan（开司米纶）、Exlan（依克丝兰）、Beslon（贝丝纶）。

（1）腈纶纤维的主要特性——蓬松耐晒

① 一般采用溶液纺丝法，分湿法和干法两种，纤维截面形态多为圆形或哑铃形。

② 腈纶的密度与锦纶接近，为 1.16～1.18 g/cm^3。

③ 腈纶纤维的吸湿能力优于涤纶，而差于锦纶。

④ 腈纶纤维的强度较涤纶和锦纶低，为 2.2～4.4 cN/dtex；断裂伸长率与涤纶和锦纶相近，为 25%～50%。其耐磨性是合成纤维中较差的。

⑤ 腈纶纤维的突出特点是优异的蓬松性、保暖性和耐晒性及防霉、防蛀性能。

⑥ 腈纶的主要产品为短纤维，由于该纤维的某些性能和外观与羊毛相似，故有"人造羊毛"的美称。少量生产的聚丙烯腈长丝，可用于制作高技术纤维——阻燃的"预氧化丝"和"碳纤维"的原丝。

（2）腈纶纤维的主要用途　主要用于纺制针织线、膨体毛线，织制衣着和室内装饰用的毛毯、人造毛皮和仿毛型服装面料。

2.3.4 维纶纤维

维纶是采用聚醋酸乙烯醇水解方法制得的聚乙烯醇纤维。由于乙烯醇大分子的每个链节上都存在—OH,从而使纤维易发生水解。因此,常将维纶纤维中的部分羟基进行缩甲醛,以降低其亲水和水解能力,其缩醛度一般控制在 $30\%\sim35\%$。维纶的商品名称,美国有 Vinal(维纳尔),日本有 Vinylon(维尼纶)。

(1)维纶纤维的主要特性——棉质吸湿

① 维纶因采用溶液纺丝,故形态结构与腈纶相似。

② 维纶的大分子链节为聚乙烯醇,除主链的 C—C 外,其主要侧基为—OH。

③ 维纶的强度为 $3.2\sim5.7$ cN/dtex,高强纤维可达 7.9 cN/dtex,断裂伸长率为 $12\%\sim15\%$。弹性较其他合成纤维差,织物保形性较涤纶差,但优于棉纤维,且耐磨性较好。

④ 维纶的密度小于棉纤维,为 $1.26\sim1.30$ g/cm³。

⑤ 维纶含—OH,故吸湿能力是常见合成纤维中最好的,因此抗静电能力较好。

⑥ 维纶的染色性能较差,色谱不全。湿法纺丝纤维的色泽不够鲜艳,干法纺丝的纤维相对较鲜艳。

⑦ 维纶有较好的耐碱性,但不耐强酸,对一般的有机溶剂有较好的抵抗能力。

⑧ 维纶的耐热水性很差,聚乙烯醇在 $80\sim90$ ℃的沸水中收缩率达 10%,因此在加工过程中常常进行缩甲醛处理,以提高其耐热水性。否则,维纶在热水中剧烈收缩,甚至溶解。缩醛度为 30% 时,纤维的耐热水温度可提高到 115 ℃,但羟基减少 30% 使纤维的吸湿染色性能降低。维纶的导热能力较差,从而使其有良好的保暖性。

⑨ 维纶的耐光性、抗老化性较天然纤维好,但较涤纶、腈纶差。

(2)维纶纤维的主要用途 维纶的生产主要以短纤维为主,其性能接近于棉纤维,故有"合成棉花"之美称。维纶织物的坚牢度优于棉织物,但无毛型感,故常与棉纤维混纺。由于纤维性能的限制,一般只制作低档的民用织物。但维纶与橡胶有很好的黏合性能,因而大量用于工业制品,如绳索、水龙带、渔网、帆布、帐篷等。

2.3.5 丙纶纤维

丙纶由等规聚丙烯经熔体纺丝而制得,国外的商品名为 Meraklon(梅拉克纶),产品主要有短纤维、长丝和膜裂纤维等。丙纶于 1957 年正式开始工业化生产,是合成纤维中的后起之秀。由于丙纶具有生产工艺简单、产品价廉、强度高、密度低等优点,发展很快。目前,丙纶已是合成纤维的第四大品种。

(1)丙纶纤维的主要特点——质轻价廉

① 丙纶采用熔体纺丝,其形态结构与涤纶、锦纶相似。

② 丙纶的化学名称为聚丙烯纤维,强度高,一般为 $2.6\sim7.0$ cN/dtex,湿强基本与干强相等;断裂伸长率为 $20\%\sim80\%$,与中强中伸型涤纶相仿。丙纶的耐磨性、弹性较好,仅次于锦纶,在伸长率为 3% 时其弹性回复率为 $96\%\sim100\%$。

③ 丙纶是所有纺织纤维中密度最小的纤维,其密度为 0.91 g/cm³ 左右。

④ 丙纶不吸湿,故比电阻很高,易产生静电。

⑤ 丙纶无亲水基团,故染色性很差。通常采用熔体着色法,将颜料制剂和聚丙烯在螺杆挤压机中均匀地混合,经过熔纺得到有色纤维,色牢度很高。另一种方法是与丙烯酸、丙烯腈

等共聚或接枝共聚,在聚合物大分子上引入能与染料相结合的极性基团,然后直接用常规方法染色。

⑥ 丙纶具有较稳定的化学性质,对酸碱的抵抗能力较强,有良好的耐腐蚀性。

⑦ 丙纶的耐热性较差,但耐湿热性能较好,其熔点为 160~177 ℃,软化点为 140~165 ℃,较其他纤维低,抗熔孔性很差。因其导热系数较小,保暖性较好。

⑧ 丙纶的耐光性很差,在光照射下极易老化,因而制造时常常添加防老化剂。

（2）丙纶纤维的主要用途

① 服装用:可以纯纺或与毛、棉或黏纤等混纺,用于制作各种衣料;也可用于织制各种针织品如织袜、手套、针织衫、针织裤等。

② 家纺:洗碗布、蚊帐布、被絮、保暖填料、尿不湿等。

③ 工业用:地毯、渔网、帆布、水龙带、混凝土增强材料、工业用织物、非织造织物等,如地毯、工业滤布、绳索、渔网、建筑增强材料、吸油毡和装饰布等。此外,丙纶膜纤维可用作包装材料。

2.3.6 氨纶纤维

氨纶是聚氨基甲酸酯纤维在我国的商品名,英文学名为 Polyurethane fiber(简写为 PU fiber),国际上称为斯潘德克斯(Spandex,即弹力纤维),也称聚氨酯弹性纤维(Elastane fiber,国际代码 EL);在中国标准中,氨纶被称为聚氨酯弹性纤维(Polycarbaminate);欧盟称其为 Elastane 或 Polyurethane,而 Elastane 在中国标准中指弹性纤维,不特指氨纶。德国 Bayer 公司于 1937 年首先成功研制了氨纶,美国 DuPont 公司于 1959 年开始工业化生产,从 60 年代开始,世界上很多国家开始生产氨纶。到目前为止,世界工业化氨纶纺丝方法有四种,即熔融法、化学反应法纺丝、湿法纺丝和干法纺丝,其中干法纺丝约占氨纶总产量的 87%。在国外,氨纶商标名有 Lycra®(莱卡®)、Neolon®(尼奥纶®)和 Dorlastan®(多拉斯坦®)等。

（1）氨纶纤维的主要特性——高伸高弹

① 氨纶是聚氨基甲酸酯弹性纤维,与其他高聚物嵌段共聚时,至少含有 85% 的氨基甲酸酯(或醚)的链节,组成线性大分子结构的高弹性纤维。它可以分为聚酯弹性纤维和聚醚弹性纤维两大类。氨纶的截面形态呈豆形、圆形,纵向表面有不十分清晰的骨形条纹。

② 氨纶的强度为橡胶丝的三倍以上,聚氨酯弹性纤维的断裂强度为 0.9~1.1 cN/dtex,其断裂伸长率为 450%~700%,在断裂伸长率以内的弹性回复率为 95%~96%。纤维的耐磨性优良。

③ 氨纶的密度较小,为 1.0~1.3 g/cm³。

④ 氨纶的吸湿能力较差,故染色性能差。

⑤ 氨纶有较好的化学稳定性,耐酸、耐碱性能较好,具有耐油、耐汗水、不虫蛀、不霉、在阳光下不变黄等特性。

（2）氨纶纤维的主要用途 氨纶纤维通常以氨纶裸丝及氨纶加工纱两种方式织制弹力织物。根据所用纤维或纱线类型及加工方式的不同,氨纶加工纱又可分为包芯纱、包覆纱或合捻纱。

① 氨纶裸丝:用于针织及其他纱线交织,也可用于连裤袜腰带部位。

② 包芯纱:以氨纶为芯线,外面包绕棉、毛、腈纶等纤维。包芯纱的弹性伸长率为150%~200%。例如:156 dtex 氨纶外包两股 47.6 dtex 棉纱所得之包芯纱,可织制弹力劳动布、灯芯绒及针织品的领口、袖口、罗口等。

③ 包覆纱：以氨纶为芯纱，外面包绕锦纶弹力丝或者其他纤维加工而成。包覆纱的弹性伸长率为 300%～400%。例：2170 型包覆纱，以 233 dtex 氨纶为芯纱、外包 78 dtex 锦纶弹力丝而制得，可用作弹力尼龙袜的袜口。

④ 合捻纱（并捻纱）：由 1～2 根普通棉纱、毛纱或锦纶与氨纶合并加捻而成，常用于织造弹力劳动布。

以上四种氨纶纱，除了用于针织三口外，很少直接使用氨纶裸丝。氨纶加工纱的特点是氨纶的含量较少（2%～25%），却能充分发挥它的弹性作用，使人体有关部位的压迫感和活动的自由度获得改善，堪称衣料中的"味精"。

3 差别化纤维

一般是指经过化学或物理变化从而不同于常规纤维的化学纤维，其主要目的是改进常规纤维的服用性能。所以，差别纤维主要用于服装和服饰，如着色纤维、超细纤维，异形纤维、复合纤维等。此分类中的超细、异形、复合、中空等也可归于形态结构类。

（1）异形纤维 异形纤维是指采用特殊形状的喷丝孔获得的截面不为圆形的纤维。各种截面的异形纤维见图 1-50。由于纤维的截面形状直接影响最终产品的光泽、耐污、蓬松、耐磨、导湿等性能，因此人们可以通过选用不同截面的纤维来获得不同外观和性能的产品。纤维横截面成扁平状，所制成的织物表面丰满、光滑，具有干爽感。十字形和 H 形截面的异形纤维分别有四条和两条沟槽，沟槽具有毛细作用，其织物可迅速导湿排汗。三角形截面的纤维具有蚕丝般的闪耀光泽。再如五角形截面的异形短纤维，光泽柔和，其制品具有毛型感，用于绒类织物，绒毛蓬松竖立，手感丰满，光泽别致。又如中空截面异形纤维，与普通纤维相比，透气透湿性能增强，而且质轻蓬松、保暖性好，将其制成各种长度的短纤维并与黏胶纤维或棉纤维混纺制成织物，无论手感、弹性、保暖性，都与毛织物类似，穿着舒适。

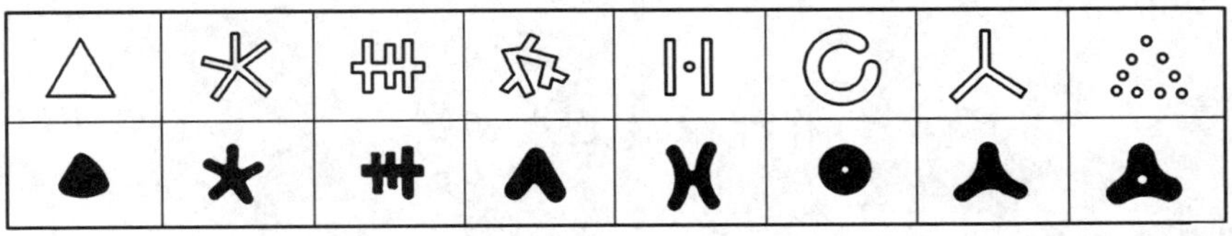

图 1-50　喷丝孔形状与异形纤维的截面形状

（2）复合纤维 复合纤维又称共轭纤维，也有人称之为聚合物的"合金"，是指在同一纤维截面上存在两种或两种以上的聚合物或者性能不同的同种聚合物的纤维。复合纤维按所含组分的多少分为双组分和多组分复合纤维。按各组分在纤维中的分布形式可分为并列型、皮芯型、多层型、放射型和海岛型等（图 1-51）。由于构成复合纤维的各组分高聚物的性能差异，使复合纤维具有很多优良的性能。如利用各组分的收缩性不同，形成具有稳定的三维立体卷曲的纤维，具有蓬松性好、弹性好、纤维间抱合好等优点，产品具有一定的毛型感。再如以锦纶为皮层、涤纶为芯层的复合纤维，既有锦纶的染色性和耐磨性，又有涤纶模量高、弹性好的优点。此外还可通过不同的复合加工制成超细纤长丝纱以及具有阻燃性、导电性、高吸水性合成纤维、热塑性纤维等具有特殊功能的复合纤维。

（3）超细纤维 细特纤维通常指单丝线密度较小的纤维，又称微细纤维，其单丝线密度为 0.33～1.1 dtex 的称为细特纤维，单丝线密度在 0.33 dtex 以下的称为超细特纤维。细特和超细特纤维的质地柔软，抱合力强，光泽柔和，织物的悬垂性好，纤维比表面积大，纤维表面黏附的静止空气层较多，形成的织物较丰满，保暖性和吸湿性能优。细特和超细特纤维可用于生产仿真丝产品、桃皮绒织物、仿麂皮织物、防水防风防寒高密织物，还广泛用于高性能的清洁布、合成皮革基布等产品。例如，近年化纤行业中知名度日渐升温的海岛纤维，就是超细纤维家族中的一员，由复合纺丝技术制备而成。

（4）**易染纤维** 所谓易染纤维是指它可以用不同类型的染料染色，且染色条件温和，色谱齐全，色泽均匀、坚牢。现已开发的易染纤维有：常温常压无载体可染聚酯纤维，阳离子染料可染聚酯纤维，常压阳离子染料可染聚酯纤维，酸性染料可染聚酯纤维，酸性染料可染聚丙烯腈纤维，可染深色的聚酯纤维和易染聚丙烯纤维。

（5）**阻燃纤维** 所谓阻燃是指降低纤维材料在火焰中的可燃性，减缓火焰的蔓延速度，使纤维在离开火焰后能很快地自熄，不再阴燃。赋予纤维阻燃性能的方法是：将阻燃剂与成纤高聚物共混、共聚、嵌段生产阻燃纤维或对纤维进行后处理改性。现已开发的阻燃纤维有：阻燃黏胶纤维、阻燃聚丙烯腈纤维、阻燃聚酯纤维、阻燃聚丙烯纤维、阻燃聚乙烯醇纤维。

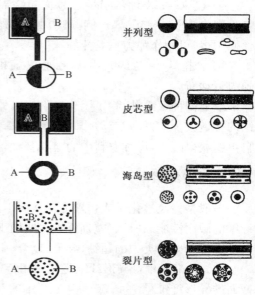

图 1-51　复合纤维截面结构

【操作指导】

棉纤维成熟度测试

1　工作任务描述

掌握生物显微镜的结构和使用方法，熟悉不同成熟度纤维的外形特征并掌握测定棉纤维成熟系数的方法。

2　操作仪器、工具和试样

生物显微镜、挑针、镊子、小钢尺、钢梳、黑绒板、载玻片和盖玻片、胶水、玻璃皿、试验棉条。

3　操作要点

3.1　试样整理

（1）**取样** 从试验棉条中取出 4～6 mg 的试样。

（2）**整理棉束** 用手扯法把试样整理成一端整齐的小棉束。先用稀梳后用密梳，从棉束整齐一端纤维梳理另一端，舍弃棉束两旁纤维，留下中间部分 180～220 根纤维。

（3）**制片**　将载玻片放在黑绒板上，在载玻片边缘处涂些胶水。左手捏住棉束整齐一端，右手以夹子从棉束另一端夹取数根纤维，均匀地排在载玻片上，一直排完为止，待胶水干后，用细针把纤维整理平直，相互平行，然后用胶水黏牢纤维另一端，轻轻地在纤维上面放置盖玻片。

3.2　操作步骤

① 用粗调装置将镜筒稍许升高，将制好的片子放在载物台机械移动装置内。

② 旋转粗调装置，将物镜下移至最低位置，注意不得触及盖玻片，移动机械移动装置，使物镜中心对准载玻片横向中部。制片时，通常在距纤维整齐一端 8～10 mm 处各画一根蓝线，在蓝线范围内进行观察。

③ 自目镜下视，用粗调装置慢慢升起镜筒，观察到纤维时立刻停止，再调节微调装置，使试样成像清晰。

④ 转动移动尺横向手轮，使试样自右向左移动，逐根观察。根据纤维形态和腔宽壁厚比例来确定纤维成熟系数。一般观察一个视野来决定纤维成熟系数。形态特殊的纤维可在蓝线范围内来回移动以扩大视野范围。观察时应在天然转曲中部纤维宽度最宽处测定，无天然转曲的纤维亦须在观察范围内最宽处测定。具体观察可参照图 1-9 纤维形态特征及棉纤维中腔宽度和胞壁厚度的比值，确定成熟度系数，边观察边记录。

4　结果及分析

（1）试样平均成熟系数

$$K = \frac{\sum K_i n_i}{\sum n_i}$$

（2）未成熟纤维百分率

$$未成熟纤维百分率 = \frac{成熟系数 0.75 及以下的纤维根数之和}{测定的纤维总根数} \times 100\%$$

5　相关标准

GB/T 6099《棉纤维成熟系数试验方法》。

【知识拓展】新型纺丝方法

1　冻胶纺丝

冻胶纺丝也称凝胶纺丝，是以十氢萘或石蜡油为溶剂，将超高相对分子质量的聚乙烯粉末制成半稀溶液，经喷丝孔挤出后骤冷成凝胶原丝，再对凝胶原丝进行萃取和干燥，经超倍拉伸而制得。这是一种通过冻胶态中间物质制得高强度纤维的新型纺丝方法。

冻胶纺丝通常采用干湿法纺丝工艺，使挤出细流先通过气隙，然后进入凝固浴。因此与普通干湿法纺丝的区别，主要不在于纺丝工艺，而在于挤出细流在凝固浴中的状态不同。

与干法、湿法相比，冻胶纺丝采用超高相对分子质量原料、半稀溶液（2%～10%），固化主要为冷却过程,溶剂基本不扩散,产品高强高模。

2 液晶纺丝

具有刚性分子结构的聚合物在适当的溶液浓度和温度下,可以形成各向异性溶液或熔体。

在纤维制造过程中,各向异性溶液或熔体的液晶区在剪切和拉伸作用下易于取向,同时各向异性聚合物在冷却过程中会发生相变而形成高结晶性的固体,从而可以得到高取向度和高结晶度的高强纤维。

溶致性聚合物的液晶纺丝通常采用干湿法纺丝工艺。热致性聚合物的液晶纺丝可采用熔融纺丝工艺。

【岗位对接】常见化纤丝代号

1. Flat Yarn:直丝　　　2. TY:变形丝　　　3. DTY:拉伸变形丝
4. BCF:膨体纱　　　5. UDY:未取向丝　　　6. POY:预取向丝

【课后练习】

1. 专业术语辨析

(1) 细绒棉　　(2) 长绒棉　　(3) 锯齿棉
(4) 皮辊棉　　(5) 丝光棉　　(6) 成熟度系数
(7) 马克隆值(Micronaire)　　(8) 精干麻　　(9) 打成麻
(10) 麻工艺纤维　　(11) 缩绒性　　(12) 品质支数
(13) 同质毛　　(14) 异质毛　　(15) 生丝
(16) 熟丝　　(17) 茧丝　　(18) 差别化纤维

2. 填空题

(1) 棉纤维形成分为_____、_____、_____三个时期,其中_____主要是长长度,而_____主要是淀积纤维素,_____形成天然转曲。

(2) 棉花按品系分为_____、_____、_____三种;依据初加工不同,棉纤维分为_____和_____两种。

(3) 锯齿棉较皮辊棉黄根、杂质_____;长度整齐度_____。

(4) 棉纤维断面由许多_____组成,主要有_____、_____、_____三个部分。

(5) 棉纤维马克隆值分为_____、_____、_____三个级别,其中_____为标准级。

(6) 马克隆值同时反映了棉纤维的_____和_____。

(7) 麻纤维中,品质最好的是_____,有医疗保健功能的野生麻是指_____,称为马尼拉麻的是_____,适宜制作包装袋的麻纤维是_____、_____、_____等。

(8) 被称作软质麻纤维的主要有_____、_____、_____,硬质麻纤维主要有_____和_____等。

(9) 麻纤维的初加工也称为_____。

(10) 毛纤维具有缩绒性的本质是由于其表面具有_____。

(11) 粗羊毛断面一般由_____、_____、_____组成。

(12) 棉纤维的主要组成物质是_____,羊毛纤维的主要组成物质是_____,桑蚕丝的主要组成物质是_____。

(13) 国际市场上,称为"开司米(Cashmere)"的纤维是_____,称为"阿尔帕卡(Alpaca)"的纤维是_____,称为"马海毛(Mohair)"的纤维是_____,称为"沙图什(Hahtoosh)"的是_____,称为"莱卡®(Lycra®)"的是_____。

(14) 天然纤维中属于长丝纤维的是_____。

(15) 化学纤维纺丝方法分为_____和_____两大类。

(16) 在合成纤维中,耐光性最佳的是_____,耐热性最好的是_____,耐磨性最好的是_____,密度最小的是_____。

(17) 通过控制消光剂的含量,化学纤维可制成_____、_____和_____三类纤维。

(18) 通过控制拉伸倍数,化学纤维可制成_____、_____和_____三类纤维。

(19) 基本化学组成是纤维素的纤维有_____、_____和_____三大类。

(20) 常见的差别化纤维有_____、_____和_____等。

3. 是非题(错误的选项打"×",正确的选项画"○")

( )(1) 长绒棉长,细绒棉细。

( )(2) 棉纤维愈成熟,纤维强度愈高。

( )(3) 锯齿棉的短绒和杂质含量高于皮辊棉。

( )(4) 丝光棉纤维截面变圆。

( )(5) 马克隆值越大,纤维成熟度愈高,纤维愈粗。

( )(6) 绿色种苎麻有"中国草"之称。

( )(7) 苎麻须用工艺纤维纺纱。

( )(8) 品质支数愈大,表示羊毛愈细,品质愈好。

( )(9) 毛纤维的化学性能是较耐碱不耐酸。

( )(10) 细羊毛断面一般都由鳞片层、皮质层与髓质层三个部分组成。

( )(11) 兔毛纤维一般没有髓质层。

( )(12) 羊毛是绵羊毛的简称,羊绒是山羊绒的简称。

( )(13) 生丝粗于茧丝。

( )(14) 柞蚕丝是野蚕丝,具有天然淡黄色。

( )(15) 柞蚕丝较桑蚕丝粗,耐酸碱性强。

( )(16) 初生纤维具有强度低、伸长大、沸水收缩率高的特点。

4. 选择题(将正确的选项填写在括号中)

(1) 下列棉纤维品系中,基本被淘汰的是( )。

　　① 长绒棉　　　② 细绒棉　　　③ 粗绒棉　　　④ 海岛棉

(2) 下列麻纤维中,纤维素含量最高的是( )。

　　① 大麻　　　　② 苎麻　　　　③ 黄麻　　　　④ 剑麻

(3) 下列原料中,不能用来制作黏胶纤维的是(　　)。

① 棉短绒　　　　② 甘蔗渣　　　　③ 粗羊毛　　　　④ 芦苇

(4) 动物毛中,被称为开司米的是(　　)。

① 绵羊毛　　　　② 山羊毛　　　　③ 山羊绒　　　　④ 绵羊绒

(5) 下列纤维中,属于天然纤维素纤维的是(　　)。

① 棉　　　　　　② 涤纶　　　　　③ 毛　　　　　　④ 黏胶

(6) 下列纤维中,由植物韧皮所加工获得的是(　　)。

① 棉　　　　　　② 大麻　　　　　③ 石棉　　　　　④ 桑蚕丝

(7) 棉纤维的耐酸碱性能是(　　)。

① 耐酸不耐碱　　　　　　　　② 耐碱不耐酸

③ 既不耐酸也不耐碱　　　　　④ 既耐酸也耐碱

(8) 下列纤维中,长度可达数百米甚至上千米,属于天然长丝的是(　　)。

① 棉纤维　　　　② 涤纶长丝　　　③ 山羊毛　　　　④ 桑蚕丝

(9) 下列棉纤维纵面形态图中,属于丝光棉的是(　　),成熟正常的是(　　),未成熟的是(　　),过于成熟的是(　　)。

①　　　　　　　②　　　　　　　③　　　　　　　④

(10) 下列纤维中,耐磨性最佳,适合织制袜子和牙刷的是(　　);

耐晒性最佳,有"合成(人造)羊毛"之称的是(　　);

密度最小,适合制织地毯、渔网和工业滤布的是(　　);

伸长能力最大,适合制织弹性织物的是(　　);

有"合成棉花"之称的是(　　);

既有天然纤维特性,又有合成纤维特性,外观酷似真丝的是(　　)。

① 涤纶　　　　　② 黏胶纤维　　　③ 锦纶　　　　　④ 丙纶

⑤ 维纶　　　　　⑥ 腈纶　　　　　⑦ 氨纶　　　　　⑧ 醋酯纤维

5. 分析应用题

(1) 分析棉纤维各化学组成物质、含量,将分析结果填在下表中。

组成物质						
一般含量/%						

(2) 说明棉花质量标识 2327C、330A、2129A 和 G625C 的含义。

(3) 分析羊毛纤维缩绒性的利弊和防缩方法。

(4) 常规合成纤维与天然纤维相比,其共性是什么?

项目 2　纤维的结构认识与鉴别

教学目标

1. 理论知识:纺织纤维的宏形态特征(长短、粗细、色泽、类别)和微形态特征(分子、超分子和形态结构)认识,纤维的定性定量鉴别思路和方法。
2. 实践技能:定性鉴别各种纺织纤维及其制品,能选择合适方法进行纺织产品的定量分析;学会制定具体鉴别方案,进行纺织产品的定性、定量分析。
3. 拓展知识:红外光谱技术在纺织纤维鉴别中的应用。
4. 岗位知识:生产车间原料错混的快速识别。

▶ 【项目导入】*黏胶纤维"兄弟"的鉴别*

　　某公司一业务员接到美国客商 10000 条平脚男式短裤的订单。兴奋之余,让该业务员犯难的是短裤来样的示铭牌中,原料只标明了"纤维素纤维",而根据他的手感目测经验,可排除纤维素纤维家族中棉、麻、竹等天然纤维素纤维,应该是黏胶纤维"兄弟"家族。根据业务员的市场调查,用来制作男式短裤的黏胶纤维"兄弟"有 Modal(莫代尔)、Tencel(天丝)、麻材黏胶、竹材黏胶等纤维,用的原料不同,价格相差很大。广东一内衣生产企业提供了三种原料的平脚短裤的价格:兰精 Modal 36 元/条;Tencel(天丝)32 元/条;竹材黏胶 18 元/条。该业务员应如何下订单给服装生产企业呢?

　　在客户样定织及面料分析过程中,往往会碰到各种各样的原料以及混纺面料的混纺比确定,前者为定性鉴别,后者为定量分析。通常情况下,不可能仅仅靠触摸或目视将纤维鉴别清楚,特别是各类仿真新原料、类同新产品的不断涌现,给纤维原料的鉴别提高了难度。于是,纤维原料鉴别的手段、方法和设备也在不断地创新和发展。

　　本项目要求对收集的纺织材料按"确定大类→判别小类→确定品种→验证"这一鉴别思路,训练学生掌握各种不同的鉴别方法,完成常用鉴别方法要点汇总表(表 2-1)。

表 2-1　纺织材料原料鉴别要点汇总表

常用鉴别方法	适用对象	操作要点	主要观察点	应用实例

【知识要点】

子项目 2-1 纺织纤维类别认识

纺织纤维是构成纺织品的基本单元,纤维的来源、形态与结构直接影响纤维本身的实用价值和商业价值以及纱线和织物等纤维集合体的性能。

以细而长为特征,直径为几微米或几十微米,长度比直径大许多倍(约 10^3 倍以上)的物质,称之为纤维。用于纺织加工且具有一定的物理、化学、生物特性而能满足纺织加工和人类使用需要的纤维为纺织纤维。

纺织纤维的分类方法很多,可按来源和化学组成、纤维形态、纤维色泽、纤维性能特征等进行。分类方法不同,纤维名称类别不同。

1 按照纤维来源和化学组成分类

纺织纤维可分为天然纤维与化学纤维两大类,英、美习惯分为天然纤维、人造纤维、合成纤维三大类,如图 2-1 所示。

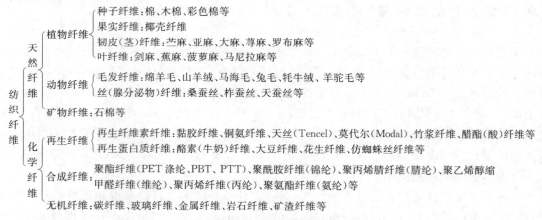

图 2-1 纺织纤维按来源与化学组成分类

1.1 天然纤维

凡是从人工种植的植物、人工饲养的动物或自然界中原有的纤维状物质中直接获取的纤维,称为天然纤维。按其生物属性,将天然纤维分为植物纤维、动物纤维和矿物纤维。

(1) 植物纤维 是从植物中取得的纤维的总称,其主要化学组成为纤维素,又称为天然纤维素纤维。根据纤维在植物上的生长部位不同,分为种子纤维、茎纤维、叶纤维和果实纤维四种。

(2) 动物纤维 是从动物身上的毛发或分泌物中取得的纤维,其主要组成物质为蛋白质,又称其为天然蛋白质纤维。

(3) 矿物纤维 是从纤维状结构的矿物岩石中取得的纤维,主要组成物质是硅酸盐,是无机物,属天然无机纤维,如石棉。

1.2　化学纤维

凡是以天然的、合成的高聚物,以及无机物为原料,经人工的机械、物理和化学方法制成的纤维称为化学纤维。按原料、加工方法和组成成分不同,分为再生(人造)纤维、合成纤维和无机纤维。

(1)再生纤维　是以天然高聚物为原料、以化学和机械方法制成的、化学组成与原高聚物基本相同的化学纤维。根据其原料成分,分为再生纤维素纤维和再生蛋白质纤维。

再生纤维素纤维是以木材、棉短绒、甘蔗渣等纤维素为原料制成的再生纤维。

再生蛋白质纤维是以酪素、大豆、花生、牛奶等天然蛋白质为原料制成的再生纤维,它们的物理化学性能与天然蛋白质纤维类似,主要有大豆纤维和牛奶纤维。

(2)合成纤维　是以石油、煤、天然气及一些农副产品等低分子化合物为原料,经人工合成高聚物再纺丝而制成的化学纤维。

(3)无机纤维　是以无机物为原料制成的化学纤维。

2　按照纤维形态分类

纤维按形态
结构分类

2.1　按照纤维纵向长短分类

按纤维长短分为短纤维和长丝纤维。

(1)短纤维　长度为几十毫米到几百毫米的纤维,如天然纤维中的棉、麻、毛和化学纤维中的切断纤维。

(2)长丝　长度很长(几百米到几千米)的纤维,不需要纺纱即可形成纤维,如天然纤维中的蚕丝、化学纤维中未切断的长丝纤维。

2.2　按照纤维横向形态分类

(1)薄膜纤维　高聚物薄膜经纵向拉伸、撕裂、原纤化或切割后拉伸而制成的化学纤维。

(2)异形纤维　通过非圆形的喷丝孔加工的具有非圆形截面形状的化学纤维。

(3)中空纤维　通过特殊喷丝孔加工的在纤维轴向中心具有连续管状空腔的化学纤维。

(4)复合纤维　由两种及两种以上聚合物或具有不同性质的同一类聚合物经复合纺丝法制成的化学纤维。

(5)超细纤维　比常规纤维细度细得多(0.4 dtex 以下)的化学纤维。

3　按照纤维性能特征分类

(1)普通纤维　应用历史悠久的天然纤维和常用的化学纤维的统称,在性能表现、用途范围上为大众所熟知,且价格便宜。

(2)差别化纤维　属于化学纤维,在性能和形态上区别于普通纤维,是通过物理或化学的改性处理,使其性能得以增强或改善的纤维,主要表现在对织物手感、服用性能、外观保持性、舒适性及化纤仿真等方面的改善。如阳离子可染涤纶,超细、异形、异收缩纤维,高吸湿、抗静电纤维,抗起球纤维等。

(3)功能性纤维　在某一或某些性能上表现突出的纤维,主要指具有热、光、电的阻隔与传导功能以及在过滤、渗透、离子交换、吸附、安全、卫生、舒适等特殊功能及特殊应用的纤维。需要说明的是,随着生产技术和商品需求的不断发展,差别化纤维和功能性纤维出现了复合与交叠的现象,界限渐渐模糊。

（4）**高性能纤维（特种功能纤维）** 用特殊工艺加工的具有特殊或特别优异性能的纤维。如超高强度、模量以及耐高温、耐腐蚀、高阻燃。对位、间位的芳纶、碳纤维、聚四氟乙烯纤维、陶瓷纤维、碳化硅纤维、聚苯并咪唑纤维、高强聚乙烯纤维、金属（金、银、铜、镍、不锈钢等）纤维等均属此类。

（5）**环保纤维（生态纤维）** 这是一种新概念的纤维类属。笼统地讲，就是天然纤维、再生纤维和可降解纤维的统称。传统的天然纤维属于此类，但是更强调纺织加工中对化学处理要求的降低，如天然的彩色棉花、彩色羊毛、彩色蚕丝制品无需染色；对再生纤维，则主要指以纺丝加工时对环境污染的降低以及对天然资源的有效利用为特征的纤维，如天丝纤维、莫代尔纤维、大豆纤维、甲壳素纤维等。

子项目 2-2 纺织纤维结构认识

纤维的结构是纤维的本质，它决定了纤维的工艺性能、物理性质、化学性能和力学性能。纤维的结构通常用大分子结构、聚集态（超分子）结构、形态结构三级结构来描述。

1 大分子结构

纺织纤维中，除了矿物纤维和无机纤维，其他绝大多数纤维都是有机大（高）分子化合物。高分子化合物是由一类相对分子质量很高的分子聚集而成的化合物，简称高分子、大分子等。由于高分子多是由小分子通过聚合反应而制得的，因此也常被称为聚合物或高聚物，用于聚合的小分子则被称为"单体"。典型的大分子是指相对分子质量在 10000 以上的化合物。如黏胶纤维 $[C_6H_{10}O_5]_n$ 的聚合度 n 在 300 以上，其相对分子质量至少为 $162 \times 300 = 48600$；棉与麻等天然纤维素纤维的聚合度更大。高分子化合物的相对分子质量很大，化学组成比较简单，然而其结构较复杂，使相同分子式的黏胶、棉、麻等纤维素纤维表现了不同的性能。

1.1 大分子结构的基本特点

（1）**相对分子质量很大，分子组成简单** 大分子化合物用通式 $\underset{n}{\underbrace{\left[M\right]}}$ 表达。其中，—M—为基本链节或重复单元，它可以是完全相同，也可以是基本相同。n 为单基数量，称为聚合度。天然纤维的聚合度较高，常达数千甚至数万。化学纤维为适应纺丝生产条件，黏度不能过大，聚合度不宜太大，如再生纤维素纤维的聚合度为 $300 \sim 600$，合成纤维则为几百至几千。

（2）**相对分子质量具有多分散性** 高分子的相对分子质量不是均一的，它实际上是由结构相同、组成相同但相对分子质量大小不同的同系高分子的混合物聚集而成。即一根纤维中各个大分子的聚合度不尽相同，而呈现一定的分布（图 2-2）。纤维聚合度及分布与纤维的力学性质关系密切。聚合度低时，纤维强度较低，脆性较明显；聚合度分散性较小时，纤维强度和弹性较好。

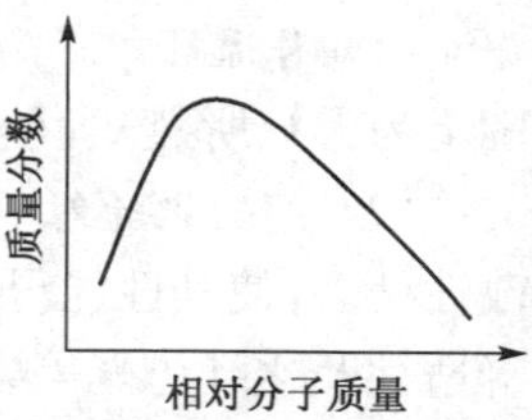

图 2-2 相对分子质量的多分散性

（3）**分子式相同，结构不同** 表现为具有相同化学式和化学键却有不同的原子排列，分为化学异构和立体异构两种。化学异构是原子或原子团的排列顺序不同（图 2-3），其重复单元的头尾相连、头头相连和尾尾相连。立体异构是原子或原子团在空间的排列位置不同(图 2-4),其侧基在主链同一侧的为同(等)规立构,侧基间隔排列在主链平面两侧的为间规立构,侧基无规律地分布在主链平面两侧的为无规立构;等规和间规结构属于规整结构,能赋予聚合物许多优良性质,如不同立体异构的聚丙烯的熔点和强度等物理性能有很大差异(表 2-2)。

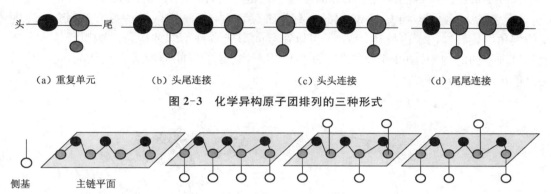

| （a）重复单元 | （b）头尾连接 | （c）头头连接 | （d）尾尾连接 |

图 2-3　化学异构原子团排列的三种形式

| （a）侧基与主链平面 | （b）同规立构 | （c）间规立构 | （d）无规立构 |

图 2-4　立体异构侧基在空间排列的三种形式

表 2-2　不同结构聚丙烯的物理性能

聚丙烯异构形式	全同	间同	无规
聚集态结构	结晶	结晶	无定形
熔点(℃)	175	159	—
强度	大	较大	20 ℃发脆

（4）力学上只有两态　高分子化合物通常只有固态与液态,无气态。随着温度的变化表现出类似玻璃、橡胶和黏流体的特性,溶解性能上也表面出与低分子化合物不同的特性,溶解之前先溶胀。

1.2　大分子链的形式

纤维大分子链按单基连接方式的不同,形成线型、枝型和网(体)型三种形式(图 2-5)。线型结构的特征是分子中的原子以共价键互相连接成一条很长的卷曲状态的分子链。体型结构的特征是分子链与分子链之间有许多共价键交联,形成三度空间的网络结构。枝型大分子主链的分子链上有支链。分子链的形式不同,高分子材料的性能有很大的差异。线型和支型能溶解在适当的有机溶剂里,但溶解速率比小分子缓慢,在一定温度作用下熔融,例如聚乙烯、聚氯乙烯以 C—C 键连接成长链高分子材料。而网型高分子材料既不能溶解也不熔融,如橡胶。

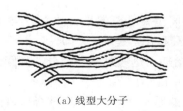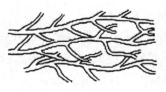

| （a）线型大分子 | （b）枝型大分子 | （c）网型大分子 |

图 2-5　大分子链的三种形式

纺织纤维一般都是侧基很小或者支链很短的大分子,即线型大分子,其宽度约 1 nm,长度可达 10 μm。

1.3　大分子的内旋转

大分子链中的单键能绕着它相邻的键按一定键角旋转,称为键的内旋转(图 2-6),主链为 C—C 单键的大分子链,当 C_1C_2 键以其自身为轴旋转时,C_2C_3 键则保持与 C_1C_2 键 $109°28'$ 不变的键角而旋转。由于内旋转,大分子可以在空间形成各种不同的构象。纺织纤维大分子一般都呈现卷曲的构象(图 2-7),在没有外力作用下,它是不可能伸展成直线状的,这与大分子链上单键的内旋转有关。

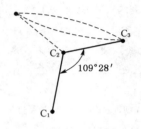

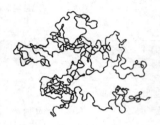

图 2-6　单链内旋转　　　　　　图 2-7　大分子的卷曲构象

1.4　大分子链的柔曲性

纤维大分子链中键的内旋转并非完全自由。长链分子在一定条件下发生内旋转的难易程度,称为大分子的柔曲性。纤维结构和外部条件决定了大分子链的柔曲性,其主要影响因素有:

(1)大分子主链结构　主链结构对高分子链的刚柔性的影响起决定性的作用。单键较双键、大 π 键、共轭双键容易内旋转;主链中碳—杂原子键较碳—碳键的内旋转活化能小,易发生内旋转。

(2)支链结构　支链的极性、支链沿分子链排布的距离、支链在主链上的对称性和支链的体积等,对大分子链的柔性均有影响。支链体积、极性小,分布对称,空间位阻小,内旋转容易。

(3)温度　温度高,热运动能大,分子内旋转自由度高,构象数目多。

大分子柔曲性好的纤维,容易变形,手感柔软,弹性较好。

2　聚集态(超分子)结构

聚集态结构主要描述大分子链之间的几何排列和堆砌状态、分子间作用力、晶态结构和非晶态结构、取向态等结构。它与材料的使用性能有着直接的关系。

2.1　大分子链间的作用力

纤维大分子内,原子或原子团以共价键结合,而大分子链间主要靠范德华力和氢键结合,它们属于分子间偶极作用的力,即次价力;有的纤维还有盐式键和化学键(图 2-8)。

(1)范德华力　它只存在于大分子之间,并随着距离的增加而迅速衰减。当分子间距离超过 0.5 nm 时,这种作用力可忽略不计。因此它的强度比共价键小得多。

(2)氢键　分子上的氢原子 H 以共价键与另一负电性大的原子 X(如氧、氮)结合后,HX 带有极性(氢原子带正电性,X 带负电性)。这种带有正电荷的氢原子允许另外一个带有部分负电荷的 Y 原子(如氧、氮等)充分接近它,并通过强烈的静电吸引作用而形成氢键,如 O—H…O,N—H…O,N—H…N,C—H…N。氢键的键能略大于范德华力而远小于共价键。

（3）**盐式键** 羊毛和蚕丝大分子的侧基上有自由羧基(—COOH)和自由氨基(—NH₂),当它们的距离很小(0.09～0.27 nm)时,可以形成盐式键(—COO⁻…⁺NH₃—)。盐式键的键能小于化学键而大于氢键。

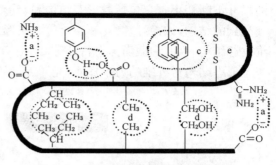

图 2-8 蛋白质纤维大分子间的作用力

a—盐式键　b—氢键　c—疏水相互作用
d—范德华力　e—二硫键

（4）**化学键** 网型构造的大分子之间可以由化学键构成交联,如两个半胱氨酸侧链的—SH基之间形成二硫键。蚕丝与羊毛中都有二硫键,而羊毛纤维中的二硫键多于蚕丝。

2.2　结晶度

（1）**结晶态与非结晶态** 大分子堆积排列整齐有规律的状态称为结晶态,而大分子堆积排列无序的状态称为非结晶态。结晶态结构在固态到液态之间有明显和稳定的转变温度,即熔点。

（2）**结晶区与非结晶区** 呈现结晶态的区域叫结晶区,而呈现非结晶态的区域叫非结晶区或无定形区(图 2-9)。结晶区中大分子排列整齐密实,缝隙空洞较少,纤维吸湿困难,强度较高,变形小;非结晶区内,大分子排列较紊乱,堆砌疏松,缝隙空洞较多,密度小,易于吸湿和染色,并表现出较低的强度和较大的变形。

（3）**结晶度** 关于纺织纤维的结晶态与非结晶态结构,各学派之间的观点不同,有两相结构、晶相结构和液相结构

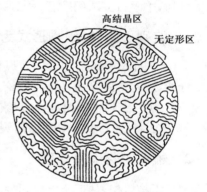

图 2-9 大分子堆积结晶区和无定形区

三种理论。两相结构理论认为,纤维大分子兼有结晶态结构和非结晶态结构;晶相结构理论认为纤维大分子全是结晶结构,只不过结晶程度不同,有的结晶结构是不完整甚至畸形的;液相结构理论认为纤维中不存在结晶结构,只有有序区和无序区之分。通常,对纺织纤维内部结构的描述倾向于两相结构理论。把结晶区所占整根纤维的体积或质量百分比称为纤维的结晶度。

2.3　取向度

纤维内大分子链主轴与纤维轴平行的程度,称为纤维大分子排列的取向度。在化学纤维制造过程中,采用不同的拉伸倍数,可以得到不同的取向度。当拉伸倍数较大时,纤维中大分子排列的取向度较高,纤维强度较大,伸长能力较小。化纤制备时采用不同拉伸倍数可制得高强低伸型和低强高伸型等不同强伸度的纤维。取向度高的纤维,各向异性较为明显。

3　形态结构

纺织纤维的形态结构指用现代测试手段能够看到的结构,随着测试技术的发展,形态结构

的尺寸不断变小。它包括微形态结构和宏形态结构两种。微形态结构是借助于电子显微镜能观察到的结构,如微纤、微孔和裂缝等。宏形态结构是借助光学显微镜能观察到的结构,如纤维皮芯结构、纵面和截面形态特征等。

形态结构对纤维的力学性质、光泽、手感、保暖性、吸湿性等均有影响。

子项目 2-3 手感目测法鉴别

手感目测法是鉴别纤维最简单的方法。它根据纤维的长短、粗细、卷曲、色泽、手感、含杂和外观形态等特征来区分棉、麻、丝、毛和化学纤维。手感目测法鉴别带有很强的主观性,同时要求操作者具备相应的专业知识和丰富的鉴别经验,并熟练掌握各种纺织纤维及其织物的感官特征。

手感目测法鉴别纤维时,适合于未经过处理的散纤维状的纤维材料。对于已加工成形的织物,手感目测法判别有一定难度,操作者必须熟悉织物的外观特征和风格。

1 鉴别思路(以织物形式为例)

① 首先根据织物大类及风格做出初步判别,同时沿织物经纬(机织物)施以外力,观察其延伸性和弹性,判别是否有氨纶。

② 从织物中拆出纱线,观察纱线结构,判别纤维长短和形态。

③ 将纱线退捻取出纤维,观察纤维长短、粗细、刚柔性等,判别纤维类别。

2 根据织物风格鉴别

织物风格,从广义上说,是指人们的五官对织物品质的综合感觉,包括手的触觉、眼的视觉、鼻的嗅觉、耳的听觉。而狭义的风格纯指织物的触觉,通常又称手感。

织物的原料组分不同,其外观特征和风格也有很大差异。对于织物风格的描述,笼统直观的说法是指织物外观像天然纤维中的哪一类,有棉型感、毛型感、丝型感、麻型感之分;具体的说法则根据不同原料及纱线结构、织物组织、密度等不同,各有独特的描述,如涤/棉织物具有"滑、挺、爽"的风格,棉府绸织物具有"均匀洁净、颗粒清晰、薄爽柔软、光滑似绸"的风格等。

织物常用的风格用语及其对应的性能如表 2-3 所示。

表 2-3 织物风格用语及对应织物性能

织物性能	风格用语	织物性能	风格用语
刚柔性	柔软或刚硬	表观密度	致密或疏松
压缩性	蓬松或结实	平整度	光滑或粗糙
伸展性	伸展或板结	摩擦性	滑爽或黏涩
弹性	挺括或疲软	冷暖感	凉冷或暖和

常见织物的风格描述如下:

(1)棉织物 具有棉的天然光泽,手感柔软,易折皱。

（2）**毛织物** 精纺呢绒类呢面光洁平整,光泽柔和,弹性好,手感滑糯且富有身骨;粗纺呢绒类呢面丰厚,柔软而富有弹性,外观有温暖感。

（3）**麻织物** 硬而爽,外观粗犷。

（4）**丝织物** 绸面明亮、柔和,色泽鲜艳,悬垂飘逸。

（5）**涤纶织物** 手感挺爽,弹性好,不易起皱,一般光泽明亮。

（6）**锦纶织物** 手感较硬挺,但比涤纶织物易起皱。

（7）**腈纶织物** 手感蓬松,类似毛织物,外观色泽鲜艳,但没有毛织物的活络感,而且挺括感与垂感较差。

3 根据纱线结构鉴别

纱线结构鉴别,主要观察纱线表面毛羽确定为短纤维纱还是长丝纱。短纤维纺成的纱线,其纤维的头和尾露在纱线表面形成毛羽(图 2-10)。若为短纤维纱,可基本排除蚕丝(绢纺纱除外);若是长丝纱,可排除棉、毛、麻和腈纶;若是长丝纱中的网络丝,则基本可判别为涤纶、锦纶和丙纶。

图 2-10 短纤维纱的毛羽

4 依据纤维外观鉴别

天然纤维中棉、毛、麻为短纤维,它们的长度差异较大,长度整齐度差。棉纤维长度一般为 30 mm 左右,长度比其他天然纤维(如羊毛、苎麻)和其他麻类工艺纤维短,而且棉纤维柔软,含有一定的破籽、不孕籽等杂质。羊毛纤维比棉纤维粗而长,长度为 60～120 mm,有天然卷曲,弹性好,色泽偏黄。麻纤维手感粗硬。蚕丝为长丝形态,光泽好,手感柔软,伸直无卷曲,色泽淡黄。根据这些特点,可以较好地区分天然纤维中的棉、麻、丝、毛纤维。

各种化学纤维的长度整齐度好,杂质少。氨纶丝的特征明显,具有很大的弹性,在常温条件下,其长度能拉伸至五倍以上。其他化学纤维,由于其长度、细度、色泽等外观特征可人为控制,手感目测法鉴别较困难。

子项目 2-4 燃烧法鉴别

1 燃烧法适合鉴别的材料种类

燃烧法是常规的纺织纤维鉴别方法。由于纤维的化学组成不同,其燃烧特征也会有差异,利用这一特点,可以用来区分纤维的大类品种。燃烧法是一种最易掌握、最快速简便的鉴别方法。

但燃烧法只能定性地鉴别材料,主要适用于下列材料的鉴别:

① 大类品种的区分,如纤维素纤维、蛋白质纤维和合成纤维。具体纤维类别需结合其他鉴别方法综合判断。

② 较适宜于纺织纤维、纯纺纱线、纯纺织物、纯纺纱交织物的原料鉴别。

③ 某些通过特殊整理的织物(如防火、抗菌、阻燃等织物)不宜采用此方法。

2 燃烧法鉴别思路

| 燃烧法嗅闻气味 | 纤维素纤维燃烧特征 | 纤维素纤维燃烧灰烬 | 蛋白质纤维燃烧特征 |
| 蛋白质纤维燃烧灰烬 | 合成纤维燃烧特征 | 棉纤维燃烧特征 | 羊毛纤维燃烧特征 |

燃烧法试验时,鉴别的材料需经历接近火焰、在火焰中、离开火焰三个步骤。

（1）**接近火焰** 观察材料是否收缩熔融。纤维素纤维不收缩不熔融;毛和丝等天然蛋白质纤维不熔融,但纤维末端会形成一个中空的不规则球体,看似熔融,实际上是卷缩;合成纤维既收缩又熔融,这种缩融现象在火焰中可进一步观察到。

（2）**接触火焰** 观察材料燃烧速度。纤维素纤维迅速燃烧;毛和丝等天然蛋白质纤维相对于纤维素纤维的燃烧速度要慢一些;合成纤维通常先熔融后燃烧。

（3）**离开火焰** 观察材料是否延燃及完全燃烧后的残留物,并用鼻嗅材料燃烧时散发的气味。

纤维素纤维、蛋白质纤维、合成纤维这三大类纤维的燃烧特征如表 2-4 所示,各种常用纤维的燃烧特征如表 2-5 所示。

表 2-4　三大类纤维的燃烧特征

纤维类别	靠近火焰	接触火焰	离开火焰	气味	残留物特征
纤维素纤维	不缩不熔	迅速燃烧	继续燃烧	烧纸味	细腻灰色
蛋白质纤维	收缩不熔	逐渐燃烧	不易延燃	燃毛发臭味	松脆黑色颗粒或焦炭状
合成纤维	收缩熔融	熔融燃烧	继续燃烧	特殊气味	硬块

注:不同品种的合成纤维,其燃烧特征略有差异,可进一步鉴别。

表 2-5　常用纤维的燃烧特征

纤维类别	燃烧状态			气味	残留物特征
	靠近火焰	接触火焰	离开火焰		
棉纤维	不熔不缩	立即燃烧	继续燃烧	燃纸味	呈细而软的灰黑絮状
麻纤维	不熔不缩	立即燃烧	继续燃烧	燃纸味	呈细而软的灰白絮状
黏胶纤维	不熔不缩	立即燃烧	继续燃烧	燃纸味	灰烬很少,呈灰白色
莱赛尔纤维	不熔不缩	立即燃烧	继续燃烧	燃纸味	为松散的灰黑色絮状
莫代尔纤维	不熔不缩	立即燃烧	继续燃烧	燃纸味	为松散的灰黑色絮状
竹浆纤维	不熔不缩	立即燃烧	继续燃烧	燃纸味	为少量黑色灰烬
醋酯纤维	熔缩	熔融燃烧	熔化燃烧	醋味	呈硬而脆的不规则黑色
羊毛	收缩或卷缩	逐渐燃烧冒烟起泡	离开火焰燃烧缓慢,有时自灭	燃毛发臭味	松脆有光泽的黑色块状
蚕丝	收缩或卷缩	逐渐燃烧冒烟起泡	离开火焰燃烧缓慢,有时自灭	燃毛发臭味	呈松而脆的黑色颗粒,附有少量白灰

（续　表）

纤维类别	燃烧状态			气味	残留物特征
	靠近火焰	接触火焰	离开火焰		
大豆纤维	收缩熔融	燃烧缓慢有响声	自灭	燃毛发臭味	呈脆而黑的小珠状
涤纶	收缩熔融	熔融燃烧	继续燃烧,冒黑烟,有熔滴滴下,呈黑褐色	有甜味	呈硬而光亮的黑褐色圆珠状,不易捻碎
锦纶	收缩熔融	熔融燃烧	熄灭,有熔滴滴下,呈咖啡色	有特殊刺鼻气味	呈硬淡棕色透明圆珠状
腈纶	收缩熔融	熔融燃烧	继续燃烧冒黑烟	有辛辣味	呈黑色不规则小珠且易碎
丙纶	收缩熔融	熔融燃烧	继续燃烧,有熔滴滴下,熔滴为乳白色	轻微沥青味	硬黄褐色球
氯纶	收缩熔融	熔融燃烧冒大量黑烟	熄灭	刺鼻气味	松脆黑色硬块
维纶	收缩熔融	收缩燃烧	继续燃烧	特殊甜味	松脆黑色硬块
甲壳素纤维	不缩不熔	迅速燃烧	继续燃烧	轻度烧毛发味	松而脆黑色至灰白色
牛奶蛋白复合纤维	熔并卷缩	立即燃烧	继续燃烧,冒黑烟	毛发味	松而脆的黑色焦炭状
聚乳酸纤维	收缩熔融	熔融燃烧	继续燃烧,有熔滴滴下	无特殊气味	淡黄色胶状物
聚对苯二甲酸丙二醇酯纤维	收缩熔融	熔融燃烧	继续燃烧,有熔滴滴下,冒黑烟	类似于涤纶	褐色蜡片状

3　燃烧法鉴别影响因素分析

（1）**后整理**　材料整理剂会影响材料的燃烧特征。例如织物阻燃整理可降低其易燃程度,而起绒或抛光加工则可增加其可燃性,同时对燃烧气味也有影响。

（2）**材料结构**　表 2-4 和表 2-5 描述的燃烧特征是指散纤维状的纺织材料,如果是纱线或织物形式,燃烧速度将受到纱线粗细、加捻程度、织物结构和后整理的影响。

（3）**材料混合**　一根纱线中若有两种或两种以上的纤维混合,将使其燃烧法鉴别变得复杂,必须更仔细地体会三个燃烧步骤的特征。若纱线燃烧过程中有火星移动,留下的灰烬中又有灰白色成分,则表明混合材料中有纤维素纤维;若纱线不完全燃烧,离开火焰待冷却后,用手触摸有硬块,表明有合成纤维;混合材料中不管毛发纤维数量的多少,总能察觉到烧羽毛味。若纱线为复合纱,应将复合纱分开后分别燃烧。

对织物进行燃烧法鉴别时,应在织物的边缘处进行;若经纬纱线类别不同,则对其经纱和纬纱分别燃烧。

子项目 2-5　显微镜法鉴别

显微镜观察法是纤维鉴别中广泛采用的方法之一,由于纤维直径通常为几微米至几十微米,用肉眼无法辨别纤维表面结构,借助显微镜放大才能观察纤维的纵面和横截面形态特征。显微镜有光学显微镜和电子显微镜两类,光学显微镜下只能清楚地观察大于 $0.2~\mu m$ 的结构,小于 $0.2~\mu m$ 的结构称为亚显微结构（Submicroscopic Structures）或超微结构（Ultramicroscopic Structures；Ultrastructures）。要想看清这些更为细微的结构,就必须选择分辨率更高的电子显微镜,其分辨率目前可达 0.2nm,放大倍数可达 80 万倍。纺织材料鉴别中常用光学显微镜,放大 100～400 倍就能看清纤维的形态特征(纳米纤维除外)。

1 显微镜法适合鉴别的材料种类

(1)**天然纤维与化学纤维** 天然纤维都具有独特的形态特征;而常规化学纤维的截面大多近似圆形,纵面为光滑棒状,部分可以见到呈颗粒状的不规则分布的二氧化钛消光剂(图2-11)。有一些湿法纺丝生产的化学纤维,由于纺丝条件的影响,横截面为非圆形。天然纤维无论是纵面还是截面的大小和形态均不一致,而化学纤维的纵面和截面的大小一致,形态规整(图 2-12)。

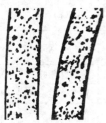

图 2-11 加消光剂的纤维纵面形态　　　图 2-12 化学纤维的均一规整截面

(2)**不同成熟度的棉纤维** 成熟正常的棉纤维,其纵面呈不规则的天然转曲(或扭曲),横截面呈不规则的腰圆形、有中腔。

(3)**麻纤维种类** 不同种类的麻纤维,横截面形态不尽相同。苎麻纤维为腰圆形,有中腔,且胞壁有裂纹;亚麻和黄麻纤维的截面为多角形,也有中腔。麻纤维的纵面大多较为平直,有横节、竖纹。

(4)**毛发类纤维** 各类毛发纤维的纵面为鳞片状覆盖的圆柱体。

(5)**生丝** 未脱去丝胶的单根茧丝的横截面是不规则的椭圆形,由两根丝素外包丝胶而组成;脱去丝胶的单根丝素的横截面呈不规则的三角形,光学显微镜下丝胶不易分辨。蚕丝的纵面光滑、平直。

2 显微镜下纤维的纵面和截面形态特征

在显微镜下观察纤维的纵面和截面形态特征,首先要制作纵面和截面形态标本。纵面形态标本的制作比较容易,将纤维徒手整理后平直均匀地铺放在载玻片上,滴上一滴石蜡油或蒸馏水即可。截面形态标本的制作需借助切片器,切取厚度与纤维直径相当的一薄片纤维,难度较大,不易制取。因此尽可能通过观察纵面形态特征来鉴别纤维。

常用纤维的纵面和截面形态特征如表 2-6 所示。

表 2-6　常用纤维的纵面和截面形态特征

纤维名称	截面形态	纵面形态
棉纤维	腰圆形,有中腔	扁平带状,有天然转曲

棉纤维的
形态结构

（续　表）

纤维名称	截面形态	纵面形态
苎麻纤维	腰圆形，有中腔，有放射状裂纹 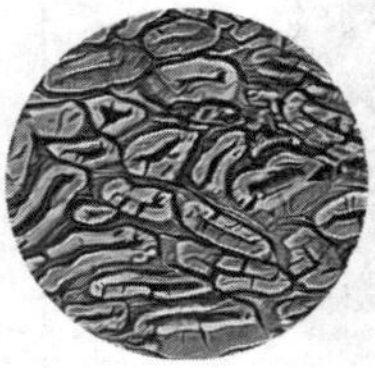	有横节、竖纹 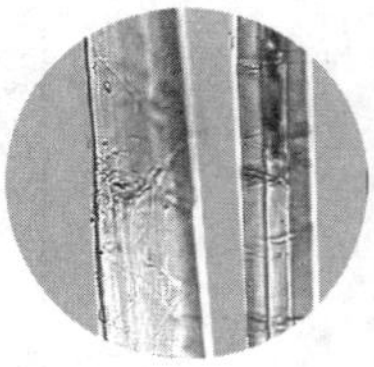
亚麻纤维	多角形，有中腔 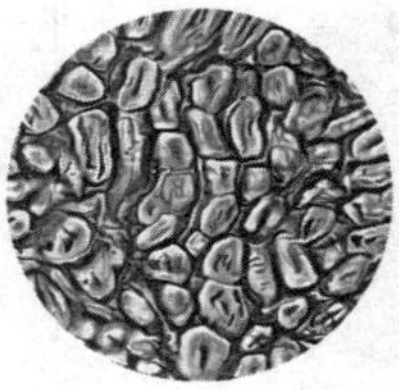	有横节、竖纹 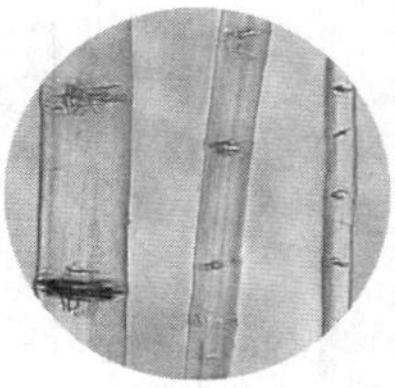
大麻纤维	多角形＋腰圆形，有中腔 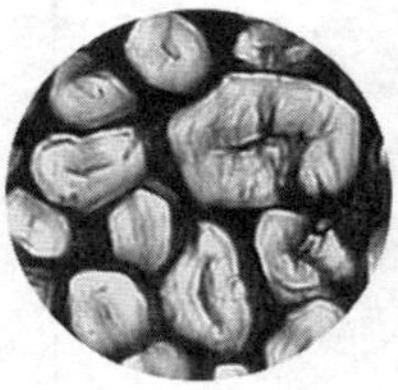	有横节、竖纹 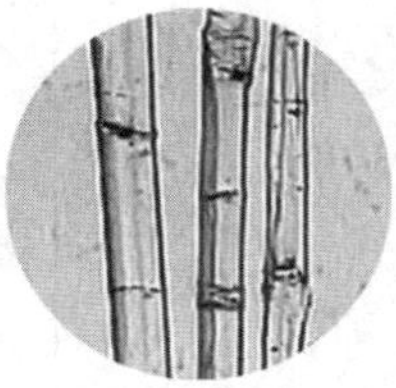
剑麻纤维	多角形，有中腔 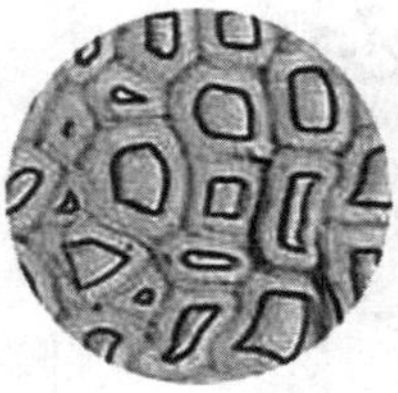	有横节、竖纹 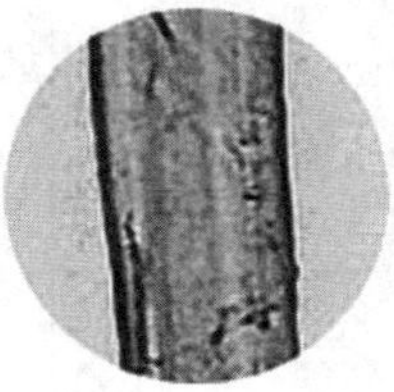
黄麻纤维	多角形，有中腔 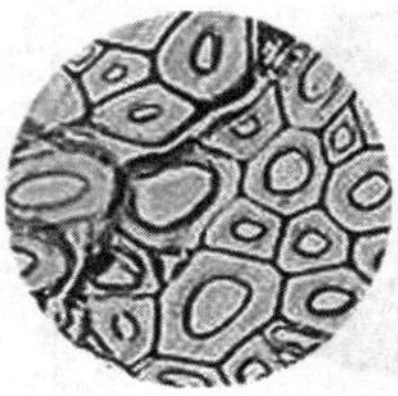	有横节、竖纹 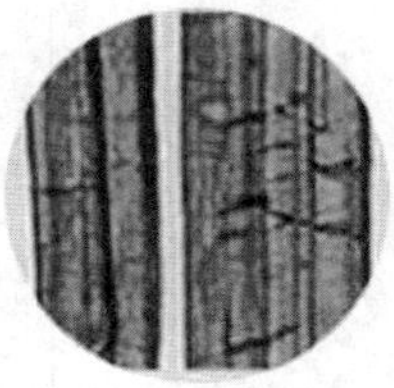
洋麻纤维	多角形，有中腔 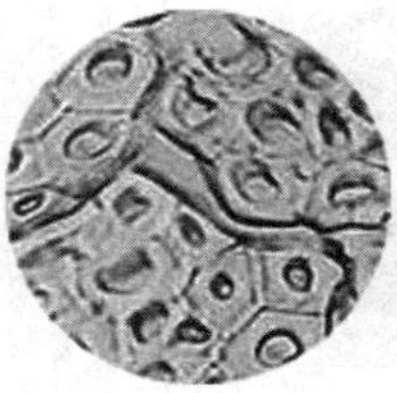	有横节、竖纹 

苎麻纤维的
形态结构

纤维的结构认识与鉴别

（续　表）

纤维名称	截面形态	纵面形态
罗布麻纤维	腰圆形,有中腔  	有横节、竖纹 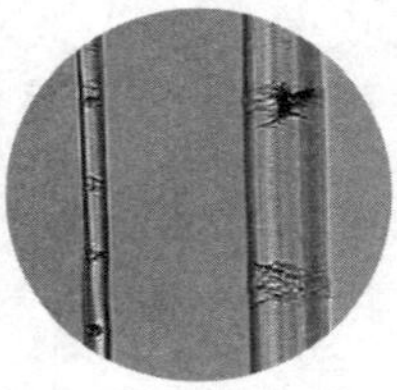
羊毛	接近圆形 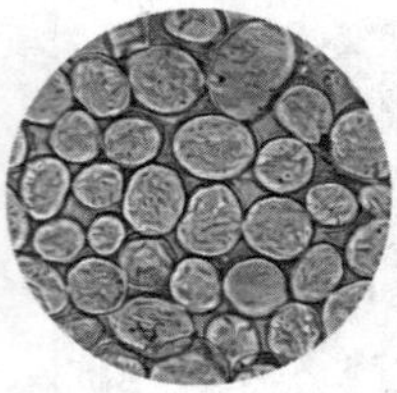	有鳞片 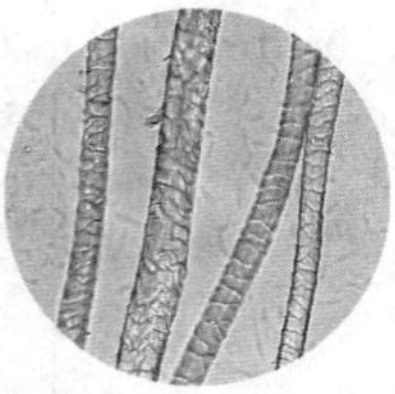
兔毛	圆形,有髓质层 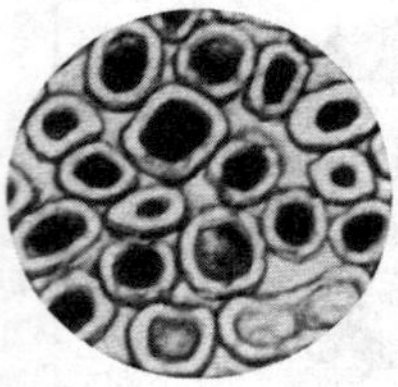 	有多列髓质层 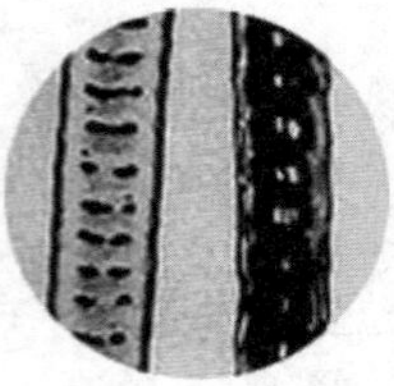
桑蚕丝	角圆三角形 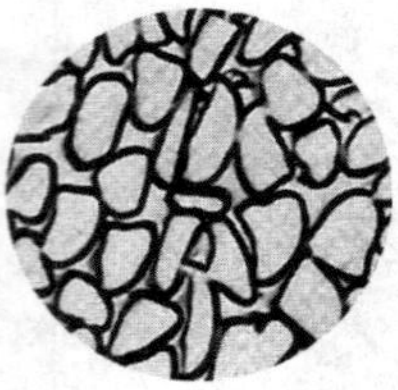	光滑 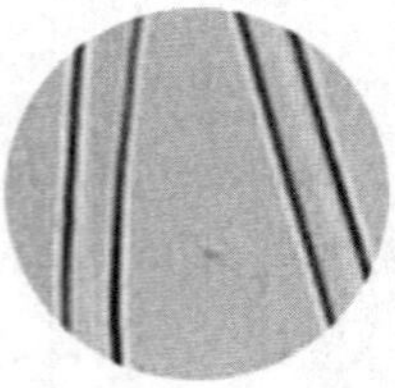
柞蚕丝	长三角形 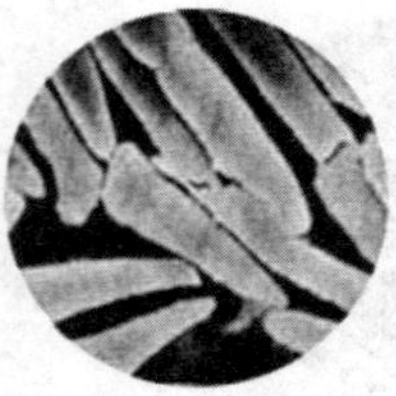 	比较光滑,有裂纹、糙节等疵点 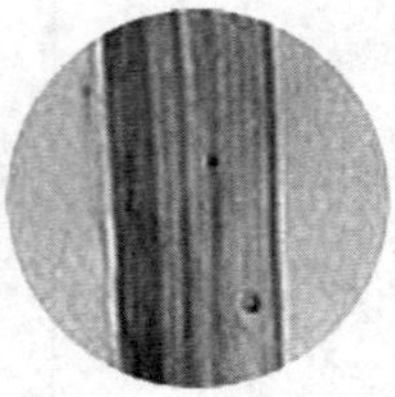
竹纤维	椭圆形,有中腔,有放射状裂纹 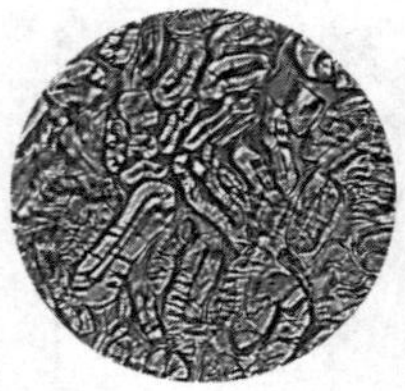 	有竹节 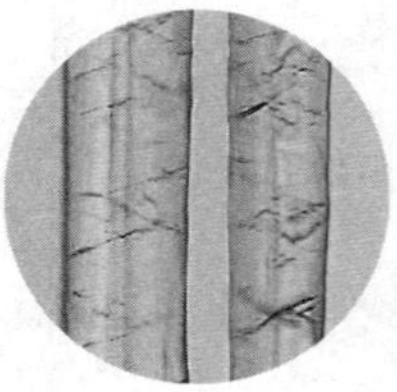

羊毛纤维
形态结构

蚕丝的形
态结构

（续　表）

纤维名称	截面形态	纵面形态
黏胶纤维	锯齿形,皮芯结构(无消光剂) 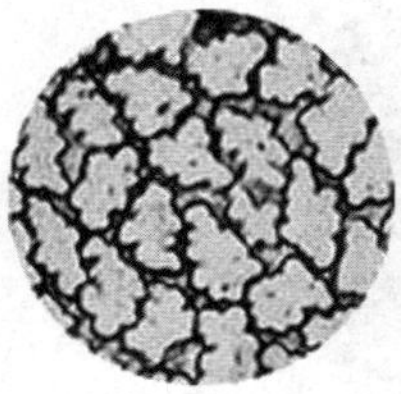	纵向有 1～2 根沟槽(无消光剂) 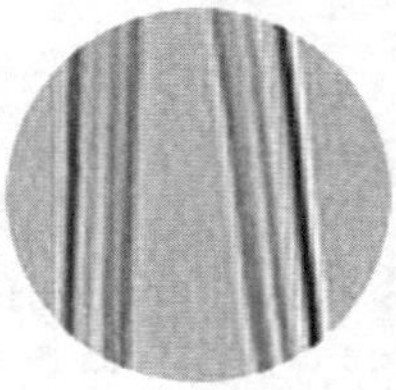
莱赛尔(Lyocell 或 Tencel)纤维	接近圆形(无消光剂) 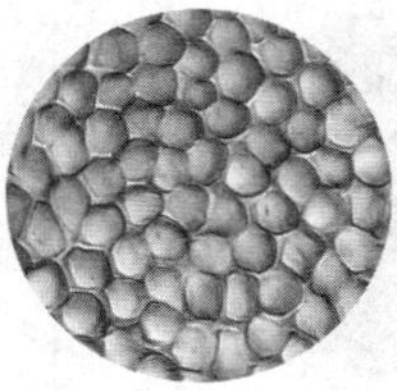	光滑(无消光剂) 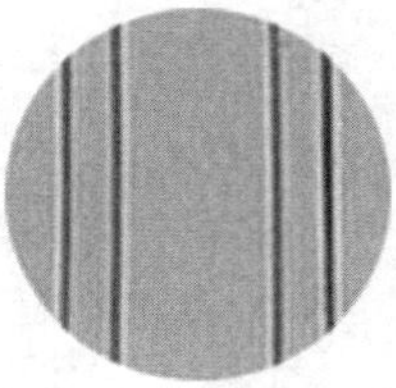
莫代尔(Modal)纤维	梅花形(有少量消光剂) 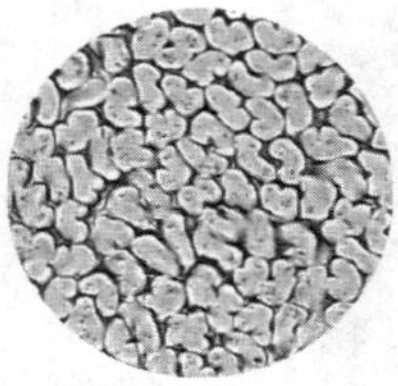	纵向有沟槽(有少量消光剂) 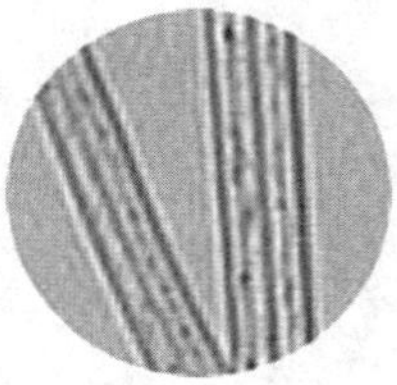
竹浆纤维	不规则锯齿形(无消光剂) 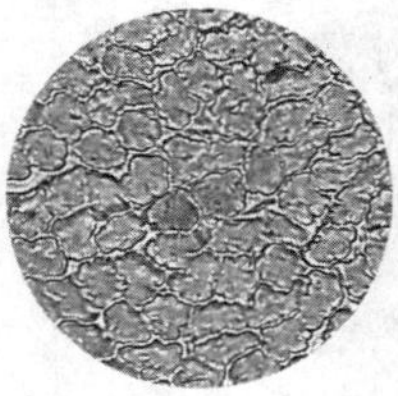	纵向有沟槽(无消光剂) 
二醋酯纤维	不规则锯齿形或三叶形(无消光剂) 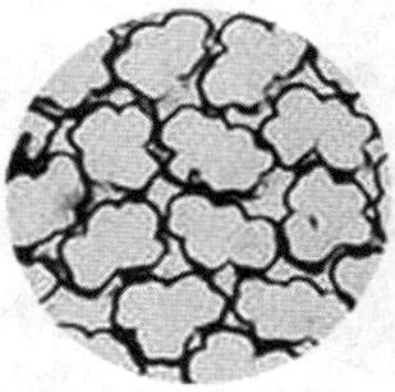	纵向有沟槽(无消光剂) 
三醋酯纤维	不规则锯齿形或三叶形(有消光剂) 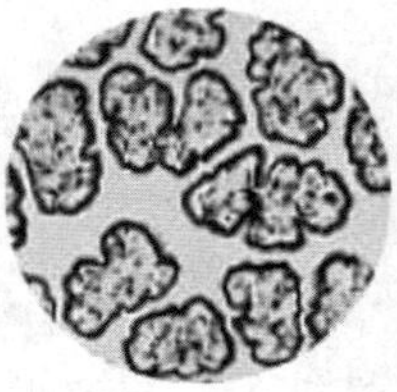	纵向有沟槽(有消光剂) 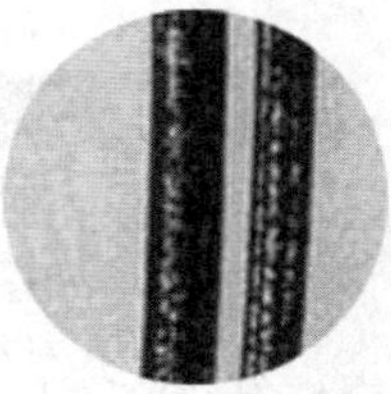

黏胶纤维的
形态结构

纤维的结构认识与鉴别

（续　表）

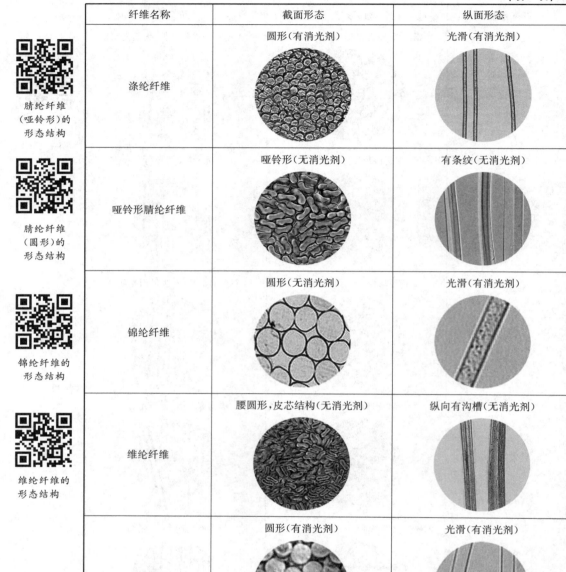

纤维名称	截面形态	纵面形态
涤纶纤维	圆形(有消光剂)	光滑(有消光剂)
哑铃形腈纶纤维	哑铃形(无消光剂)	有条纹(无消光剂)
锦纶纤维	圆形(无消光剂)	光滑(有消光剂)
维纶纤维	腰圆形,皮芯结构(无消光剂)	纵向有沟槽(无消光剂)
丙纶纤维	圆形(有消光剂)	光滑(有消光剂)

左栏二维码说明：

腈纶纤维（哑铃形）的形态结构

腈纶纤维（圆形）的形态结构

锦纶纤维的形态结构

维纶纤维的形态结构

子项目 2-6　化学溶解法和着色法鉴别

1　化学溶解法

化学溶解法是根据纤维在不同溶剂中的溶解性能的差异来鉴别纤维的。它适合于各种纺织材料,包括染色纤维、混纺制品等。溶解法不仅可以用于纺织材料的定性鉴别,也可用于混纺或交织产品的定量分析。

化学溶解法鉴别的关键是要找到合适的化学溶剂,即不易挥发、无毒性、溶解时无剧烈放热,最好在常温或低于 80 ℃时溶解纤维。常用纤维的溶解性能如表 2-7 所示。

表 2-7　常用纤维的溶解性能

纤维名称	20%盐酸	37%盐酸	75%硫酸	5%氢氧化钠(煮沸)	1mol/L次氯酸钠	85%甲酸	间甲酚	二甲基甲酰胺
棉	I	I	S	I	I	I	I	I
麻	I	I	S	I	I	I	I	I
莱赛尔纤维	I	S	S	I	I	I	I	I
莫代尔纤维	I	S	S	I	I	I	I	I
黏胶纤维	I	S	S	I	I	I	I	I
羊毛	I	I	I	S	S	I	I	I
蚕丝	I	P	S	S	S	I	I	I
大豆蛋白纤维	P(沸 S)	P(沸 S)	P(沸 S)	I	I(沸 S)	I(沸 S)	I	I
醋纤	I	S	S	I	I	S	S	S
涤纶	I	I	I	I	I	I	S(加热)	I
锦纶	S	S_0	S	I	I	S	S(加热)	I
腈纶	I	I	I	I	I	I	I	S/P(沸 S_0)
丙纶	I	I	I	I	I	I	I	I
氨纶	I	I	S	I	I	I	S	I(沸 S)
甲壳素纤维	I	P(沸 S)	P(沸 S)	I	I	I	I	I
牛奶蛋白复合纤维	I	I	S	I	I	I	I	I
聚乳酸纤维	I	I	P(沸 S)	I	I	I	I	I
聚对苯二甲酸丙二醇酯纤维	I	I	P(沸 S)	I	I	I	I	I

注：S_0——立即溶解；S——溶解；I——不溶解；P——部分溶解。

化学溶解法可与显微镜观察法、燃烧法综合运用,完成纺织纤维的定性鉴别。

对于单一成分的纤维,鉴别时可将少量试样放入试管中,滴入某种溶剂,摇动试管,观察纤维在试管中的溶解情况;对于某些纤维,需控制溶剂温度来观察其溶解状况。

对于混合成分的纤维或很少数量的纤维量,可在显微镜的载物台上放上具有凹面的载玻片,在凹面处放入试样,滴上某种溶剂,盖上盖玻片,在显微镜下直接观察其溶解状况,以判别纤维类别。

2　着色法

着色法是根据纤维对某种化学药品着色性能的差异来迅速鉴别纤维的,适用于未染色的纤维、纯纺纱线和织物。

国家标准规定的着色剂为 HI-1 号纤维着色剂,其他常用的还有碘-碘化钾饱和溶液和锡莱着色剂 A。

采用 HI-1 号纤维着色剂时,将 1 g HI-1 号着色剂溶于 10 mL 正丙醇和 90 mL 蒸馏水中配成溶液,将试样浸入着色剂中沸染 1 min,在冷水中清洗至无浮色,晾干观察着色特征。

采用碘-碘化钾(I_2-KI)饱和溶液作着色剂时,将 20 g 碘溶解于 100 mL 碘化钾饱和溶液中配置成碘-碘化钾(I_2-KI)饱和溶液,将试样浸入溶液中 30~60 s,取出后在冷水中清洗至不变色,观察着色特征,判别纤维种类。

中华人民共和国出入境检验检疫行业标准《SN/T 1901》对莱赛尔纤维、竹浆纤维、大豆蛋白纤维、甲壳素纤维、牛奶蛋白复合纤维、聚乳酸纤维、聚对苯二甲酸丙二醇酯七种纤维的着色试验做了规定,用着色法鉴别此类纤维可参照该标准进行。几种纺织纤维的着色反应见表 2-8。

表 2-8　常见纤维的着色反应

纤维名称	HI-1 号纤维着色剂着色	碘-碘化钾饱和溶液着色	纤维名称	HI-1 号纤维着色剂着色	碘-碘化钾饱和溶液着色
棉	灰	不染色	涤纶	黄	不染色
毛	桃红	淡黄	锦纶	深棕	黑褐
蚕丝	紫	淡黄	腈纶	艳桃红	褐
麻	深紫	不染色	丙纶	嫩黄	不染色
黏胶	绿	黑蓝青	维纶	桃红	蓝灰
醋酯	艳橙	黄褐	氨纶	红棕	—

子项目 2-7　纺织纤维定量分析

1　定量分析方法

混纺产品的原料鉴别,在定性鉴别的基础上,还需进行定量分析,以确定各种混合材料的质量百分比。定量分析的主要方法有化学溶解分析法、形态观察分析法和拆纱分析法三种。

化学溶解法定量分析,主要是选择适当的化学试剂,把混纺产品中的某一个或几个组分的纤维溶解,根据溶解失重或不溶纤维的质量,计算各组分纤维的质量百分率。该法主要用于不同溶解性能混合材料的定量分析。

形态观察分析法,是利用显微镜观察纤维纵面形态或截面形态来区分纤维并计根数和粗细,再结合纤维密度计算混合质量百分比。该法主要用于化学组成相同、化学溶解性能相近的混合材料的鉴别,例如羊毛与羊绒、麻与棉等。

拆纱法是将不同成分的纤维或纱线徒手分开,分别计重并计算混合材料质量百分比,主要用于测定氨纶包芯纱中氨纶纤维的含量。

2　化学溶解定量分析法

化学溶解法是最常用的定量分析方法。用化学溶解法进行定量分析时,抽取有代表性的试样,如试样为纱线则剪成 1 cm 的长度;如试样为织物,应包含织物中的各种纱线和纤维成分,并将其剪成碎块或拆成纱线;毡类织物则剪成细条或小块。

试验时,每个试样至少准备两份试样,每份试样质量不少于 1 g;平行试验结果差异应≤1%,否则应重试。为了保证测试结果的准确,试样一般需进行预处理,其方法如下:

(1) 一般预处理 取待测试样放在索氏萃取器中,用石油醚萃取,去除油脂、蜡质等非纤维性物质,每小时至少循环六次;待试样中的石油醚挥发后,将试样浸入冷水中浸泡 1 h,再在(65±5)℃的温水中浸泡 1 h,水与试样之比采用 100:1,并不断搅拌溶液;最后抽吸或离心脱水、晾干。

(2) 特殊预处理 试样上不溶于水的浆料、树脂等非纤维物质,如用石油醚和水不能萃取,则需用特殊的方法处理,并要求该处理对纤维组成没有影响。

对于一些未漂白的天然纤维(如黄麻、椰子皮等),用石油醚和水进行正常预处理,不能将天然的非纤维物质全部除去,此时也不采用附加的预处理,除非试样上有石油醚和水都不能溶解的保护层。对于染色纤维中的染料,可作为纤维的一部分,不必特别处理。

根据纺织品中所含纤维的组分不同,可以分为二组分纤维混纺产品、三组分纤维混纺产品、四组分及以上的纤维混纺产品。不同组分纤维的混纺产品,其定量分析的具体方法有一定差异,详见表 2-9～表 2-11。

表 2-9　常见的二组分混纺织品定量化学分析方法

混纺组分	试剂	溶解组分	不溶纤维	d 值
各种蛋白纤维/其他纤维混纺产品	1 mol/L 次氯酸钠	蛋白纤维	其他纤维	棉为 1.03 其余纤维为 1.0
黏胶/棉、苎麻、亚麻纤维混纺产品	甲酸/氯化锌	黏胶	棉、苎麻、亚麻纤维	棉纤维为 1.02 苎麻为 1.00 亚麻为 1.07
锦纶/其他纤维混纺产品	80%甲酸	锦纶	其他纤维	苎麻纤维为 1.02 其他纤维均为 1.00
纤维素纤维/聚酯纤维混纺产品	75%硫酸	纤维素纤维	聚酯纤维	1.00
腈纶/其他纤维混纺产品	二甲基甲酰胺	腈纶	其他纤维	丝为 1.00 其他纤维均为 1.01
丝/羊毛或其他动物纤维混纺产品	75%硫酸	丝	羊毛或其他动物纤维	羊毛为 0.98
氨纶/锦纶	20%盐酸或 40%硫酸	锦纶	氨纶	氨纶为 1.00
氨纶/涤纶	80%硫酸	氨纶	涤纶	涤纶为 1.00
大豆蛋白纤维/棉、苎麻、亚麻混纺产品	甲酸/氯化锌(60 ℃)	大豆蛋白纤维	棉、苎麻、亚麻	棉纤维为 1.02 苎麻为 0.97 亚麻为 0.98
大豆蛋白纤维/涤纶	75%硫酸	大豆蛋白纤维	涤纶	涤纶纤维为 1.00
大豆蛋白纤维/丝、羊毛或其他动物纤维混纺产品	3%氢氧化钠	丝、羊毛或其他动物纤维	大豆蛋白纤维	大豆蛋白纤维为 1.09
大豆蛋白纤维/黏胶或莫代尔混纺产品	20%盐酸	大豆蛋白纤维	黏胶或莫代尔	莫代尔纤维为 1.01 黏胶纤维为 1.00

表 2-10 常见的三组分混纺织品定量化学分析方法

纤维组成			应用方法
第一组分	第二组分	第三组分	
黏胶	棉、麻	涤纶	甲酸/氯化锌法 75%硫酸法
锦纶	腈纶	棉、黏胶、苎麻或 高湿模量纤维	80%甲酸法 二甲基甲酰胺法
锦纶	棉、黏胶、苎麻	涤纶	80%甲酸法 75%硫酸法
毛、丝	黏胶	棉、麻	碱性次氯酸钠法 甲酸/氯化锌法
毛、丝	锦纶	棉、黏胶、苎麻	碱性次氯酸钠法 80%甲酸法
丝	毛	涤纶	75%硫酸法 碱性次氯酸钠法
腈纶	羊毛或其他动物纤维	涤纶	二甲基甲酰胺法 碱性次氯酸钠法

表 2-11 四组分混纺织品定量化学分析方法和采用的试剂

编号	纤维组成	试剂和分析步骤
1	羊毛、锦纶、腈纶、黏胶	① 1 mol/L 次氯酸钠溶解羊毛 ② 20%盐酸溶解锦纶 ③ 二甲基甲酰胺溶解腈纶
2	羊毛、锦纶、苎麻、涤纶	① 1 mol/L 次氯酸钠溶解羊毛 ② 20%盐酸溶解锦纶 ③ 75%硫酸溶解苎麻
3	羊毛、腈纶、棉、涤纶	① 1 mol/L 次氯酸钠溶解羊毛 ② 二甲基甲酰胺溶解腈纶 ③ 75%硫酸溶解棉
4	蚕丝、黏胶、棉、涤纶	① 1 mol/L 次氯酸钠溶解蚕丝 ② 甲酸/氯化锌溶解黏胶 ③ 75%硫酸溶解棉
5	蚕丝、锦纶、腈纶、涤纶	① 1 mol/L 次氯酸钠溶解蚕丝 ② 20%盐酸溶解锦纶 ③ 二甲基甲酰胺溶解腈纶
6	羊毛、腈纶、黏胶、棉	① 1 mol/L 次氯酸钠溶解羊毛 ② 二甲基甲酰胺溶解腈纶 ③ 甲酸/氯化锌溶解黏胶

定量分析结果有三种不同的评价方法,即净干质量百分率、结合公定回潮率的纤维含量百分率、包括公定回潮率和预处理中纤维损失和非纤维物质除去量的纤维含量百分率。其计算方法如下:

(1)净干质量百分率

$$p_1 = \frac{m_1 d}{m_0} \times 100 \qquad (2\text{-}1)$$

$$p_2 = 100 - p_1 \tag{2-2}$$

$$d = \frac{m_3}{m_1} \tag{2-3}$$

式中：p_1 为不溶解纤维的净干质量百分率；p_2 为溶解纤维的净干质量百分率；m_0 为预处理后的试样干燥质量(g)；m_1 为试剂处理后剩余的不溶纤维的干燥质量(g)；m_3 为已知不溶纤维的干燥质量(g)；d 为不溶纤维在试剂处理时的质量修正系数。

（2）结合公定回潮率的纤维含量百分率

$$p_m = \frac{p_1(100 + W_1)}{p_1(100 + W_1) + p_2(100 + W_2)} \times 100 \tag{2-4}$$

$$p_n = 100 - p_m \tag{2-5}$$

式中：p_m 为不溶纤维结合公定回潮率时的含量百分率；p_n 为溶解纤维结合公定回潮率时的含量百分率；p_1 为不溶解纤维的净干质量百分率；p_2 为溶解纤维的净干质量百分率；W_1 为不溶纤维的公定回潮率；W_2 为溶解纤维的公定回潮率。

（3）包括公定回潮率和预处理中纤维损失和非纤维物质除去量的纤维含量百分率

$$p_A = \frac{p_1(100 + W_1 + b_1)}{p_1(100 + W_1 + b_1) + p_2(100 + W_2 + b_2)} \times 100 \tag{2-6}$$

$$p_B = 100 - p_A \tag{2-7}$$

式中：p_A 为不溶纤维结合公定回潮率和预处理损失的含量百分率；p_B 为溶解纤维结合公定回潮率和预处理损失的含量百分率；p_1 为不溶解纤维的净干质量百分率；p_2 为溶解纤维的净干质量百分率；W_1 为不溶纤维的公定回潮率；W_2 为溶解纤维的公定回潮率；b_1 为预处理中不溶纤维的质量损失和/或不溶纤维中非纤维物质的去除率；b_2 为预处理中溶解纤维的质量损失和/或溶解纤维中非纤维物质的去除率。

【操作指导】

2-1 纤维实物分类

1 工作任务描述

用手扯法整理纤维实物,观察各类纤维的长短、粗细、外观色泽;将整理好的纤维束粘贴在分类表中,按纤维来源和纤维形态分别认识纤维类别。

2 操作仪器、工具和试样

纤维粘贴用透明胶或双面胶、各种纤维实物若干。

3 操作要点

3.1 试样整理

① 取约 50 mg 纤维握于两手拇指与食指的第一关节中(双手所握纤维数量相近),双手距

73

离缓缓拉大,将纤维束扯成两半。

② 将两手中的纤维束重叠合并,握持在左手或右手中,合并时使扯开的两个面尽可能叠放平齐。

③ 一手握住纤维束,另一手从纤维束伸出的纤维中扯出纤维,顺序叠放在拇指与食指的第一关节处,直到纤维束全部整理完毕。在整理过程中,允许有部分难以整理的纤维丢弃,但数量不宜过多,使整理成的纤维束能代表整体纤维的长度和粗细等特征。

④ 重复步骤③一次到两次,直到把纤维整理成一端基本平齐的纤维束。

3.2 操作步骤

① 将试样粘贴在纤维实物分类表中。

② 观察纤维的长短、粗细、色泽等特征,并根据纤维的来源对纤维进行分类,写明各级别的分类名称。例如棉纤维为天然植物(纤维素)种子纤维,涤纶纤维为化学合成纤维等。

③ 根据纤维的形态对纤维进行分类,结果记录在分类表中。

4 结果和分析

根据纤维来源和形态分类法,命名各类纤维,完成纤维实物分类表。

2-2 纤维定性鉴别——手感目测法

1 工作任务描述

根据纤维的长短、粗细、卷曲、色泽、手感、含杂和外观形态等特征来区分天然纤维(棉、麻、毛、丝)和化学纤维。根据织物的外观特征及风格,判断织物的原料组成。

本方法较适合于散纤维状态的纤维原料的鉴定,对于已加工成成品的纤维制品,要结合其他鉴别方法综合判定。

2 操作仪器、工具和试样

各种纺织纤维、纱线或织物若干。

3 操作要点

① 如果试样是织物,根据织物的外观特征和风格,初步判断织物的大类:天然纤维面料、化学纤维面料或长丝面料、短纤维面料等。如果试样是纤维,按照步骤④进行。如果试样是纱线,按照步骤③进行。

② 机织物取样时,须从经纬向分别抽取一些纱线;针织物若为几种纱线交替或并合织入,也应分别抽取不同的纱线。

③ 将纱线松解为单纤维状态,注意区分纤维是短纤维还是长丝。

④ 根据纤维的长短、粗细、卷曲和外观形态等特征,进一步分析判断纤维的类别,记录现象。

⑤ 综合分析试样的外观、手感特征等,最终判断试样的原料组成。

4 结果和分析

根据纤维长短、粗细、外观、色泽特征确定纤维类别或具体纤维品种。

2-3 纤维定性鉴别——燃烧法

1 工作任务描述

用镊子夹取一小束待鉴别的纤维,缓慢靠近酒精灯火焰,仔细观察纤维接近火焰、在火焰中以及离开火焰后的燃烧特征,并观察燃烧时散发的气味以及燃烧后残留物的特征,粗略判定纤维类别。

2 操作仪器、工具和试样

酒精灯、镊子、剪刀等,纺织纤维、纱线或织物若干。

3 操作要点

① 将酒精灯点燃,取 10 mg 左右的纤维,用手捻成细束。试样若为纱线则剪成一小段,若为织物则分别抽取经纬纱数根。

② 用镊子夹住待测试样,缓慢靠近火焰,观察纤维接近火焰时是否有熔融、收缩现象,并记录。

③ 将试样移入火焰中,使其充分燃烧,观察其燃烧速度,是否为熔融燃烧,是否冒烟,记录现象。

④ 将试样夹离火焰,观察试样离开火焰后是继续燃烧还是自熄,记录现象。

⑤ 当试样火焰熄灭时,用手将试样附近的气体扇向鼻子,嗅闻其气味并记录。

⑥ 待试样冷却后,用手轻捻残留物,记录残留物的颜色、软硬、松脆程度和形状等特征。

⑦ 对照表 2-4、表 2-5,初步判断纤维的类别。

4 结果和分析

根据燃烧特征确定纤维类别或具体纤维品种。

5 相关标准

FZ/T 01057.2《纺织纤维鉴别试验方法 第 2 部分:燃烧法》。

2-4 纤维定性鉴别——化学溶解法和着色法

1 工作任务描述

观察纤维在不同温度的各种化学试剂中的溶解特性,鉴别纤维的类别;观察不同着色剂对纤维的着色性能,鉴别纤维的类别。记录原始数据,完成项目测试报告。

2 操作仪器、工具和试样

（1）**仪器** 恒温水浴锅、电炉、天平（10 mg）、温度计（100 ℃）、玻璃棒、试管、试管架、试管夹、量筒、小烧杯、镊子、酒精灯等。

（2）**试剂** 37％盐酸、75％硫酸、5％氢氧化钠、1 mol/L 次氯酸钠、85％甲酸、二甲基甲酰胺等化学试剂；碘、碘化钾、正丙醇、HI-1 纤维鉴别着色剂等。

（3）**试样** 纺织纤维、纱线或织物若干。

3 操作要点

3.1 化学溶解法

① 取待测试样少许（若试样为纱线则剪取一小段纱线，若为织物则抽出经纬纱少许）分别置于试管内。

② 在各试管内分别注入某种溶剂适量，在常温下摇动 5 min，观察试样的溶解情况，并逐一记录观察结果。

③ 对有些在常温下难于溶解的纤维，需做加温沸腾实验，此时需煮沸 3～5 min，观察纤维溶解情况，记录现象。

④ 依次调换其他溶剂，观察溶解现象并记录结果。

⑤ 每个试样取样两份进行平行试验，如溶解现象差异显著，必须重测。

⑥ 参照表 2-7 确定纤维的种类。

3.2 着色法

3.2.1 HI-1 号纤维鉴别着色剂着色

① 1％ HI-1 号着色剂工作液制备。准确称量 HI-1 号 1g，放置于干燥烧杯中，加 10 mL 正丙醇，使其部分溶解，在不断搅拌下加入 60 ℃ 热水 90 mL，使其充分溶解。

② 取待测纤维（若试样为纱线则剪取一小段纱线，若为织物则抽出经纬纱少许）一小束（约 20 mg），按浴比 1∶30 量取 1％ HI-1 号着色剂工作液，投入着色液中沸煮 1 min。

③ 取出试样，用冷水洗净、晾干。

④ 根据着色反应特征，对照表 2-8 确定纤维品种。

3.2.2 碘-碘化钾饱和溶液着色

① 碘-碘化钾饱和溶液制备，将 20 g 碘溶解于 100 mL 的碘化钾饱和溶液中即可。

② 取待测纤维（若试样为纱线则剪取一小段纱线，若为织物则抽出经纬纱少许）一小束（约 20 mg），放入试管中。

③ 在试管内加入碘-碘化钾饱和溶液，使其浸泡 30～60 s。

④ 取出试样，用水洗净、晾干。

⑤ 根据着色反应颜色特征，对照表 2-8 确定纤维品种。

4 结果和分析

根据化学溶解特性与原色纤维着色特征判别纤维。

5　相关标准

FZ/T 01057.4《纺织纤维鉴别试验方法　第4部分:溶解法》。

2-5　纤维纵面和截面形态标本制作

1　工作任务描述

利用哈氏切片器制作纤维截面切片,将切片放在滴有甘油的载玻片上,盖上盖玻片制成截面形态标本;用手整理纤维,使纤维平直并均匀地铺放在载玻片,制成纵面形态标本。

2　操作仪器、工具和试样

（1）**仪器**　哈氏切片器(图2-13)、刀片、小旋钻、载玻片、盖玻片、镊子、挑针等。

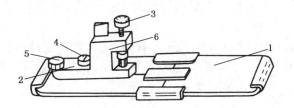

1,2—底板　3—精密螺丝　4—螺丝　5—销子　6—螺座

图2-13　哈氏切片器结构

（2）**试剂**　甘油、火棉胶等。

（3）**试样**　各种纺织纤维、纱线或织物若干。

3　操作要点

3.1　纤维纵向形态标本制作

取待测纤维一束,用手扯法将纤维整理平直;若样品为纱线,则剪取一小段并退去其捻度;若样品为织物,则分别抽取经纱和纬纱并退去捻度,抽取纤维。将适量纤维均匀平铺于载玻片上,滴上一滴甘油,盖上盖玻片(注意不能产生气泡),并在载玻片上标注试样名称,制成纤维纵向形态标本。

纤维纵向形态标本制作

3.2　纤维横截面形态标本制作

① 松开哈氏切片器的螺丝4,并取去定位销子5,将切片器上精密螺丝3向上旋转,使螺杆下端升离狭缝,将螺座转到与底板成垂直位置,将底板2从底板1中抽出。

② 取待测试样一束,用手扯法将纤维整理平直,若为纱线则剪取一小段退去捻度;若为织物则分别抽取织物经纱与纬纱并退去捻度,抽取纤维。

③ 把整理好的一束纤维试样嵌入底板2中间的狭缝中,再把底板1的塞片插入底板2的狭缝,使试样压紧。放入的纤维以轻拉纤维束时稍有移动为宜。

④ 用刀片切去露在底板正反两面的纤维,转动螺座,使其恢复到原来的位置

纤维截面形态标本制作

并将其固定。此时,精密螺丝的螺杆下端正对准底板 2 中间的狭缝。

⑤ 旋转精密螺丝,使螺杆下端与纤维试样接触,再顺螺丝方向旋转螺丝上刻度 2～3 格,将试样稍稍顶出板面,然后在顶出的纤维表面用玻璃棒薄薄地涂上一层火棉胶。稍放片刻,用锋利的刀片沿底座平面切下纤维形态标本。切片时,刀片要尽量平靠金属底板,并保持两者夹角不变。

⑥ 因为第一次切取的厚度无法控制,一般丢弃不用。从第二次切片操作开始正式制作纤维形态标本,切片厚度由精密螺丝控制。再旋转精密螺丝上刻度一格半,推出纤维,涂上火棉胶,稍等片刻进行切片操作,挑选好的纤维形态标本作为试样,用于后续观察。

⑦ 按此法切下所需片数试样。

⑧ 将纤维形态标本放在载玻片上,滴上一滴甘油,盖上盖玻片,并在载玻片上标注试样名称。

4 结果和分析

纤维纵面形态和截面形态标本在显微镜放大 100 倍或 400 倍,形态特征应清晰,分布要均匀。获得清晰试样标本的技巧如下:

① 细和软纤维切片时,可将羊毛纤维包在纤维外层,容易制得清晰的截面形态切片。

② 切片厚度应小于纤维直径,切片过厚,纤维容易倒伏,显微镜下观察到的是一小段的纤维纵面形态。

5 相关标准

FZ/T 01057.3《纺织纤维鉴别试验方法 第 3 部分:显微镜法》。

2-6 纤维定性鉴别——显微镜观察法

1 工作任务描述

通过显微镜观察未知纤维的纵面、截面形态,对照纤维标准照片或依据各种纤维的纵面、截面形态特征,鉴别未知纤维的类别,并初步确定为纯纺或混纺产品。

2 操作仪器、用具和试样

(1)仪器用具 显微镜、载玻片、盖玻片、擦镜纸等。

(2)试样 待鉴别纤维的纵面形态或截面形态标本。

3 操作要点

① 用粗调装置将载物台稍许降低,将纤维形态标本放在载物台上。

② 旋转粗调装置,将载物台上升至最高位置,使物镜尽量接近盖玻片,但不能接触盖玻片。

③ 前后、左右调节载物台上的移动装置,使纤维形态标本移至物镜中心。

④ 从目镜下视,用粗调装置缓慢下降载物台,至见到纤维形态标本清晰成像,便立即停止。

⑤ 调节微调装置,使纤维形态标本成像清晰。

⑥ 转动物镜转换台,用高倍物镜代替低倍物镜,此时再稍微调整微调装置,使成像清晰。

⑦ 逐一将纤维形态标本放在载物台上进行观察,并将观察到的图形记录在纸上。

⑧ 对照表 2-6 判断纤维的类别。

⑨ 试验完毕,用擦镜纸将显微镜擦拭干净。

4 结果和分析

观察纤维纵面形态或截面形态特征,判别纤维类别或品种。

5 相关标准

FZ/T 01057.3《纺织纤维鉴别试验方法 第 3 部分:显微镜法》。

【知识拓展】其他鉴别方法

1. 熔点法

对于锦纶 6 与锦纶 66 等同类纤维的鉴别,用燃烧法、化学溶解法及显微镜观察法判别均有困难,但两者的熔点有明显不同,锦纶 6 为 215～220 ℃,锦纶 66 为 255 ℃左右,可用化纤熔点仪或附有加热和测温装置的偏振光显微镜,观察纤维消光时的温度即熔点进行鉴别。

大多数合成纤维不像纯晶体那样有确切的熔点;同一品种的纤维生产厂家和型号不同,其熔点也不完全相同;有些合纤则没有熔点。因此,熔点法一般不单独使用,而是在初步鉴别以后作为验证的辅助手段。

2. 含氯、含氮呈色反应试验

检查纤维中是否有氯或氮,是区别合成纤维大类的重要方法。它适用于化学纤维粗分类,以便进一步定性鉴别。它可以检出聚氯乙烯、聚偏氯乙烯、偏氯乙烯-氯乙烯共聚、氯乙烯-醋酸乙烯共聚、聚丙烯腈、聚酰胺、聚氨基甲酸乙酯、丝、毛等纤维。本方法的原理是各种含有氯、氮的纤维在火焰中呈现特定的颜色或加热产生的气体使石蕊试纸变色。

(1) 含氯试验 将烧热的铜丝接触纤维后,移至火焰的氧化焰中,观察火焰是否呈绿色,如含氯会发生绿色的火焰。

(2) 含氮试验 试管中放入少量切碎的纤维,并用适量碳酸钠覆盖,加热产生气体,如试管口放的红色石蕊变蓝色,说明有氮的存在。

3. 红外吸收光谱法

红外光谱是确定分子组成和结构的重要工具。当一束红外光照射到被测物质上时,该物质的分子将吸收某些波长的红外射线的能量,并将其转变为分子的振动能和转动能。当照射物质的红外辐射的频率与分子某种振动方式的频率相同时,分子吸收红外光辐射后,才能从基态振动能级跃迁到高能量的激发态,从而在谱图上出现相应的吸收谱带。纤维大分子上的各种基团都有自己特有的基团吸收谱带,所以红外吸收光谱具有"指纹性"。

红外光谱中每一个特征吸收谱带都包含了分子中的基团以及结合键的信息,特征基团在光谱图上有三个主要特征:吸收峰的位置、吸收峰的强度以及吸收峰的形状。不同物质的红外光谱有显著差异(图 2-14)。利用这一原理将未知纤维的红外光谱与已知纤维的标准光谱对比,可以确定未知纤维的类别。

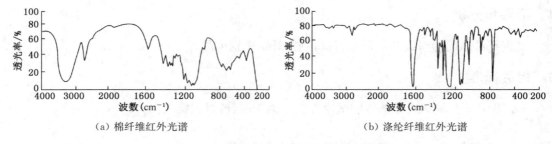

(a) 棉纤维红外光谱　　　　　　　　　(b) 涤纶纤维红外光谱

图 2-14　棉纤维和涤纶纤维的红外光谱

红外光谱定性分析纺织纤维具有快速、方便的特点,目前已得到广泛的应用。

红外光谱特征吸收谱带的强度除与分子结构有关外,还与光程中所含的分子数有关,通过测定红外光谱图中的特征谱带的强度,可计算分子数的多少。因此,根据 Lambert-Beer 定律,利用红外光谱可以对纺织原料组分进行定量分析。

【岗位对接】生产车间原料错混快速识别

纺织品生产加工车间内,可能发生棉包、管纱、布匹等不同形式的纺织材料品种错混,在外观难以识别的情况下,可用紫外线荧光灯照射,迅速找出错混材料。

荧光颜色是指纤维受紫外线照射时形成受激发射产生可见光的颜色。当紫外线照射停止,荧光颜色即消失。由于不同纤维其组成物质的原子基团不同,因此,不同纤维会显示出不同的荧光颜色(表 2-12)。

表 2-12　几种纺织纤维的荧光颜色

纤维种类	荧光颜色	纤维种类	荧光颜色
棉	淡黄色	黏胶纤维(有光)	淡黄色紫阴影
丝光棉	淡红色	醋酯纤维	深紫蓝色-青色
生黄麻	紫褐色	涤纶	白光青光很亮
黄麻	淡蓝色	锦纶	淡蓝色
羊毛	淡黄色	腈纶	浅紫色-浅青白色
蚕丝(脱胶)	淡蓝色	维纶(有光)	淡黄色紫阴影
黏胶纤维	白色紫阴影	丙纶	深青白色

对于荧光颜色相近的纤维或加入助剂和化学处理的纤维,较难用荧光法判别。

【课后练习】

1. 专业术语辨析

(1) 合成纤维　　　(2) 再生纤维　　　(3) 结晶度　　　(4) 取向度

2. 填空题

(1) 化学组成为天然纤维素的纤维有_____、_____等,化学组成为再生纤维素的纤维有_____、_____等。纤维素纤维的燃料特征表现为接近火焰_____,在火焰中_____,燃烧时气味为_____。

(2) 化学组成为蛋白质的纤维_____、_____等。它们的燃料特征表现为接近火焰_____,在火焰中_____,燃烧时气味为_____。

(3) 接近火焰收缩熔融的纤维是_____,收缩不熔的是_____,不缩不熔的是_____。

(4) 纵面形态有沟槽的纤维是_____、_____等,截面形态为圆形的纤维有_____、_____、_____。

(5) 在 5% NaOH 溶液中煮沸溶解的纤维有_____、_____,在 75% H_2SO_4 溶液中溶解的纤维有_____、_____、_____等。

3. 是非题(错误的选项打"×",正确的选项画"○")

(　　)(1) 纺织纤维绝大多数为大(高)分子合化物。

(　　)(2) 化学组成相同的纤维,其物理性能与化学性能基本相同。

(　　)(3) 高分子材料的非结晶部分表现为强力低,变形大,易于染色。

(　　)(4) 纤维大分子间的作用力主要是共价键,此外还有氢键和范德华力。

4. 选择题

(1) 纺织纤维大分子链的形式一般为(　　)。

① 线型　　　② 枝型　　　③ 网型　　　④ 体型

(2) 下列哪类材料不适宜采用燃烧法(　　)。

① 纯纺织物　　　　　　② 交织物

③ 纤维素纤维织物　　　④ 特殊整理织物

(3) 如果纱线结构为网络丝,则其原料成分为(　　)。

① 蚕丝　　　② 人造丝　　　③ 涤纶　　　④ 腈纶

(4) 下列纤维中燃烧速度最快的是(　　)。

① 纤维素纤维　　　　　② 蛋白质纤维

③ 合成纤维

(5) 纵面形态有横节竖纹的纤维是(　　)。

① 毛发类　　　② 麻类　　　③ 棉类　　　④ 化纤类

(6) 截面形态特征有圆形和哑铃形两种的纤维是(　　)。

① 丙纶 　　　　② 涤纶 　　　　③ 锦纶 　　　　④ 腈纶

(7) 在 20％盐酸中溶解的纤维是(　　　)。

① 腈纶 　　　　② 维纶 　　　　③ 锦纶 　　　　④ 涤纶

(8) 在二甲基甲酰胺中溶解的纤维是(　　　)。

① 棉和麻 　　② 羊毛和蚕丝 　③ 醋酯纤维 　④ 涤纶和锦纶

(9) 在碘-碘化钾饱和溶液中着色呈黑蓝青的是(　　　)。

① 棉纤维 　　　② 涤纶 　　　③ 黏胶 　　　④ 桑蚕丝

5. 分析应用题

(1) 用燃烧法如何区分纯羊毛、毛/腈混纺和纯腈纶产品？

(2) 如何区分毛类与蚕丝类产品？

(3) 麻/棉与涤/棉混纺产品的定量分析方法有何不同？

(4) 交织物和混纺织物进行定量分析时，其方案有何不同？

(5) 氨纶织物中氨纶含量测试的方法有哪些？

项目 3 纤维长度和细度检测

教学目标

1. 理论知识:纤维的长度、细度特征及其指标,纤维长度、细度对成纱工艺和性能的影响。
2. 实践技能:各类纤维长度、细度的感性和理性的识别,长度、细度的检测方法。
3. 拓展知识:拉细羊毛/纳米纤维。

▶【项目导入】纤维长度、细度与纱线生产和质量的关系

纤维的长度和细度决定了纺纱系统和工艺参数,例如不同长度和细度的棉、麻、毛纤维分别采用棉纺设备、麻纺设备和毛纺设备进行纺纱。化学短纤维为了适应在棉纺、毛纺设备上生产,切断成棉型、毛型和中长型三种。纤维的长度和细度影响成纱的极限细度,细长纤维可纺较细的纱线,例如在传统的环锭纺纱机上,长度为 33～45 mm、公制支数为 6500～8500 的长绒棉可纺 100^s～200^s 的纱线,而长度为 25～31 mm、公制支数为 5000～6000 的细绒棉的成纱细度为 33^s～99^s,长度为 15～30 mm、公制支数为 3000～4000 的粗绒棉的成纱细度为 15^s～30^s。纤维的长度和细度还影响纱线的质量。

本项目要求对棉、麻、毛、丝四种天然纤维及化学纤维的长短、粗细特征进行比较,阐述长度与细度对成纱工艺和纱线质量的影响,完成表 3-1。

表 3-1 纤维长短粗细的识别与表征

纤维类别		实物	长度特征	细度特征	对成纱工艺的影响	对纱线质量的影响
棉	长绒棉					
	细绒棉					
麻	苎麻					
	亚麻					
	大麻					
毛	绵羊毛					
	山羊绒					
蚕丝	桑蚕丝					
	柞蚕丝					
化学短纤维	棉型					
	毛型					
	中长型					

【知识要点】

子项目 3-1 纤维长度与检测

1 长度特征

纤维长度是纤维固有的性质。天然纤维的长度是不均一的,随着品种、生长条件等不同而不同。

棉纤维由自然生长而成,长度受原棉品种、气候条件、土壤条件及初加工等影响。将一束棉纤维试样从长到短逐根排列,使各根纤维的一端位于一直线上,就可得到棉纤维的自然长短排列图,即拜氏图(图 3-1)。不同品种的纤维,其长度不同,长绒棉为 33～45 mm,细绒棉为 25～31 mm,粗绒棉 15～30 mm;同一品种、同一棉田采摘的棉花,甚至同一粒棉籽上的棉纤维,其长度亦不相同。

(a) 长绒棉　　　　　　　　(b) 细绒棉　　　　　　　　(c) 粗绒棉

图 3-1　棉纤维长度分布图

羊毛纤维的长度随品种、性别、年龄、饲养条件、身体部位及剪毛次数等影响,差异也很大。我国几个品种的羊毛纤维的毛丛长度如表 3-2 所示,其他各种动物毛的纤维长度如表 3-3 所示。山羊毛的长度频数分布如图 3-2 所示。

表 3-2　羊毛纤维的伸直长度

品种		长度范围(mm)	细毛平均长度(mm)	粗毛平均长度(mm)
绵羊毛	细毛种	35～140	55～140	—
	半细毛种	70～300	90～270	—
	粗毛种	35～160	50～80	80～130
山羊毛	绒山羊	30～100	34～65	75～80
	肉用山羊	30～110	35～60	75～80
	安哥拉山羊(羔羊)	45～100	50～90	—
	安哥拉山羊(成年羊)	90～350	80～90	130～300

表 3-3　特种动物毛长度

纤维种类	山羊绒	马海毛(半年剪)	兔细毛	兔粗毛	牦牛绒	牦牛毛	驼绒	驼毛	羊驼绒	羊驼毛
长度(mm)	30～40	100～150	20～90	20～90	26～60	100～450	5～115	100～500	8～12	50～300

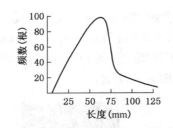

图 3-2 山羊毛长度频数分布图

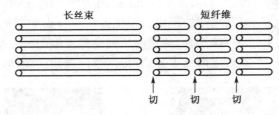

图 3-3 化学短纤维切断

麻纤维中,苎麻纤维较长,最长可达 620 mm,平均为 45～75 mm,可以单纤维形式纺纱。我国几种不同季节剥制的苎麻精干麻的纤维长度见表 3-4。其他麻纤维的长度较短,一般以工艺纤维形式纺纱。亚麻单纤维的平均长度为 17～25 mm,打成麻长度取决于亚麻品种、栽培条件和初加工,一般为 300～900 mm;大麻纤维的单纤维长度差异较大,一般为 15～25 mm;黄麻与洋麻的单纤维很短,平均长度为 1～6 mm。

蚕丝是至今发现的天然纤维中唯一的长丝纤维,一粒茧子上的丝长达 800～1500 m;不同季节饲养的蚕的茧丝长度不同,一般春茧丝长为 1000～1200 m,夏秋茧丝长为 700～900 m。蚕丝也可切断,通过绢纺形成短纤维纱,主要是利用缫丝及纺织加工中产生的废丝为原料。

化学纤维的长度是根据需要而定的,可以制成长丝和短纤维。化学短纤维是将丝束切断形成的(图 3-3),可以切断成等长纤维,也可以牵切成不等长纤维。等长纤维在切断时丝束的张力不匀,长度不完全相等,产生倍长和超长等疵点纤维,但其差异与天然纤维相比要小得多,长度较为均一。化学短纤维切断长度依据纺纱设备和混纺纤维的长度,主要有棉型、毛型和中长型三种。棉型化纤的长度为 30～40 mm,用棉纺设备纺纱;毛型化纤的长度为 70～150 mm,用毛纺设备纺纱;中长型化纤的长度为 51～65 mm,用棉纺或化纤专用设备纺纱。

天然纤维和化学纤维长度比较

表 3-4 不同季节的苎麻精干麻长度

季节(时期)	平均长度(mm)	最长纤维长度(mm)	长度变异系数/%	45 mm 以下短绒率/%
头麻	57.1	400.0	81.46	57.25
二麻	66.7	540.5	87.69	52.26
三麻	57.2	482.8	87.63	60.72
平均	60.3	447.8	85.59	56.74

2 长度指标与测试

天然纤维的长度呈随机分布,要真实反映纤维的长度特征,须逐根测量全部纤维的长度,由于纤维数量的巨大,无法一一测试,因此采用多项指标来表征纤维的长度特征。纤维品种不同,长度指标与测试方法亦不同。长度检验方法分为徒手测量法与仪器检验法两类,常用的有手扯法、排图法、罗拉式长度分析仪法、梳片式长度分析仪法、光电式长度测量法等。

纤维长度指标

2.1 手扯法

取有代表性的棉样 10 g 左右,双手平分,抽取纤维,反复整理成没有丝团、杂物和游离纤

纤维长度
测试方法

维、一头或两头平齐的棉束约 60 mg,棉束宽度约 20 mm,放置在黑绒板上,量取棉束两端间的距离。手扯方法有一头平齐法和两头平齐法。一头平齐法,棉束整理为一端平齐,测量时从棉束整齐端至另一端不露黑绒板的切线;两头平齐法,棉束整理成两端平齐,直接测量两端间的距离,如图 3-4 所示。

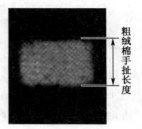

图 3-4　两头平齐法手扯长度测量

量取结果保留一位小数,并对测量结果按表 1-6 进行归整处理,得到的长度即为手扯长度,以毫米为单位,分成 25 mm、26 mm、27 mm、28 mm、29 mm、30 mm、31 mm、32 mm 八级。28 mm 级为标准级,25 mm 级包括 25.0 mm 及以下;32 mm 级包括 32.0 mm 及以上;品级为六七级原棉,手扯长度超过 25 mm 的,均按 25 mm 级计。手扯长度测量法主要适用于棉纤维长度的商业检验,是棉花品质的重要指标,与贸易价格有密切关系。它代表了测试棉样中大多数纤维的长度。

2.2　罗拉式长度分析仪法

罗拉式长度分析仪法用于棉纤维的长度测定。将试样首先用手扯法整理成一端平齐的小棉束,接着用一号夹子在黑绒板上将其整理成为一端整齐、层次分明的棉束,然后用一号夹子夹住棉束整齐的一端,放入 Y111 型罗拉式长度分析仪的加压辊与沟槽罗拉间(图 3-5)。棉束整齐端在外,整齐端切线 AB 恰好与沟槽罗拉外表面相切(图 3-6),纤维从罗拉与压辊的钳口

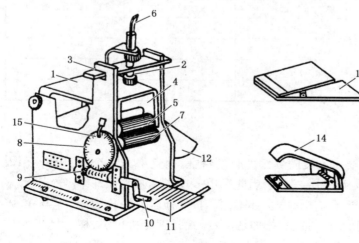

1—盖子　2—弹簧　3—压板　4—撑脚　5—加压辊　6—偏心杆
7—沟槽罗拉　8—蜗轮　9—蜗杆　10—手柄　11—溜板
12—偏心盘　13—二号夹子　14—一号夹子

图 3-5　Y111 型罗拉式长度仪

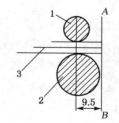

1—加压辊　2—沟槽罗拉　3—棉束

图 3-6　小棉束的放置

处至整齐端的原始长度为罗拉的半径 9.5 mm(罗拉周长为 60 mm，$r = 60/2\pi$)，转动手柄，罗拉回转，逐步送出棉束。用二号夹子夹取未被罗拉与压辊钳口夹持的纤维，得到长度依次间隔 2 mm 的分组纤维，将这些纤维小束在天平上称重，得到各组纤维的质量。表 3-5 所示为一个棉纤维试样的罗拉法实测数据，根据各组长度及对应的质量可计算棉纤维主体长度、品质长度、平均长度及短绒率等指标。

（1）真实质量 由于棉束厚薄不匀、纤维排列不可能完全伸直平行以及其他原因，使得各组中常含有前一组较短纤维和后一组较长纤维。根据实际测定，称得的每组纤维中，真正符合本组纤维长度的只占 46%，而前一组中有 17%，后一组中有 37%。因此各组纤维的真实质量按下式计算：

$$G_L = 0.17g_{L-2} + 0.46g_L + 0.37g_{L+2} \tag{3-1}$$

式中：G_L 为长度为 L(mm)组纤维的真实质量(mg)；g_{L-2} 为长度为 $L-2$(mm)组纤维的称见质量(mg)；g_L 为长度为 L(mm)组纤维的称见质量(mg)；g_{L+2} 为长度为 $L+2$(mm)组纤维的称见质量(mg)。

（2）主体长度 也称众数长度，是指棉纤维长度质量分布图(图 3-7，横坐标为纤维长度，纵坐标为数理统计上的频数密度)，即质量/(上限长度－下限长度)中，占质量或根数最多一组的纤维长度。但一组的组距是 2 mm，主体长度根据质量最大组和其相邻两组的质量关系确定某一点，并应偏向相邻两组中质量较重的组。具体的确定方法：将质量最重一组与相邻两组的质量差值大的 bd 延长至 a，使 $ab = bd$，连接 ae 相交 bf 于 h，则 h 的横坐标即主体长度。作 $ec \parallel bf$，△$efh \backsim$ △ace，根据 $\dfrac{fe}{fh} = \dfrac{ac}{ce}$，即得到主体长度的计算公式：

$$L_m = (L_n - 1) + \frac{2(G_n - G_{n-1})}{(G_n - G_{n-1}) - (G_n + G_{n+1})} \tag{3-2}$$

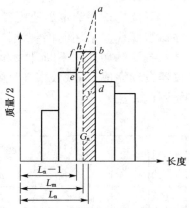

图 3-7　纤维长度质量分布图

式中：L_m 为主体长度(mm)；L_n 为质量最重一组长度的组中值(mm)；G_n 为质量最重一组纤维的真实质量(mg)；G_{n-1} 为质量最重一组前一组纤维的真实质量(mg)；G_{n+1} 为质量最重一组后一组纤维的真实质量(mg)。

（3）品质长度 又称右半部长度或主体以上平均长度，是长度大于主体长度的纤维的平均长度。其计算式如下：

$$L_p = L_n + \frac{\displaystyle\sum_{j=n+1}^{k}(j-n)dG_j}{y + \displaystyle\sum_{j=n+1}^{k}G_j} \tag{3-3}$$

$$y = [(L_n + 1) - L_m] \times \frac{G_n}{2} \tag{3-4}$$

式中：L_p 为品质长度(mm)；d 为相邻两组之间的长度差异(即组距，$d = 2$ mm)；y 为质量最重一组内长度超过主体长度 L_m 这一部分纤维的质量(mg)；n 为质量最重纤维组的顺序数；k

为最长纤维组的顺序数。

（4）短绒率 长度等于和短于 15.5 mm（细绒棉）或 19.5 mm（长绒棉）的短绒质量占总质量的百分率称短绒率，计算式如下：

$$P = \frac{G_p}{\sum\limits_{j=1}^{k} G_j} \times 100\% \tag{3-5}$$

式中：P 为短纤维率（短绒率）；G_p 为短绒质量（mg）；G_j 为第 j 组纤维的真实质量（mg）。

（5）质量平均长度

$$L = \frac{\sum\limits_{j=1}^{k} L_j G_j}{\sum\limits_{j=1}^{k} G_j} \tag{3-6}$$

式中：L 为质量加权平均长度（mm）；L_j 为第 j 组纤维的长度组中值（mm）；G_j 为第 j 组纤维的质量（mg）。

罗拉式长度测定虽速度较慢，技术要求较高，但能测得较多的长度分布数据，所以是以往纺织厂普遍采用的棉纤维长度测试方法。随着 HVI 大容量纤维测试仪、AFIS 单纤维测试系统测试功能的不断升级和完善，纤维长度、强度、细度、成熟度等指标的测试可由一台仪器自动完成，测试效率高且数据正确、稳定性好，正在逐步取代罗拉法等传统的棉纤维性能测试方法。

表 3-5　罗拉法棉纤维长度检验记录与计算

分组顺序数 j	蜗轮刻度	各组纤维的长度范围（mm）	各组纤维的平均长度 L_j（mm）	各组纤维的称得质量 g_j（mg）	各组纤维的真实质量 G_j（mg）	乘积 $(j-n)dG_j$	计算结果
1	—	低于 8.50	7.5	0	0.30		主体长度 L_m 31.2 mm
2	10	8.50～10.49	9.5	0.8	0.59		
3	12	10.50～12.49	11.5	0.6	0.67		品质长度 L_p 33.9 mm
4	14	12.50～14.49	13.5	0.7	0.68		
5	16	14.50～16.49	15.5	0.7	0.74		平均长度 L 28.0 mm
6	18	16.50～18.49	17.5	0.8	0.82		
7	20	18.50～20.49	19.5	0.9	0.99		短绒率 R 9.7%
8	22	20.50～22.49	21.5	1.2	1.26		
9	24	22.50～24.49	23.5	1.5	1.34		标准差 σ 6.89 mm
10	26	24.50～26.49	25.5	1.2	1.81		
11	28	26.50～28.49	27.5	2.7	3.18		变异系数 CV 24.61%
12	30	28.50～30.49	29.5	4.7	4.77		
13	32	30.50～32.49	31.5	5.8	5.32		
14	34	32.50～34.49	33.5	5.0	4.36	2×4.36＝8.72	
15	36	34.50～36.49	35.5	2.9	2.52	4×2.52＝10.08	
16	38	36.50～38.49	37.5	0.9	1.05	6×1.05＝6.30	

分组顺序数 j	蜗轮刻度	各组纤维的长度范围（mm）	各组纤维的平均长度 L_j（mm）	各组纤维的称得质量 g_j（mg）	各组纤维的真实质量 G_j（mg）	乘积 $(j-n)dG_j$	计算结果
17	40	38.50～40.49	39.5	0.4	0.34	8×0.34=2.72	
18	42	40.50～42.49	41.5	0	0.07	10×0.07=0.70	
合计				30.8	30.81	8.34　28.52	

2.3　梳片式长度分析仪法

梳片式长度分析仪法适用于羊毛、苎麻、绢丝和不等长化学纤维的长度测定。梳片式长度仪的主要构件为等距离平行排列的梳片（图 3-8）。上梳片的针尖向下，与下梳片平行，分插在各下梳片间，每两片梳片钢针间的距离为 10 mm。

纤维经梳片梳理伸直平行成一端平齐的纤维束后，铺放在梳片式长度分析仪的下梳片中，在平齐端加上 4～5 片上梳片，上、下梳片的针尖同时穿透纤维束，以加强对纤维的控制。调转长度分析仪，从另一端依次放下下梳片，到最长纤维露出后，用毛钳钳取纤维。将每放下一片下梳片所钳到的纤维分别放置，得到长度依次相距 10 mm、由长到短的各组纤维束，分别称出各组纤维质量，可得到加权平均长度、加权主体长度、短纤维率等长度指标。对于羊毛纤维，还可得到巴布（Barbe）长度 L_B

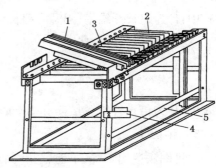

1—上梳片　2—下梳片　3—触头
4—预梳片　5—挡杆

图 3-8　梳片式长度分析仪

和毫特（Hauter）长度 L_H。巴布长度即质量加权计算的系列长度指标的统称，在国际标准 ISO 920《羊毛：使用梳片式分析仪测定纤维长度（巴布长度和毫特长度）》中，推荐用梳片法分析测定羊毛纤维的巴布长度。毫特长度即根数或截面积加权计算的系列长度指标的统称。通常，在狭义应用中指的是各自的平均长度。

2.4　中段切断称重法

中段称重法适用于等长化学纤维的长度检验，是化纤长度测定最常用的方法。用手扯和限制器绒板整理成一端平齐的纤维束，梳去一定长度的短纤维并将超过一定长度的超长纤维取出。超长纤维称重后再归入主体纤维束，用中段切取器在离纤维束平齐端 5～10 mm 处切取中段纤维（图 3-9），分别称得中段纤维和两端纤维的质量。短纤维进行整理后量取最短纤维的长度并称取短纤维的质量。根据测试数据计算各项长度指标。

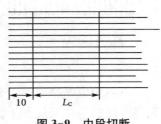

10　L_C

图 3-9　中段切断

（1）平均长度　按下式计算：

$$L = \frac{W_0}{\dfrac{W_C}{L_C} + \dfrac{2W_S}{L_S + L_{SS}}} \qquad (3-7)$$

式中：L 为平均长度（mm）；W_0 为试样的总质量（mg）；W_C 为中段纤维的质量（mg）；L_C 为中

段纤维的长度(mm);W_S 为过短纤维长度界限以下的纤维质量(mg);L_S 为过短纤维长度界限(mm);L_{SS} 为最短纤维长度(mm)。

当无过短纤维或过短纤维含量极少可以忽略不计时,平均长度以下式计算:

$$L = \frac{L_C W_0}{W_C} = \frac{L_C(W_C + W_t)}{W_C} \tag{3-8}$$

式中:W_t 为两端纤维的质量(mg)。

（2）超长纤维率

$$Z = \frac{W_{0p}}{W_0} \times 100\% \tag{3-9}$$

式中:Z 为超长纤维率;W_{0p} 为超长纤维质量(mg)。

（3）倍长纤维含量

$$B = \frac{W_{sz}}{W_0} \times 100 \tag{3-10}$$

式中:B 为倍长纤维含量(mg/100 g);W_{sz} 为倍长纤维质量(mg);W_0 为试样总质量(g)。

2.5　排图法

排图法适用于棉、羊毛、苎麻、绢丝和不等长化纤等长度分布的测定。试样用手扯法整理成一端平齐的纤维束,并将其按纤维长短依次均匀地排放在黑绒板上,排列时各纤维的一端都位于同一水平基线上,得到纤维排列图,如图 3-10(a)所示。用透明纸覆盖于黑绒板上的纤维排列图上,将曲线轮廓描下,得到分布曲线,如图 3-10(b)所示。由分布曲线通过作图可得纤维有效长度 LL',如图 3-10(c)所示。有效长度作图法如下:取 OA 中点 Q,作 $QP' /\!/ OB$,$PP' /\!/ OA$;取 OP 的 1/4 点 K,作 $KK' /\!/ OA$,取 KK' 中点 S;重复上述作图过程,得到 LL'。

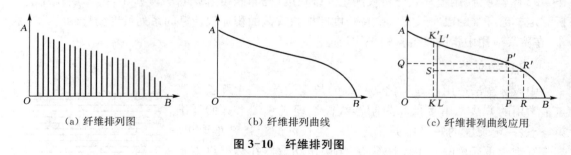

| (a) 纤维排列图 | (b) 纤维排列曲线 | (c) 纤维排列曲线应用 |

图 3-10　纤维排列图

有效长度是略去短于有效长度一半长度的短纤维后,纤维长度根数分布的上 1/4 位长度,它与纤维的主体长度和手扯长度有较好的相关性。

由图还可求得短纤维百分率:

$$短纤维百分率 = \frac{RB}{OB} \times 100\% \tag{3-11}$$

2.6　光电式长度测试法

光电法适用于棉纤维的长度检验。它与罗拉法、梳片法及排图法相比,操作技术要求相对较低。光电法是通过对纤维束进行光电扫描,得到光电照射处纤维根数与纤维束伸出握持线距离的分布关系曲线,即照影仪曲线 $r(l)$,如图 3-11(a)所示。

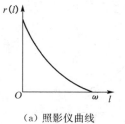 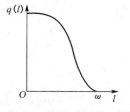 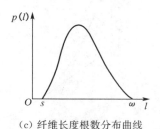

（a）照影仪曲线　　　（b）纤维长度根数累积分布曲线　　　（c）纤维长度根数分布曲线

图 3-11　纤维长度分布图

把图 3-10(b)所示的纤维排列曲线转过 90°,即纤维由长到短从横坐标轴开始向上排列,纤维整齐端与纵坐标轴平齐,得到的图形曲线上某点的纵坐标,为纤维长度大于相应横坐标长度 l 的所有纤维根数总和,得到的曲线即为纤维长度根数一次累积分布图 $q(l)$,如图 3-11(b)所示。在罗拉法和梳片法测试中,可得到纤维质量或纤维根数与长度分布的直方图,如果将组距逐渐减小,直方图将趋向于连续的长度根数分布曲线 $p(l)$,如图 3-11(c)所示。

显然,$q(l)$ 等于纤维长度根数分布曲线 $p(l)$ 中,长于纤维长度 l 对应的曲线下所包含的面积,即:

$$q(l) = \int_l^w p(l)\mathrm{d}l \tag{3-12}$$

照影仪曲线 $r(l)$ 等于纤维长度根数一次累积分布图 $q(l)$ 中,长于纤维长度 l 对应的曲线下所包含的面积,即:

$$r(l) = \int_l^w q(l)\mathrm{d}l = \int_l^w \int_l^w p(l)\mathrm{d}l\mathrm{d}l \tag{3-13}$$

因此,照影仪曲线实质上是纤维长度根数分布的二次累积曲线。

根据照影仪曲线,可用作图法求得纤维平均长度、上半部平均长度、整齐度和跨距长度。

（1）纤维平均长度（ML）　如图 3-12(a)所示,从照影仪曲线起始点 A 作曲线的切线,与横坐标相交于 C 点,与纵坐标相交于 E 点,OC 即为纤维的平均长度。

（2）上半部平均长度（UHML）　取纵坐标上 OE 的中点 F,过 F 点作曲线的切线,与横坐标相交于 D 点,OD 为纤维上半部平均长度。

（3）整齐度指数（UI）

$$UI = \frac{平均长度}{上半部平均长度} = \frac{OC}{OD} \times 100\% \tag{3-14}$$

（4）跨距长度（SL）　如图 3-12(b)所示,过照影仪曲线起始点作平行于横坐标的水平线交纵坐标于 E 点,以 OE 长度代表 100%纤维量。取纵坐标上 OE 的中点 F,过 F 点作平行于横坐标的水平线与曲线相交于 G 点,则 G 点对应的长度为 50%跨距长度,记为 50% SL。同理,可得到 2.5%跨距长度。

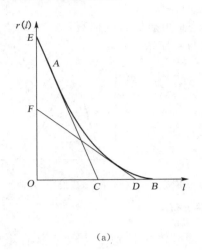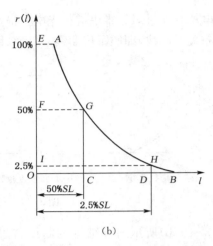

（a）　　　　　　　　　　　　　（b）

图 3-12　照影仪曲线求长度指标

跨距长度的物理意义是相应百分含量纤维处所对应的纤维伸出夹持线的长度。实验证明，2.5％跨距长度与纤维手扯长度和主体长度有良好的相关性。

利用光电式原理测试纤维长度的仪器有光电式纤维长度仪、纤维长度照影仪、HVI 大容量测试仪的纤维长度/强力模块。在 HVI 系统中，可自动测试短纤维率、整齐度等纤维长度指标，并打印照影仪曲线。

3　长度对纱线质量和纺纱工艺的影响

3.1　纤维长度与成纱强力

纤维长度较长，则纤维与纤维之间的接触长度较长，纤维间摩擦阻力较大，当纱线受外力作用时纤维不易滑脱，这时纱线中因受拉而滑脱的纤维根数较少，故成纱强力较高。纤维长度与成纱强力的关系如图3-13所示：当纤维长度较短时，长度的增加对纱线强力的提高贡献率较大；当纤维长度增加到一定值时，对纱线强力的影响就不明显。棉纤维的长度较短，因此，其长度对成纱强力的影响比较大。有实验表明，环锭纱中棉纤维的长度和长度整齐度对纱线品质的影响作用是第一

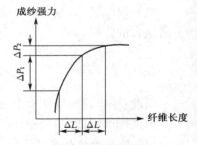

图 3-13　纤维长度与成纱强力

位，对成纱强力的影响约占 42％。亚麻打成麻的长度与纱线强力的关系见表 3-6。从表中可看出，长度在 500 mm 以下时，纤维强力对成纱断裂长度的影响较大；长度超过 500 mm 时，纱线强力不再增加。因此，打成麻的长度控制在一定范围内即可。同样，化学纤维中的棉型纤维，长度较短，纱线中纤维强力利用率较低，不能充分发挥纤维固有的强力；而选用中长纤维时，纤维的强力利用程度提高，因此中长化纤纱的强度大于棉型化纤纱。

表 3-6　亚麻纤维长度与成纱断裂长度的关系

纤维长度（mm）	305	320	405	439	471	480	490	503	526	546	550
纱线断裂长度（km）	18.20	18.40	18.40	18.70	18.90	19.50	20.20	20.06	19.10	19.60	19.30

天然纤维的短绒含量对纱线强力的影响也十分明显。在纺纱过程中,短绒含量不易被牵伸元件控制,成为"浮游纤维",使纱线条干不匀;同时,纤维间滑移的可能性增加,从而降低成纱强力。原棉中短绒率高于15%时,成纱强力将显著下降。

纤维长度整齐度对成纱强力也有影响。棉纤维的长度整齐度较麻、毛纤维好,其成纱强力变异系数较小。

3.2　纤维长度与成纱细度

在纤维细度相同的情况下,选用较长纤维,可以纺较细的纱线,各种长度纤维的纺纱细度有一个极限值。

3.3　纤维长度与成纱条干

纤维长度愈长、长度整齐度愈高时,细纱条干愈好。为了改善纱线条干与强力,在不同性能原棉的混配棉中,有"短中加长"和"粗中加细"的生产实践经验,即在以较短纤维为主体的配棉成分中,适当搭配一些较长的纤维;或在以较粗纤维为主体的配棉成分中,适当混用一些较细的纤维。混合棉中纤维的整齐度差,会造成纺纱工艺参数难以适从,影响纱线条干。棉纤维的成纱条干不匀,主要控制马克隆值、短绒率和纤维成熟度,混合棉中的短纤维率一般控制在10%~13%,超过13%将导致成纱条干不匀;化纤纱中,成纱疵点和条干不匀的关键因素是超长纤维和倍长纤维。

3.4　纤维长度与成纱毛羽

纤维较长时,细纱表面的纤维头端露出较少,成纱毛羽较少,表面光洁。

3.5　纤维长度与纺纱工艺

纤维的主体长度、平均长度影响纱线的可纺性。纺纱的主要工艺参数如罗拉隔距、牵伸倍数、捻度和加压等都与纤维长度有关。环锭纺纱因受罗拉直径和隔距的限制,纤维平均长度小于25 mm将造成纺纱困难,质量无法保证。精梳毛纺系统分长毛纺纱系统和短毛纺纱系统,其主要依据就是毛纤维长度,长毛纺系统要求毛纤维长度在9 cm以上。麻纤维纺纱亦分长麻纺和短麻纺。苎麻纤维长度较长,可直接进行纺纱加工,为长麻纺;对长麻纺精梳加工过程中产生的落麻或苎麻切断加工,为短麻纺。

子项目 *3-2*　纤维细度及检测

1　细度特征

天然纤维的细度与长度一样,是不均一的,表现在不同品种、不同生长条件和不同部位的不均匀,且同一根纤维其各处的细度亦不同。

棉纤维品种不同,其细度不同,长绒棉为0.11~0.15 tex(8500~6500公支),细绒棉为0.15~0.22 tex(6500~4000公支)。同一根棉纤维,不同部位的细度不同,中部最粗,梢部最细,根部适中。棉纤维细度除了与棉花品种和生长条件有关外,与成熟度也有密切关系。过成熟纤维较粗,未成熟纤维较细。例如正常成熟的中棉所12号纤维的线密度为0.16 tex(6000公支),而拔杆剥桃棉的线密度不到0.11 tex(8500公支以上)。

麻纤维细度随麻品种、收获季节和取得部位不同而不同。优良品种的苎麻纤维,平均细度为 0.5 tex 或以下;中质苎麻的纤维细度为 0.67～0.56 tex。不同季节、不同部位的苎麻纤维细度实测数据如表 3-7 所示。

表 3-7　不同季节、不同部位的苎麻单纤维线密度　　　　　单位:tex

季节	根部	中部	梢部	平均
头麻	0.74	0.60	0.49	0.60
二麻	0.84	0.71	0.55	0.68
三麻	0.76	0.61	0.50	0.62
平均	0.78	0.65	0.51	0.63

苎麻的梢部纤维最细,中部次之,根部最粗,每部位的变化范围约 0.4～0.67 tex,根部纤维比梢部粗约 34%,因此苎麻纺纱厂在加工高支纱时常在脱胶前把根部麻切除,以提高纤维的平均线密度。头麻、二麻、三麻的纤维细度亦有一定的规律,即头麻最细,三麻次之,二麻最粗,但差异没有根部、中部、梢部的变化大。

苎麻纤维的细度与长度存在明显的相关性,一般越长的纤维越粗,越短的纤维越细。

亚麻纤维的单纤维细度为 12～17 μm,大麻为 15～30 μm,黄麻为 10～28 μm,洋麻为 18～27 μm。亚麻等纤维的工艺纤维的细度与脱胶程度和梳麻次数有关,在梳理纺纱过程中,不断被分裂劈细,所以在各工序中纤维的细度是不同的。

羊毛纤维的细度不匀较为明显,同一根羊毛纤维,直径差异大的可达 5～6 μm;羊毛纤维之间的细度差异也大,最细的绒毛直径只有 7 μm,最粗的直径可达 240 μm。影响羊毛细度的因素很多,绵羊的品种是决定羊毛细度的主要因素;羊毛细度随年龄变化的规律十分明显,幼年时(羔羊),羊毛细而柔软,达到性成熟时,毛即开始变粗,其后又随着年龄的增大,纤维变细;羊毛细度与性别有关,公羊毛比母羊毛粗;饲养条件、饲养资源、不同季节也影响羊毛细度,在夏秋季节,羊毛直径增大,纤维变粗,冬春季节,羊毛直径变细;在同一只羊身上,肩部的毛最细,尾部的毛最粗。

特种动物毛的细度见表 3-8,绒类较细,毛较粗。毛纤维的长度与细度有一定相关关系,一般长的纤维较粗。

表 3-8　特种动物毛纤维的细度

纤维名称	山羊绒	马海毛(半年剪)	兔细毛	兔粗毛	牦牛绒	牦牛毛	驼绒	驼毛	羊驼绒	羊驼毛	藏羚绒毛
细度(μm)	14～17	10～90	5～30	30～100	14～35	35～100	14～40	40～200	10～35	75～150	9～12

桑蚕丝的细度为 0.28～0.38 tex(2.5～3.5 D)。经脱胶后的熟丝细度小于茧丝的一半。生丝的细度则根据茧丝粗细和缫丝时茧的粒数而定。

化学纤维的细度比较均一,根据需要采用不同的喷丝孔直径和拉伸倍数可人为控制。化学短纤维细度与长度配合形成棉型、毛型和中长型三种。棉型化纤的细度为 1.67 dtex(1.5 D)左右,毛型化纤的细度为 3.3 dtex(3 D)以上,中长型化纤的细度为 2.78～3.33 dtex(2.5～3.0 D)。

2 细度指标的测试

纤维细度指标与纱线基本相同,可参见"子项目 4-2 纱线细度表征"中的纱线细度指标。纤维细度的测量方法则与纱线不同,主要有称重法、气流仪法、显微投影仪测量法、OFDA 数字图像处理仪法、AFIS 单纤维快速测量系统法、激光纤维细度仪法和单根纤维振动法等。

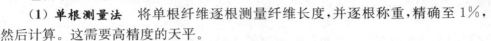

2.1 称重法

包括单根测量法和中段称重法。

(1)单根测量法 将单根纤维逐根测量纤维长度,并逐根称重,精确至 1%,然后计算。这需要高精度的天平。

纤维细度指标

(2)中段称重法 中段称重法是棉纤维线密度检验的基本方法,也适用于化纤的细度检验。用 Y171 型纤维切断器切取整齐纤维束的中段(10 mm 或 20 mm)长度,称其质量,计数其根数,然后按式(4-1)或式(4-3)计算纤维细度(线密度)值。

纤维细度
测试方法

2.2 气流仪法

将一定质量的试样放入气流仪试样筒 3 中(图 3-14),利用抽气泵 7 从试样筒吸入空气,气流受到试样阻力,在试样两端形成一定的压力差。由于试样粗细不同对气流的阻力不同,测试试样两端的压力差大小可间接测量纤维的粗细。

气流仪用来测试棉纤维、羊毛纤维和化学纤维的粗细。由于压力差与纤维粗细的相关关系与纤维截面、纤维密度、试样筒中的试样空隙率及温湿度等有关,因此测试不同种类的纤维时,流量计压力与纤维细度指标间的对应关系不同,一种仪器只适合一种纤维的测试。在不同的温湿度条件下测试,则需进行流量修正。

利用气流仪原理,还可测试棉纤维的马克隆值。棉纤维的成熟度有变化时,纤维的密度与纤维空隙率均有变化。因此,气流仪上流量读数同时与棉纤维的细度和成熟度有关,是两者的综合反映。国际标准则采用马克隆气流仪来测定棉纤维的马克隆值。

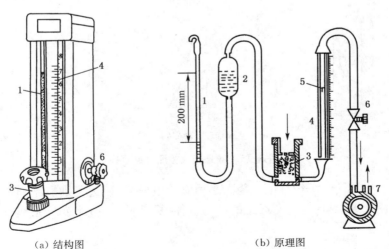

(a)结构图　　　　　　(b)原理图

1—压力计　2—储水瓶　3—试样筒　4—流量计　5—转子流量计　6—气流调节阀　7—抽气泵

图 3-14　Y145 型气流仪

95

2.3　显微投影仪法

将纤维切成 0.2～0.4 mm,放在显微镜下放大,通过显微镜目镜中的目镜测微尺测量纤维直径;或者,纤维经投影仪放大并投影在投影仪屏幕上,用纸卡尺(楔形尺)测量纤维的直径。显微投影仪法适用于羊毛纤维细度的测试。

2.4　OFDA 数字图像处理仪法

将载有短纤维试样的载玻片,置于光学显微镜的载物台上,经光学显微镜放大后,通过 CCD 摄像头截获每一幅画面中的羊毛纤维图像信息,通过图像卡与图像分析软件进行纤维直径的测量。

试样制备是图像法纤维直径测量仪的重要组成部分。OFDA 图像法羊毛直径仪采用切割器,将毛条状纤维束切割成 1.6～2.0 mm 的短片段纤维,通过自动试样分布器将短纤维片段均匀分布于玻璃载样片上。

测试结果可以打印输出羊毛平均直径、变异系数、粗纤维百分率及纤维细度分布直方图。

2.5　AFIS 单纤维快速测量系统法

纤维试样经机械气流式开棉元件处理,被分散成单根纤维并送至光电传感器,引起光散射,散射光量与纤维长度和截面有关,借助于计算机可得到纤维长度和直径等分布。

2.6　激光纤维细度仪法

将毛条或纤维束切割成长 1.8 mm 的短片段,放在适当成分的混合液体中搅拌,液体流经位于激光光束及其检测器之间的测量槽时,纤维逐根掠过并遮断激光光束,从而在光电检测器上检测到与遮光面积相对应的电信号,如图 3-15(a)所示。纤维掠过激光光束时,遮光面积由小变大,再由大变小,如图 3-15(b)所示。显然,当纤维到达与激光光束直径重合时,遮光面积具有最大值 A_m,此时电信号产生峰值。而纤维直径 d 和最大遮光面积 A_m 之间存在一定数学关系,当光束直径 D 为一定值且比纤维直径大得多时,纤维直径与最大遮断面积近似成正比,如图3-15(c)所示。

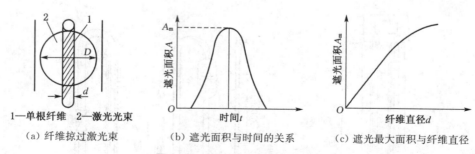

1—单根纤维　2—激光光束

（a）纤维掠过激光束　　　（b）遮光面积与时间的关系　　　（c）遮光最大面积与纤维直径

图 3-15　激光光束检测纤维直径

光电检测器检测的与单根纤维直径大小相应的电信号,通过鉴别电路和模数转换电路后进入计算机数据处理,显示并打印纤维的平均直径、标准偏差、直径变异系数以及纤维直径分布直方图等。

2.7　单根纤维振动法

振动法测试纤维线密度是利用弦振动原理(图 3-16)。纤维 2 被夹持器固定并限定在上

刀口1和下刀口3之间振动,根据振动理论得到纤维线密度与纤维固有振动频率之间的关系如下式:

$$T_t = k \times \frac{T}{f^2} \qquad (3-15)$$

式中:T_t 为纤维线密度;k 为与纤维振弦长度有关的常数;T 为纤维张力;f 为振动频率。

在已知张力 T 的情况下,测得纤维固有振动频率 f,便可推算出纤维线密度 T_t。

振动仪法是国际化学纤维标准化局(BISFA)推荐使用的测试化学纤维细度的方法。它与中段切断称得法相比,测试时所加张力是在单根纤维上,能较好地控制纤维伸直而不伸长,因此测量结果较为正确,这对卷曲较大的纤维尤为重要。而且,单根测试纤维细度,能得到纤维细度不匀情况;测试后的纤维还可用于强力试验,求得纤维的强度指标。

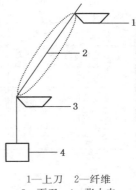

1—上刀 2—纤维
3—下刀 4—张力夹

图 3-16　弦振动原理

4　细度对纱线质量和纺纱工艺的影响

4.1　纤维细度与成纱强度

纤维愈细,成纱强力愈大。因为在同样粗细的纱线截面内,细度细的纤维根数多(图3-17),纤维间接触面积较大,摩擦阻力较大,受拉伸外力作用时不易滑脱。与长度一样,当纤维细度较粗时,细度对纱线强力的影响较大;当纤维细度到一定值,对纱线强力的影响就不明显。羊毛纤维较棉纤维粗,因此,其细度性质显得比棉重要。试验证明,在精纺工艺中,如果用百分

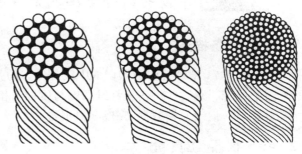

图 3-17　纤维细度与成纱强力

数来表示毛纤维的细度、长度、强力、卷曲等各种性质对纺成毛纱的强力和条干均匀度的影响,细度约占80%或以上,长度占15%～20%。因此,羊毛的纺纱性能主要取决于羊毛的细度。对于棉纤维而言,成熟度差而导致胞壁较薄,纤维较细,成纱强力反而降低。

4.2　纤维细度与成纱细度及条干

细而均匀的纤维,可纺得较细的纱线。为了保证成纱强力及纱线条干,成纱横断面上需要有一定的纤维根数。一般经验,棉纱断面纤维根数在50根以上,才能使成纱的条干、强力及纺纱断头率符合一定要求,最低极限为30根。随着纺纱设备及技术的进步,纱线截面上纤维的根数要求在逐步减少,但在不同的生产力水平下,纤维根数均有一个极限要求。因此,纱线细度与原料的细度有——对应关系。表3-9所示为各种线密度的环锭纺纱所要求的原料细度的一般范围。

纤维细度及均匀度对成纱条干的影响很大。在其他条件相同的情况下,纤维细且均匀时,成纱条干均匀。从直观上分析,细纤维在成纱截面上的随机排列对纱线粗细的影响较小。根据理论计算,成纱条干不匀度与成纱断面中纤维根数的平方根成反比,即:

表 3-9　纱线线密度与纤维线密度的一般范围

纱线线密度(tex)	原棉细度(dtex/公支)	棉型化纤细度(dtex/D)	中长型化纤细度(dtex/D)
7 及以下	1.1～1.2/8300～7100	0.88～1.22/0.8～1.1	—
8～10	1.3～1.5/7700～6300	1.33～1.44/1.2～1.3	—
11～13	1.5～1.7/6700～5900	1.55～1.67/1.4～1.5	—
14～19	1.6～1.8/6300～5600	1.67/1.5	2.22～2.78/2.0～2.5
20 及以上	1.8 以上/5600 以下	1.67/1.5	3.33/3

$$C = \sqrt{\frac{1}{n}(1 + C_a^2)} \qquad (3-16)$$

式中：C 为成纱的条干均匀度 CV 值；n 为成纱断面中的纤维根数；C_a 为纤维不匀 CV 值。

▶▶▶【操作指导】

3-1 中段切断称重法测定等长化纤长度和棉、化纤细度

1　工作任务描述

利用 Y171 型纤维切断器切取中段纤维,通过中段纤维根数、质量、长度及头尾端纤维质量、过短纤维、超长纤维、倍长纤维长度与质量的相互关系计算长度和细度指标。要求完成整个测试过程,记录原始数据,完成项目报告。

2　操作仪器、工具和试样

Y171 型纤维切断器(图 3-18,Y171A 型的切断长度为 10 mm,Y171B 型的切断长度为 20 mm,Y171C 型的切断长度为 30 mm;棉型和中长型用 20 mm 中断切取器,毛型用 30 mm 的中断切取器),天平(最小分度值分别为 1 mg、0.1 mg、0.01 mg,各一台),小钢尺,限制器绒板,一号夹子,金属梳片,化学短纤维一种。

图 3-18　Y171 型纤维切断器

3　操作要点

3.1　试样准备

(1)**长度检验**　从实验室样品中随机均匀地抽取 50 g,再从中均匀地取出一定质量的纤维作为检验平均长度和超长纤维(棉型是超过名义长度 5 mm 并小于名义长度两倍者,中长型是超过名义长度 10 mm 并小于名义长度两倍者)含量用,棉型称取 30～40 mg,中长型 50～70 mg,毛型 100～150 mg;将剩余的试样作为检验倍长纤维(其长度为名义长度两倍及以上者)含量用。

（2）**细度检验** 从实验室样品中取出 10 g 左右作为线密度测定样品,将试样置于标准温湿度条件下进行预调湿和调湿处理,使试样达到吸湿平衡;用镊子从试样中随机多处取出约 1500～2000 根纤维并手扯整理成束,依次取 5 束试样。

3.2 操作步骤

3.2.1 长度检验

① 先用手扯法整理纤维试样,然后将其置于限制起绒板上进一步整理,制成长纤维在下、短纤维在上的一端整齐、宽约 25 mm 的纤维束。

② 在距离整齐一端 5～6 mm 处,用一号夹子夹住纤维束,用金属梳子进行梳理。

③ 整理梳下的纤维,长于短纤维界限的纤维仍归入纤维束,短纤维则排在绒板上,测量最短纤维长度。

④ 整理纤维束时,将超长纤维取出称重后,仍并入纤维束。

⑤ 把整理好的纤维束,在中段切取器上切取中段纤维(棉型和中长型切 20 mm,毛型切 30 mm;有过短纤维时,棉型和中长型切 10 mm)。切取时纤维束整齐一端靠近切断切口,两手所加张力要适当,并保持纤维束平直且与刀口垂直。

⑥ 切下的中段和两端纤维、过短纤维(过短纤维界限:棉型为 20 mm,毛型为 30 mm)经平衡后分别称重(精确至 0.1 mg)。

⑦ 将测试倍长纤维用的试样用手扯松,在黑绒板上用手拣法将倍长纤维挑出,和测试长度时发现的倍长纤维一起称重(精确至 0.1 mg)。

3.2.2 细度检验

① 先手扯整理纤维试样,然后将其置于限制起绒板上进一步整理,以形成长纤维在下、短纤维在上的一端整齐的纤维束。

② 把整理好的纤维束,在中段切取器上切取纤维束中段(纤维名义长度为 50 mm 及以下者,中段切断长度为 20 mm;纤维名义长度在 51 mm 以上者,中段切断长度为 30 mm)。切取时保持纤维束平直且与刀口垂直。

③ 用镊子夹取一小束纤维,平行排列在玻璃片上,盖上盖玻片,用橡皮筋扎紧,用投影仪逐根计数(切断长度 20 mm 时,计数 350 根;切断长度 30 mm 时,计数 300 根),共测试五束。

④ 将数好的纤维束逐一称重(精确至 0.01 mg)。

4 指标和计算

4.1 长度检验

平均长度、超长纤维率、倍长纤维含量,结果计算到小数点后两位。

4.2 细度检验

$$T_t = 10000 \times \frac{W_c}{n \times L_c}$$

试验结果以 5 次平行试验结果的算术平均值表示,计算到小数点后三位,按《数值修约规则》修约到小数点后两位。

5 相关标准

① GB/T 14336《化学纤维 短纤维长度试验方法》。

② GB/T 14335《化学纤维　短纤维线密度试验方法》。

3-2 气流仪法纤维细度测试

1　工作任务描述

用气流仪测试棉纤维马克隆值,学会测试仪器的使用;了解气流仪的测试原理,掌握表达纤维细度的指标与测试方法;记录原始数据,完成项目测试报告。

2　操作仪器、工具和试样

Y175 型棉纤维气流仪(图 3-19)或 MC 型棉纤维马克隆仪,链条天平,蒸馏水,加水漏斗,镊子,干湿球温度计,校准棉样和原棉实验室样品。

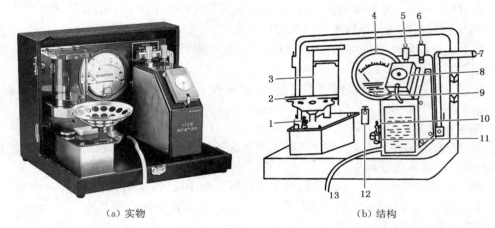

(a) 实物　　　　　　　　　　　　　(b) 结构

1—压差天平的校正调节旋钮　2—称样盘　3—贮气筒　4—压差表　5—零位调节阀　6—量程调节阀　7—手柄
8—试样筒　9—压差表调零螺丝　10—校正塞　11—校正塞架　12—专用砝码　13—通向电子空气泵气管

图 3-19　Y175 型棉纤维气流仪

3　操作要点

3.1　试样准备

从实验室样品的不同部位均匀抽取 32 丛纤维,组成 20 g 的试验试样,在杂质分析机上进行开松除杂两次。从中称取两份试样,每份 8 g(Y175 型棉纤维气流仪)或 10 g(MC 型棉纤维马克隆仪)。

3.2　操作步骤

3.2.1　Y175 型棉纤维气流仪

(1)压差表及压差天平调整　仪器通气前,首先观察压差表指针是否停在零位,如有偏差,应调节压差表底部的"调零螺丝"。然后将手柄 7 放在后面的位置即手柄杆和水平面垂直,接通气泵电源(或捏动充气球)向贮气筒内充气,待贮气筒内的浮塞停稳后(此时压差表指针仍应指在零位,如有偏差,应调整仪器内部的基准通气口,使指针指在零位),从压差表下部的钩子上取下 8 g 砝码并放置在称样盘内,旋转天平调整旋钮,直到指针指示在压差表面"◆"形符号的中间。

（2）**校正阀校验**　将校正塞插入试样筒内(以扭转动作插入),将手柄往下扳至前位,手柄杆为水平状态;将校正塞顶端的圆柱塞拉出,检查压差表的指针是否在 2.5 Mic,如果指针不在 2.5 Mic,调节零位调节阀(左侧的一个旋钮),直至合适(顺时针旋转时指针向右移,逆时针旋转时指针向左)。将校正塞的圆柱塞推入,检查压差表指针是否指示在校正阀的标定值 6.5 Mic 上,如果不在标定值上,调节量程调节阀(右侧的一个旋钮),直至达到标定值(顺时针转动时指针向右移)。重复校正,直到两个标定值均能基本达到。将手柄回复至后位,取出校正塞,放回校正塞托架内,并立即固定之。

（3）**称量试样**　从称样盘内取出砝码,放入试样,使指针在"◆"形符号中间,此时的试样质量为 8g。

（4）**测试**　打开试样筒上盖,将称好的试样分几次均匀地装入试样筒内,不得丢弃纤维,盖上试样筒盖并锁定在规定的位置上;将手柄扳动至前位,从压差表上读取马克隆值(估计到两位小数);将手柄扳动至原来位置(后位),打开试样筒上盖,取出试样。如此反复,进行第二份棉样的测定。取接近待测样品马克隆值的校准棉样进行测试,记录结果。

3.2.1　MC 型棉纤维马克隆仪

① 插上电源线,开启电源开关,预热 10 min 左右。

② 称重校正。称样盘空载,按[10 g 校正]键,片刻后称重显示[C—10]表示零位已校好;随后放上 10 g 砝码,片刻后显示[10.00]。校正完毕,取下砝码应显示[0.00],如不准可再校一次。使用中若出现零点漂移可按[复零]键复零。

③ 取覆盖待测样品马克隆值的高、中、低三种马克隆值的校准棉样,对仪器进行校正。按[校正]键,进入校正状态,将校准棉样称准至 10 g±0.02 g,均匀地放入样筒内,旋紧筒盖,按[测试]键,显示马克隆值,按[＋]或[－]键,使显示的马克隆值与标准值吻合,按[确认]键完成一个校准棉样的校正。

④ 仪器调整好后,将被测试样放入称样盘,称准至 10 g±0.02 g。

⑤ 将称好的 10 g 试样分几次逐一均匀地放入样筒,旋紧筒盖。

⑥ 按[测试]键,2 s 内显示马克隆值和马克隆等级(按[F]键可将显示的马克隆值转换成公制支数,在右边窗口显示)。

⑦ 对一批试样测试完毕后可连续按[统计]键,将依次显示 N(次数)、H(平均数)、A(A 级百分率)、B(B 级百分率)、C(C 级百分率)。

⑧ 按[清零]键,可将统计数清除,以便下一批试样的测试。按[复位]键可将仪器恢复到待测试状态(气泵停止,显示复零)。仪器使用结束,应关闭电源,砝码置于盒内,电源线置于盒内,罩上仪器面罩。

4　指标和计算

① 指标为马克隆值和马克隆等级,仪器可直接显示。

② 指标修正:在非标准条件下进行的测试,需要用修正系数对试验结果进行修正。修正系数是标准样品的标准值与其观测值的比值。修正后试验结果＝修正系数×试验样品的观测值。

若两份试样的马克隆值的差异超过 0.10,则需进行第三份试样的测试,以三份试样的测试结果平均值作为最后的结果,按《数值修约规则》修约至一位小数。

5 相关标准

GB/T 6498《棉纤维马克隆值试验方法》。

3-3 显微投影法羊毛纤维细度测试

1 工作任务描述

用显微投影仪测试羊毛纤维的直径,学会测试仪器的使用,学会显微投影仪的使用;掌握表达羊毛纤维细度的指标与测试方法;记录原始数据,完成项目测试报告。

2 操作仪器、工具和试样

显微投影仪(图 3-20)、测微尺、纤维切取刀片或切片器或剪刀、液体石蜡油、镊子、载玻片、盖玻片、纸卡尺(楔形尺)等和毛条。

3 操作要点

图 3-20 显微投影仪

3.1 试样准备

随机抽取若干纤维试样,用手扯法整理顺直,再用单面刀片或剪刀切取长度约 0.2～0.4 mm 的纤维片段并置于试样瓶中,滴适量石蜡油(不宜用甘油),用玻璃棒搅拌均匀,然后取少量试样均匀地涂在载玻片上,先将盖玻片的一边接触载玻片,再将另一边轻轻放下,以避免产生气泡。

3.2 参数设置

(1)放大倍数校正 将测微尺(分度值为 0.01 mm)放在载物台上,聚焦后将其投影在测量屏幕上,测微尺上的 5 个分度值(0.01 mm×5)应正好覆盖楔形尺的一个组距(25 μm),此时的放大倍数刚好为 500 倍(前提是楔形尺的刻度准确)。如果不用楔形尺,而是用目镜测微尺进行测量,则放大倍数的校正按以下步骤进行:将目镜测微尺放在目镜中,再将物镜测微尺置于显微镜的载物台上,调节焦距,使目镜测微尺与物镜测微尺成像重合,记录两者刻度线重合处的刻度值,再按式(3-17)计算目镜测微尺每小格代表的长度。

$$x = \frac{10n_1}{n_2} \qquad (3-17)$$

式中:x 为目镜测微尺每小格的长度(μm);n_1 为物镜测微尺与目镜测微尺刻度线重合处物镜测微尺的刻度数;n_2 为重合处目镜测微尺的刻度数。

一般物镜测微尺 1 mm 内刻有 100 格,每小格为 10 m;目镜测微尺 5 mm 内刻有 50 格或 1 mm 内刻有 100 格,但目镜测微尺的每一格在显微镜视野内代表的长度随显微镜放大倍数而变化。通常测量纤维直径时,目镜用 10 倍,物镜用 40 倍或 45 倍。例如:物镜测微尺 10 格与目镜测微尺 33.5 格重合,则根据式(3-17),目镜测微尺每小格代表的长度 x 为 2.99 μm。

（2）测量根数确定　由于毛纤维的直径离散度较大,故测试根数对结果的影响较大。为此,需在95%置信水平下,根据纤维细度和相应的变异系数,并在一定的允许误差率条件下,计算纤维测定根数的近似值(表3-10)。

表 3-10　显微投影测量法测定毛纤维直径的测定根数近似值

纤维细度(μm)	变异系数/%	各允许误差率时的纤维测定根数			
		1%	2%	3%	4%
19.60	22.45	1936	484	215	121
21.10	23.70	2158	540	240	135
24.10	25.30	1401	601	267	150
29.10	26.57	2712	678	302	169
30.10	26.58	2714	679	303	170
33.50	26.87	2776	694	309	174
37.10	26.69	2736	684	304	171
39.00	25.89	2577	645	287	162

对于绵羊毛,根据历史资料,它的细度变异系数 CV 约为25%,允许误差率 E 按标准规定为3%,在置信水平为95%、总体为∞时,t 为1.96,故:

$$n = \left(\frac{1.96 \times 25}{3} \right)^2 = 267（根）$$

以上确定的测量根数是通过计算得到的,较为精确,可根据不同要求确定相应的测量根数。其实一般可通过查阅国家标准来确定测量根数,通常同质毛测300根、异质毛测500根。

3.3　操作步骤

（1）试样图像调试　把载有试样的载玻片放在显微镜载物台上,盖玻片面向物镜。先用低倍物镜进行对准调焦,然后改用高倍物镜用微调进行聚焦,直到物像清晰。

（2）测量　按图3-21所示的测量顺序进行测量。纵向移动载玻片0.5 mm到 B 处,再横向移动0.5 mm,在屏幕上得到第一个待测试的视野;等该视野内的纤维测试完毕后,再将载玻片横向移动0.5 mm,取得第二个待测试的视野,继续测量;如此反复横移、测试,直至到达盖玻片右边的 C 处,然后纵向下移载玻片0.5 mm至 D 处,并继续以0.5 mm的步程横移测量整个载玻片范围内的试样。

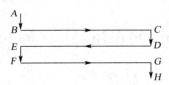

图 3-21　纤维测量顺序

4　指标和计算

（1）平均直径 $\overline{d}$（μm）

① 分组的普通计算法

$$\overline{d} = \frac{\sum n_i d_i}{N} \tag{3-18}$$

式中:d_i 为第 i 组直径的组中值$\left(d_i = \frac{上界 + 下界}{2}, μm \right)$;$n_i$ 为第 i 组直径的纤维根数（频数）;

N 为测试的总根数。

② 分组的简便计算法

$$\bar{d} = \bar{d}_0 + \frac{\sum n_i a}{N} \times \Delta d \tag{3-19}$$

式中：$\bar{d}_0$ 为假定直径平均数（通常选频率较大且位置较居中的一组的组中值）；Δd 为组距（本实验中 Δd 为 $2.5~\mu m$）；a 为第 i 组直径（组中值）和假定直径平均数之差与组距之比，即 $a = \dfrac{d_i - \bar{d}_0}{\Delta d}$。

（2）直径标准差 S

① 分组的普通计算法

$$S = \sqrt{\frac{1}{N} \sum n_i (d_i - \bar{d})^2} \tag{3-20}$$

$$S = \sqrt{\frac{\sum n_i d_i^2}{N} - \bar{d}^2} \tag{3-21}$$

② 分组的简便计算法

$$S = \Delta d \sqrt{\frac{\sum n_i a^2}{N} - \left(\frac{\sum n_i a}{N}\right)^2} \tag{3-22}$$

（3）直径变异系数 CV

$$CV = \frac{S}{\bar{d}} \times 100\% \tag{3-23}$$

5　相关标准

GB/T 10685《羊毛纤维直径试验方法　投影显微镜法》。

➤【知识拓展】拉细羊毛OPTIM/纳米纤维

1. 拉细羊毛

羊毛纤维细度是毛纤维品质的主要指标，也是毛纤维价格的第一构成要素。羊毛可纺纱的细度取决于羊毛细度，而细度细于 $18~\mu m$ 的羊毛仅澳大利亚能够提供，产量极少。为此，澳大利亚联邦工业与科学研究院（CSIRO）研制成功羊毛拉细技术，1998 年投入工业化生产并在日本推广。经拉细处理的羊毛长度伸长、细度变细约 20%，如细度为 $21~\mu m$ 的羊毛经拉细处理可细化到 $17~\mu m$ 左右，$19~\mu m$ 的羊毛可拉细至 $16~\mu m$ 左右。拉细羊毛具有丝光、柔软效果，其价值成倍提高。日本、澳大利亚已分别进入中试投产（年产 100 t），其技术路线不尽相同，但基本原理都是将毛纤维在高温蒸汽湿透条件下进行拉伸、拉细，改变羊毛纤维的超分子结构，使其有序区的大分子由 α 螺旋链转变为 β 曲折链。

拉细羊毛是新一代超细羊毛纤维，其结构和理化性能类似丝纤维，这为毛精纺产品的开发提供了一种新的原料,也为开发高支、轻薄、超柔软等新型毛织物创造了有利条件。用拉细羊毛生产的织物轻薄、滑爽、挺括,悬垂性良好,有飘逸感,呢面细腻、光泽明亮,反光带有一定色度,穿着无刺扎、刺痒感,无粘贴感,已成为新型高档服装面料。

拉细羊毛新技术使全球羊毛纺织工业向前迈进了一步,这是一项令人激动的技术,将会随消费者对高支轻薄产品的青睐而加快进入市场,并将成为 21 世纪的主流。

2. 纳米纤维

广义的纳米纤维有两种,一种是添加纳米粒子共混纺丝制造的纳米功能纤维,另一种是纳米尺寸的纤维。狭义的仅指后者,简单定义为直径为纳米尺度即直径为 1～100 nm 的纤维。对狭义的纳米纤维作些延伸,有人认为,只要纤维中包含纳米结构,而且赋予了新的物性,则可以划入纳米纤维的范畴。

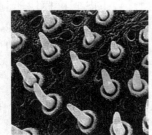

天然纤维中,直径在纳米尺度的代表是蜘蛛丝。它是大自然几亿年进化创造的奇迹,但蜘蛛丝的比模量优于钢而且其韧性优于 Kevlar 纤维的神奇特性,只是在近十年中才开始被科学家所认识。它被认为是用于制作降落伞、防弹衣的理想材料。

蜘蛛丝是从蜘蛛丝腺中拉出来的,丝腺有复杂的组织,电镜观察表明它由 100～50000 个筛状微管组成,如图 3-22 所示。每一个微管拉出的丝,最小直径仅为 20 nm,若干根这种纳米丝再复合成较粗的蜘蛛丝。

图 3-22　蜘蛛丝腺筛状微管结构

【岗位对接】*纺织企业对细度的描述/不同国家对短绒的界定/AFIS 长度测试指标含义*

1. 纺织企业对细度的描述

棉纤维是天然纤维中较细的纤维,长绒棉的细度范围一般为 111～143 mtex,细绒棉的细度一般为 167～222 mtex。对一细度范围,纺织企业的描述如下:

纤维细度(mtex)	低于 125	125～175	175～200	200～250	250 以上
描述	非常细	细	平均水平	粗	非常粗

2. 不同国家对短绒的界定

不同国家因棉纤维长度测试方法、仪器和长度单位的不同,对短绒的界定不同。美洲、欧洲国家将短纤维定义为长度短于 0.5in 或 12.7 mm 的纤维,我国的短绒长度标准是 15.5 mm 及以下或 16 mm 以下。因此,HVI 1000 中国棉花检验公证专用型测试仪与其他 HVI 仪的不同之处,除了操作指令界面改为中文显示外,短纤维指数中的短纤维界限由 12.7 mm 改为 16 mm。

3. AFIS 长度测试指标含义

棉纤维长度性质的测试与了解,对于纺纱厂生产高品质产品和设备高效运转非常重要。AFIS 仪测试的棉纤维长度性质指标与其他仪器测试的根本不同,在于以单根纤维的方式测量纤维长度,可得到单根纤维长度直方图。描述棉纤维长度性质的指标很多,如手扯长度、上四分之一长度、2.5%跨距长度、上半部平均长度等,这些长度指标对于世界范围的棉花营销都非常有用,但不能提供纺纱质量管理所需的更加详细的信息。AFIS 的优势是能提供纺纱工艺过程中单根纤维的长度信息,例如梳棉、并条和精梳对纤维长度分布的影响,为确定前纺设备设置和维护日程方法提供重要科学依据。

AFIS 长度模块能测试的长度指标有:

① $L(w)[in]$:长度(质量加权)平均值[英寸]。

② $UQL(w)[in]$:上四分之一(长度质量分布中)长度[英寸]。

③ $L(n)[in]$:长度(根数加权)平均值[英寸]。

④ $L(n)CV[\%]$:长度(根数)变异系数 CV 值[%]。

⑤ $SFC(n)[\%]$:短绒(根数)含量[%]。

【课后练习】

1. 专业术语辨析

(1) 主体长度   (2) 品质长度   (3) 棉型纤维

(4) 中长(型)纤维   (5) 毛型纤维   (6) 上半部平均长度(UHML)

(7) 2.5% SL   (8) 线密度 T_t (9) 公制支数 N_m

(10) 纤度 N_{den}

2. 填空题

(1) 天然纤维的长度表现为_____的特征,而化学纤维的长度则根据需要制成_____和_____两类。

(2) 纤维长度检验方法分_____和_____两类,前者有_____、_____等,后者有_____和_____等。测定羊毛纤维长度的方法有_____和_____等,测定棉纤维长度的方法有_____和_____等。

(3) 原棉手扯长度接近仪器检验的_____。

(4) 纤维细度检验方法有_____、_____、_____等。测定羊毛纤维细度的方法有_____和_____等;测定棉纤维细度的方法有_____和_____等;振动仪法是 BISFA 推荐的,用来测量_____的细度。

3. 是非题(错误的选项打"×",正确的选项画"○")

(   )(1) 罗拉法棉纤维长度测试时,用真实质量计算长度指标。

(   )(2) 纤维愈细长,纺出细纱品质愈好。

(   )(3) Y145 型气流仪可用来测试棉和羊毛纤维的粗细。

（　　）（4）羊毛纤维的长度和细度间的关系一般是越长越粗。

（　　）（5）棉纤维品质长度大于其主体长度。

4. 选择题

（1）长度为 33～45 mm、线密度为 0.11～0.15 tex 的棉纤维为（　　）。

　　① 长绒棉　　　　　② 细绒棉　　　　　③ 粗绒棉　　　　　④ 陆地棉

（2）手扯长度主要用于测定（　　）的长度。

　　① 棉纤维　　　　　② 毛纤维　　　　　③ 麻纤维　　　　　④ 化学纤维

（3）测定羊毛纤维长度一般采用（　　）。

　　① 手扯法测定　　　② 照影机　　　　　③ 梳片式长度仪　　④ 光电法

（4）长度为 51～65 mm、线密度为 2.78～3.33 tex 的纤维是（　　）。

　　① 棉型化纤　　　　② 毛型化纤　　　　③ 麻型化纤　　　　④ 中长型化纤

（5）羊毛纤维细度测定一般用（　　）。

　　① 中段称重法　　　② 投影法　　　　　③ 显微镜法　　　　④ 气流仪法

5. 分析应用题

（1）将一粒棉籽上的棉纤维手工剥离后手排纤维长度分布图，并分析纤维的长度特征。

（2）根据表 3-5“罗拉法棉纤维长度检验记录与计算”中的数据，作纤维长度质量分布图，并在图中表示出主体长度 L_m、品质长度 L_P、平均长度 L_n 和短绒长度 L_d。

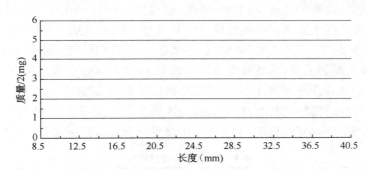

棉纤维长度-质量分布图

项目4　纱线结构认识与识别

教学目标

1. 理论知识：表征纱线结构的特征指标、含义及其对织物性能的影响。
2. 实践技能：纱线类别的识别，纱线结构特征指标的检测。
3. 拓展知识：新型纱线结构认识与识别。
4. 岗位知识：纱线代号和常用术语。

【项目导入】纱线实物的结构认识

纱线的结构影响纱线的品质及织物的外观、舒适性、耐用性和护理性，因此纱线的结构特征成为纱线质量考核的主要指标。例如棉纱线品质评定依据包括八个指标：①百米质量变异系数；②纱线条干均匀度；③纱线断裂强力变异系数；④1克棉纱线内棉结数；⑤1克棉纱线内棉结杂质数；⑥纱线断裂强度；⑦纱线百米质量偏差；⑧十万米纱疵数。这些指标中，除了纱线断裂强力变异系数和纱线断裂强度外，其他均为纱线的结构参数。

本项目要求对纱线实物进行类别的识别，完成表4-1；对给定的一种或几种纱线纯纺纱和混纺纱进行细度、细度均匀度、捻度、混纺纱中的纤维分布进行测试或分析，完成表4-2。

表4-1　纱线实物类别分析

纱线实物																	
按结构分																	
按纱纺工艺分																	
按纤维类型分																	
按染整加工分																	

表 4-2 纱线结构分析

分析内容	纱线细度	纱线细度不匀	纱线捻向	纱线捻度	纱线中纤维分布
① 测试方法					
② 表述指标					
③ 测试结果					
④ 纱线特征表示					

➤【知识要点】

子项目 4-1 纱线类别的认识

纱线是由纺织纤维组成的并具有一定的力学性质、细度和柔软性的连续长条。

纱线形成的方法有两类。一类是长丝纤维不经任何加工,即纤维直接用作纱线,或者经并合、并合加捻及变形加工而形成。另一类是短纤维经纺纱加工而形成。前者称为长丝纱,后者称为短纤维纱。纱线可以根据它们的形态、结构、生产方法和工艺分为不同的类别。

纱线类别

棉型短纤维纱纺纱工艺

1 按纱线结构外形分

分为短纤维纱、长丝纱和复合纱三类。每一类别的纤维形态、纱线结构、构成和特征如表 4-3 所示。

表 4-3 按结构外形分纱线类别

纱线类型		纤维形态	纱线结构模型	纱线构成	纱线性能
短纤维纱	单纱	短纤维		由短纤维经纺纱加工形成的单根的连续长条	优良的手感、覆盖能力、舒适性和花色效应,纱线强度和粗细均匀度较差。花式线具有优良的装饰性
	股线			由两根或以上单纱合并加捻形成。若由两根单纱合并形成,则称为双股线;三根及以上则称为多股线	
	膨体纱			由低收缩性能与高收缩性能的腈纶纤维按一定的比例混合而制成	
	花式线*		固纱 芯纱 饰纱	由芯纱、饰纱和固纱在花色捻线机上加捻形成的具有特殊外观的纱线	
	交捻纱			由两种或两种以上的不同纤维或色彩的单纱捻合而成	

（续 表）

纱线类型		纤维形态	纱线结构模型	纱线构成	纱线性能
长丝纱	单丝	长丝纤维		由单根长丝纤维构成的纱线,纱线粗细与纤维相同	可形成较细的纱线,纱线强度和粗细均匀度好,手感、覆盖能力、外观较差,可能形成极光
	复丝			指两根及以上的单丝并合在一起的丝束	
	捻丝			复丝纱经加捻形成的纱线	
	复合捻丝			捻丝经过一次或多次并合、加捻即形成复合捻丝	
	变形丝 *			化纤原丝经过变形加工,使之具有卷曲、螺旋、环圈等外观特性,纱线具有蓬松性、伸缩性和弹性	拉伸性能、手感、覆盖能力好
	混纤丝			利用两种及以上的长丝纤维混合制成一根纱线,以提高某些性能	具有不同类别纤维的性能特点
复合纱	包芯纱	短纤长丝		以长丝纱为芯纱,短纤维为包覆纱,通常在短纤维纺纱的同时输入芯纱而形成	氨纶包芯纱具有较大的弹性
	包缠纱			芯纱与包覆纱相互包覆	兼具短纤纱和长丝纱的性能
	包覆纱			长丝与短纤维纱分别作为芯纱和包覆纱,包覆纱包缠芯纱	

* 花式线与变形丝有多种结构模型,表中列出了最常见的结构。

1.1 花式线

花式线是由芯纱、饰纱和固纱在花色捻线机上加捻而形成,表面具有纤维结、竹节、环圈、辫子、螺旋、波浪等特殊外观形态或颜色(图 4-1),包括花色线和花饰线两类。形成花式捻线最常用的方法,就是在加工过程中,使饰线的输出速度大于芯线。由于饰线的输出速度快于芯线,因而饰线在芯线的外围形成圈结状的包覆,如果这时还有固结线围绕着芯线加捻,由饰线形成的圈结效应便在芯线上得到固定。在纺纱(丝)中混入不同的原料,如混纤丝和混纺纱,利用不同纤维有不同的染色性能,可形成特有的色彩效应。花式线是丰富织物花色品种常用的纱线材料。

1.2 变形丝

化纤原丝经过变形加工而使之具有卷曲、螺旋、环圈等外观特性。加工的目的是增加原丝的蓬松性、伸缩性和弹性。根据变形丝的性能特点,通常有弹力丝、膨体纱、网络丝三种。

变形丝的加工方法有假捻法、刀口卷曲变形法、填塞箱法、喷气变形法、齿轮赋形变形法、拆编法等(图 4-2)。

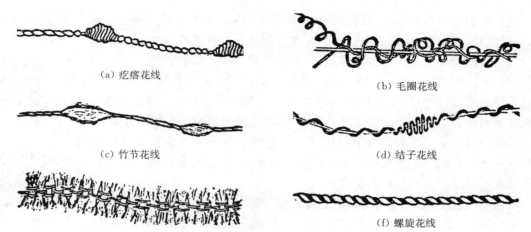

（a）疙瘩花线 （b）毛圈花线

（c）竹节花线 （d）结子花线

（e）雪尼尔纱 （f）螺旋花线

图 4-1　各种花式线的结构

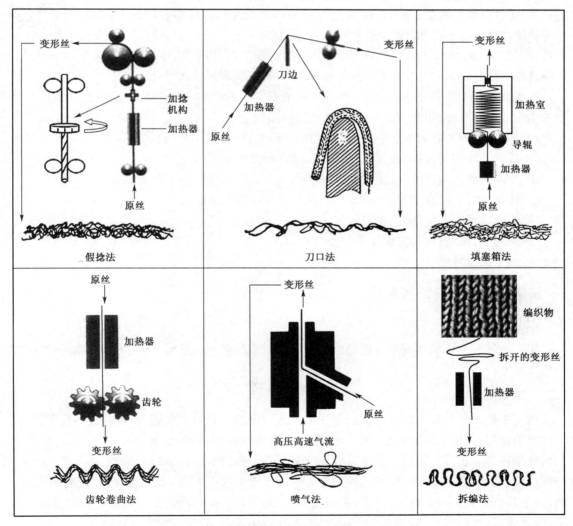

图 4-2　变形丝生产及结构

绝大多数的弹力丝都是用假捻法加工制造而成的。它的工作原理是利用合成纤维的热塑性，经过假捻、热定形、退捻三个过程制得蓬松而又有高弹性的弹力丝。

刀口卷曲变形法也用来生产弹力丝，是使原丝经过加热装置后紧靠着刀口的边缘擦过而形成变形丝，贴近刀口的纤维部分受到压缩而形成压缩区，其外侧则受到拉伸而形成拉伸区，不同区域内纤维大分子排列的取向度不同。这样，沿丝的长度方向形成了交错排列的不同张力部分，松弛时就形成了空间的卷曲。

弹力丝结构

齿轮卷曲法是生产弹力变形丝的第三种方法。这种方法将长丝原丝通过一系列的加热辊筒或一组组加热齿轮而使长丝变形，通过控制卷曲的数目及齿轮变形的深度可以得到不同类型的卷曲。

填塞箱法通常用来生产膨体纱，它可以使纤维容积增加 200%～300%。它是将原丝压缩在一个加热室狭长的空间内，并进行波纹状随机卷曲热定形，所生产的纱具有良好的蓬松度、伸长性，纱线卷曲结构稳定。

长丝膨体
纱结构

喷气变形法是生产膨体纱的第二种方法。它利用高压气流通过喷嘴以侧面冲击长丝，将各根单丝吹散开松，并使其在紊流中产生不规则的环圈和弯曲的波纹。这种膨体纱加工可不需要藉助于热和化学处理，所以不局限于热塑性纤维，可加工各种纤维的纱线，如将不同特性的纱线同时送入，还可纺花圈纱、竹节纱、雪花纱等花式纱。成纱的尺寸稳定性好，表面包有圈环，制成服装可增加其保暖性。

网络丝结构

拆编法亦用来生产膨体纱，所生产的纱比填塞箱法和喷气法有较好的延伸性。该法是将原丝编织成直径狭小的管状织物，经热定形后拆编而形成。

变形丝与原丝相比，同时具有短纤纱和长丝纱的特征，其主要特征如下：

① 改善了纱的吸湿性、透气性、柔软性、弹性和保暖性等。

② 纱线表面暗淡有绒毛，蓬松或有弹性，手感柔软，从而提高了覆盖能力。

③ 纤维强力利用程度略差于长丝纱，其延伸性与加工方法有关。

④ 其织物尺寸稳定性高，保形性好。

⑤ 保持了合纤织物易洗快干的特点。

⑥ 加工比长丝复杂。

2 按组成纱线的纤维种类分

2.1 纯纺纱

用一种纤维纺成的纱线称为纯纺纱。命名时冠以"纯"字及纤维名称，例如纯涤纶纱、纯棉纱等。

2.2 混纺纱

指用两种或两种以上的纤维混合制成的纱线。混纺纱的命名规则为：原料混纺比不同时，比例大的在前；比例相同时，则按天然纤维、合成纤维、再生纤维顺序排列。书写时，将原料比例与纤维种类一起写上，原料、比例之间用分号"/"隔开。例如 65/35 涤/棉混纺纱、50/50 毛/腈混纺纱、50/50 涤/黏混纺纱等。混纺的几种纤维通常性能互补，如羊毛纤维与涤纶纤维混纺，羊毛具有优良的吸湿性、保暖性，但强度低、纤维粗、成本高；而涤纶纤维能使织物保持其形态，降低成本，提高强度，纤维可以比羊毛细，纱线可纺成更细，使织物质量减轻。

如果是两种或两种以上的长丝纤维混合在一起,因为不经过纺纱,这样的纱线称为混纤丝(纱)。

3 按组成纱线的纤维长度分

3.1 长丝纱

由一根或多根连续长丝经并合、加捻或变形加工而形成的纱线。

3.2 短纤维纱

短纤维经加捻纺成具有一定细度的纱,又可分为以下三种类型:

(1)棉型纱 由原棉或棉型纤维在棉纺设备上纯纺或混纺加工而成的纱线。

(2)中长纤维型纱线 由中长型纤维在棉纺或专用设备上加工而成,具有一定毛型感的纱线。

(3)毛型纱 由毛纤维或毛型纤维在毛纺设备上纯纺或混纺加工而成的纱线。

3.3 长丝短纤维组合纱

由短纤维和长丝采用特殊方法纺制的纱,如包芯纱、包缠纱等。

4 按花色(染整加工)分

4.1 原色纱

未经任何染整加工而具有纤维原来颜色的纱线。

4.2 漂白纱

经漂白加工,颜色较白的纱线。通常指棉纱线和麻纱线等天然纤维纱。

4.3 染色纱

经染色加工,具有各种颜色的纱线。

4.4 丝光纱

经丝光加工的纱线,有丝光棉纱、丝光毛纱。丝光棉纱是将纱线在一定浓度的碱液中处理,使其具有丝一般的光泽和较高的强力;丝光毛纱是把毛纱中纤维的鳞片去除,使纱线柔软,对皮肤无刺激。

4.5 烧毛纱

经烧毛加工,表面较光洁的纱线。

4.6 色纺纱

由有色纤维纺成的纱线。

5 按纺纱方法分

5.1 传统环锭纺纱

指用一般环锭纺纱机纺得的纱线。纱线加捻是依靠钢丝圈转动而完成(图4-3)。约90%的短纤维纱采用环锭纺纱方法生产,可加工天然纤维和化学纤维,并进行纤维混纺,制备的

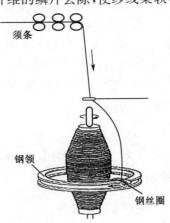

图4-3 环锭纺纱加捻

须条
钢领
钢丝圈

113

短纤维纱具有一定强度和外观,能满足各种织物用途的要求。

5.2 新型纺纱

包括自由端纺纱和非自由端纺纱。自由端纺纱是指加捻过程中,纱条的一端不被握持住,纤维聚集于纱条的自由端加捻成纱,有转杯(气流)纺纱、静电纺纱、摩擦(尘笼)纱、涡流纺纱。非自由端纺纱如自捻纺、喷气纺、平行纺、包缠纺、黏合纺等。

另外,由近年来工业化趋势明显的复合与结构纺纱技术产生的新型纱线,主要是在传统环锭细纱机上加装特殊装置,其成纱分别以专用外来名加上"纱"字构成称谓。如复合纺纱的塞络纺纱(Sirospun yarn)、塞络菲尔纺纱(Sirofil yarn);如结构纺纱的分束纺纱(Solospun yarn)、集聚纺纱(Compact yarn)、皮芯结构纺纱等。

6 按纺纱工艺分

6.1 普(粗)梳纱

经过一般的纺纱工程纺得的纱线,简称 CD(Carded)纱线,也叫普梳纱。棉纺和毛纺稍有区别。

6.2 精梳纱

经过精梳工程纺得的纱线,简称 CM(Combed)纱。它与普梳纱相比,用料较好,纱线中纤维伸直平行,纱线品质优良,纱线的细度较细,均匀度好,毛羽少(图4-4)。

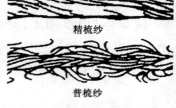

精梳纱

普梳纱

图4-4 精梳纱和普梳纱结构

6.3 半精梳纱

半精梳纱是指纺纱工艺和纱线品质介于精梳纱和普(粗)梳纱之间的纱线。

棉纱半精梳纱包含以下几种:
① 普梳条子和精梳条子以一定比例在并条机并合,再经粗纱和细纱纺成的纱线。
② 经过双联梳棉机纺制的纱。
③ 只需条卷准备过程,即只经过条卷机、精梳机纺制的纱。
④ 采用精梳纱加工工艺,而精梳落棉比精梳纱降低的纱。

毛纱半精梳纱是指经过精梳毛纺的毛条制造和精纺工程,但不经过精梳机加工的纱线。其工艺流程为洗净毛→混合加油→梳理→针梳(三道)→粗纱→细纱。毛纱半精梳纱具有加工流程短、成本低的特点,但纱线质量比精梳纱略差,适宜纺制低支纱(2~12公支)和中支纱(30~40公支),产品大多是手工编结用纱、针织纱、地毯纱、工业和装饰织物用纱等,也可用于织制一般服装用料。

6.4 废纺纱

针对于棉纱线,用较差的原料并经粗梳纱加工工艺纺得的品质较差的纱线,通常纱线较粗,杂质较多。

7 按纱线粗细分

棉型纱线和毛型纱线按粗细分为特细特(支)纱、细特(支)纱、中特(支)纱和粗特(支)纱。

不同类别的纱线特(支)数如表 4-4 所示。

表 4-4　棉型与毛型纱线粗细类别

纱线类型	细度	
	棉型纱(tex)	毛型纱(公支)
特细特(支)纱	≤10	≥80
细特(支)纱	11～20	32～80
中特(支)纱	21～31	—
粗特(支)纱	≥32	<31

其他还可按卷绕形式分为管纱、筒子纱、绞纱;按加捻方向分别称作顺手(S 捻)纱和反手(Z 捻)纱;按用途分为机织用纱、针织用纱、起绒用纱和特种工业用纱等。

子项目 4-2　纱线细度表征

纱线细度是纱线结构的重要方面,可纺纱线的极限细度与纤维粗细、纺纱设备及纺纱技术有关。细的纱线可形成轻薄柔软的服装面料,但抗皱性较差。

1　纱线的细度指标

表示纤维和纱线的细度指标分为直接指标和间接指标两类。直接指标指的是直径、截面积、周长等。对于纤维和纱线来说,直接指标测量较为麻烦,因此除了羊毛纤维用直径来表达纤维的粗细外,其他的纤维与纱线一般不用直径等直接指标来表示。当纺织工艺需要用到直接指标时,是用间接指标换算得到的。间接指标是利用纤维和纱线的长度和质量关系来表达细度的,分为定长制和定重制两种。定长制是指一定长度的纤维和纱线的标准质量;定重制是一定质量的纤维与纱线所具有的长度。下面着重介绍几个间接指标:

1.1　线密度 T_t(tex)

线密度是指 1000 m 长的纤维或纱线在公定回潮率时的质量克数,单位是"特(克斯)"(tex),是法定计量单位,计算式如下:

$$T_t = \frac{1000 \times G_k}{L} \tag{4-1}$$

式中: T_t 为纤维或纱线的线密度(tex); L 为纤维或纱线的长度(m 或 mm); G_k 为纤维或纱线的公定质量(g 或 mg)。

分特 T_{dt} 是指 10000 m 长的纤维或纱线的公定质量克数,计算式如下:

$$T_{dt} = 10 \times T_t \tag{4-2}$$

毫特 T_{mt} 是指 1000 m 长的纤维或纱线的公定质量毫克数,计算式如下:

$$T_{mt} = 1000 \times T_t \tag{4-3}$$

线密度 T_t 是国际标准化委员会于 1960 年推荐的细度指标,是我国表示纤维和纱线粗细的法定计量指标,所有的纤维、纱线均应采用线密度来表达其粗细;但由于习惯上的原因,还采用其他的细度指标。

1.2 纤度 N_{den}(D)

纤度指的是 9000 m 长的纤维和纱线所具有的公定质量克数,单位是"旦尼尔"(D),计算式如下:

$$N_{den} = \frac{9000 \times G_k}{L} \qquad (4-4)$$

式中:N_{den} 为纤维或纱线的纤度(D);L 为纤维或纱线的长度(m 或 mm);G_k 为纤维或纱线的公定质量(g 或 mg)。

以上两个指标为定长制指标,其数值越大,表示纤维和纱线越粗。

1.3 公制支数 N_m

公制支数指的是每克(毫克)纤维或纱线在公定回潮率下的长度米(毫米)数。其数值越大,表示纱线越细。计算式如下:

$$N_m = \frac{L}{G_k} \qquad (4-5)$$

式中:N_m 为纤维或纱线的公制支数(公支);L 为纤维或纱线的长度(m 或 mm);G_k 为纤维或纱线的公定质量(g 或 mg)。

1.4 英制支数 N_e

棉型纱线的英制支数指的是在英制公定回潮率时,每磅(1 lb)纱线所具有的长度相对于 840 yd 的倍数。其数值越大,表示纱线越细。计算式如下:

$$N_e = \frac{L_e}{K \times G_{ek}} \qquad (4-6)$$

式中:N_e 为纱线的英制支数(英支);L_e 为纱线的长度(yd);G_{ek} 为纱线的公定质量(lb);K 为系数(纱线类型不同,其值不同,棉及混纺纱,$K=840$;精梳毛纱及毛/腈混纺纱,$K=560$;粗梳毛纱及其混纺纱,$K=1600$;亚麻纱,$K=300$)。

1.5 细度指标间的换算

① 线密度和公制支数的换算式:

$$T_t \times N_m = 1000 \qquad (4-7)$$

② 线密度和纤度的换算式:

$$N_{den} = 9T_t \qquad (4-8)$$

③ 线密度和英制支数(棉型纱)的换算式:

$$T_t \times N_e = 590.5 \qquad (4-9)$$

棉及混纺棉型纱的英制支数与公制支数、线密度换算时,要注意标准质量 G_k、G_{ek} 中公制、英制的公定回潮率 W_{mk}、W_{ek} 的不同。它们的换算式如下:

$$N_e = 590.5 \times \frac{100 + W_{mk}}{100 + W_{ek}} \times \frac{1}{T_t} \qquad (4\text{-}10)$$

$$N_e = 0.590\,5 \times \frac{100 + W_{mk}}{W_{ek}} \times N_m \qquad (4\text{-}11)$$

目前,棉及化学纤维等常规纤维的公制、英制公定回潮率 W_{mk}、W_{ek} 相同,上述二式则简化为:

$$N_e = 590.5 \times \frac{1}{T_t}$$

$$N_e = 0.590\,5 \times N_m$$

④ 线密度和直径的换算式:

$$d = \sqrt{\frac{4}{\pi} \times T_t \times \frac{10^{-3}}{\delta}} = 0.035\,68\sqrt{\frac{T_t}{\delta}}\,(\text{mm}) \qquad (4\text{-}12)$$

式中:δ 为纤维或纱线的密度(g/cm^3)。

推导线密度和直径的换算式:设纤维或纱线为圆柱体,截面直径为 d,取一段长度为 $L(\text{m})$ 的纤维或纱线,则纤维或纱线的质量为 $G(\text{g})$:

$$G = L \times \delta \times \frac{\pi d^2}{4} \qquad (4\text{-}13)$$

$$d = \sqrt{\frac{G}{L} \times \frac{4}{\pi} \times \frac{1}{\delta}} \qquad (4\text{-}14)$$

将式(4-1)代入式(4-14)即得式(4-12)。常见纤维、纱线的密度见表4-5。

生产中纱线细度间接指标的测试通常采用缕纱称重法。用缕纱测长仪绕取一定长度的纱线(一般棉型纱为100 m,精梳毛纱为50 m,粗梳毛纱为20 m)若干绞,用烘箱法烘干后称得若干绞纱的总质量,则可根据各间接指标定义式,求得各细度指标。

表 4-5 常见纤维及纱线的密度

纤维种类	密度(g/cm^3)	纱线种类	密度(g/cm^3)
棉	1.54	棉纱	0.8～0.9
羊毛	1.32	精梳毛纱	0.75～0.81
麻	1.50	粗梳毛纱	0.65～0.72
蚕丝	1.33	亚麻纱	0.9～1.05
黏纤	1.50	绢纺纱	0.73～0.78
涤纶	1.38	65/35 涤/棉纱	0.85～0.95
锦纶	1.14	50/50 棉/维纱	0.74～0.76
腈纶	1.14	黏胶短纤维纱	0.84
维纶	1.26	黏胶长丝纱	0.95
丙纶	0.91	腈纶短纤纱	0.63
氯纶	1.39	腈纶膨体纱	0.25
醋酯纤维	1.50	锦纶长丝纱	0.90

1.6 细度偏差(支数、质量偏差)

纱线生产中由于工艺、设备、操作等原因,实际生产出的纱线细度与要求生产的纱线细度会有一定的偏差。把实际纺得的管纱线密度称为实际线密度,记为 T_{ta}。而纺纱工厂生产任务中规定生产的最后成品的纱线密度称为公称线密度,一般须符合国家标准中规定的公称线密度系列。公称线密度又称名义线密度,记为 T_t。纺纱工艺中,考虑到筒摇伸长、股线捻缩等因素,为使纱线成品线密度符合公称线密度而定的管纱线密度称为设计线密度,记为 T_{ts}。纱线的细度偏差一般用质量偏差 ΔT_t 表示,质量偏差 ΔT_t 又称线密度(特数)偏差。其计算式如下:

$$\Delta T_t = \left(\frac{T_{ta} - T_{ts}}{T_{ts}}\right) \times 100\% \tag{4-15}$$

质量偏差为正值,说明纺出的纱线实际线密度大于公称线密度,即纱线偏粗,若售筒子纱,(定重成包)则因长度偏短而不利于用户;若售绞纱(定长成包),则因质量偏高而不利于生产厂。质量偏差为负值,则与上述情况相反。若式(4-15)中代入的纱线细度为公制支数,则结果称为"支数偏差";若式(4-15)中代入的纱线细度为纤度,则结果称为"纤度偏差"。

2 股线细度的表征

股线的细度用单纱细度指标和单纱根数 n 的组合来表达。股线与单纱细度的对应关系如图 4-5 所示。

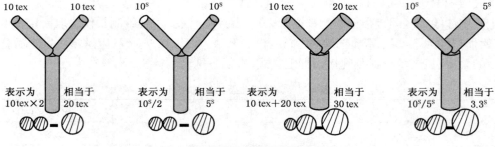

图 4-5 股线与单纱细度对应关系

2.1 单纱用线密度表示时的股线细度表征

(1) n 根线密度相同的单纱组成的股线 股线细度表示为"单纱线密度×股数"的形式,即 $T_t \times n$,数值相当于单纱线密度与股数的乘积,即 $T_t \times n$。

(2) n 根线密度不同的单纱组成的股线 股线细度表示为各根单纱线密度以"+"连接,即 $T_{t1} + T_{t2} + \cdots$,数值相当于各根单纱线密度之和,即 $T_{t1} + T_{t2} + \cdots$。

2.2 单纱用公(英)制支数表示时股线细度表征

(1) n 根支数相同的单纱组成的股线 股线细度表示为"单纱支数/股数"的形式即 "$N_m(N_e)/n$",数值相当于单纱支数与股数的商即 $N_m(N_e)/n$。

(2) n 根支数不同的单纱组成的股线 股线细度表示为 "$N_{m1}(N_{e1})/ N_{m2}(N_{e2})/\cdots$",数值相当于:

$$N_m(N_e) = \cfrac{1}{\cfrac{1}{N_{m1}(N_{e1})} + \cfrac{1}{N_{m2}(N_{e2})} + \cdots} \tag{4-16}$$

式中:$N_m(N_e)$为股线的公(英)制支数;$N_{m1}(N_{e1})$为单纱 1 的公(英)制支数;$N_{m2}(N_{e2})$为单纱 2 的公(英)制支数。

3 复丝细度的表征

3.1 蚕丝纱细度表征

蚕丝细度习惯上以几根茧丝经缫丝合并后的成丝总纤度表示。如 9 根 2.4~2.8 D 的茧丝缫丝合并成平均细度为 21 D 的蚕丝,细度表征为 20/22 D,表示成丝细度为 20~22 D。其他类似的细度有 28/30 D、50/70 D 等。这一细度表达方式为蚕丝纱所独有。

3.2 化纤纱细度表征

化纤复丝纱细度用成丝旦数和单丝根数组合表达。例如 120 D/36f,表示复丝总纤度为 120 D,组成复丝的单丝根数为 36 根(f 表示根数)。

子项目 4-3 纱线细度均匀度表征

纱线的细度均匀度,也称纱线条干均匀度,是指沿纱线长度方向的粗细变化程度。纺织品的质量在很大程度上取决于纱线细度均匀度。用不均匀的细纱织成布时,织物上会呈现横档疵及布面不匀,影响织物质量和外观;在织造工艺过程中,会导致断头率增加,生产效率下降。因此,纱线的条干均匀度是评定纱线品质的重要指标。

1 表示条干均匀度的指标

1.1 平均差系数 H

指各数据与平均数之差的绝对值的平均值占数据平均数的百分率,计算式如下:

$$H = \frac{\sum_{i=1}^{n} |x_i - \bar{x}|}{n\bar{x}} \times 100\% \tag{4-17}$$

式中:H 为平均差系数;x_i 为第 i 个测试数据;n 为测试总个数;$\bar{x}$ 为 n 个测试数据的平均数。

利用式(4-17)计算得到的纱线百米质量间的差异,称为质量不匀率。

1.2 变异系数 CV

变异系数(均方差系数)指均方差占平均数的百分率,而均方差是指各数据与平均数之差的平方的平均值之方根。计算式如下:

$$CV = \frac{\sqrt{\dfrac{\sum_{i=1}^{n}(x_i - \bar{x})^2}{n-1}}}{\bar{x}} \times 100\% \tag{4-18}$$

式中:CV 为变异系数或称均方差系数;x_i 为第 i 个测试数据;n 为测试总个数(当 $n > 50$ 时,式中 $n-1$ 为 n);$\bar{x}$ 为 n 个测试数据的平均数。

1.3 极差系数 R

数据中最大值与最小值之差占平均数的百分率,叫极差系数。计算式如下:

$$R = \frac{\sum (x_{max} - x_{min})}{\bar{x}} \times 100\% \tag{4-19}$$

式中:R 为极差系数;x_{max} 为各个片段内数据中的最大值;x_{min} 为各个片段内数据中的最小值。

根据国家标准的规定,目前各种纱线的条干不匀率已全部用变异系数表示。但某些半成品(纤维卷、粗纱、条子等)的不匀还有用平均差不匀或极差不匀表示的。

2 纱线条干不均匀产生的主要原因

2.1 纤维的性质不均一性

天然纤维的长度、细度、结构和形态等是不均等的,这种不匀等不仅表现在根与根之间,也表现在同一根纤维的不同部位之间。化学纤维的这种不均匀性较天然纤维好,但多少还是存在一些性质上的差异。纤维的这种性质的不均等或性能上的差异将引起纱线条干的不均匀,表现为 CV 值增加。

2.2 纤维的随机排列

假如纤维是等长和等粗细的,且纱线中纤维都是伸直平行,纺纱设备和纺纱工艺等都无缺陷,纱线仍然会产生不均匀,这是由于纱条截面内纤维根数的随机分布。这种不匀是纱线的最小不匀,又称极限不匀,可以用下式计算得到:

$$CV_{lim} = \sqrt{\frac{1}{n}} \times 100\% = \sqrt{\frac{T_{t纤}}{T_{t纱}}} \times 100\% \tag{4-20}$$

2.3 纺纱工艺不良或机械缺陷

在纺纱过程中,由于无法对单根纤维进行控制,因此,存在着未充分松解、伸直平行和缠结的纤维或束状纤维。混合不均匀、牵伸工艺不良等原因引起纱线条干不均匀,所产生的不匀称为牵伸波。由于牵伸件、传动件的缺损而产生的周期性的不匀,称为机械波。

3 纱线细度不匀的测试与分析

3.1 切断称重法

用缕纱测长器摇取一定长度的绞纱若干绞,每一绞称为一个片段,分别称得每一绞纱线的质量,即得到 x_i,代入式(4-17)至式(4-19)求得片段间质量不匀。片段长度按规定棉型纱线为 100 m;精梳毛纱为 50 m,粗梳毛纱为 20 m;苎麻纱 49 tex 及以上为 50 m,49 tex 以下为 100 m;生丝为 450 m。

3.2 目光检验法

又称黑板条干法。它是将纱线均匀地绕在一定规格的黑板上,然后将黑板放在规定的光线和位置下,用目光观察黑板的阴影、粗节、严重疵点等情况,与标准样照进行对比,确定纱线的条干级别。棉纱线的条干级别分为优级、一级和二级，二级外的为三级。毛纱线评定条干一级率。采用这种方法测试的纱线条干不匀，反映的是纱线的短片段的表观粗细不匀，测试快速、简单，但不能得到定量的数据，而且测试结果会因人而异。图 4-6 所示为不同细度纱线的两块黑板，可以看到疵点、毛羽及条干不匀的差异。

图 4-6　不同细度纱线黑板条干

3.3　电容式条干均匀度仪试验法

电容式条干均匀度仪是最常用的检测纱线条干不匀的仪器。世界上最早生产电容式条干仪的是瑞士的 Zellweger Uster 公司，我国则有以陕西长岭纺织机电科技有限公司为代表生产的系列条干仪。

（1）工作原理　用两块平行的、相对的金属板可以构成一个电容器，其电容量由下式决定：

$$C = \frac{\varepsilon S}{4\pi k d} \tag{4-21}$$

式中：C 为平行板电容器的电容量；ε 为介电常数，与两块金属板之间填充的介质有关；S 为两块金属板正对的实际面积；k 为常系数；d 为两块金属板之间的距离。

按照式（4-21），如果将 S、d 固定，电容量仅随两个极板之间填充的介质变化而变化。如果让纱条从两块极板之间通过，电容量的变化率与介质质量的变化率成线性关系。因此，当纱条以一定速度连续通过电容器极板时，纱条线密度的变化即转换为电容量的变化。将检测器输出的电信号经过电路运算处理，即可提供表示纱条条干不匀特征的各种结果。如果纱条的线密度发生变化，就会引起电容量的变化，这就是电容式条干仪测试原理的理论基础。

当然，在进行条干仪设计、制造时，为了保证一定的介质填充系数，提高信噪比，降低温、湿度的影响等，在电容极板设计及检测电路的设计上进行了一系列仪器化的处理。比如，由七块或五块极板构成五个或四个检测槽，极板面积和间距不同，分别适应不同试样品种和线密度；将检测电容接入电桥电路的一只桥臂；电桥采用高频振荡电路供电；电容极板采用陶瓷封装等等。

（2）主要功能

① 显示和打印不匀率曲线（图 4-7），其横坐标表示纱线的长度方向，纵坐标表示纱线的粗细；纵坐标"0"处，表示纱线的平均细度位置。不匀率曲线能够直观地表示纱线的条干均匀情况。

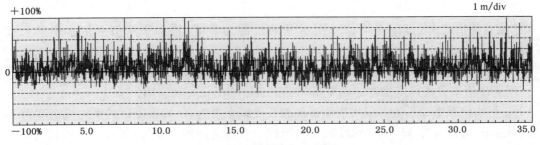

图 4-7　纱线不匀率曲线

② 显示和打印纱线的不匀率 $CV\%$ 和条干不匀平均差系数 $H\%$ 值。测出给定长度纱线的变异系数（$CV\%$）和平均差系数（$H\%$），可以直接显示和打印各种长度的 H 值和 CV 值。

③ 统计粗节、细节和棉结，疵点数按各种水平要求记录并显示。各种水平见表 4-6。

表 4-6 粗节、细节和棉结的各种水平

类型	粗节	细节	棉结
水平	$+100\%$	-60%	$+400\%$
	$+70\%$	-50%	$+280\%$
	$+50\%$	-40%	$+200\%$
	$+35\%$	-30%	$+140\%$

④ 画出波谱图。如图 4-8 所示，波谱图的横坐标为波长的对数，纵坐标为振幅。纱条的不匀率曲线根据傅立叶变换分解成无数个不同波长、不同振幅的正弦（或余弦）波的叠加。将分解出来的波动成分按照波长、振幅制出线状谱，即可得波谱图。实际上，电容式条干均匀度仪将不匀率曲线分解成有限（54）个频道内的波动，每个频道间隔宽度相同。

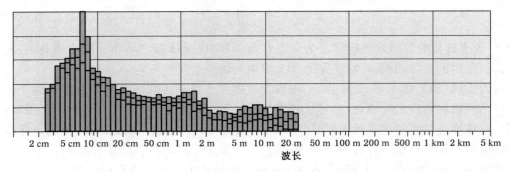

图 4-8 纱条的统计波谱图

波谱图在生产实际中的应用：评价纱条均匀度；分析不匀结构；纱条疵病诊断，解决机械工艺故障；预测布面质量；与不匀率结合，对设备进行综合评定。

⑤ 偏移率 DR 是指超过纱条细度测试平均值 $\bar{x}$ 一定水平（$\pm\alpha\%$）的纱条长度 l 的总和与基准长度 L 的比值百分率，其数学定义如下：

$$DR = \frac{\sum l}{L} \times 100\% \tag{4-22}$$

l 值有正负之分，细于平均值一定水平的长度为负值；粗于平均值一定水平的长度为正值。

DR 值与织物的外观评价具有较好的相关性，DR 值较大，织物布面上的粗细不匀较为明显。用 DR 值来分析评定细纱的条干不匀已经获得广泛认可和应用。

⑥ 平均值系数 AF 值。以批次测试的总长度线密度为 $\bar{X}$，每次测试的平均线密度为 $\bar{x}$，则 $\bar{x}/\bar{X}$ 比值的百分数为 AF 值。它反映批次测试中数据之间的条干 CV 值，即纺纱设备锭与锭之间的差异，是企业质量稳定和可靠的标志。

当受测细纱试验长度为 100 m 时,各次测试的 *AF* 值的不匀率即相当于传统的细纱质量不匀率或支数不匀率。这一指标常被用于测定管纱之间纱线的线密度(质量、支数)变异。一般 *AF* 值在 95～105 范围内属于正常,如果测得的数据超过这一范围,说明纱线的绝对线密度(tex)平均值有差异。利用 *AF* 值的变异,还能直观地分析出纱条质量不匀的变化趋势,及时反映车间生产情况,以便调整工艺参数,为提高后道工序的产品质量起指导和监督作用,将粗经、粗纬等消灭在生产过程中。

4 纱线细度不匀分析

4.1 长片段不匀和短片段不匀

纱线上出现不匀的间隔长度是纤维长度的 1～10 倍、约一米间隔以下的不匀,称为短片段不匀;出现不匀的间隔长度是纤维长度的 10～100 倍、间隔约几米的不匀,称为中片段不匀;出现不匀的间隔长度是纤维长度的 100～3000 倍、间隔约几十米的不匀,称为长片段不匀。用短片段不匀较高的纱进行织造时,几个粗节或细节在布面上并列在一起的概率较大,容易出现布面疵点,对布面质量的影响较大。由长片段不匀的纱线织成的布面会出现明显的横条纹,对布面影响也较大。相对而言,采用中片段不匀的纱织造时,布面出现疵点的明显度稍低一些,而且与布幅有关,当呈现某种倍数关系时将出现明显疵点(条影或云斑)。

由切断称重法测得的缕纱质量不匀是长片段不匀;黑板条干法测得的不匀,比较的是几厘米至几十厘米纱线的表观直径的不匀,是短片段不匀;电容式条干均匀度仪则可通过变异系数-长度曲线来反映长片段、中片段和短片段不匀的情况。

4.2 片段的内不匀、间不匀和总不匀

片段与片段之间的粗细不匀,称为片段间不匀,或外不匀,记为 CV_e;而每一片段内部还存在粗细不匀,片段内部的不匀称为片段内不匀,记为 CV_i;外不匀和内不匀共同构成纱线的总不匀。若用变异系数 *CV* 值来表示纱线的不匀率,则内不匀、外不匀和总不匀三者之间的关系如下:

$$CV^2 = CV_e^2 + CV_i^2 \tag{4-23}$$

4.3 纱线不匀与片段长度的关系

若纱线的条干不匀曲线呈现出如图 4-9 所示的情况,即纱条粗细间隔出现。不难看出,试样长度从 *L* 扩大到 2*L*,则内不匀率 CV_i 增大,外不匀率 CV_e 减小。*CV*、CV_e 与 CV_i 与片段长度之间的关系如图 4-10 所示,当片段长度趋于零时,纱线的内不匀率趋于零,外不匀率趋于总不匀率。

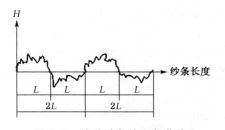

图 4-9　特殊纱条的不匀曲线

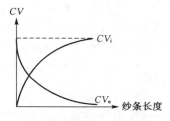

图 4-10　内外不匀率与试样长度的关系

123

4.4　不匀指数 I

不匀指数 I＝实际不匀/极限不匀。它的大小反映设备的纺纱能力,此值≥1。此值越小,说明设备对纤维的运动控制能力越强。

4.5　纱线不匀的波谱分析

如果纱线的不匀只是由于纤维在纱中的随机排列而引起,不存在由于纤维性能不均等、工艺不良、机械不完善引起的不匀,则纱条的不匀如图 4-11(a)所示(为画图方便,用连续曲线示意),为理想波谱图。如果纤维是不等长的,则纱条的不匀较理想的大,得到的实际波谱图较理想的高,如图 4-11(b)所示;如果工艺不良,则波谱图中会出现"山峰",如图 4-11(c)所示;如果牵伸机构或传动齿轮不良,则波谱图中会出现"烟囱",如图 4-11(d)所示。

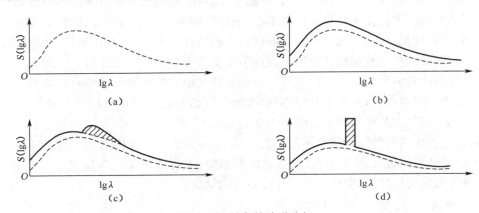

图 4-11　纱条的波谱分析

山峰形状的波谱图是由于短纤维纺纱时纤维随机分布造成纱条各断面不匀差异所致的,这是不可避免的。其最高峰位于(2.5～3)×纤维平均长度的波长处。对于短纤维化纤纱,在最高峰左侧有一峰谷,其波长位置等于纤维切断长度。气流纺纱结构与环锭纺不同,纤维在纱线中没有充分伸直,有缠结现象,导致相对纤维长度减少,故其最高峰值向左偏移。

各道加工机器上,具有周期性运动的部件的缺陷会使纱条条干产生周期性粗细变化(如罗拉偏心、齿轮缺齿、皮圈破损等),由此造成机械波。机械波在波谱图中表现为"烟囱"状突起,一般只在一个或两个频道上出现。如牵伸倍数选择不当或牵伸机构调整不良(加压过轻过重、隔距过大过小等),导致纱条牵伸时部分纤维得不到良好的控制,造成条干不匀,由此造成牵伸波。牵伸波在波谱图中表现为小山,一般连续在五个或更多的频道上出现。

"烟囱"状突起的机械波是否对最终产品产生影响,首先看其高度(高于本频道正常波谱高度的部分)是否大于本频道正常波谱高度的二分之一,若大于应予以重视。如机械波连续出现在两个频道上时,应将两频道叠加,再与其正常波谱高度对比。在出现多个峰时,应按照从最长波长到最短波长顺序分析的方法解决问题,同时要注意谐波,即主波长 1/2、1/3、1/4、1/5 等处的波长。谐波是原理性干扰因素(在手工分析时,使用专家系统是有帮助的)。

波谱图的后部常有空心柱的频道,这是试样较短时给出的信度偏低的提示。此空心柱部分可作参考,若有疑虑,则加长试样进行测试。

子项目 4-4 纱线捻度

须条一端握持住、另一端回转的过程,称为加捻。纱线加捻是形成短纤维纱并使其具有强力的重要途径,是花式线和变形丝加工的主要方法。加捻程度不仅影响纱线的强力和手感,还影响纱线光泽、密度和摩擦、弹性等物理力学性能,是纱线结构的又一重要参数。

1 表示纱线加捻程度指标

1.1 捻度

纱线的两个截面产生一个 360°的角位移,称为一个捻回,即通常所说的转一圈。单位长度的纱线所具有的捻回数称作捻度。捻度的单位长度随纱线的种类不同而不同,特克斯制捻度 T_{tex} 的单位长度取 10 cm,捻度单位为"捻/10 cm",通常习惯用于棉型纱线;公制支数制捻度 T_m 的单位长度取 1m,捻度单位为"捻/m",通常用来表示精梳毛纱及化纤长丝的加捻程度。粗梳毛纱的加捻程度既可用特数制捻度,也可用公制支数制捻度来表示。英制支数制捻度 T_e 的单位长度取 1 英寸,捻度单位为"捻/英寸"。

1.2 捻回角

捻度表示纱线加捻程度时,受到纱线直径的影响(图 4-12)。捻度相同的情况下,纱线越粗,纱线中纤维倾斜越明显,即 $\beta_2 > \beta_1$,表示加捻程度越大。因此,可以用纤维在纱线中的倾斜角 β 来表示加捻程度。β 是指表层纤维与纱轴的夹角,称为捻回角。捻回角 β 可用来表示不同粗细纱线的加捻程度。捻回角直接测量须在显微镜下,使用目镜和物镜测微尺进行,既不方便又不易准确,所以实际生产中不采用,常用于理论表述。

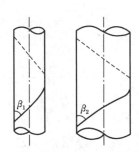

图 4-12 相同捻度、不同细度纱线的加捻程度比较

1.3 捻幅

捻幅是指纱条截面上的一点在单位长度内转过的弧长,如图 4-13(a)所示,原来平行于纱轴的 AB 段加捻后倾斜成 $A'B$,当 L 为单位长度时,则弧长 AA' 为 A 点的捻幅。如用 P_A 表示 A 点的捻幅,$\beta = \angle ABA'$ 为 $A'B$ 与纱轴的夹角,则:

$$P_A = \frac{AA'}{L}\tan\beta \qquad (4-24)$$

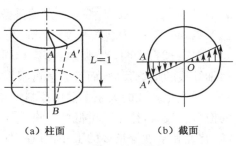

(a) 柱面   (b) 截面

图 4-13 纱线捻幅

所以,捻幅实际上是这一点的捻回角的正切。为了方便,常给出纱线 P_A 的截面分布图,如图 4-13(b)所示。图中箭头的长短表示捻幅的大小,箭头的方向表示加捻方向。处在纱线中心位置的纤维,β 角较小,P_A 较小;而处在纱线外层的

纤维，β 角较大，P_A 较大。纱中各点的捻幅与半径成正比关系。引进捻幅的意义在于表达了纱线截面不同半径处的纤维的加捻程度，它与捻系数属于同一性质指标。

1.4 捻系数

捻度测量较方便，但不能用来表达不同粗细纱线的加捻程度。为了比较不同细度纱线的加捻程度，人们定义了一个结合细度来表示加捻程度的相对指标——捻系数，有特克斯制捻系数、公制支数制捻系数和英制支数制捻系数。它们的数学定义如下：

$$\alpha_t = T_{tex} \times \sqrt{T_t} \tag{4-25}$$

式中：α_t 为特数制捻系数；T_{tex} 为特克斯制捻度（捻/10 cm）；T_t 为纱线线密度（tex）。

$$\alpha_m = T_m / \sqrt{N_m} \tag{4-26}$$

式中：α_m 为公制支数制捻系数；T_m 为公制支数制捻度（捻/m）；N_m 为公制支数。

$$\alpha_e = T_e / \sqrt{N_e} \tag{4-27}$$

式中：α_e 为英制支数制捻系数；T_e 为英制支数制捻度（捻/英寸）；N_e 为英制支数。

将具有一个捻回的纱线表层纤维的螺旋线展开（图 4-14），根据以下三式：

$$\tan\beta = \frac{\pi d}{h} \tag{4-28}$$

$$h = \frac{100}{T_{tex}} \tag{4-29}$$

$$d = 0.035\,68\sqrt{\frac{T_t}{\delta}} \tag{4-30}$$

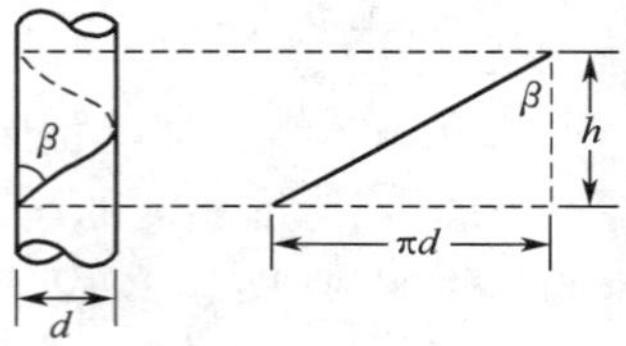

图 4-14 捻系数与捻回角关系

简化得到 $T_{tex} \times \sqrt{T_t} = 892\sqrt{\delta} \times \tan\beta$，令 $\alpha_t = T_{tex} \times \sqrt{T_t} = 892\sqrt{\delta} \times \tan\beta$。根据 h 与 T_m、T_e 的关系及 d 与公制支数、英制支数之间的换算关系，同理可得 α_m、α_e 与 $\tan\beta$ 类似的关系。因此，捻系数与捻回角的关系如下：

$$\alpha = k \times \sqrt{\delta} \times \tan\beta \tag{4-31}$$

式中：k 为换算系数（对特克斯制捻系数，$k=892$；对公制支数制捻系数，$k=282$；对英制支数制捻系数，$k=7$）；δ 为纱线密度（g/cm³）。

式（4-31）表明，当纱线的密度相同（同种纱线）时，捻系数与 $\tan\beta$ 成正比，因此能比较不同粗细纱线的加捻程度，而且数值可根据式（4-25）～式（4-27）计算得到。

纱线捻系数的大小主要由原料性质、纱线用途和种类决定。细长纤维纺纱时，由于纤维间的抱合力较大，捻系数可低些。机织物的经纱要求有较高强力和弹性，在织造过程中需经过络筒、整经和浆纱等较多的工序，且在织机上与钢筘、综丝反复摩擦产生拉伸变形，所以捻系数需大些；而纬纱经过的工序少，受力小，为避免纬缩疵点，捻系数需小些，一般纬纱捻系数比经纱低 10%～15%。针织用纱的捻系数一般接近机织物纬纱的捻系数，不同品种的要求亦不同，棉毛衫要求柔软，捻系数可低些；汗衫要求有凉爽感，捻系数需大些。起绒织物和股线织物用纱，捻系数可偏低些，通常取纬纱捻系数的下限。

棉型纱线与毛型纱线的常用捻系数如表 4-7 和表 4-8 所示。

表 4-7　棉型纱线常用的捻系数

类别	纱线线密度（tex）或用途	捻系数 α_t	
		经纱	纬纱
普梳织物用纱	8～11	330～420	300～370
	12～30	320～410	290～360
	32～192	310～400	280～350
精梳织物用纱	4～5	330～400	300～350
	6～15	320～390	290～340
	16～36	310～380	280～330
普梳针织起绒织物用纱	10～30	不大于 330	
	32～88	不大于 310	
	96～192	不大于 310	
精梳针织起绒织物用纱	14～36	不大于 310	
涤/棉混纺纱	单纱	360～410	
	股线	320～360	
	针织内衣	300～330	
	针织经编内衣	380～400	

表 4-8　毛型纱线常用的捻系数

类别		捻系数 α_m	
		单纱	股线
粗纺	纯毛纱	13～15.5	—
	化纤混纺纱	12～14.5	—
	纯毛起毛纬纱	11.5～13.5	—
	化纤混纺起毛纬纱	11～13	—
	女式呢或起毛大衣呢弱捻纱	8～11	—
	粗纺花呢中捻纱	12～15	—
	板司呢弱捻纱	16～20	—
精纺	40 tex×2 以下平纹花呢	75～80	130～140
	40 tex×2～50 tex×2 中厚花呢	80～85	135～145
	全毛华达呢、贡呢	85～90	130～155
	全毛哔叽、啥味呢	80～85	100～120
	毛/涤中厚花呢	75～80	115～125

1.5　捻向

捻向是指纱线的加捻方向。它是根据加捻后纤维或单纱在纱线中的倾斜方向来描述的。纤维或单纱在纱线中由左下往右上方向倾斜的，称为 Z 捻向（又称反手捻），因这种倾斜方向与字母"Z"的倾斜方向一致;同理,纤维或单纱在纱线中由右下往左上倾斜的,称为 S 捻向(又称顺手捻)。如图 4-15 所示。一般单纱为 Z 捻向,股线为 S 捻向。

股线由于经过了多次加捻,其捻向按先后加捻为序依次以 Z、S 来表示。例如,ZSZ 表示单纱为 Z 捻向,单纱合并初捻为 S 捻,再合并复捻为 Z 捻。股线的加捻方向与单纱相同时,称为同捻向股线;相反时,则称为异捻向股线。

图 4-15 捻向

2 纱线捻度指标的测试

纱线捻度的测试方法有两种,即直接解(退)捻法和张力法。张力法又称解(退)捻—加捻法。

2.1 直接解(退)捻法

将试样在一定的张力下夹持在纱线捻度仪的左右纱夹中,让其中一个纱夹回转,回转方向与纱线原来的捻向相反;当纱线上的捻回数退完时,纱夹停止回转,这时的读数(或由打印机输出)即为纱线的捻回数。这种方法多用于测定长丝纱、股线或捻度很少的粗纱的捻度。

2.2 张力法(退捻加捻法)

张力法测试原理如图 4-16 所示。将试样在一定张力下夹持在左右纱夹中先退捻,此时纱线因退捻而伸长,待纱线捻度退完后继续回转,纱线将因加捻而缩短,直到纱线长度加捻至与原试样长度相同时,纱夹停止回转,这时的读数为原纱线捻回数的两倍。这种方法多用于测定短纤维单纱的捻度。

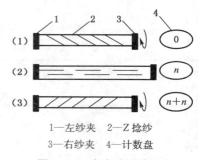

1—左纱夹 2—Z 捻纱
3—右纱夹 4—计数盘

图 4-16 张力法测试原理

3 纱线加捻对其结构性能的影响

3.1 捻缩

加捻后单纱的长度缩短,产生捻缩。捻缩的大小通常用捻缩率表示,它是指加捻前后纱条长度的差值占加捻前长度的百分率。计算式如下:

$$\mu = \frac{L_0 - L}{L_0} \times 100\% \qquad (4-32)$$

式中:μ 为纱线的捻缩率;L_0 为加捻前的纱线长度;L 为加捻后的纱线长度。

单纱的捻缩率,一般直接在细纱机上测定,以细纱机前罗拉吐出的须条长度(未加捻的纱长)为 L_0,对应的管纱上(加捻后)的长度为 L。股线的捻缩率可在捻度仪上测试,试样长度,即为加捻后的长度 L;而退捻后的单纱长度,则为加捻前的长度 L_0。

单纱的捻缩率随着捻系数的增大而增加。股线的捻缩率则与股线、单纱的捻向有关。当股线捻向与单纱捻向相同时,加捻后股线长度缩短,捻缩率的变化与单纱一样,随着捻系数的增大而增加。当股线的捻向与单纱捻向相反时,在股线捻度较小时,由于单纱的退捻作用使股线的长度有所伸长,捻缩率为负值;当捻系数增加到一定值后,股线又缩短,捻缩率变为正值,并随捻系数的增大而增加。如图 4-17 所示，图中曲线 1 为双股同向加捻的股线，2 为双股异向加捻的股线。

捻缩率的大小直接影响成纱的线密度和捻度，在纺纱和捻线工艺设计中，必须加以考虑。棉纱的捻缩率一般为 2%～3%。捻缩率的大小除与捻系数有关外，还与纺纱张力、车间温湿度、纱的粗细等因素有关。

图 4-17 股线捻缩率与捻系数的关系

3.2　对纱线直径和密度的影响

加捻使纱中的纤维密集，纤维间的空隙减少，纱的密度增加，直径减少。当捻系数增加到一定值后，纱中纤维间的可压缩性变得很小，纱线密度随着捻系数的增大变化不大，相反由于纤维过于倾斜而可能使纱的直径稍有增加。

股线的直径和密度与股线、单纱的捻向也有关。当股线捻向与单纱捻向相同时，捻系数与密度和直径的关系同单纱相似。当股线与单纱捻向相反时，在股线捻系数较小时，由于单纱的退捻作用，会使股线的密度减小，直径增大；当捻系数达到一定值后，又使股线的密度随着捻系数的增大而增加，而直径随着捻系数的增大而减小；再继续加捻，纱的密度变化不大，而直径逐渐增加。

3.3　对纱线强度的影响

对短纤维纱而言，加捻最直接的作用是为了获得强力，但并不是加捻程度越大，纱线的强力就越大，原因是加捻既存在有利于纱线强力的因素，又存在不利于纱线强力的因素。

有利因素有两个。一是捻系数增加，纤维对纱轴的向心压力加大，纤维间的摩擦阻力增加，纱线由于纤维间滑脱而断裂的可能性减少；二是加捻使纱线在长度方向的强力不均匀性降低。纱线在拉伸外力作用下，断裂总是发生在纱线强力最小处，纱线的强力就是弱环处所能承受的外力。随着捻系数的增加，弱环处分配到的捻回较多，使弱环处强力提高，较其他地方大，从而使纱线强力提高。

不利因素也有两个。一是加捻使纱中纤维倾斜，使纤维承受的轴向分力减小，从而使纱线的强力降低；二是纱线加捻过程中使纤维产生预应力，当纱线受力时，纤维承担外力的能力降低。

加捻对纱线强度的影响，是以上有利因素与不利因素的对立统一的结果。在捻系数较小时，有利因素起主导作用，表现为纱线强度随捻系数的增加而增加；当捻系数达到某一值时，表现为不利因素起主导作用，纱线的强度随捻系数的增加而下降，如图 4-18 所示。纱的强度达到最大值时的捻系数叫临界捻系数（即图中的 α_k），相应的捻度称临界捻度。工艺设计中一般采用小于临界捻系数的捻度，以在保证细纱强度的前提下提高细纱机的生产效率。

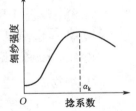

图 4-18 纱线强度与纱线捻系数的关系

长丝纱加捻使纱线强度提高的有利因素是增加了单丝间的摩擦力，单丝断裂的不同时性得到改善。不利因素与短纤维纱相同，且捻系数较小时不利因素的影响小于有利因素，所以长丝纱的临界捻系数 α_k 比短纤维纱小得多。

股线加捻使股线强度提高的因素有条干均匀度的改善、单纱间摩擦力的提高。不利因素与单纱相似。除了上述因素外，还有捻幅分布的影响，它对股线强

长丝纱与短纤维纱的临界捻系数

度的影响可能是有利的,也可能是不利的,要看加捻是否使股线捻幅分布均匀。所以股线的捻系数对股线的影响较单纱复杂。当股线捻向与单纱捻向相同时,加捻使纤维平均捻幅增加,但内外层捻幅差异加大,受外力作用时纤维受力不匀。当单纱捻系数较大时,有可能使股线强度随捻系数的增加而下降。当股线捻系数较小时,则可能随捻系数的增加,股线的强度稍有增加。当股线捻向与单纱捻向相反时,开始时随股线捻系数的增加,平均捻幅下降的因素大于捻幅分布均匀的因素,有可能使股线强度下降;当捻系数达到一定值后,随捻系数的增加,平均捻幅开始上升,捻幅分布渐趋均匀,有利于纤维均匀承受拉伸外力,使股线强度逐渐上升,一般当股线捻系数与单纱捻系数的比值等于 1.414 时,股线各处捻幅分布均匀,股线强度最高,结构最均匀、最稳定;当捻系数超过这一值后,随股线捻系数的增加,捻幅分布又趋不匀,股线强度又逐渐下降。

3.4　对纱线断裂伸长率的影响

对单纱而言,加捻使纱线中纤维滑移的可能性减小,纤维伸长变形增加,表现为纱线断裂伸长率的下降。但随着捻系数的增加,纤维在纱中的倾斜程度增加,受拉伸时有使纤维倾斜程度减小、纱线变细的趋势,从而使纱线断裂伸长率增加。总的来说,在一般采用的捻系数范围内,有利因素大于不利因素,所以随着捻系数的增加,单纱的断裂伸长率增加。

对同向加捻的股线,捻系数对纱线断裂伸长率的影响同单纱。对异向加捻的股线,当捻系数较小时,股线的加捻意味着对单纱的退捻,股线的平均捻幅随捻系数的增加而下降,所以股线的断裂伸长率稍有下降;当捻系数达到一定值后,平均捻幅又随着捻系数的增加而增加,股线的断裂伸长率也随之增加。

3.5　加捻对纱线弹性的影响

纱线的弹性取决于纤维的弹性与纱线结构两方面,而纱线结构主要由纱线加捻来形成。对单纱和同向加捻的股线来说,加捻使纱线结构紧密,纤维滑移减小,纤维的伸展性增加。在一般捻系数范围内,随着捻系数的增加,纱线的弹性增加。

3.6　加捻对纱线光泽和手感的影响

对于单纱和同向加捻的股线,由于加捻使纱线表面的纤维倾斜,并使纱线表面变得粗糙不平,纱线光泽变差,手感变硬。对于异向加捻的股线,当股线捻系数与单纱捻系数之比等于 0.707 时,外层捻幅为零,表面纤维平行于纱线轴向,此时股线的光泽最好,手感柔软。

3.7　捻向对机织物结构性能的影响

对机织物而言,通过经纬纱捻向的不同配制,可形成不同的外观、手感和强力的织物:
① 对于平纹织物,经纬纱采用同种捻向的纱线,则织物强力较大,而光泽较差,手感较硬。
② 对于斜纹织物,纱线捻向与斜纹线方向相反,则斜纹线清晰饱满。
③ Z 捻纱与 S 捻纱在织物中间隔排列,可得到隐格、隐条效应。
④ Z 捻纱与 S 捻纱合并加捻,可形成起绉效果。

子项目 4-5　纱线毛羽

纱线毛羽是指短纤维纱中伸出纱线主体的纤维端或圈。纱线毛羽会影响织物的加工性能和产品的外观及服用性能。纱线毛羽多,生产中纱线易粘连,从而引起断头和织疵,光泽降低,织物易起球,染整加工烧毛时会增加烧毛率和烧毛效果,影响染色印花质量,但织物毛型感较强,保暖性较好;纱线毛羽少,织物表面光洁,手感滑爽,色泽均匀。

纱线毛羽的性状是纱线的基本结构特征之一,毛羽作用随纱线用途不同而异。对于要求织物表面光洁、组织清晰而轻薄的夏季服装织物,其纱线毛羽尽可能少而短。而对于起绒类的厚实保暖织物,则要求纱线有较多和较长的毛羽。

1 纱线毛羽的形态

纱线毛羽的形态错综复杂,长短不同,具有方向性、空间分布性和动态性特点。按毛羽的伸出形态,纱线毛羽基本形态有端状、圈状、簇状(纤维集合体)和桥状四种(图 4-19)。按毛羽的伸出方向,大致分为顺向、倒向、两向和乱状(图 4-20)。

毛羽本身的形态在摩擦及张力作用下是易变的,例如桥状毛羽可能一端脱开变成端状,而端状毛羽可能伸直成长毛羽。

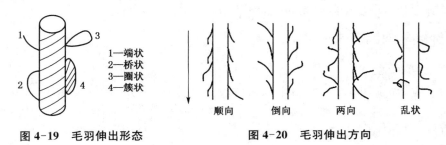

1—端状
2—桥状
3—圈状
4—簇状

图 4-19 毛羽伸出形态

顺向　倒向　两向　乱状

图 4-20 毛羽伸出方向

2 纱线毛羽指标

在生产与贸易中,通常用三种指标来评定纱线毛羽。

2.1 毛羽指数

指单位长度纱线内,单侧面上伸出长度超过设定长度的毛羽累计根数,单位为"根/10 m"或"根/m"。我国与日本、英国、德国、美国等都采用这一指标来表征纱线毛羽。

2.2 毛羽伸出长度

指纤维头端或圈端凸出纱线基本面的平均长度或单位长度纱线毛羽的总长度。毛羽伸出长度与毛羽指数呈负指数分布关系(图 4-21)。

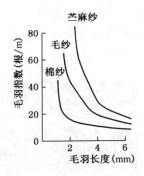

图 4-21 毛羽长度与毛羽
指数的关系

2.3 毛羽量

即光学法测量的毛羽引起的散射光量。它与纱线毛羽总长度成正比。

3 纱线毛羽测试方法

3.1 目测评定法

经投影或显微镜放大后目测纱线单位长度内的毛羽数及毛羽形态。这一方法直观,综合性强,但测试试样少,效率低,只能定性比较,不能定量分析。

3.2 烧毛失重法

采用烧毛方法去除毛羽,根据带毛羽纱线和烧毛后纱线的质量差值来评定纱线的毛羽情况。此法方便、直观,但测试条件如火焰温度、纱线行进速度等较难控制,也无法计算毛羽根数和平均长度等指标。对于涤纶等易熔融的合成纤维,失重数并不能反映毛羽多少。

3.3 单测毛羽计数法

将纱线投影成平面,大于设定长度的单侧毛羽由于遮挡投影光束而被计数。它与纱线实际四周都有毛羽存在的毛羽数量成正比。

3.4 全毛羽光电测试法

光线照射到毛羽上会产生强烈散射,散射光由光电传感器转换为电量,从而测试纱线四周的毛羽总量。大量实验证明,纱上全部露出纤维所散射的光通量大小与纱线单位长度的毛羽总量成正比。因此,可根据散射光的光通量变化来检测纱线毛羽量的变化。

4 影响纱线毛羽的因素

4.1 原料物理性能

纤维长,成纱毛羽少;纺纱原料中的短纤维比例较高,则外伸纤维的毛羽越多;纤维细度细,成纱包含的毛羽较多;纤维成熟度与整齐度好且细度细的优质原棉,其成纱毛羽较少。另外,纤维刚度大易形成毛羽且毛羽长。

4.2 纱线结构

纱线越粗,纱线横截面内的纤维根数越多,毛羽越多;纱线捻系数大,毛羽短而少;混纺纱中纱线表层的纤维的物理性质是影响纱线毛羽的主体;成纱须条中纤维伸直平行度越好,短绒含量越少,毛羽越少;环锭纱线的毛羽随成纱三角区长度和宽度的增加而增加。集聚纺纱减少了传统细纱机中加捻三角区的须条宽度,在同样的纺纱条件下,其成纱的毛羽较传统环锭纺减少约 20%(图 4-22)。

集聚纺纱 　　　　　　　　　　　　　传统环锭纺纱

图 4-22　纱线毛羽

4.3 纺纱机件的摩擦效应

纱线与机件间的摩擦作用越强,毛羽越多。表面滑爽的牵伸机构有利于对纱条的包覆及浮游纤维的握持。环锭纺细纱机上,"三角区"胶辊及上下胶圈的表面状况、适纺性和稳定性,是影响纱条毛羽的重要因素。胶圈在纺纱过程中起着握持纤维的作用,上下胶圈要有优良的弹性和柔韧性及抗静电、抗污染和抗早衰龟裂性能。纺纱过程中静电的消除有利于减少毛羽。

混纺纱的结构与性能

利用不同的纤维混纺,特别是利用化学纤维中的合成纤维与天然纤维进行混纺,可相互取长补短,提高织物加工性能和服用性能,并降低成本。混纺纱的结构与性能取决于混纺纤维的性能及混纺比。

1 纤维的内外转移

当须条从细纱机前罗拉握持处吐出,便受到纺纱张力及加捻的作用,使原来与须条平行的纤维倾斜,纱条由粗变细。把罗拉吐出处到成纱的过渡区域称为加捻三角区(图 4-23)。图中 T_y 为纺纱张力;β 为纤维与纱轴的夹角;T_f 为纤维由于纺纱张力而受到的力;T_r 为 T_f 沿着纱芯方向的分力,称为向心力。由此图可以得出:

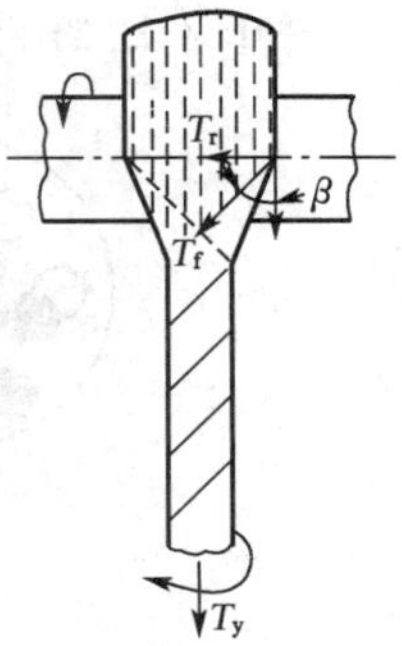

$$T_y = \sum T_f \cos\beta \tag{4-33}$$

$$T_r = T_f \sin\beta \tag{4-34}$$

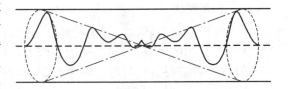

图 4-23　加捻三角区

从上述可分析出,随着纤维在纱中所处位置的半径的增大,向心力 T_r 增大,即处在外层的纤维的张力和向心力较大,容易向纱芯挤入(向内转移);而处在内层的纤维的张力和向心力较小,易被外层纤维挤到外面(即向外转移),形成新的内外层关系。这种现象称为内外转移。一根纤维在加捻三角区中可以发生多次这样的内外转移,从而形成复杂的圆锥形螺旋线结构(图 4-24)。

图 4-24　纤维内外转移的圆锥形螺旋线结构

纤维发生内外转移现象,必须克服纤维间的阻力。这种阻力的大小,与纤维粗细、刚性、弹性、表面性状以及加捻三角区中须条的紧密程度等因素有关。所以各根纤维内外转移的机会并不是均等的,不是所有的纤维都会发生内外转移。发生内外转移形成圆锥形螺旋线的纤维约占 60%,其他纤维在纱中没有发生内外转移,而是形成圆柱形螺旋线、弯钩、折叠和纤维束等情况。

对于转杯纺纱、摩擦纺纱、喷气纺纱、涡流纺纱、集聚纺纱等新型纺纱,纤维在纱中的几何特征是不一样的。集聚纺属环锭纺,它虽然在环锭纺纱机上实现,但纤维的内外转移很微弱,纤维的几何特征基本上呈圆柱形螺旋线。转杯纺纱、涡流纺纱及摩擦纺纱属自由端纺纱,在加捻过程中,加捻区的纤维缺乏积极的握持,呈松散状态,纤维所受的张力很小,伸直度差,纤维内外转移程度低;纱的结构通常分纱芯与外包纤维两部分,外包纤维结构松散,无规则地缠绕在纱芯外面。因此,自由端纺纱与环锭纱相比,毛羽少,结构比较蓬松,外观较丰满,强度较低,有剥皮现象,条干均匀度较好,耐磨性较优。喷气纺纱是利用高速旋转气流使纱条加捻成纱的一种新型纺纱方法,纱线中纤维内外转移没有环锭纱明显,也具有包缠结构。

如要观察纤维在纱中配置的几何形状,浸没投影法是比较简便的一种方法。其原理是将纱浸没在折射率与纤维相同的溶液中,这样光线通过纱条时不会发生折射现象而呈透明状。如果在纺纱时混入少量有色示踪纤维,就可在透明的纱条中清晰地观察到有色纤维在纱中配置的几何形状。一般在显微镜下或利用投影仪放大观察。

2 径向分布

采用两种不同性能的纤维纺成混纺纱,纤维的内外转移机会并不均等,会在纱线的横截面上产生不均匀的径向分布,可能形成并列型或皮芯分布(图4-25)。

均匀分布

皮芯分布

并列分布

图 4-25 混纺纱中两种纤维的径向分布

混纺纱中纤维的径向分布取决于纱线加捻时三角区中纤维内外转移向心力的大小,纤维性质和结构是影响纤维径向分布的关键。

2.1 纤维长度

长纤维易向内转移。因为长纤维易同时被前罗拉和加捻三角区下端的成纱处握持住,纤维在纱中受到的力较大,向心压力也较大,所以易向内转移。短的纤维则相反,它不易被加捻三角区的两端握持住,纤维在纱中受到的力较小,向心压力也较小,所以易分布在纱的外层。

2.2 纤维细度

细纤维易向内转移。因为细纤维的抗弯刚度小,容易弯曲而产生较大的变形,从而使纤维受力较大,向心压力大,同时细纤维的截面积较小,向内转移时受周围纤维的阻力较小,所以易向内转移而分布在纱的内层。粗纤维则不易弯曲,向心压力小且受到周围纤维的摩擦力大而易分布在纱的外层。

2.3 纤维的初始模量

初始模量大的纤维易向内转移,分布在纱的内层。初始模量大,表明纤维在小变形时产生的应力大,向心压力就大,易向内转移。

2.4 截面形状

圆形截面的纤维易分布在纱的内层。圆形截面的纤维,抗弯刚度小,易弯曲,运动阻力小;而异形截面的纤维,抗弯刚度大,不易弯曲,向心压力小,所以不易向内转移而分布在纱的外层。

2.5 摩擦系数

摩擦系数对纤维转移的影响较复杂。一般来说,摩擦系数大的纤维不易向内转移。

2.6 纤维的卷曲

卷曲少的纤维易分布在纱的内层。在同样伸长的情况下,卷曲少的纤维受到拉伸时产生的张力大,向心力大,易向内转移。

2.7 纤维的分离度

若纤维梳理不良而有纤维束存在时,不但影响条干,而且由于集团性转移,径向分布也出现波动,甚至影响染色纱的颜色分布。

2.8 纺纱张力

随纺纱张力提高,纤维产生的变形亦随之增加,造成向心压力上升,内外转移加剧。

2.9 捻度

随捻度增加,纤维在加捻三角区的停留期越长,内外转移程度上升。加捻三角区是产生内外转移的决定性因素,没有加捻三角区,就没有内外转移。

利用上述规律,通过控制混纺纱中纤维的物理特性,可获得预期的内外分布效果。例如:涤/棉混纺纱,若希望纱线手感滑挺,耐磨性好,则挑选较棉粗、短些的涤纶纤维,使涤纶分布在纱的外层;若希望纱线棉型感强,吸湿能力好,则挑选较棉细、长些的涤纶纤维,使棉分布在纱的外层。

3 混纺比对纱线强度的影响

混纺纱的强力并不像直观想象的那样,总是随着强力大的纤维的混纺比的增加而增加。它不仅与纤维的强力、纱线结构有关,还与混纺纤维的强度和伸长能力的差异密切有关。为了简化问题,假设混纺纱中只有 1 和 2 两种纤维;纱线的断裂只是由于纤维的断裂而无滑脱;混纺纱中纤维混合均匀;两种纤维粗细相同。在此假设下,分三种情况来分析混纺纱的强力与混纺比的关系。

① 当混纺在一起的两种纤维的断裂伸长率相近时,拉伸曲线如图 4-26(a)所示。当拉伸到伸长为纤维 1、2 的断裂伸长时,两种纤维同时断裂,则混纺纱的强力 P:

$$P = n_1 P_1 + n_2 P_2 \qquad (4-35)$$

式中:P_1 为纤维 1 的单纤维强力;n_1 为纱截面中纤维 1 的根数或百分率;P_2 为纤维 2 的单纤维强力;n_2 为纱截面中纤维 2 的根数或百分率。

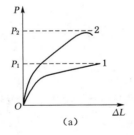 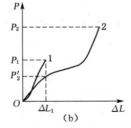 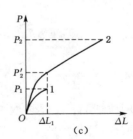

图 4-26 混纺纱中 1 和 2 两种纤维的拉伸曲线

从式(4-35)可以看出,由于 $P_2 > P_1$,所以随着 n_2 增加,纱线强力增大,即随着混纺纱中强力大的纤维的混纺比增加,混纺纱的强力提高。

② 当混纺在一起的两种纤维的断裂伸长率相差较大,且纤维 1 的断裂强力大于纤维 2

混纺比与纱
线强力关系

在纱线中受到的拉伸力($P_1 > P_2'$)(如涤/棉混纺纱),两种纤维的拉伸曲线如图 4-26(b)所示。在这种情况下,纱线受拉伸后,纱线中的纤维明显地有两个断裂阶段。第一阶段是伸长能力小的纤维首先断裂;第二阶段是伸长能力大的纤维断裂。当拉伸到伸长为纤维 1 的断裂伸长时,纤维 1 首先断裂,则混纺纱承受的拉伸外力:

$$n_1 P_1 + n_2 P_2'$$

式中:P_2' 为伸长达到纤维 1 的断裂伸长 Δl_1 时纤维 2 受到的拉伸力。

接着,纤维 2 承担外力直至断裂。这时混纺纱承担的外力为 $n_2 P_2$。

当纤维 2 的含量比较小时,即 $n_1 P_1 + n_2 P_2' > n_2 P_2$,则混纺纱的强力:

$$P = n_1 P_1 + n_2 P_2' \tag{4-36}$$

由于 $P_1 > P_2'$,所以随着 n_2 增加,即强力大的纤维的比例增加,纱线的强力降低。

当纤维 2 的含量比较大时,即 $n_1 P_1 + n_2 P_2' < n_2 P_2$,则混纺纱的强力:

$$P = n_2 P_2 \tag{4-37}$$

从式(4-37)可以看出,随着 n_2 增加,纱线的强力增加。

以上分析可得出,混纺纱的强力有可能出现比强力小的纤维的纯纺纱的强力还要小的情况。如图 4-27 所示,曲线会出现下凹点。

(3)当混纺在一起的两种纤维的断裂伸长率相差较大,且纤维 1 断裂时的强力小于纤维 2 在纱线中受到的拉伸力($P_1 < P_2'$)

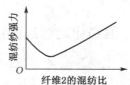

图 4-27　混纺纱强力与混纺比
的关系曲线

(如涤/黏混纺纱),两种纤维的拉伸曲线如图 4-26(c)所示。在这种情况下,纱线受拉伸后,纱线中的纤维也明显地有两个断裂阶段。

由于 $P_2' > P_1$,从式(4-36)和式(4-37)可以看出,随着 n_2 的增加,纱线的强力增加。

根据以上分析可得出,混纺纱的强力随着强力大的纤维的混纺比的增大而增加,不会出现图 4-27 所示的曲线出现下凹点的现象。

【操作指导】

4-1　纱线线密度及条干不匀测试——绞纱法

1　工作任务描述

利用缕纱测长工具摇取一定长度的缕纱,并逐缕称重,然后烘干缕纱,称其干燥质量。记录原始数据,计算纱线实际线密度、百米质量偏差、片段质量不匀,比较不同片段长度的不匀,完成项目报告。

2　操作仪器、工具和试样

缕纱测长器(图 4-28),电子天平(灵敏度为待称绞纱质量的千分之一),快速恒温烘箱,剪刀,管纱若干。

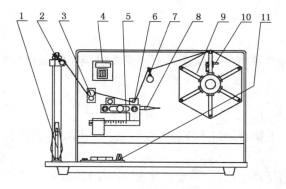

1—纱锭杆 2—导纱钩 3—张力调整器 4—计数器 4—张力秤
6—张力检测棒 7—横动导纱钩 8—指针 9—纱框 10—手柄 11—控制面板

图 4-28 YG086 型缕纱测长仪

3 操作要点

3.1 试样准备

（1）调湿处理 按规定的方法取样并将试样放在试验用标准大气中 24 h,进行调湿处理。

（2）试样数量 长丝纱至少试验 4 个卷装,短纤纱至少 10 个卷装。每个卷装至少取一缕绞纱。如要计算线密度变异系数至少应测 20 个试样。

3.2 仪器调试

① 检查张力秤的砝码在零位时指针是否对准面板上的刻线。

② 接通电源,检查空车运转是否正常。

③ 确定张力秤上的摇纱张力:对非变形纱以及膨体纱,(0.5±0.1)cN/tex;针织绒和粗纺毛纱,(0.25±0.05)cN/tex;其他变形纱,(1.0±0.2)cN/tex。

④ 确定绞纱长度,当线密度小于 12.5 tex 时为 200 m;线密度 12.5～100 tex 为 100 m;线密度大于 100 tex 为 10 m。

3.3 操作步骤

① 将纱管插在纱锭上。

② 将纱管上的纱线引入导纱钩,经过张力调整器、张力检测棒、横动导纱钩,然后把纱线端头逐一扣在纱框夹纱片上(纱框应处在起始位置),注意将活动叶片拉起。

③ 将计数器定长拨至绞纱长度规定圈数,将调速旋钮调至"200 r/min",使纱框转速为 200 r/min。

④ 计数器电子显示清零。

⑤ 接通电源,按下"启动"按钮,纱框旋转到设定的长度(圈数)即自停。

⑥ 在纱框卷绕缕纱时特别要注意张力秤上的指针是否指在面板刻线处,即卷绕时张力秤处于平衡状态。否则先调整张力调整器,使指针指在刻线处附近,少量的调整可通过改变纱框转速来达到。卷绕过程中,指针会在刻线处上下少量波动。张力秤不处于平衡状态下所摇取的缕纱应作废。

⑦ 将绕好的各缕纱的头尾打结接好,接头长度不超过 1 cm。

⑧ 将纱框上的活动叶片向内档落下,逐一取下各缕纱后将其回复原位。

137

⑨ 重复上述动作,摇取第二批缕纱。

⑩ 操作完毕,切断电源。

⑪ 用天平逐缕称取缕纱质量(g),然后将全部缕纱在规定条件下用烘箱烘至恒定质量(即干燥质量)。若已知回潮率,可不用烘燥。

4 指标和计算

(1)纱线线密度(tex) $T_t = 1000 \times$ 绞纱总干燥质量$(1 + W_k)/($绞纱绞数$\times$每绞纱长度$)$,计算结果保留三位有效数字。

(2)线密度偏差 按式(4-15)计算,保留至小数点后一位。为了比较不同片段长度的质量变异系数的大小,可选择不同的绞纱长度,如 100 m 和 50 m。

5 相关标准

GB/T 4743《纺织品 卷装纱 绞纱法线密度的测定》。

4-2 纱线条干不匀测试——条干均匀度仪法

1 工作任务描述

利用条干均匀度仪检测纱线条干均匀度,了解其测试原理和纱线不匀率曲线、波谱图的含义及作用,初步学习并分析波谱图出现异常的原因。按规定要求测试纱线的粗节、细节、棉结及不匀率曲线和波谱图,记录原始数据,完成项目报告。

2 操作仪器、工具和试样

电容式纱线条干均匀度仪(图 4-29)及其附件,细纱、粗纱或条子若干。

图 4-29 YG135G 型电容式纱线条干均匀度仪

3 操作要点

3.1 试样准备

3.1.1 取样

(1)条子 4 个条筒或每眼 1 个条筒,每个各测试 1 次。

(2)粗纱 4 个卷装,在粗纱机前后排锭子上各取 2 个,每个各测试 1 次。

（3）**细纱** 10 个管纱。

3.1.2 调湿和测试大气件

① 试样的调湿应在标准大气条件下进行，由吸湿达到调湿平衡 24 h；对大而紧的样品卷装或需进行 1 次以上测试的卷装，应平衡48 h。

② 测试应在稳定的标准大气条件下进行。

③ 若试验场所不具备上述条件，可以在以下稳定的温湿度条件下进行调湿和试验，即平均温度为 18～28 ℃，同时应保证温度的变化不超过上述范围内某平均温度的±3 ℃，温度变化率应不超过 0.5 ℃/min；平均相对湿度为 50％～75％，相对湿度变化率不应超过上述范围内某平均相对湿度的±3％，相对湿度变化率不超过 0.25％/min。

④ 试验前仪器应在上述稳定环境中至少放置 5 h。

3.2 参数设置

（1）**初始参数** 包括测试材料、厂名、测试者、测试号、试样号数、纤维长度、纤维细度。

（2）**试样类型** 棉型（Cotton）或毛型（Wool）。

（3）**测试条件** 包括量程范围、测试速度、试样长度、测试时间等，可选择的数据见表4-9。

表 4-9 测试条件可选择的数据

材料	试样长度（m）		速度（m/min）		时间（min）	量程
	取样长度范围	常规试验	可供选择速度	常用速度		
细纱	250～2000	400	25～400 共 5 档	200 或 400	1，2.5，5	±100 或±50
粗纱	40～250	250	8～100 共 4 档	50 或 100	2.5，5，10	±50 或±25
条子	20～250	5～100	4～50 共 4 档	25 或 50	5，10	±25 或±12.5

① 量程范围的选择。应保证测试结果的准确性。当细纱实测条干不匀变异系数低于 10％时，用±50％；当粗纱实测条干不匀变异系数低于 5％时，用±25％；当条子实测条干不匀变异系数低于 2.5％时，用±12.5％。

② 测试速度。根据纱条承载能力和测试分析的需要，通常选择会使纱条产生伸长的最高速度，若需要利用不匀曲线分析条干不匀时，应使设定的纱条速度与图纸速度比尽量小，以便分析曲线图中的最短周期性不匀。

③ 测试时间。按测试速度及试样长度的要求确定。可选择的试样长度及测试时间如表 3-9。

（4）**输出结果** 有四种图和两种表格可供选择。

① 打印不匀曲线。是指纱条的试样长度与其对应的不匀率关系图，能直观地反映纱条不匀的变化，并给出不匀的平均值，但要从不匀曲线判断纱线不匀的结构特征有困难。

② 波谱图。是指以条干不匀波的波长（对数）为横坐标、以振幅为纵坐标的图形，可用来分析纱条不匀的结构和不匀产生的原因。

③ 变异-长度曲线。是指纱条的细度变异与纱条片段长度间的关系曲线。

④ 偏移率-门限图。指纱条粗细超过一定界限的各段长度之和与取样长度之比的百分数。

⑤ 打印报表。打印统计报表，打印常规报表。

（5）**测试槽号** 根据纱线粗细选取，如表 4-10 所示。

表 4-10　试样线密度与测试槽号的对应关系

试样类型	条子		粗纱	细纱	
试样线密度(tex)	12100～80000	3301～12000	3300～160.1	21.1～160	4～21
测试槽号	1	2	3	4	5

3.3　实操步骤

① 打开稳压电源、主机开关,预热仪器,选择各试验参数。

② 选择槽号。根据纱线粗细,按表 4-10 或仪器面板上的纱线粗细与槽号的对应关系表,确定槽号。

③ 将试样材料装在纱架上,经过导纱装置(成 45°角)、张力装置,引入电容器极板及胶辊中。各种纱线的装纱方式分别如图 4-30(a)、(b)、(c)所示。

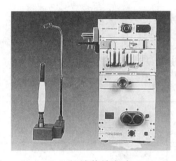 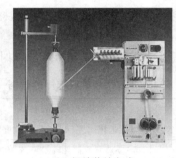 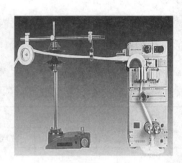

　　(a) 细纱装纱方式　　　　　　　(b) 粗纱装纱方式　　　　　　　(c) 条子装纱方式

图 4-30　装纱方式

施加在纱条上的预加张力应保证纱条的移动平稳且抖动尽量小。

④ 通过主机电脑屏幕,使程序进入测试状态,然后按屏幕提示操作。

⑤ 鼠标点中[图形打印]。

⑥ 鼠标点中[退出测试],则进行图形和报表打印。

⑦ 关闭主处理机的电源开关,然后关闭稳压器的总电源开关。

4　指标和计算

① 不同试样长度下的粗节、细节、棉结等疵点数,可按设定的表报类型输出。

② 不匀率曲线及波谱图等按参数设定要求输出。

5　相关标准

GB/T 3292《纺织品　纱条条干不匀试验方法　电容法》。

4-3　纱线条干不匀测试——黑板条干法

1　工作任务描述

利用摇黑板机摇取黑板,将黑板放置在检验室检验台上,在规定灯光照度下与标准样照对比,确定纱线黑板条干均匀度级别。了解测试仪器的使用,认识纱线的粗节、细节和棉结,学会黑板条干评定方法。按规定要求检验 10 块黑板的条干等别,按比例要求确定试样条干等级,记录原始数据,完成项目报告。

2 操作仪器、工具和试样

摇黑板机(图 4-31),检验室(四周应呈无反光黑色的暗室),评等台,25 cm×18 cm×0.2 cm 黑板 10 块,纱线条干均匀度标准样照,管纱 10 个。

3 操作要点

图 4-31 YG381 型摇黑板机

3.1 试样准备

每个品种检验一份试样,每份取 10 个卷装,每个卷装摇一块黑板,共检验 10 块黑板。

3.2 参数设置

(1)标准样照 标准样照按纱线品种分成两大类:纯棉及棉与化纤混纺;化纤纯纺及化纤与化纤混纺。纯棉类有 6 组标准样照,化纤类有 5 组标准样照,每组设 A、B、C 三等,各种不同类型及粗细的纱线按表 3-11 选用标准样照。

(2)绕纱密度 根据纱线品种及粗细,调节黑板机的绕纱间距(表 4-11)。

表 4-11 标准样照组

纱线类别	线密度（tex）	样照组别	绕纱密度（根/cm）	标准样照类型			
				A 等	B 等	B 等	C 等
				优等条干	一等条干	优等条干	一等条干
纯棉及棉与化纤混纺	5～7	1	19	精梳纯棉纱 精梳棉与化纤混纺纱 普梳棉股线 棉与化纤混纺纱		普梳纯棉纱 普梳棉与化纤混纺纱 维纶纯纺纱	
	8～10	2	15				
	11～15	3	13				
	16～20	4	11				
	21～34	5	9				
	36～98	6	7				
化纤纯纺及化纤与化纤混纺	8～10	1	15	化纤纯纺纱 化纤与化纤混纺股线		化纤与化纤混纺纱	
	11～15	2	13				
	16～20	3	11				
	21～34	4	9				
	36～98	5	7				

(3)评等条件 纱线条干的评定分为四个等别,即优等、一等、二等和三等,各个等别条件如下:

① 评等以纱线的条干总均匀度(粗节、阴影、严重疵点、规律性不匀)和棉结杂质程度与标准样照对比,作为评等的主要依据。

② 对比结果好于或等于优等样照（无大棉结），评为优等；好于或等于一等样照，评为一等；差于一等样照，评为二等。

③ 黑板上的粗节、阴影不可互相抵消，以最低一项评定；棉结杂质和条干均匀度不可互相抵消，以最低一项评定。棉结杂质总数多于优等样照时即降为一等，显著多于一等样照时即降为二等。

④ 粗节从严，阴影从宽；针织用纱粗节从宽，阴影从严；粗节粗度从严，数量从宽；阴影深度从严，总面积从宽；大棉结从严，总粒数从宽。

纱线各类条干不匀类别、具体特征及规定如表 4-12 所示。

表 4-12　纱线条干不匀评等规定

不匀类别	具体特征	评等规定
粗节	纱线投影宽度比正常纱线直径粗	① 粗节部分粗于样照，即降等 ② 粗节虽少于样照，但显著粗于样照，即降等 ③ 粗节数量多于样照时，即降等，但普遍细、短于样照时不降等
阴影	较多直径偏细的纱线在板面上形成较阴暗的块状	① 阴影普遍深于样照，即降等 ② 阴影深浅相当于样照，若总面积显著大于样照，即降等 ③ 阴影总面积虽大，但浅于样照，则不降等 ④ 阴影总面积虽小于样照，但显著深于样照，即降等
严重疵点	严重粗节 严重细节 竹节	① 直径粗于原纱 1～2 倍、长 5 cm 及以上的粗节，评为二等 ② 直径细于原纱 0.5 倍、长 10 cm 及以上的细节，评为二等 ③ 直径粗于原纱 2 倍及以上、长 1.5 cm 及以上的节疵，评为二等
规律性不匀	一般规律性不匀 严重规律性不匀	① 纱线条干粗细不匀并形成规律，占板面 1/2 及以上，评为二等 ② 满板规律性不匀，其阴影深度普遍深于一等样照最深的阴影，评为三等
阴阳板	板面上纱线有明显粗细的分界线	评为二等
大棉结	比棉纱直径大三倍及以上的棉结	一等纱的大棉结根据产品标准另行规定

3.3　实操步骤

① 调整摇黑板机使绕纱密度达到表 4-11 规定的要求。

② 把黑板装入摇黑板机的左右夹内，将纱线从纱管中引出，经导纱装置、张力机构，缠绕在黑板侧缝中。

③ 按启动按钮，纱线均匀地绕在黑板上，取下黑板。若绕纱密度不均匀，可用挑针手工修整。

④ 在检验室内，将黑板与标准样照放在规定位置，检验者站在距离黑板 1 m±0.1 m 处，视线与黑板中心水平，按评等规定，逐块评定纱线外观质量的等别。

4　指标和计算

① 列出 10 块黑板中优等：一等：二等：三等的比例。

② 按比例定出纱线条干等别，比例与等别关系如下：优于 7：3：0：0，评为优级；优于 0：7：3：0，评为一级；优于 0：0：7：3，评为二级；低于二级，则为三级。

5　相关标准

GB/T 9996《棉及化纤纯纺、混纺纱线外观质量黑板检验方法》。

<h2 style="text-align:center">4-4 纱线捻度测试</h2>

1 工作任务描述

　　将纱线夹在捻度仪左右纱夹中,通过右纱夹转动对纱线退捻。对于股线采用直接退捻法,对于单纱采用退捻加捻法(张力法),测试单纱和股线捻度。要求利用捻度仪测试单纱和股线的捻回数,计算捻度、捻系数和捻缩等加捻指标,分析影响试验结果的因素。测试过程中记录原始数据并完成项目报告。

2 操作仪器、工具和试样

　　纱线捻度仪(图 4-32),挑针、剪刀,单纱、股线各若干。

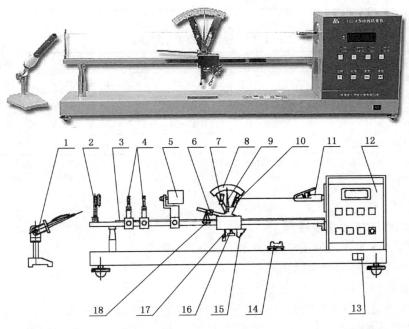

1—插纱架　2—导纱钩　3—定长标尺　4—辅助夹　5—衬板　6—张力砝码
7—伸长限位　8—弧标尺　9—摆片指针　10—左纱夹　11—解捻纱夹　12—控制箱
13—电源开关　14—水平泡　15—调零装置　16—锁紧螺钉　17—定位片　18—重锤盘

图 4-32　Y331A 纱线捻度仪

3 操作要点

3.1 试样准备

　　(1)取样　按产品标准或协议规定方法抽取试验室样品。如果产品标准或协议中没有规定,则从批量样品中抽取 10 个卷装。

　　(2)测试大气条件　相对湿度的变化并不直接影响捻度,但大幅度改变湿度会造成某些

143

材料的长度变化,因而需要将试样在标准大气条件下进行平衡和测定。通常不需要对样品进行预调湿。

3.2 参数设置

(1) 直接计数法 试样长度、预加张力、试样数量见表 4-13。

(2) 退捻加捻法 试样长度、预加张力、限制伸长、试验次数见表 4-14。

表 4-13 直接计数法试验参数

纱线材料类别		试样长度(mm)	预加张力(cN/tex)	试验次数
棉纱		10 或 25	0.5±0.1	50
毛纱		25 或 50	0.5±0.1	50
韧皮纤维		100 及 250	0.5±0.1	50
股线和复丝	名义捻度≥1250 捻/m	250 ±0.5	0.5±0.1	20
	名义捻度<1250 捻/m	500±0.5	0.5±0.1	20

表 4-14 退捻加捻法试验参数

纱线材料类别		试样长度(mm)	预加张力(cN/tex)	试验次数	限制伸长(mm)
非精梳毛纱		500±1	0.50±0.10	16 或 $0.154v^2$	25%最大伸长值
精梳毛纱	$\alpha_m < 80$	500±1	0.10±0.02	16 或 $0.154v^2$	25%最大伸长值
	$\alpha_m = 80 \sim 150$	500±1	0.25±0.05	16 或 $0.154v^2$	25%最大伸长值
	$\alpha_m > 150$	500±1	0.50±0.05	16 或 $0.154v^2$	25%最大伸长值

注:①v 为使用者实验室类似材料独立观测值变异系数的可靠估计值;②最大伸长值指 500 mm 长度的试样捻度退完时的伸长量,以 800 r/min 或更慢的速度预试测定,一般实验室试验限制伸长推荐值为:棉纱 4.0 mm,其他纱线 2.5 mm。

3.3 实操步骤

3.3.1 退捻加捻法单纱捻度检测

① 检查仪器各部分是否正常(仪器水平、指针灵活等)。

② 试验方式选择[退捻加捻法]。

③ 试验参数调整按表 4-14 的规定进行。

④ 捻向的确定。握持纱线的一端,并使其一小段(至少 100 mm)呈悬垂状态,检查并确定此垂直纱段中纤维的倾斜方向,与字母"S"的中间部分一致的为 S 捻,与字母"Z"的中间部分一致的为 Z 捻。

⑤ 调节转速调节钮,使转速为(1000±200)r/min。

⑥ 将试样插入纱架,调节其倾斜度,使纱经导纱钩顺利引出,穿过导纱钩,右手轻轻引纱,弃去试样始端数米,将纱线夹入左夹头后,打开左夹头定位手柄,并将纱线移至右夹头,打开右夹头夹持片,使纱线进入定位槽内,拉动纱线使左夹头指针指零后发光管亮,松下夹持片,将纱线夹紧,剪断露在右纱夹外的纱尾。

⑦ 按下[启动]键,右夹头旋转开始解捻,至左夹头指针指零时自停,此时显示屏显示的是本次捻回数(也是该纱捻度,捻/m)。

⑧ 重复上述步骤,进行下一次试验,直至全部试验结束(达到预置次数)。按[打印]键,打印测试报表。

3.3.2　直接退捻法股线捻度检测

① 检查仪器各部分是否正常（仪器水平、指针灵活等）。

② 试验方式选择［直接计数法］，并预置捻度。

③ 试验参数调整按表 4-13 规定进行。

④ 放开伸长限位。

⑤ 捻向确定、转速调整同单纱。

⑥ 按下［启动］键，右夹头旋转开始解捻，至预置捻数时自停，使用挑针从左向右分离纱中纤维，观察解捻情况，再按［＋］或［－］点动解捻，或用手动旋钮，直至完全解捻，此时显示屏显示的是该段股线的捻回数。

⑦ 重复以上操作，进行下一次试验，直至达到预置次数。

⑧ 按［打印］键，打印报表。

4　指标和计算

（1）**单纱**　特克斯制捻度，特克斯制捻系数。

（2）**股线**　公制支数制捻度，公制支数制捻系数，捻缩率。

5　相关标准

（1）GB/T 2543.1《纺织品　纱线捻度的测定　第 1 部分：直接计数法》。

（2）GB/T 2543.2《纺织品　纱线捻度的测定　第 2 部分：退捻加捻法》。

4-5　纱线毛羽测试

1　工作任务描述

用纱线毛羽仪测试纱线毛羽。学会测试仪器的使用；了解投影计数法测试纱线毛羽的原理，掌握表达纱线毛羽的指标与测试方法；观察纱线毛羽的空间分布特征。

2　操作仪器、工具和试样

纱线毛羽测试仪（图 4-33），各种短纤维纱。

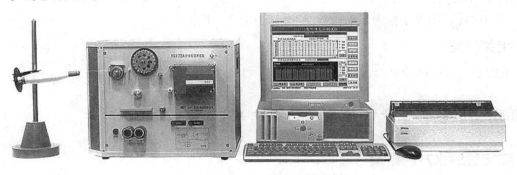

图 4-33　YG172A 纱线毛羽测试仪

3 操作要点

3.1 试样准备

（1）**取样** 按产品标准或协议规定方法抽取试验室样品。各类纱线的卷装数至少为 10 个,每个卷装测试次数至少为 10,试样的测试片段长度为 10 m。

（2）**测试大气条件** 调湿及试验在标准大气条件下进行。试样应暴露在标准大气中至少 24 h。

3.2 参数设置

毛羽长度、测试速度及预加张力如表 4-15 所示。

表 4-15 纱线毛羽测试试验参数

纱线种类	设定长度（mm）	片段长度（m）	测试速度（m/min）	预加张力（cN/tex）
棉纱线及棉型混纺纱	2			0.5±0.1
毛纱线及毛型混纺纱	3			0.25±0.025
中长纤维纱线	2	10	30	0.5±0.1
绢纺纱线	2			0.5±0.1
苎麻纱线	4			0.5±0.1
亚麻纱线	2			0.5±0.1

3.3 实操步骤

① 连接主机及打印机电源仪器,进入待机状态,预热 20 min。

② 在待机状态下进行毛羽设定长度、试样片段长度、测试速度、试验次数等设置。

③ 将试样按正确的引纱路线装上仪器,拉出纱线 10 m 左右并弃之,使试验片段内不含有表层及缠纱部分。

④ 开动仪器,校验纱线张力并调节至规定值。

⑤ 对管纱逐个进行测试,直至测完所有试样。

4 指标和计算

① 毛羽指数平均值、变异系数 CV%、极差、频数等。毛羽指数平均值、变异系数按《数值修约规则》修约至三位有效数字。

② 直方图(即纵坐标为毛羽根数、横坐标为毛羽长度的图)。

5 相关标准

FZ/T 01086《纺织品 纱线毛羽测定方法 投影计数法》。

【知识拓展】新型纱线结构认识与识别

1 环锭纺纱生产的新型纱线

环锭纺纱生产的新型纱线,是对传统环锭纺纱工艺或结构进行改进而生产的纱线,主要有赛络纺纱、赛络菲尔纺纱、紧密纺纱和索罗纺纱。

（1）**赛络纺纱**（Sirospun yarn）　两根粗纱分别喂入环锭细纱机的牵伸区，每根粗纱单独牵伸，纱线结构与性能类似股线，毛羽较少。

（2）**赛络菲尔纺纱**（Sirofil yarn）　使用一根长丝纱和一根粗纱一起加捻形成长丝与短纤维双边结构的复合纱，长丝在短纤纱的外围，横截面呈圆形，与环锭纱结构相似，纱的轴向与双股线的螺旋结构相似。由于复合纱较股线具有较高的残余扭矩，因此，纱线使用时易产生"小辫子纱"，使织物产生歪斜的不良外观。

（3）**紧密纺纱**（Compact yarn）　在细纱机牵伸系统中增加凝聚装置，减少甚至消除加捻三角区中的边缘纤维，使纤维在须条内伸直平行且紧密排列，纱线毛羽量大大减少。纱线捻度径向分布（捻幅沿纱直径方向的变化）差异较小，纤维内外转移程度也低于环锭纱。

（4）**索罗纺纱**（Solospun yarn）　牵伸须条在牵伸罗拉细小的沟槽作用下，被劈成几根子须条而独立初步加捻，形成较小的加捻三角区，每根子须条离开牵伸罗拉后再合股加捻，形成纱线。索罗纱的毛羽较少，有类似多股线的特殊结构。它与环锭纱一样，在不同径向位置的捻幅不同，但各个径向位置的捻幅均高于环锭纱，分布较均匀。

2　新型纺纱技术生产的新型纱线

（1）**转杯纺纱**　利用高速回转的转杯形成的负压凝聚纤维并加捻须条而成纱。纱线中纤维伸直度较差，绝大多数形成弯钩、折叠和打圈。纱线线密度较大，原料以棉及棉混纺纱为主。纱体比较蓬松，直径较大，条干均匀度比环锭纱好，并随纱线线密度降低而恶化。捻度较同等环锭纱高，纱芯处纤维平直，捻度很少；随着直径增加，捻幅逐渐增加，约在 3/4 直径处到达表层（不包括表层缠绕纤维），又随着直径增加而减少（图 4-34）。纱线毛羽比环锭纱少 50%，但离散性较大。

新型纺纱种类

（2）**喷气纺纱**　利用旋转气流推动须条回转对纱条加捻成纱。纱线中纤维分层分布，纱芯主体纤维基本呈平行状态，主体外层纤维呈"Z"向倾斜，外层为包缠纤维，呈头端包扎状态。纱线结构较蓬松，同线密度时喷气纱的直径较环锭纱粗 4%～5%。纱线毛羽具有顺纱线前进的方向性。因此筒子纱可直接用于纬纱，不宜多倒筒。3 mm 以上的毛羽比环锭纱少 80% 左右，但 0.2 mm 左右的短毛羽比环锭纱多 40% 左右。纱线捻幅的径向分布与环锭纱类似。

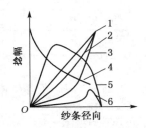

1—环锭纱　2—喷气纱
3—喷气涡流纱　4—摩擦纱
5—转杯纱　6—涡流纱

图 4-34　新型纱线捻幅分布

（3）**涡流纺纱**　利用空气的旋转对纤维进行凝聚、加捻而成纱。纱线中纤维的平行伸直度和定向性很差。捻度一般比环锭纱低，捻系数与强力的关系不密切（图 4-35）。纱线毛羽较多，形态多为圈状，毛羽的头和尾均缠绕在纱芯上，特别有利于加工起绒织物。

1—涡流纱　2—转杯纱　3—环锭纱

图 4-35　转杯纱强力与捻系数关系

（4）**喷气涡流纺纱**　利用涡流加捻器对须条加捻成纱。纱芯纤维基本平行，约占纱截面总数的 40%，其余 60% 的纤维与环锭纱相似，呈螺旋线排列。纱的条干较环锭纱稍差，毛羽较环锭纱明显减少,外观光洁,纱体蓬松。

（5）**摩擦纺纱**　借摩擦回转滚筒对须条进行搓动加捻成纱。纱线有明显的组分和捻度分层结构,纤维组分从纱芯到外层逐层包覆;捻幅沿径向由里到外逐层减小,呈现内紧外松的分层结构。摩擦纺纱所用原料的品级差,形成品种的档次低,成纱线密度特粗且蓬松。

【岗位对接】纱线代号

纱线类别	纱线名称	代号	纱线名称	代号	纱线名称	代号
长丝纱	未牵伸丝	UDY	牵伸加捻丝	DT	预取向丝	POY
	全拉伸丝	FDY	完全取向丝	FOY	拉伸整经上浆	WDS
	空气变形丝	ATY	膨体纱	BCF	大有光丝	SB
	有光丝	B	半消光丝	SD	全消光丝	FD
经　纱		T	如 28 T:28 tex 经纱		14×2 T:14 tex 双股线作经纱	
纬　纱		W	如 36 W:36 tex 纬纱		18×2 W:18 tex 双股线作纬纱	
绞　纱		R	如 C21^{S}R:21 英支纯棉绞纱			
筒子纱		D	如 C21^{S}D:21 英支纯棉筒纱			
精梳纱		J	如 JC21^S:21 英支精梳纯棉纱			
半精梳纱		BJ	如 BJC21^S:21 英支半精梳纯棉纱			
高配纱		DK	如 C21^{S}DK:21 英支高配纯棉纱			
涤/棉混纺纱		T/C	如 T/C 65/35 14:14 tex 65/35 混纺比的涤/棉混纺纱			

说明:

① UDY(Un-Drawn Yarn)——未牵伸丝:用常规纺(低速纺丝)所生产的卷绕丝。强度低,伸长大,尺寸稳定性差,没有使用价值。

② DT(Draw Twist)——牵伸(拉伸)加捻丝:常规纺得到的卷绕丝经过拉伸加捻机加工,并获得一定保护性捻度。牵伸加捻丝通常称普通长丝。

③ DTY(Draw Texturing Yarn)——假捻变形丝:利用合成纤维的热塑性,通过先加捻再解捻的方法,得到弯曲如弹簧状的形状,类似有捻,实际无捻,故称为假捻。假捻变形丝俗称弹力丝,有高弹和低弹两种。

④ POY(Pre-Oriented Yarn)——预取向丝:简称在纺丝速度超过 3000 m/min 的条件下制得的卷绕丝,取向度比常规纺卷绕丝高,但比拉伸丝低,有一定的存放稳定性,但结晶度仍很低。

⑤ FDY(Fully Drawn Yarn)——全拉伸丝:用纺丝拉伸联合机或 4000 m/min 以上的高速纺制的拉伸而没有捻度的长丝。

⑥ FOY(Fully Oriented Yarn)——完全取向丝:用超高速纺直接制取的长丝。

⑦ WDS——拉伸整经上浆:用预取向丝制造经纱的新工艺,将合成纤维的拉伸与织造工艺中的整经上浆两道工序合并为一步。

⑧ ATY(Air Texturing Yarn)——空气变形丝:采用压缩空气对长丝进行物理变形,使丝的表面有无数小丝圈,或将部分小丝圈割断,产生类似短纤维纱的效果。

⑨ BCF(Bulk Continuous Filament)——膨体纱。

⑩ HDIY(High Denier Industry Yarn)——高旦产业用丝。

⑪ B(Bright)——有光丝:含 TiO_2(二氧化钛)0.1%。

⑫ SD——半消光丝:含 TiO_2(二氧化钛)0.3%~0.5%。

⑬ FD——全消光丝:含 TiO_2(二氧化钛)2.5%。

⑭ SB——大有光丝:不含 TiO_2(二氧化钛)。

⑮ DK——高配纱:用较高品质的棉纤维配棉纺成的纱。

【课后练习】

1. 专业术语辨析

(1) 混纺纱　　　　(2) 色纺纱　　　　　(3) 精梳纱　　　　(4) 半精梳纱

(5) 混纤丝　　　　(6) 细(粗、中、特细)特纱　　(7) 线密度　　　(8) 纤度(旦尼尔)

(9) 公制支数　　　(10) 英制支数　　　(11) 20/22 D　　　(12) 150 D/36f

(13) 捻度　　　　(14) 捻系数　　　　(15) 临界捻度　　　(16) 捻缩率

2. 填空题

(1) 纱线按结构外形分为＿＿＿＿＿、＿＿＿＿＿、＿＿＿＿＿三类。

(2) 根据变形丝的性能特点,通常有＿＿＿＿＿、＿＿＿＿＿、＿＿＿＿＿三类。

(3) 生产长丝膨体纱的方法有＿＿＿＿＿、＿＿＿＿＿和＿＿＿＿＿。

(4) 生产弹力丝的方法有＿＿＿＿＿、＿＿＿＿＿和＿＿＿＿＿。

(5) 波谱图中出现"山峰",是由于＿＿＿＿＿不良;出现烟囱,是＿＿＿＿＿不良。

(6) 纱线捻度可以用来比较＿＿＿＿＿纱线的加捻程度,而捻系数可以用来比较＿＿＿＿＿纱线的加捻程度。

(7) 纱线捻系数是根据纱线捻度和细度指标计算得到的,计算式为 $\alpha_t =$ ＿＿＿＿＿, $\alpha_m =$ ＿＿＿＿＿, $\alpha_e =$ ＿＿＿＿＿。

(8) 纱线捻向分为＿＿＿＿＿和＿＿＿＿＿两种,一般单纱为＿＿＿＿＿,股线为＿＿＿＿＿。

(9) 10 tex×2 的纱线粗细相当于＿＿＿＿＿, $45^s/2$ 的纱线粗细相当于＿＿＿＿＿,12/16/18 公支的纱线粗细相当于＿＿＿＿＿。

(10) 混纺纱中纤维的径向分布的规律为:长纤维易＿＿＿＿＿转移,细纤维易＿＿＿＿＿转移,初始模量小的纤维易＿＿＿＿＿转移。

3. 是非题(错误的选项打"×",正确的选项画"○")

(　　)(1) 变形丝加工的目的是为了改变其外观特点。

(　　)(2) 纤维和纱线的线密度越大,表示纤维和纱线越粗。

(　　)(3) 线密度偏差 ΔT_t 偏大,说明纱线偏粗。

(　　)(4) CM 纱是普梳纱的简称。

(　　)(5) 股线的支数一定大于其单纱的支数。

(　　)(6) 切断称量法测得的纱线不匀是长片段不匀。

(　　)(7) 片段长度愈长,片段内不匀愈小,而片段间(外)不匀愈大。

(　　)(8) 捻度越大,纱线强力越高。

(　　)(9) 捻缩率一定大于 0。

(　　)(10) 混纺纱的强力随着强力高的纤维的混纺比的增加而增加。

4. 分析应用题

(1) 对实物样品进行分析,判别哪些是长丝纱织物,哪些是短纤维纱织物,哪些是普梳纱织物,哪些是精梳纱织物,哪些是花色纱织物,哪些是变形丝织物;并解释判别的方法。

(2) 测得 65/35 涤/棉纱 30 绞(每绞长 100 m)的总干燥质量为 53.4 g,求它的线密度、英制支数、公制支数和直径。(棉纱线的 $W_k = 8.5\%$,涤纶纱线的 $W_k = 0.4\%$,混纺纱的 $\delta = 0.88$ g/cm³)

(3) 测得某批 55/45 涤/毛精梳双股线 20 绞(每绞长 50 m)的总干燥质量为 35.75 g,求它的公制支数和线密度。

(4) 在 Y331 型纱线捻度机上测得某批 18 tex 棉纱的平均读数为 550(试样长度为 500 mm),求它的特克斯制平均捻度和捻系数。

(5) 在 Y331 型纱线捻度机上测得某批 57/2 公支精梳毛线的平均读数为 360(试样长度为 500 mm),求它的公制支数制平均捻度和捻系数。

(6) 纯棉纱与纯毛纱的捻系数有无可比性,为什么?

(7) 测得细纱机前罗拉 1000 转加工的纱的实际长度为 7600 cm(前罗拉直径为 25 mm),求捻缩率。

(8) 加大捻系数,对纱的直径、密度、断裂伸长率、光泽和手感等性质会有什么影响?

(9) 一般股线捻向与单纱捻向相同还是相反,为什么?欲使股线强度高,须选用什么样的股线捻系数;欲使股线光泽好、手感柔软丰满,须选用什么样的股线捻系数?为什么?

(10) 试根据纤维的性能指标分析涤/棉混纺纱中的纤维的径向分布规律。已知:棉纤维长度 31 mm,细度为 1.67 dtex($\delta = 1.54$ g/cm³);涤纶纤维长度 39 mm,细度为 15 D ($\delta = 1.38$ g/cm³)。

(11) 用于生产夏季服装面料的纱线,纱线的各结构参数如何选择?

(12) 对于涤/棉混纺纱,从纱线强度角度考虑,混纺比如何选择比较合理。

项目 5　织物结构认识与识别

教学目标

1. 理论知识：表征机织物与针织物结构的特征指标的含义。
2. 实践技能：织物类别的识别，结构特征指标的检测。
3. 拓展知识：纵横密对织物性能的影响。
4. 岗位知识：织物质量单位——姆米，横密与机号关系经验公式。

【项目导入】织物来样分析

对机织与针织等产品（色坯）的来样进行织物幅宽、厚度、组织结构、密度、纱支、质量等分析，培养初步的产品结构分析能力，适应"织物分析和织造工艺分析"岗位要求。

【知识要点】

子项目 5-1　机织物结构认识与识别

1　机织物类别认识

1.1　按使用的原料分类

分为纯纺织物、混纺织物、交织织物三类。

机织物结构
认识与检测

（1）**纯纺织物**　经纬纱均采用由同一种纤维纺制的纱线而织成的织物。如纯棉织物、纯涤纶织物等。

（2）**混纺织物**　经纬纱均采用同种混纺纱而织成的织物。如经纬纱均采用 T65/C35 的涤/棉布、经纬纱均采用 W70/T30 毛/涤纱的毛/涤华达呢等。一般混纺织物命名时，均要求注明混纺纤维的种类及各种纤维的含量。

织物分类

（3）**交织织物**　采用两种及以上不同原料的纱线或长丝分别作经纬而织成的织物。如经纱采用纯棉纱、纬纱采用涤纶长丝的纬长丝织物以及经纱采用蚕丝、纬纱采用棉纱的绨类织物等。

151

1.2 按纤维的长度分类

根据所用纤维的长度不同,织物可分为棉型织物、中长型织物、毛型织物和长丝织物。

(1) 棉型织物 以棉型纤维为原料纺制的纱线织成的织物。如棉府绸、涤/棉布、维/棉布、棉卡其等。

(2) 中长型织物 采用以中长型化纤为原料并经棉纺工艺纺制的纱线所织成的织物。如涤/黏中长华达呢、涤/腈中长纤维织物等。

(3) 毛型织物 用毛型纱线织成的织物。如纯毛华达呢、毛/涤/黏哔叽、毛/涤花呢等。

(4) 长丝织物 用长丝织成的织物。如美丽绸、富春纺、重磅双绉、尼龙绸等。

1.3 按纺纱的工艺分类

按纺纱工艺的不同,棉织物可分为精梳棉织物、粗梳(普梳)棉织物和废纺织物,毛织物分为精梳毛织物(精纺呢绒)和粗梳毛织物(粗纺呢绒)。

1.4 按纱线的结构与外形分类

按纱线的结构与外形的不同,可分为纱织物、线织物和半线织物。

(1) 纱织物 经纬纱均由单纱构成的织物。如各种棉平布。

(2) 线织物 经纬纱均由股线构成的织物。如绝大多数的精纺呢绒、毛哔叽、毛华达呢等。

(3) 半线织物 经纬纱中一种采用股线、另一种采用单纱织造而成的织物,一般经纱为股线。如纯棉或涤/棉半线卡其等。

按纱线结构与外形的不同,还可分为普通纱线织物、变形纱线织物和其他纱线织物。

1.5 按染整加工分类

按染整加工,织物分为本色织物、漂白织物、染色织物、印花织物、色织物。

(1) 本色织物 指具有纤维本来颜色的织物,即纤维、纱线及织物均未经练漂、染色和整理的织物。也称本色坯布、本白布、白布或白坯布。

(2) 漂白织物 经过漂白加工的织物,也称漂白布。

(3) 染色织物 经过染色加工的织物,也称匹染织物、色布、染色布。

(4) 印花织物 经过印花加工,表面印有花纹、图案的织物,也叫印花布、花布。

(5) 色织织物 指以练漂、染色之后的纱线为原料,再经织造加工而成的织物。

1.6 按用途分类

按织物的用途可分为服装用织物、装饰用织物、产业用织物和特种用途织物。服装用织物如外衣、衬衣、内衣、袜子、鞋帽等织物;装饰用织物有七类,分别为床上用品、毛巾、窗帘、桌布、家具布、墙布、地毯等;产业用织物如传送带、帘子布、篷布、包装布、过滤布、筛网、绝缘布、土工布、医药用布、软管、降落伞、宇航布等。

2 织物匹长与幅宽

织物的长度一般用匹长来度量,即指一匹织物长度方向两端最外侧完整的纬纱之间的距离。织物的匹长通常用"米"(m)为单位,国际上也用"码"(yd)来度量,1 yd=0.914 4 m。匹长主要依据织物的种类和用途而定,此外还考虑织机类型、织物单位长度的质量、织物厚度、卷装容量、包装运输、印染后整理及制衣排料、铺布、裁剪等因素。

织物的宽度用织物幅宽来度量，即织物横向两边最外缘经纱之间的距离。织物的幅宽通常用"厘米"(cm)表示，国际上也用"英寸"(in)来度量，1 in＝2.54 cm。织物幅宽确定的主要依据是织物的种类、用途和生产设备条件、产量、原料等因素，此外还考虑不同国家和地区的人们的生活习惯、体型，以及服装款式、裁剪方法等。新型织机的发展使幅宽也随之改变，宽幅织物越来越多。

织物匹长与幅宽的一般情况如表 5-1 所示。

表 5-1　织物的匹长和幅宽

织物类别	匹长(m)	幅宽(cm)
棉织物	30～60	80～120，127～168
精纺毛织物	50～70	144，149
粗纺毛织物	30～40	143，145，150
长毛绒、驼绒	25～35	124，137
丝织物	20～50	70～140
麻类夏布	16～35	40～75

3　织物厚度

织物在一定压力下正反两面间的垂直距离，以"毫米"(mm)为计量单位。织物按厚度的不同可分为薄型、中厚型和厚型三类。各类棉、毛织物的厚度见表 5-2。

表 5-2　各类棉、毛织物的厚度

织物类别	棉织物	毛织物		丝织物
		精梳毛织物	粗梳毛织物	
薄型	0.25 mm 以下	0.40 mm 以下	1.10 mm 以下	0.14 mm 以下
中厚型	0.25～0.40 mm	0.40～0.60 mm	1.10～1.60 mm	0.14～0.80 mm
厚型	0.40 mm 以上	0.60 mm 以上	1.60 mm 以上	0.80 mm 以上

影响织物厚度的主要因素为经纬纱线的线密度、织物组织和纱线在织物中的弯曲程度等。假定纱线为圆柱体，且无变形，当经纬纱直径相等时，在简单组织的织物中，织物的厚度可在 2～3 倍的纱线直径范围内变化。纱线在织物中的弯曲程度越大，织物就越厚。此外，试验时所用的压力和时间也会影响试验结果。织物厚度对织物服用性能的影响很大，如织物的坚牢度、保暖性、透气性、防风性、刚柔性、悬垂性、压缩等性能，在很大程度上都与织物厚度有关。

4　织物组织

机织物中经纬纱相互交织(沉浮)的规律称为织物组织。经纬纱相互交叉处称为组织点。其中，经纱浮于纬纱之上的交叉处称为经组织点，纬纱浮于经纱上的交叉处称为纬组织点。

机织物的基本组织有平纹、斜纹和缎纹三种。它们的交织结构图如图 5-1、图 5-2 和图 5-3 所示。织物组织通常用组织图表达。组织图中，纵行表示经纱，横行表示纬纱，纵横行交叉的小方格代表组织点;经组织点记为■、▣、▨等,纬组织点记为□。织物中一根经(纬)纱连续地浮在纬(经)纱上的长度称为浮长,以经(纬)纱跨越的纬(经)纱根数表示。当经纬纱的交织规律达到循环时的组织称为一个完全组织,如图5-1中箭头所示,由两根经纱与两根纬纱构成了平纹组织交织的一个循环。一个循环中的经(纬)纱数称为经(纬)纱循环根数,记为R_J(R_w);相邻两根经(纬)纱上对应组织点所间隔的组织点数称为经(纬)向飞数,记为S_J(S_w)。

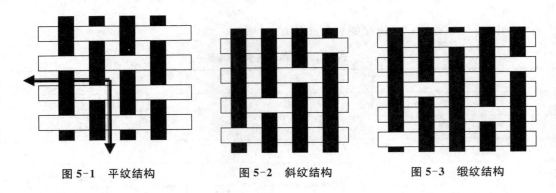

图5-1 平纹结构　　　　图5-2 斜纹结构　　　　图5-3 缎纹结构

4.1　平纹组织及其织物

① 平纹组织结构参数:$R_J = R_w = 2$,$S_J = S_w = 1$。

② 平纹组织图如图5-4所示,其织物如图5-7所示。

③ 平纹组织织物特点:交织点最多,织物正反面相同,手感较硬,光泽较差。

④ 平纹组织织物品种:棉织物中的平布、府绸、青年布等,毛织物中的凡立丁、派力司、法兰绒等,丝织物中的纺类与绉类产品。

图5-4 平纹组织图　　图5-5 斜纹组织图　　图5-6 缎纹组织图

4.2　斜纹组织及其织物

① 斜纹组织结构参数:$R_J = R_w \geqslant 3$,$S_J = S_w = 1$。

② 斜纹组织图如图5-5所示($R_J = R_w = 4$,经面右斜纹),其织物如图5-8所示。

③ 斜纹组织织物特点:交织点较平纹少,织物表面有斜纹线,有左右之分,手感较软。

④ 斜纹组织织物品种:棉织物中的卡其、斜纹布等,毛织物中的哔叽、华达呢等,丝织物中的绫类产品。

4.3　缎纹组织及其织物

① 缎纹组织结构参数:$R_J = R_w \geqslant 5$,$S \neq 1$,S与R互为质数。

② 缎纹组织图如图5-6所示($R_J = R_w = 5$,$S = 2$,经面缎纹),其织物如图5-9所示。

③ 缎纹组织织物特点:交织点最少,浮长最长,正反面有明显区别,织物手感柔软,平滑光亮。

④ 缎纹组织织物品种:棉织物中的贡缎等,毛织物中的贡呢等,丝织物中的缎类与锦类产品。

图 5-7　平纹组织织物　　　　图 5-8　斜纹组织织物　　　　图 5-9　缎纹组织织物

5　织物密度与紧度

5.1　织物密度

织物密度是指沿织物经向或纬向单位长度包含的纱线根数,用 M 表示,单位为"根/10 cm"或"根/in";丝织物因密度较大,常用"根/cm"为单位。织物密度有经密和纬密之分,分别记为 M_T 和 M_w。经密又称经纱密度,它是沿织物纬向单位长度包含的经纱根数;纬密又称纬纱密度,它是沿织物经向单位长度包含的纬纱根数。

大多数织物中,经纬密采用经密大于或等于纬密的配置。不同织物的经纬密,变化范围很大,棉、毛织物的经纬密为 $100\sim600$ 根/10 cm。

织物密度的测试方法有密度镜法、分析镜法、拆纱法等,可根据织物的特征选择。

（1）织物密度镜法　使用移动式织物密度镜测定织物经向或纬向一定长度包含的纱线根数,折算至 10 cm 长度包含的纱线根数。此法适用于所有机织物。

（2）分析镜法　测定在织物分析镜窗口内所看到的纱线根数,折算至 10 cm 长度包含的纱线根数。此法适用于每厘米纱线根数大于 50 的织物。

（3）拆纱法　分解规定尺寸的织物试样,计数纱线根数,折算至 10 cm 长度包含的纱线根数。此法适用于所有机织物,特别是复杂组织织物。

经纬密只能用来比较相同直径纱线织物的紧密程度,当纱线直径不同时,则没有可比性。

5.2　织物紧度

织物紧度又称覆盖系数。指织物中纱线所覆盖的面积占织物面积的百分率。经(纬)纱所覆盖的面积占织物面积的百分率称为经(纬)纱紧度 $E_T(E_w)$,经纬纱所覆盖面积占织物面积的百分率称为总紧度 E。图 5-10 为织物紧度图解。织物紧度由织物密度与纱线直径计算得到。根据紧度定义,经、纬向紧度及总紧度的计算式如下:

$$E_T = \frac{S_{AEHD_1}}{S_{ABCD}} \times 100\% = \frac{b \times d_T}{b \times a} \times 100\% =$$

$$\frac{d_T}{a} \times 100\% = \frac{d_T}{\frac{100}{M_T}} \times 100\% = d_T \times M_T\%$$

(5-1)

图 5-10　织物紧度图解

$a=100/M_T$　　$b=100/M_w$

同理可得：

$$E_w = d_w \times M_w \tag{5-2}$$

$$E = E_T + E_w - \frac{E_T E_w}{100} \tag{5-3}$$

式中：E_T，E_w 分别为经、纬纱紧度；d_T，d_w 分别为经、纬纱直径(mm)；a，b 分别为相邻两根经纱、纬纱间的中心距离(mm)；M_T，M_w 分别为经、纬密度(根/10 cm)；E 为总紧度。

E_T(或 E_w) < 100%，表示织物中纱线之间存在空隙；E_T(或 E_w)=100%，表示织物中纱线之间不存在空隙，织物平面正好被纱线完全覆盖；E_T(或 E_w) > 100%，表示织物中纱线之间存在挤压、重叠等现象，但只能表示相当于 $E=100\%$。

紧度同时考虑了纱线直径与织物密度，可用于比较不同直径纱线织成的织物的紧密程度。

6 织物中纱线线密度

大多数织物的经、纬纱为同样原料与粗细的纱线，当经纬纱粗细不同时，一般经纱的线密度小于纬纱，可以提高生产效率。

织物中纱线线密度的测试方法常采用测长称量法，有徒手测试法和张力测试法两种，试样大小为 16 cm×16 cm，若来样较小，则根据来样取尽可能大的面积。由于纱线长度取样的局限及纱线伸直尺度把握的不确定性，测试的结果有一定误差，可根据纱线线密度的标准系列对结果进行校正。

织物中经、纬纱的线密度采用"tex"表示。表示方法为：将经、纬纱的线密度(tex)自左向右联写成 $T_{tT} \times T_{tw}$。如：13×13 表示经、纬都是 13 tex 的单纱；10×2×10×2 表示经、纬纱均为两根 10 tex 单纱并捻而成的双股线。

7 织物质量

织物的质量通常以每平方米织物具有的质量克数表示，称为平方米质量，即面密度。它与纱线的线密度和织物密度等因素有关，是一项重要的织物规格指标，也是计算织物生产成本的重要依据。

棉织物的质量常以每平方米的退浆干重表示，一般为 70~250 g。

毛织物的质量则采用单位面积公定质量表示，计算式如下：

$$G_k = \frac{10^2 G_0(100 + W_k)}{L \times B} \tag{5-4}$$

式中：G_k 为毛织物的单位面积公定质量(g/m²)；G_0 为试样干重(g)；L 为试样长度(cm)；B 为试样宽度(cm)；W_k 为试样的公定回潮率。

精梳毛织物的单位面积公定质量一般为 130~350 g/m²，轻薄面料的开发和流行使精梳毛织物的单位面积公定质量大多为 100 g/m² 左右；粗梳毛织物的单位面积公定质量一般为 300~600 g/m²。

织物由于单位面积公定质量不同，可分为轻薄型织物、中厚型织物和厚重型织物三类。

8 织物规格

把织物幅宽、织物密度及织物中经、纬纱线密度等重要结构参数以连乘的形式表示，称为织物规格,方便商贸时对产品结构特征的了解。织物规格表示形式为 $B \times T_{tT} \times T_{tw} \times M_T \times M_w$。如:$144 \times 28 \times 28 \times 360 \times 248$,表示织物幅宽为 144 cm,经纱线密度为 28 tex,纬纱线密度为 28 tex,经密 360 根/10 cm,纬密 248 根/10 cm。进出口贸易产品,织物规格常用英制表示。如:$69'' \times 45^S \times 45^S \times 116 \times 97$,表示织物幅宽为 69 in,经纱支数为 45^S,纬纱支数为 45^S,经密 116 根/in,纬密 97 根/in。

子项目 5-2 针织物结构认识与识别

1 针织物类别认识

1.1 按加工方法分类

按加工方法不同,针织物分为针织坯布和成形产品两类。

(1)针织坯布 主要用于制作内衣、外衣和围巾。内衣如汗衫、棉毛衫等,外衣如羊毛衫、两用衫等。

(2)成形产品 有袜类、手套、羊毛衫等。

1.2 按加工工艺分类

根据加工工艺的不同,针织物分为纬编织物和经编织物。

(1)纬编织物 一根或几根纱线在纬编针织机的横向或圆周方向往复运动形成线圈横列,各个线圈横列穿套而形成的织物。纬编织物用于毛衫和袜子等。

(2)经编织物 一批经纱在经编织机上相互穿套形成的织物,一根纱线在一个横列中只形成一个线圈。经编织物大多用于装饰、工业生产和毛毯。

经编成圈

2 针织物组织

针织物的基本结构单元是线圈(图 5-11),线圈由圈柱和圈弧组成。沿横向连接的行列为横行,沿纵向连接的行列为纵列。沿线圈横行方向,相邻两个线圈之间的距离称为圈距,通常以 A 表示。沿线圈纵列方向,相邻两个线圈之间的距离称为圈高,通常以 B 表示。线圈圈柱覆盖圈弧的一面,称为针织物的正面;线圈圈弧覆盖圈柱的一面,称为针织物反面。

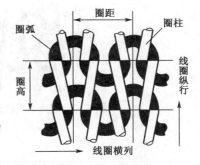

图 5-11 针织物线圈结构

针织物组织有原组织、变化组织、花色组织三类。原组织又称基本组织,它是所有针织物组织的基础。纬编原组织有纬平针组织、罗纹组织和双反面组织;经编基本组织有编链组织、经平组织和经缎组织。变化组织由两个或两个以上的基本组织复合而成,如纬编双罗纹组织。花色组织则以基本组织和变化组织为基础,并利用线圈结构的改变或者编入辅助纱线或原料,形成具有显著花色效果和不同性能的针织物,如集圈组织和长毛绒组织。

2.1 纬平针组织

纬平针组织又称平针组织,由连续的单元线圈穿套形成。纬平针组织结构如图 5-12 所示,(a)为正面,(b)为反面。针织物的正面均为圈柱在圈弧上,圈柱沿纵向联成纵向条纹,而反面均为圈弧在圈柱上,圈弧沿横向联成横条纹。纬平针组织织物如图 5-13 所示,(a)为织物正面,(b)为织物反面。

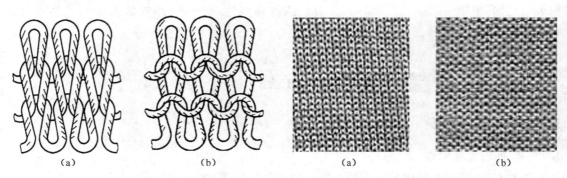

图 5-12　纬平针组织结构　　　　　图 5-13　纬平针组织织物

纬平针织物的正反面不同,具有较大的横向延伸性能以及较严重的脱散性、歪斜性和卷边性。

2.2　罗纹组织

罗纹组织由正面线圈纵列和反面线圈纵列以一定的比例配置形成,有 1+1、2+2 和 2+3 等罗纹组织。1+1 罗纹组织的结构如图 5-14 所示。针织物的正反面相近,均为纵向凸条纹。罗纹织物的横向具有较大的延伸性和弹性,边缘纵行有逆编织方向的脱散性。正反面线圈纵列数相同的织物,横向无卷边性;纵列数不同的织物,横向卷边性不严重。

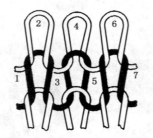

图 5-14　1+1 罗纹组织结构

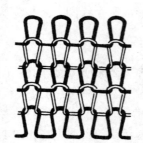

图 5-15　1+1 双反面组织结构

2.3　双反面组织

双反面组织由正面线圈横行和反面线圈横行以一定的比例配置形成,有 1+1、2+2 和 2+3 等双反面组织。1+1 双反面组织的结构如图 5-15 所示。双反面针织物的正反面相近,由于线圈圈柱前后交替,线圈倾斜,圈弧突出在织物表面,圈柱凹陷在织物里面,织物正反面均呈现为纬平针织物反面的横向凸条纹。

双反面织物具有顺逆编织方向的脱散性,纵向弹性和延伸性较大,织物厚实,卷边性随着正面线圈横行与反面线圈横行的组合不同而不同。

2.4　双罗纹组织

双罗纹组织由两个罗纹组织复合配置形成。双罗纹组织结构如图 5-16 所示。织物正反面均呈现为纬平针织物正面的纵向条纹。

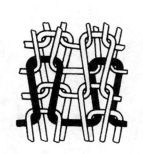

图 5-16　双罗纹组织结构

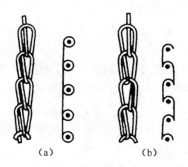

(a)　　　　　　(b)

图 5-17　编链组织结构

2.5　编链组织

编链组织由同一根经纱所形成的线圈排列在一个纵行上,每根纱线形成一个线圈纵列。编链组织结构如图 5-17 所示,(a)为闭口线圈,(b)为开口线圈。它不能单独形成织物,通常与其他组织复合织成织物,或者作为非织造织物的加固方式。

编链织物的纵向延伸性小,常用于外衣和衬衫类针织物。

2.6　经平组织

经平组织由同一根经纱形成的线圈轮流地排列在相邻两个纵列上。

2.7　经缎组织

经缎组织由同一根经纱形成的线圈顺序地排列在两个以上的纵列上。

3　针织物密度

针织物的密度是指针织物在单位长度内的线圈数,用以表示一定的用纱线密度条件下针织物的稀密程度,通常采用横向密度和纵向密度表示。

3.1　横向密度(简称横密)

指沿线圈横行方向在规定长度(50 mm)内的线圈数,以下式计算:

$$P_A = \frac{50}{A} \tag{5-7}$$

式中:P_A 为横向密度(线圈数/50 mm);A 为圈距(mm)。

3.2　纵向密度(简称纵密)

指沿线圈纵列方向在规定长度(50 mm)内的线圈数,以下式计算:

$$P_B = \frac{50}{B} \tag{5-8}$$

式中:P_B 为纵向密度(线圈数/50 mm);B 为圈高(mm)。

由于针织物在加工过程中容易产生变形,密度的测量分为机上密度、毛坯密度、光坯密度三种。其中光坯密度是成品质量考核指标,而机上密度、毛坯密度是生产过程中的控制参数。机上测量织物纵密时,其测量部位是在卷布架的撑档圆铁与卷布辊的中间部位。机下测量应在织物放置一段时间(一般为 24 h)、待其充分回复并趋于平衡稳定状态后进行,测量部位在离布头 150 cm、离布边 5 cm 处。

4　线圈长度

针织物的线圈长度是指每一个线圈的纱线长度,由线圈的圈干和延展线组成,一般用 l 表示,如图 5-18 中的 1—2—3—4—5—6—7。线圈长度一般以"毫米"(mm)为单位。

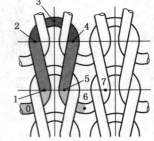

线圈长度决定了针织物的密度,对针织物的脱散、延伸、耐磨、弹性、强力、抗起毛起球和勾丝等性能,以及针织物的风格和成本均有影响,故为针织物的一项重要物理指标。

线圈长度的测量有投影法、拆散法和仪器测量法三种。

图 5-18　针织物线圈长度

(1) 投影法　将线圈在平面上的投影分为几段,每一段分别采用几何方法近似地计算其长度,求和则得到整个线圈长度。此法适用于针织物的性能研究。

(2) 拆散法　取针织物的若干线圈,从织物中拆散,测量其实际长度,取平均值。此法适用于对针织物结构的分析。

(3) 仪器测量法　用仪器直接测量输入到每枚针上的纱线长度。此法用于生产过程中对线圈长度的在线控制。

5　未充满系数

针织物的稀密程度受两个因素的影响:密度和纱线线密度。密度仅仅反映了一定面积范围内线圈数目多少对织物稀密的影响。为了反映在相同密度条件下纱线线密度对织物稀密的影响,将线圈长度和纱线直径综合考虑,因此定义了"未充满系数"这一指标。未充满系数为线圈长度与纱线直径的比值:

$$\delta = \frac{l}{d} \tag{5-9}$$

式中:δ 为未充满系数;l 为线圈长度(mm);d 为纱线直径(mm)。

线圈长度(l 值)越大,纱线直径(d 值)越小,δ 值就越大,表明织物中未被纱线充满的空间愈大,织物愈稀松。

6　针织物的单位面积质量

针织物的单位面积质量一般用每平方米的干燥质量克数表示,是国家考核针织物质量的重要物理、经济指标。

已知针织物线圈长度(l)、纱线线密度(T_t)、横密(P_A)、纵密(P_B)时,可用下式求得织物单位面积的质量:

$$Q' = 0.000\,4 P_A P_B l T_t (1 - y) \tag{5-10}$$

式中:Q' 为针织物的单位面积标准质量(g/m^2);y 为加工时的损耗率。

如已知所用纱线的公定回潮率为 W_K,则针织物的单位面积干燥质量 Q:

$$Q = \frac{Q'}{1 + W_K} \tag{5-11}$$

织物的单位面积干燥质量也可用称重法求得:在织物上剪取 10 cm×10 cm 的样布,放入已预热到 105～110 ℃ 的烘箱中,烘至其质量不变后,称出样布的干燥质量 Q'',则样布的单位面积干燥质量 Q:

$$Q = \frac{G_0}{S} \times 10000 = \frac{Q''}{10 \times 10} \times 10000 = 100Q'' \tag{5-12}$$

式中:G_0 为样布干燥质量(g);S 为样布面积(cm^2)。

这是针织厂物理实验室常用的估算方法,不能代替实测值。

子项目 5-3 非织造织物结构认识与识别

非织造织物是一种有别于传统纺织品和纸类的纺织新材料,是不经传统纺织加工、由纤维直接成网加固形成的纤维型平面产品。非织造织物通常为平整、柔软、多孔的片状结构,具有很高的表面积对质量的比率。非织造织物生产的基本过程包括:①纤维准备;②成网;③加固;④后整理。

1 非织造织物类别的认识

依据不同的分类方法,非织造织物可分为不同类别,具体可按生产方法、用途、使用时间、产品厚度等进行分类。

1.1 按生产方法分

非织造材料按生产方法分类,一般基于成网和加固两种方法进行。按非织造布生产的纤维成网方法,主要有干法成网、湿法成网和聚合物挤压成网。与三种方法相应的纤维固结方法见表 5-3。干法成网是利用梳理设备或其他成网设备使短纤维制成纤维网,经机械、化学黏合和热黏合加固而成。湿法成网是用类似造纸原理制成纤网,将纤维均匀分布在水中,通过滤网,使纤维均匀地铺设在网上,再经挤压和黏合而成。聚合物挤压成网是通过把喷出的热塑性纤维直接铺设成网或吹入成网装置而形成纤网,包括纺丝成网法、熔喷法和膜裂法。

表 5-3 非织造织物生产方法及加固方法

成网方式	加固方法		
干法成网	梳理成网 气流成网	机械固结	针刺法、缝编法、水刺法
		化学黏合	浸渍法、喷洒法、泡沫法、印花法
		热黏合	热熔法、热轧法
湿法成网	圆网成网 斜网成网	化学黏合、热黏合、水刺法	
聚合物挤压成网	纺丝成网	机械固结、化学黏合、热黏合	
	熔喷成网	自黏合、热黏合	
	膜裂成网	热黏合、针刺黏合	

1.2 按用途分

非织造织物按用途可分为服装用、家用、产业用三大类,其中产业用又可分为土木工程、过滤材料、安全防护等类别(表5-4)。

表 5-4 非织造织物的最终用途

领域		最终用途
服装用		衬料、保暖絮片、鞋里
家用		地毯、贴墙材料、家具装饰材料、抹布、真空清洁袋、茶叶袋等
产业用	农用材料	育秧布、温室盖布等
	建筑行业	屋顶防水材料、墙基防水材料、管道保护材料、墙壁绝热隔音衬料等
	过滤材料	空气过滤材料、液体过滤材料
	土木工程	路基布、淤泥隔栏、掩埋式垃圾处理衬层、排水管套等
	医疗卫生	外科医用服、绷带、药膏布、伤口敷料、尿布等
	军事国防	航天飞船覆盖瓦
	造纸行业	造纸毛毯
	安全防护	电缆绝缘材料、蓄电池隔板布、印刷电路板布、其他用电设备绝缘材料
	交通运输	车门、车顶、后行李箱、遮阳等衬垫材料;车顶、座椅等覆盖材料;椅背靠背、地毯底布等加固材料
	其他	旗、信封、书皮等

1.3 按使用时间分

分为耐用型和用即弃型两种。耐用型材料主要包括服装衬料、路基布等,需要有尽可能长的使用寿命。用即弃型材料是指经过一次或有限次使用后丢弃的产品,如尿布、外科手术服等。

用于用即弃型非织造布的主要纤维是黏胶纤维;用于耐用型非织造布的主要纤维包括黏胶纤维、聚酯纤维和烯烃类纤维。两类纤维的消耗用量几乎相近。

2 非织造织物结构的认识与识别

2.1 纤维原料的认识

纤维是非织造织物直接的表现形式,纤维原料的结构与特性对非织造织物的结构与性能有更为直观的影响。非织造织物应用的原料非常广泛,常见的天然纤维与化学纤维均可作为非织造织物的原料。

(1)天然纤维 天然纤维中,纤维素纤维有棉、木棉、苎麻、黄麻、亚麻和椰壳纤维,蛋白质纤维有甲壳质纤维、海藻纤维、羊毛、丝等。

(2)化学纤维 再生纤维素纤维中的黏胶纤维和合成纤维中的聚酯纤维、聚丙烯纤维、聚酰胺纤维、聚乙烯醇纤维、聚丙烯腈纤维及其他纤维,是非织造织物最常用的原料。

(3)无机纤维 包括玻璃纤维、碳纤维、金属纤维、陶瓷纤维、石棉纤维等。

(4)特种纤维 非织造用特种纤维有可溶性黏结纤维、热熔黏结纤维、并列型和皮芯型复合纤维、超细纤维及高性能纤维。

纤维长度、线密度、卷曲度、截面形态、表面摩擦系数及纤维力学性能、纤维吸湿性、纤维热学性能对不同类别的非织造织物有不同的影响。各种纤维对非织造织物性能的影响及其适合生产的非织造织物类别见表 5-5。

表 5-5 纤维对非织造织物性能的影响

纤维种类	积极作用	消极作用	适合类型
聚酯	变形回复性良好,热定形性良好,耐磨性强,弹性高,干湿强度高,快干,电绝缘性强	起球倾向大,易产生静电荷积聚,不耐碱	保暖絮片、合成革基布、土工布、电绝缘材料、造纸毛毯、过滤材料
聚丙烯	耐磨性好,变形回复性好,耐腐蚀性强,耐化学性好,防霉,价廉,密度小	易老化,不吸湿,染色困难	土工布、针刺地毯、过滤材料
聚酰胺	干湿强度高,耐沾污性好,快干,弹性高,耐磨性强	耐光性差,起球倾向大,不耐酸	土工布、涂层基布、造纸毛毯
聚乙烯醇	有一定吸湿性,耐磨性强,强度高,耐碱性较强	染色较困难	油毡底布、过滤材料、土工布
聚丙烯腈	弹性强,手感柔软,蓬松度好,日晒牢度高,耐磨性强,耐化学性强,保暖性强	易起球	地毯、服装衬里、保暖絮片
黏胶	干强度高,悬垂性优良,吸湿性强,不起球,易清洁	湿强度低	医用卫生材料、汽车内饰垫材
棉	耐磨性较强,干湿强度较高,手感柔软,易黏合,吸湿性好	弹性差,变形回复性差,易折皱,纤维均匀性差	牛奶过滤布、揩布
麻	干湿强度大,吸湿性大,不起球,刚度大,硬挺	弹性差,抱合力小	针刺地毯底布、绝热隔音材料
羊毛	蓬松度高,弹性强,手感柔软,保暖性强,吸湿性强	有起球现象,耐磨性差	衬垫材料

2.2 纤维排列方式的识别

纤维在非织造织物中排列的方式,可分为平行纤网、交叉纤维网和随机纤网三种形式(图 5-19)。不同的成网方式对非织造织物的纵横向强力有显著的影响(表 5-6)。

  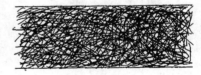

(a) 平行纤网　　　　　　(b) 交叉纤网　　　　　　(c) 随机纤网

图 5-19　纤维网的排列形式

表 5-6　不同的成网方式与非织造布强力

成网方式	非织造布纵、横向强力比	成网方式	非织造布纵、横向强力比
平行纤网	(10~12):1	杂乱辊纤网	(3~4):1
交叉纤网	(0.2~0.6):1	杂乱牵伸网	(3~4):1
凝聚辊纤网	(5~6):1	气流成网	(1.1~1.5):1

2.2 非织造织物成网方式的识别

用立体显微镜对非织造布样品进行观察,先根据纤维外观的几何形态,分析纤维原料的来源,再通过纤维在纤网中的排列、结构、形态来分析成网方式。

163

非织造材料中纤维相互黏结的结构模型如图 5-20 所示,分为点状、片状和团状三种。由不同成网方式形成的纤维缠结或黏合的实际形态结构如图 5-21 所示。

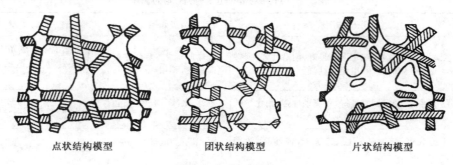

点状结构模型　　　　团状结构模型　　　　片状结构模型

图 5-20　黏结结构模型

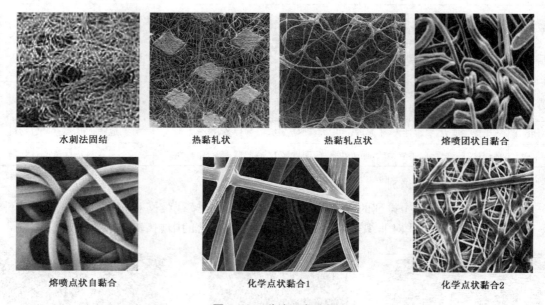

水刺法固结　　　热黏轧状　　　热黏轧点状　　　熔喷团状自黏合

熔喷点状自黏合　　　　化学点状黏合1　　　　化学点状黏合2

图 5-21　黏结形态结构

2.3　非织造织物的结构特征指标认识

非织造布的结构特征指标有平方米质量(w)、密度(δ)、厚度(t)、纤维排列、加固结构参数、孔隙及分布等。这方面的评价大多以性能和工艺参数为主。作为结构特征的基础,这里仅介绍 w、δ、t 等。

(1)平方米质量　非织造织物的平方米质量又称定量。它与厚度是非织造织物两个最基本的特征指标。平方米质量是指每平方米织物在标准大气条件下调湿后的质量,用 w 表示。常用非织造织物的平方米质量见表 5-7。

(2)厚度　非织造织物的厚度是指在承受规定压力下布两表面间的距离,用 t 表示,单位为"毫米"(mm)。非织造织物厚度测试时,加压压力小于普通机织物,最小测定数量大于普通织物。常见非织造织物的厚度如表 5-8 所示。

表5-7　常用非织造织物的平方米质量

产品类别	$w(g/m^2)$			
过滤类	车用过滤材料	纺织滤尘材料	冷风机滤料	过滤毡
	140～160	350～400	100～150	800～1000
土工布	一般土工布	铁路基布	水利工程用布	油毡基布
	150～750	250～700	100～500	250～350
揩布类	揩尘布	揩地板布	医用揩布	汽车揩布
	40～100	100～180	15～35	80～120
絮片类	一般絮片	热熔絮棉	太空棉	无胶软棉
	100～600	200～400	80～260	60～100

表5-8　常见非织造织物的厚度

产品类别	厚度(mm)	产品类别	厚度(mm)	产品类别	厚度(mm)
空气过滤	10, 40, 50	球革用	0.7	针布毡	3, 4, 5
纺织滤尘	7～8	帽衬	0.18～0.3	墙布	0.18
药用滤毡	1.5	带用	1.5	鞋用	0.75
帐篷保温布	6	土工布	2～6	鞋衬里	0.7

（3）**密度**　密度是指非织造织物的质量与表观体积的比值,可通过织物平方米质量和织物厚度计算得到,计算式如下:

$$\delta = \frac{G \times 10^{-3}}{A \times t} = \frac{w}{t} \times 10^{-3} \qquad (5-13)$$

式中:δ 为密度(g/cm³);G 为试样质量(g);A 为试样面积(m²)。

【操作指导】

▶ 5-1 织物长度、幅宽与厚度测试

1　工作任务描述

利用测长工具与厚度测试仪,测试机织物的长度、幅宽与厚度。重点掌握根据标准把握测量条件、次数及织物厚度测试时压脚面积与压力参数的选择。按规定要求测试织物,记录原始数据,完成项目报告。

2　操作仪器、工具和试样

钢尺或卷尺、织物厚度仪(图5-22、图5-23)。

（1）**仪器适用范围**　可用于测定各种机织物和针织物的厚度,也可用于测定非织造材料、纸张等其他均匀薄料的厚度。

（2）**技术指标**　最大测厚值有 10 mm、20 mm、30 mm 可选择,最小分辨值为 0.01 mm。

图 5-22　YG141N 数字式织物测厚仪

图 5-23　LFY-205 织物测厚仪

3　操作要点

3.1　织物长度测试

（1）**方法一**　整段织物放在试验用的标准大气中调湿，使织物处于松弛状态，至少经 24 h 后进行测定。测定的位置线为：对全幅织物，顺着离织物边 1/4 幅宽处的两条线进行测量，并做标记；对中间对折的织物，分别在织物的两半幅各顺着织物边与折叠线间约 1/2 部位的线进行测量，并做标记。要求每次测量结果精确到毫米。

（2）**方法二**　用钢尺测试折幅长度，对公称匹长不超过 120 m 的，应均匀地测量 10 次。公称匹长超过 120 m 的，应均匀地测量 15 次。测试结果精确至毫米，再求出折幅长度的平均数，然后计数整段织物的折数，并测量其剩余的不足 1 m 的实际长度。要求每次测量结果精确到毫米。按下式计算匹长：

$$匹长(m) = 折幅长度 \times 折数 + 不足 1 m 的实际长度 \qquad (5-14)$$

3.2　织物幅宽测试

（1）**试样调湿**　试样放置在标准大气中，使织物处于松弛状态至少 24 h。整段织物不能放在试验用标准大气中调湿时，使织物处于松弛状态，然后测量；取小样进行调湿，测量调湿前后的幅宽，对整段织物进行修正。修正公式如下：

$$W_c = W_r \times \frac{W_{sc}}{W_{sr}} \qquad (5-15)$$

式中：W_c 为调湿后的织物幅宽（cm）；W_r 为普通大气条件下测得的织物幅宽（cm）；W_{sc} 为小样调湿后的幅宽（cm）；W_{sr} 为小样调湿前的幅宽（cm）。

（2）**测量方法**

① 长度＞5 m：测量次数大于 5，每次测量时各测量点的间距接近相等（＜1 m），距离织物头尾≥1 m。

② 长度 0.5～5 m：测量次数为 4，每次测量时各测量点的间距相等，距离织物头尾≥0.2 m。

3.3　织物厚度测试

（1）**试样准备**　试样取样时，测定部位离布边的距离应大于 150 mm，并按阶梯形均匀排布，各测定点都不在相同的纵向和横向位置上，且应避开影响试验结果的疵点和折皱；对于易变形或有可能影响试验操作的样品,应按表 5-9 所示的厚度仪压脚主要参数及要求裁取足够数量的试样,试样尺寸不小于厚度仪压脚尺寸。

表 5-9　压脚的主要技术参数参考表

样品类型	压脚面积（mm²）	加压压力（kPa）	加压时间（s）	最小测定数量	说明
非蓬松类	200±20(推荐) 100±1 10000±100 (推荐面积不适宜时从另外两种面积中选用)	普通织物:1±0.01 非织造布:0.5±0.01 土工布:2±0.01 20±0.1 200±1 毛绒疏软类:0.1±0.001	30±5 (常规:10± 2;非织造布按常规)	5 (非织造布及土工布:10)	土工布在 2 kPa 压力下为常规厚度,其他压力下的厚度按需要测定
蓬松类	20000±100 40000±200	0.2±0.0005			厚度超过 20 mm 的样品也可使用蓬松类样品的参数

注:①不属毛绒类、疏软类、蓬松类的样品均归入普通类;②选用其他参数,需经有关各方同意,例如,根据需要非织造布或土工布的压脚面积也可选用 2500 mm²,但应注明,并另选加压时间,其选定的时间延长 20%后,厚度应无明显变化;③非织造织物蓬松类与非蓬松类的确定方法:在压脚压力为 0.1 kPa 与 0.5 kPa 时加压 10 s 后各测试 10 次,压缩率大于 20%为蓬松织物,否则为非蓬松织物。

试样调湿和试验用的标准大气按 GB/T 6529 的规定。

（2）仪器调整

① 清洁仪器基准板和压脚测杆轴,使其不沾有任何灰尘和纤维。

② 根据被测织物的要求,更换压脚,加上压重块(压脚面积和压重块按表 5-10 和表 5-11 选择)。

表 5-10　织物测厚仪的压脚面积和直径

压脚面积（mm²）	压脚直径（mm）	适用织物厚度（mm）	压脚面积（mm²）	压脚直径（mm）	适用织物厚度（mm）
50	7.98	1.60	2500	56.43	11.29
100	11.28	2.26	5000	79.80	15.96
500	25.22	5.04	10000	112.84	22.57
1000	35.68	7.14	—	—	—

表 5-11　各类织物的压力推荐值

织物类型	压力(cN/cm²)	织物类型	压力(cN/cm²)
毡子、绒头织物	2, 5	精纺毛织物	20, 50
针织物	10, 20	丝织物	20, 50
粗纺毛织物	10, 20	棉织物	50, 100
粗布、帆布类织物	100	—	—

③ 根据需要将压重时间开关拨至[5 s]或[30 s],试验次数开关拨至[单次]或[连续]。

④ 接通电源,电源指示灯亮,按[开]按钮,仪器动作。

⑤ 调整百分表的零位,若零位差在 0.20 mm 以上,可用百分表下部露出的 φ8 滚花螺钉进行调整,待差不多时,转动百分表外壳进行微调。调好零位,空试几次。待零位稳定后正式测试织物。在空试零位时,零位飘移不得超出±0.005 mm,此时即可进行测试。

(3) 实操步骤

① 按[开]按钮,当压脚升起时,在被测织物试样无皱折及张力的情况下将其放置在基准板上。

② 当压脚压住被测织物 30 s(或 5 s)时,读数指示灯自动闪亮,尽快读出百分表上所示的厚度数值,并作好记录。如灯不亮,则读数无效。

③ 采用[连续]测试时,读数指示灯熄灭后,压脚即自动上升,自动进行下一次测试。采用[单次]测试时,则压脚不再往复动作。

④ 利用压脚上升和再落下的间隙时间,可调整织物的测试部位,使测定部位离布边大于 150 mm,并按阶梯形均匀排布,各测试点均不在相同的纵向和横向位置上。

⑤ 测试完毕,取出被测织物,在压脚回至初始位置(即与基准板贴合)时,即关掉电源。

4 指标和计算

(1) 织物匹长 L(m)　　计算平均值,精确至 0.1 cm,舍入至 1 cm。

(2) 织物幅宽 B(cm)　　计算平均值,精确至 0.01 cm,舍入至 0.1 cm。

(3) 织物厚度 t(mm)　　计算测得厚度的算术平均值和变异系数。织物厚度平均值修约至小数点后两位;变异系数修约至小数点后一位。

5 相关标准

① GB/T 4666《纺织品　织物长度和幅宽的测定》。
② GB/T 3820《纺织品和纺织制品厚度的测定》。
③ GB/T 13761《土工布厚度测定方法》。
④ FZ/T 60004《非织造布厚度的测定》。

5-2 织物密度与紧度测试

1 工作任务描述

利用织物密度测试仪或拆纱法检测机织物密度,计算织物经、纬向紧度及总紧度。重点掌握密度镜法织物密度的测试,对于缎纹等高密度织物,利用组织循环测试织物密度。按规定要求测试织物,记录原始数据,完成项目报告。

2 操作仪器、工具和试样

织物分析镜、织物密度镜、织物密度尺,分别如图 5-24、图 5-25 和图 5-26 所示。

图 5-24　织物分析镜

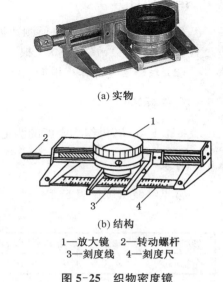

(a) 实物

(b) 结构

1—放大镜　2—转动螺杆
3—刻度线　4—刻度尺

图 5-25　织物密度镜

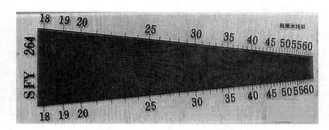

图 5-26　织物密度尺实物

3　操作要点

3.1　直接测数法

① 试验时将织物密度镜平放在织物上,使刻度线沿经纱或纬纱方向。然后转动螺杆,将刻度线与刻度尺上的零点对准,用手缓缓转动螺杆,计数刻度线所通过的纱线根数,直至刻度线与刻度尺的 50 mm 处相对齐,即可得出织物在 50 mm 中的纱线根数。

② 检验密度时,把密度计放在布匹的中间部位(距布的头尾不少于 5m)进行测试。纬密必须在每匹织物的经向上不同的 5 个位置检验,经密必须在每匹织物的全幅范围内同一纬向不同的位置检验 5 处,各处的最小测定距离按表 5-12 中的规定进行。

表 5-12　密度测试时的最小测定距离

密度(根/cm)	10 根以下	10～25	25～40	40 以上
最小测定距离(cm)	10	5	3	2

③ 点数经纱或纬纱根数,精确至 0.5 根。点数的起点均以两根纱线间空隙的中间为标准。如迄点到纱线中部为止,则最后一根纱线作 0.5 根,凡不足 0.25 根的不计,0.25～0.75 根作 0.5 根计,超过 0.75 根作 1 根计(图 5-27)。

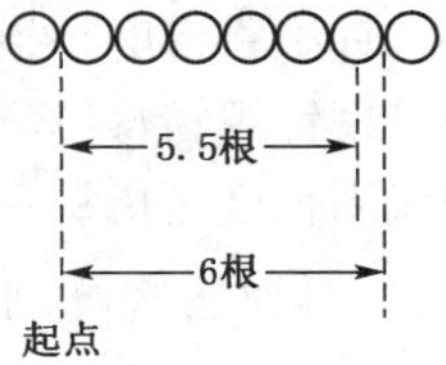

5.5根

6根

起点

图 5-27　密度点数法

3.2　织物分解点数法

在织物的相应部位剪取长、宽各符合最小测定距离要求的试样,在试样的边部拆去部分纱线,再用小钢尺测量试样长、宽各达规定的最小测定距离,允差 0.5 根。然后对准备好的试样逐根拆点根数,将测得的一定长度内的纱线根数折算成 10 cm 长度所含的纱线根数。指标计算同上。

4 指标和计算

（1）**织物经、纬密** 将所测数据折算至 10 cm 长度所含的纱线根数，并求出平均值。密度计算至 0.01 根，修约至 0.1 根。

（2）**织物紧度计算** 根据式(5-1)至式(5-3)计算经向紧度、纬向紧度和总紧度。

5 相关标准

GB/T 4668《机织物密度的测定》。

6 附录

常见纱线密度见表 5-13。

表 5-13 常用纱线的 δ 值

纱线类别	棉纱	精梳毛纱	粗梳毛纱	丝	绢纺纱	涤/棉纱	维/棉纱
δ(mg/mm³)	0.8～0.9	0.75～0.81	0.65～0.72	0.8～0.9	0.83～0.95	0.85～0.95	0.74～0.76

5-3 针织物线圈密度和线圈长度测试

1 工作任务描述

利用织物密度测试仪和纱线测长器具，测量针织物线圈密度和线圈长度。记录原始数据，完成项目报告。

2 操作仪器、工具及试样

空框塑料板量尺(图 5-28)，线圈密度测量工具也可用 Y511B 型或 Y511C 型分析镜及量尺，纱线长度测量仪，面积不小于 15 cm×15 cm 的针织物数种。

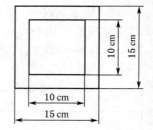

图 5-28 空框塑料板量尺

3 操作要点

针织物密度是指针织物单位面积内线圈的疏密程度，其测试原理是量度针织物每单位面积内的线圈总数，单位为"圈/100 cm²"。针织物线圈长度是指每一个线圈的纱线长度，单位为"mm"。

3.1 针织物密度测量

① 将试样无拉伸地平放在实验台上。

② 将密度镜或量尺或塑料玻璃空框放在试样上，距边至少 5 cm。测量线与线圈横列平行。换位测量时要避免因移动位置而使试样变形。

③ 沿纵列方向，数取 10 cm 长度内的线圈横行数(h)，在试样不同位置上共测量四次。用同样方法数取线圈纵列数，得到线圈纵列数(Z)。

3.2 针织物线圈长度测试

在试样的适当区域内数 100 个线圈纵行并做好标记。将标记间的纱线逐根拆下,并利用纱线长度测量仪逐根测其两标记间的伸直长度,该长度与线圈横列数的比值即为线圈长度。

当编织该针织物的进线路数已知时,测试次数为进线路数的 3 倍,并且用同一路编织而成的线圈至少要测量 3 处;未知时,测试次数至少为一个完全组织各路进线的 3 倍。

测量伸直长度时的张力,短纤维纱用相当于长度为 250 m 的纱的重力,普通长丝为 2.94 cN/tex,变形丝为 8.82 cN/tex。

3.3 操作中的注意事项

样品应在吸湿状态下调湿平衡。如确有需要,样品可先置于相对湿度为 10%~25%、温度不超过 50 ℃的大气中预调湿 4 h,然后放在标准大气条件下调节 24 h。

4 指标与计算

① 线圈密度 $= h \times Z$

要求计算四次测试的线圈密度的算术平均值(圈数/100 cm²),或横列、纵行线圈数的算术平均值(圈/10 cm)。

对于双罗纹等组织的针织物,横列、纵行线圈数应为实测点数值的两倍。

测量时,读数保留到 0.5 个线圈;最后计算结果精确到 0.5 个线圈。

② 线圈长度 $= \dfrac{L}{m}$

其中,L 为脱散后纱线两记号间的伸直长度(mm),m 为脱散后纱线两记号间的线圈数(个)。最后计算结果精确到一位小数。

5 相关标准

FZ/T 70002《针织物线圈密度测量法》。

【知识拓展】纵横密对织物性能的影响

① 密度大的织物,比较稳固且硬挺,拉伸后更易回复,收缩较小。

② 密度小的织物,更易拉伸变形,更容易贴合人体形状,适形性更好,但回复性较差。

③ 密度小的易变形织物,在加工成服装时,常在无牵伸状态下松弛一定时间后再进行裁剪。否则,就有可能产生错误号型的服装。

【岗位对接】

5-1 织物质量单位——姆米

姆米(国际音标为 Monme)是日本用于表示织物质量的单位。姆米主要用于绸缎贸易,织物宽 1 英寸(in)、长 25 码(yd)、质量为 2/3 日钱,即为 1 姆米(m/m)。它与平方米质量(g/m²)的折算关系如下:

$$1\ in = 0.025\ 4\ m \quad 1\ yd = 0.914\ 4\ m \quad 1\ 日钱 = 3.75\ g$$

面积　　　　$1\ in \times 25\ yd = 0.025\ 4 \times 0.914\ 4 \times 25 = 0.580\ 64\ m^2$

质量　　　　$2/3\ 日钱 = 2.5\ g$

　　　　　　$1\ 姆米(m/m) = 2.5/0.580\ 64 = 4.305\ 6\ g/m^2$

姆米的最小值取到 0.5 m/m,计算时保留一位小数(第二位小数四舍五入)。

5-2 横密与机号的关系经验公式

机号 G 也称为针织机的号数,是表示针织机针床或针筒上排针稀密程度的指标,用针织机针床上规定长度内所具有的针数来表示。它反映了针床上植针的稀密程度以及用针的粗细。机号越高,要求加工的纱线细度越小。

通过长期的工作实践,人们将织物横密和机号的关系归纳为如下经验公式:

$$G = \frac{1}{3}P_A$$

这一经验公式实质上反映了针织机的针距与所编织的针织物的圈距之间的一般关系。虽然经验公式是一种近似估算,但它的误差通常不超过 3%～5%。特别对于来样分析,用这一经验公式,能简便地估计出纱线线密度未知的针织物是用何种机号的机器编织的。

【课后练习】

一、机织物的结构认识与识别

1. 专业术语辨析

　(1) 交织织物　　　　　　　(2) 混纺织物　　　　　　　(3) 中长织物

　(4) 织物经(纬)密 $M_T(M_W)$　　(5)织物紧度

2. 填空题

　(1) 机织物按原料分为_____、_____、_____三类。

　(2) 机织物按纤维长度分为_____、_____、_____、_____四类。

　(3) 机织物按纱线的结构与外形分为_____、_____、_____三类。

　(4) 织物密度用来比较_____的织物紧密程度;而紧度可用来比较_____的织物紧密程度,E 值大于 100,表示_____。

　(5) 织物规格 120×28×2×36×360×260 中,各数字分别表示_____。

3. 是非题(错误的选项打"×",正确的选项画"○")

( ) (1) 色布即色织织物。

( ) (2) 平纹组织织物的交织最频繁。

( ) (3) 缎纹组织织物的手感最柔软。

( ) (4) 平纹组织织物的正反面相同,而斜纹和缎纹组织织物的正反面明显不同。

( ) (5) 一般织物采用纬密大于经密的配置,有利于生产效率的提高。

( ) (6) 机织物中若经纬纱粗细不同,通常粗的为纬纱。

( ) (7) 毛织物的质量一般用一平方米的干燥质量表示。

4. 选择题

(1) 织物匹长、幅宽、厚度的单位分别为( )。

① m、cm、mm 　　　　　　　② m、m、mm

③ m、mm、mm 　　　　　　　④ m、cm、cm

(2) 棉织物的质量通常用( )表示。

① 平方米无浆干燥质量 　　　② 平方米标准质量

③ 平方米称得质量 　　　　　④ 每米标准质量

(3) 下列织物的经纬纱均采用 36 tex,最轻的织物是( )。

① 280×220 　　② 300×200 　　③ 260×230 　　④ 280×240

(4) 下列三种织物中,生产成本最高的织物是( )。

① 480×320 　　② 440×360 　　③ 470×330

5. 综合应用题

(1) 平纹、斜纹、缎纹组织织物,分别形成什么样的外观效果?

(2) 若纱线的密度 $\gamma = 0.93\,\text{g/cm}^3$,试推出计算式 $E_T = 0.037 M_T \sqrt{T_{tT}}$ 和 $E_W = 0.037 M_W \sqrt{T_{tw}}$,并计算织物规格为 $180 \times 10 \times 10 \times 610 \times 560$ 的织物的 E_T、E_W 和 E。

(3) 观察右侧经纬纱交织的截面图,分析平纹、斜纹和缎纹三种组织的织物,哪一种有可能实现更大的织物密度?

二、针织物的结构认识与识别

1. 专业术语辨析

(1) 针织物密度 　　(2) 未充满系数 　　(3) 纵密 P_B 　　(4) 横密 P_A

2. 填空题

(1) 针织物按加工方法分为_____、_____两类,按生产工艺分为_____、_____两类。

(2) 纬编针织物的基本组织有_____、_____、_____等,经编针织物的基本组织有_____和_____等。

3. 是非题(错误的选项打"×",正确的选项画"○")

( ) (1) 纬平针组织织物正反面相同。

( ) (2) 罗纹组织织物具有逆编方向的脱散性。

( ) (3) 双反面组织织物较平针组织织物厚实。

( ) (4) 双罗纹组织织物正反面相同,均为纬平针正面的纵向条纹。

( ) (5) 针织物的质量一般用一平方米的干燥质量表示。

4. 选择题

(1) 纬编针织物中易卷边的组织是( )。

① 纬平针　　② 双反面　　③ 罗纹　　④ 双罗纹

(2) 下列组织,不能形成织物的组织是( )表示。

① 编链组织　　　　　　② 经平组织

③ 纬平针组织　　　　　④ 双反面

5. 综合应用题

(1) 针织服装一般不用衣架挂起来晾晒或保存或销售展示,其原因是什么?

(2) 用 10 tex 棉纱线,生产横密 $P_A = 85$ 线圈/50 mm,纵密 $P_B = 120$ 线圈/50 mm 的针织物。针织物线圈长度 $L = 5$ mm,损耗率 $y = 3\%$,计算针织物的单位面积干燥质量 Q。

三、非织造织物的结构认识与识别

1. 专业术语辨析

(1) 非织造织物　　　(2) 非织造织物密度　　　(3) 非织造织物定量

2. 填空题

(1) 非织造织物的成网方法有_____、_____、_____三种,加固方法有_____、_____、_____和_____、_____等几种。

(2) 表达非织造织物的结构特征指标有_____、_____、_____等。

(3) 非织造织物的纤网排列方式有_____、_____、_____三种。

3. 是非题(错误的选项打"×",正确的选项画"○")

( ) (1) 生产非织造织物的纤维必须具有热塑性。

( ) (2) 非织造织物为 100% 使用纤维的织物。

（　　）（3）聚丙烯生产的非织造织物易老化。

（　　）（4）麻纤维形成的非织造织物,刚性大、抗起球,常作为地毯底布。

（　　）（5）非织造织物的质量一般用一平方米的干燥质量表示。

4. 选择题

（1）纵横向强力比值最大的是（　　）。

　　① 平行纤网　　　　　　② 交叉纤维　　　　　　③ 随机纤网

（2）下列纤维中,能用熔喷法生产非织造织物的纤维是（　　）。

　　① 黏胶纤维　　　　② 涤纶纤维　　　　③ 海藻纤维　　　　④ 碳纤维

5. 综合应用题

（1）查阅课外资料,介绍什么是土工布,并列举非织造织物土工布的种类。

（2）对比非织造织物与毡制品,细述各自所使用的纤维原料、生产方法及其最终用途。

（3）列出能生产满足以下性能要求的非织造织物的纤维,各两例:

　　① 弹性高、疏水性好;

　　② 拉伸强力大;

　　③ 吸水性好;

　　④ 耐磨性好。

项目6 纺织材料吸湿性能认识与检测

教学目标

1. 理论知识：吸湿性能指标，吸湿指标检测，影响纺织材料吸湿性的因素，吸湿对纺织材料性能和纺织工艺的影响。
2. 实践技能：烘箱法和电阻法纺织材料回潮率测试。
3. 拓展知识：拉细羊毛/纳米纤维。
4. 岗位知识：纺织品的调湿和预调湿，试验用标准大气，常用英语词汇。

【项目导入】 *纺织材料贸易中计重/运动服新宠 COOLMAX 纤维*

1 纺织材料贸易中计重

纺织材料是会"呼吸"的材料，能与空气中的水汽不断地"交流"，使其在不同时间与地点称得的质量不同。这给纺织材料贸易的计重与核价带来了麻烦。

案例1 某纱厂生产的 T/R（涤/黏）40^S 单纱每包标准质量要求为 25 kg，而用纱厂实际称得质量为 24.54 kg，每吨少了 18.20 kg。这符合标准吗？（公定回潮率 $W_k = 4.18\%$，实际回潮率 $W_a = 4.22\%$）。

案例2 从美国洛杉矶长滩港（Long Beach）启运 1100 t 美棉（实际回潮率 $W_a = 10.00\%$），到达上海洋山港称得质量为 1080 t（实际回潮率 $W_a = 8.00\%$），少了 20 t。中方需要向美方索赔吗？

2 运动服新宠 COOLMAX 纤维

纺织材料会与人体皮肤表面的汗液不断地"交换"，交换数量越多，人体穿着越舒适。吸湿排汗功能超强的 COOLMAX 成为运动服的"新宠"，被称为运动员合法的"兴奋剂"。2008 年北京奥运会上，中国乒乓球选手和美国篮球梦之队的比赛服均使用具有超大"容量"的 COOLMAX 纤维面料。它的吸湿排汗功能是一般材料的 10 倍，是由陆上运动面料霸主——美国英威达（Invista）公司（Lycra® 是美国英威达公司最著名的纤维品牌）开发的高吸湿排汗材料。COOLMAX 是具有四管导通的中空 Dacron（大可纶，中国商品名为涤纶），截面形态如图 6-1 所示。除了四管道中空纤维，还有什么类型的纤维可具

COOLMAX纤维

图 6-1 四管道中空纤维

有类似的特点？它们是如何实现吸湿排汗的呢？

水分对于纺织材料的意义，不仅仅是影响其质量与服用穿着舒适性。实际上，纤维及其制品吸湿后所有的机械物理性能都会发生变化，并影响纺织加工与性能的测试。"H_2O"是纺织材料的"过敏"介质。

本项目要求解决以下四个问题：

（1）纺织材料中的水分如何折算？

（2）纺织材料中的水分如何测试？

（3）纺织材料中的水分如何提高？

（4）纺织材料加工与性能测试中的水分如何控制？

要求阐述解决上述四个问题的主要方法措施，记录关键内容，完成表6-1。

表 6-1　纺织材料吸湿性基本问题解决方案表

基本问题描述	重要概念与公式	方法措施

【知识要点】

子项目 6-1 纺织材料贸易中水分的核算

1　纺织材料中水分的表征指标

纺织材料在大气中吸收或放出水分的能力称为吸湿性。本质上，纺织材料在大气中与汽态水的交换是一个动态过程，既有水分从空气向材料转移，即纺织材料吸收水分；也有水分从材料向空气转移，即纺织材料放出水分。这一动态过程通常简称为"吸湿"。表征纺织材料吸湿多少的指标有含水率与回潮率。

1.1　含水率与回潮率

纺织材料中水分的质量占材料实际质量的百分率称为含水率。其计算式如下：

$$M = \frac{G - G_0}{G} \times 100\% \tag{6-1}$$

式中：M 为纺织材料的含水率；G 为纺织材料的实际质量(g)；G_0 为纺织材料的干燥质量(g)。

纺织材料中水分的质量占材料干燥质量的百分率称为回潮率。其计算式如下：

$$W = \frac{G - G_0}{G_0} \times 100\% \tag{6-2}$$

式中：W 为纺织材料的回潮率。

纺织材料的水分多少常用回潮率表示,两者的换算关系如下:

$$M = \frac{W}{1+W} \times 100\%$$ （6-3）

或:

$$W = \frac{M}{1-M} \times 100\%$$ （6-4）

1.2 标准状态下的回潮率

各种纤维及其制品的实际回潮率随大气条件的变化而变化,如空气相对湿度有变化,纤维的回潮率随之变化。表6-2展示了几种常见纤维在不同相对湿度下的回潮率。

为了比较各种纺织材料的吸湿能力,将其放在统一的标准大气条件(温度20 ℃,相对湿度65％)下,一定时间后待其吸放湿达到平衡再进行比较。标准大气条件下的回潮率称为标准状态下的回潮率。

表6-2 几种常见纤维的平衡回潮率   单位:％

纤维种类	空气温度为20 ℃,相对湿度为 φ		
	$\varphi = 65\%$	$\varphi = 95\%$	$\varphi = 100\%$
原棉	7～8	12～14	23～27
细羊毛	15～17	26～27	33～36
桑蚕丝	8～9	19～22	36～39
普通黏胶纤维	13～15	29～35	35～45
锦纶6	3.5～5	8～9	10～13
锦纶66	4.2～4.5	6～8	8～12
涤纶	0.4～0.5	0.6～0.7	1.0～1.1
腈纶	1.2～2	1.5～3	5.0～6.5
维纶	4.5～5	8～12	26～30
丙纶	0	0～0.1	0.1～0.2

1.3 公定回潮率 W_k

从表6-2可以看出,同一种纤维材料在标准状态下的回潮率也不是一个常量,而且纺织材料在贸易计价和成本核算时,并不处于标准状态。为了计重和核价的方便,对各种纤维材料及其制品,国家人为地规定一个回潮率,这个回潮率称之为公定回潮率 W_k。

公定回潮率的设置,纯属是为了工作方便而人为选定的,其目的是使纺织材料中的水分含量为一标准值,不受大气条件的影响,即材料中水分有一公允量,而且与实际含水量接近。纺织材料在常规大气条件下的回潮率与标准状态下的回潮率十分接近,所以,纤维的公定回潮率选定时以标准状态下的回潮率为依据,但不是标准大气中的回潮率。各国对于纺织材料公定回潮率的规定,根据自己的实际情况而制订,所以并不一致,但差异不大。我国常见纤维和纱线的公定回潮率如表6-3和表6-4所示。

表 6-3　几种常见纤维的公定回潮率

纤维种类	公定回潮率/%	纤维种类	公定回潮率/%
原棉	8.5	黄麻	14
羊毛洗净毛(同质毛)	16	罗布麻	12
羊毛洗净毛(异质毛)	15	大麻	12
干毛条	18.25	剑麻	12
油毛条	19	黏胶纤维	13
精梳落毛	16	涤纶	0.4
山羊绒	17	锦纶 6、锦纶 66	4.5
兔毛	15	腈纶	2.0
牦牛绒	15	维纶	5.0
桑蚕丝	11	含氯纤维	0.5
柞蚕丝	11	丙纶	0
亚麻	12	醋酯纤维	7.0
苎麻	12	铜氨纤维	13.0
洋麻	12	氨纶	1.3

表 6-4　几种常见纱线的公定回潮率

纱线种类	公定回潮率/%	纱线种类	公定回潮率/%
棉纱、棉缝纫线①	8.5	绒线、针织绒线	15
精梳毛纱	16	山羊绒纱	15
粗梳毛纱	15	麻、化纤、蚕丝②	与纤维同

注:① 棉纱及棉缝纫线均含本色、丝光、上蜡、染色等品种;② 麻和化纤均含纤维及本色、染色的纱线,丝均含双宫丝、绢丝、䌷丝。

混合材料的公定回潮率,由于种类繁多,可由计算得到。如几种纤维混合的原料、混梳毛条和混纺纱线等的公定回潮率,可以通过混合比例加权平均计算而获得。下面以混纺纱为例进行说明。

设 P_1、P_2、……、P_n 分别为纱中第一种、第二种、……、第 n 种纤维成分的干燥质量百分率,W_1、W_2、……、W_n 分别为第一种、第二种、……、第 n 种对应原料纯纺纱线的公定回潮率,则混纺纱的公定回潮率:

$$W_k(\%) = \frac{P_1W_1 + P_2W_2 + \cdots + P_nW_n}{100} \tag{6-5}$$

例如,65/35 涤/棉混纺纱的公定回潮率,由式(6-5)计算得到。其中 P_1 和 P_2 分别为涤纶纤维和棉纤维的混纺百分率,$P_1 = 65\%$,$P_2 = 35\%$;W_1 和 W_2 分别为纯涤纶纱和纯棉纱的公定回潮率,查表 6-4 得 $W_1 = 0.4\%$,$W_2 = 8.5\%$;将两者数据代入式(6-5),得混纺纱的公定回潮率:

$$W_k = \frac{65 \times 0.4 + 35 \times 8.5}{100}(\%) = 3.24\%$$

2 纺织材料贸易中水分的核算

纺织材料的质量,由于其回潮率的可变性,具有不确定性。因此,贸易、成本核算和纤维或纱线粗细指标中的质量,都是指公定质量,即纺织材料在公定回潮率时所具有的质量(也称标准质量,简称"公量")。公定质量由下式计算得到:

$$G_k = G_0(1 + W_k) = G_a \times \frac{1 + W_k}{1 + W_a} \tag{6-6}$$

式中:G_k 为公定质量;G_0 为干燥质量;G_a 为实际质量(也称为称见质量);W_k 为公定回潮率;W_a 为实际回潮率。

子项目 6-2 纺织材料中水分的测试

纺织材料吸湿指标的测试方法有很多,总的分为直接测试法和间接测试法两大类。

1 直接测试法

先称得纺织材料的实际质量,然后除去水分,再称取材料的干燥质量,根据公式计算纺织材料的回潮率。根据去除水分的方法不同,又可分几种方法。

1.1 烘箱法

烘箱法是纺织材料吸湿性测试中最基本、也是最常用的一种方法。烘箱利用电阻丝加热,并根据需要自动调节,保持箱内温度一定。温度则依据能使水分蒸发而不使纤维分解变质的原则加以规定。目前,国家标准规定的烘燥温度:棉为 105 ℃±3 ℃,毛和大多数化学纤维为105～110 ℃,蚕丝为 140～145 ℃。恒温调节利用水银触点式温度控制器进行。

用烘箱法测试回潮率时,称重方法对试验结果也有影响。称取干燥质量的方法有以下三种:

(1)箱内热称 如图 6-2 所示,用钩子勾住烘篮,用烘箱上的天平称重。由于箱内温度高,空气对试样的浮力小,所以称得的干燥质量偏大,计算所得的回潮率偏小。但由于这种方法操作简便,且结果比较稳定,所以目前大多采用该法。

图 6-2 箱内热称

(2)箱外热称 将试样烘一定时间后取出,迅速在空气中称量。它与实际质量称量在同一环境中进行,但是试样纤维内的空气为热空气,其密度小于周围空气,称量时浮力较大,故称得的干燥质量偏小,计算所得的回潮率偏大。同时,由于纤维在空气中要吸湿,使称量结果不稳定。

(3)箱外冷称 将烘干的试样放在干燥器中冷却后再称重。这种方法比较精确,但费时,只有当试样比较少、要求较精确时才采用。

烘箱法测定回潮率时,虽然通过排气扇交换空气,把水汽排除至箱外,但是实验室的空气不是绝对干燥的,所以箱内的相对湿度不可能达到0%。因此,纤维实际上不可能真正烘干,仍然保留一定的水分,使测得的回潮率比实际的小。同时,烘干水分时,有可能挥发掉纤维中的一些其他物质如油脂等,也影响测定结果的真实性。但总的来说,烘箱法虽费时较多,耗电量较大,但操作简便,测得的结果稳定,并且具有长期的检验历史,所以除非特殊要求精密的检验外,在纺织生产中,烘箱法仍然是一种主要的测试方法,并用于核对其他测试方法的准确性。

1.2 红外线烘干法

红外线干燥法利用红外辐射去除纤维的水分。红外线的辐射能量高,穿透力一般,使纤维材料表面能在短时间内达到很高的温度,从而将水分去除。一般情况下,只要5～20 min即可烘干。这种方法烘干迅速,耗电量比烘箱法少,设备简单,但温度不易控制,照射能量分布不均匀,往往使表面过热。如果照射时间过长,会使纤维烘焦变质,测试结果难以稳定。通常用烘箱法校验所需的烘干时间。由于具有快速的优势,多用于半制品的回潮率测试,以便及时调整工艺,控制定量。

近年来,采用远红外线代替红外辐射烘干,使烘燥不均匀性得到改善。远红外辐射源只需在原有光源上涂一层能辐射远红外线的物质即可获得。

1.3 高频加热干燥法

这种方法利用高频电磁波在物质内部产生热量以消除水分。按照所用的频率分为两类:一类是高频介质加热法或电容加热法,频率为1～100 MHz;另一类是微波加热法,其频率为800～3000 MHz。

在高频电场下,纤维试样中的水分子会被极化,并反复翻转运动生热而干燥。产生热量的大小,由物质的介电损耗所决定。水的介电损耗比纤维约大20倍,因此纤维内部的水分吸收的能量大,从而产生高热,使水分迅速蒸发。水分多的地方发热量大,水分蒸发速度也快,是有选择地、无内外之分地加热干燥,烘干较均匀。

高频加热干燥法的优点是一次烘燥量较大,迅速而均匀,热损失小,设备比较紧凑;缺点是设备费用高,温度无法控制,水汽蒸发过快,常引起纤维爆胀,而且试样中不能含有高浓度的无机盐或夹有金属等物质。另外,微波对人体有害,必须很好地加以屏蔽。

1.4 真空干燥法

将试样放在密闭的容器内,抽成真空进行加热烘干。这种方法的温度较低或在室温下进行,干燥较快且均匀,可用于不耐高温、回潮率较低的合成纤维(如氯纶、乙纶等)的测湿。

1.5 吸湿剂干燥法

将纺织材料和强吸湿剂放在同一密闭的容器中,利用吸湿剂吸收空气中的水分,容器中空气的相对湿度近似为0%。纤维在这样的环境条件下可以充分脱湿。效果最好的吸湿剂是干燥的五氧化二磷的粉末,最常用的是干燥的氯化钙颗粒。也可用干热氮气以一定速度流经试样,以带走试样中的水分。这种方法精确,但是成本高,费时长(一般室温下达到真正干燥需4～6周的时间),因此仅用于测试实验研究中的小量试样。

2 间接测试法

间接测试法是利用纺织材料中含水多少与某些物理性质密切相关的原理,通过测试这些性质来推测含水率或回潮率。这类方法测量迅速,不损坏试样,可用于生产中的连续测试,因此对水分自动监控有很大优越性。但是其干扰因素较多,结果的稳定性和准确性受到一定影响。

2.1 电阻测湿法

利用纤维在不同的含水率下具有不同的电阻值进行测定。对于大多数纤维来说,当空气相对湿度为30%～90%时,含水率 M 的 n 次方和它的质量比电阻 ρ_m 的乘积是一个常数,即:

$$\rho_m M^n = K$$

式中:K 为随试样数量、松紧程度、温度和电压等因素设定的常数;n 为随纤维种类设定的常数。

根据这一原理,设计了专门的电阻式测湿仪,根据测定的对象和应用的场合,测头可设计成极板式、插针式和罗拉式等(图6-3)。K 值可以用规定的测试条件和修正仪器读数的方式使之固定,采用不同的表头,可适应不同的 n 值,以测量不同种类的纤维。例如,Y412 型原棉水分测湿仪[图6-3(a)]的表头只适用于棉纤维而不能测试其他纤维,YZ-1 型纱线回潮率测湿仪[图6-3(b)]只能用来测试棉筒子纱的回潮率,三罗拉测湿辊[图6-3(c)]用于在线检测浆纱回潮率,如图6-4 所示。另外,材料中的伴生物、杂质、油剂、浆料以及静电积聚等,都会影响测试结果。即使同一种纤维,如果品质相差较大,测试结果也会有一定的误差。

 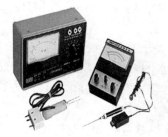 

(a) 极板式 (b) 插针式 (c) 罗拉式

图6-3 电阻测湿仪

(a) 原棉 (b) 筒子纱 (c) 在线浆纱

图6-4 不同类型的电阻测湿仪所测试的材料形式

2.2 电容式测湿仪

将纺织材料放在电容器中,利用水分的介电常数大于纤维的原理,随着材料中水分含量的增加,电容量增大,据此来推测纺织材料的含水率或回潮率。电容式测湿仪的结构比电阻式测湿仪复杂,稳定性也比较差,目前较少使用。但电容式测湿法可以不接触试样,便于在线连续测试。

2.3 微波吸收法

利用水和纤维对微波的吸收和衰减程度不同的原理,测量微波通过纤维材料后的衰减量,从而表达纤维的含水率。微波测湿仪由微波源、接受检测部件和中间波导管等基本部分组成。随着试样情况不同,结构形式也不完全相同。微波测湿法不必接触试样,快速方便,分辨能力高,可以测出纤维的绝对含湿量,而且可以连续测定,便于生产过程中的自动控制。

2.4 红外光谱法

红外光谱法是利用水对红外线的吸收特征进行的,即水对红外线不同的波长有不同的吸收率,而且吸收量与纤维中的水分含量有关。这种方法对小试样和研究分析较为适合。

子项目 6-3 纺织材料中水分的影响因素分析

1 纤维吸湿原因的一般认识

由于纤维种类繁多,而且纤维的吸湿是比较复杂的物理化学现象,许多研究者从不同的角度对纤维吸湿的机理提出了不同的看法,并在分析纤维吸湿原因的基础上,提出了基于棉纤维的二相吸湿机理和基于羊毛纤维的三相吸湿机理等多种吸湿理论。一般认为,纤维吸湿的方式有以下几种:

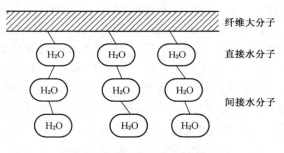

图 6-5 直接吸着水与间接吸着水

（1）**吸着水** 纤维大分子上的亲水性基团与水分子、水分子与水分子间以氢键方式结合的水分,前者为直接吸着水,后者为间接吸着水(图 6-5)。纤维吸湿能力的大小主要取决于吸着水的多少。吸着水属于化学吸着,是一种化学键力。因此,必然有放热反应。纤维中的亲水性基团有—OH、—COOH、—CONH—、—NH$_2$。这些基团与水分子的结合力较强,主要是氢键力,放出的热量较多。

（2）**吸附水** 纤维因表面能而吸附的水分子。毛细水和黏着水属于物理吸着,是范德华力,没有明显的热反应,吸附也比较快。

（3）**毛细水** 纤维无定形区或纤维集合体纤维间存在空隙,由于毛细管的作用而吸收的水分,与纤维结构(结晶度)和纤维集合体的结构有关。纤维在相对湿度较小的环境中,水分存在于纤维内部微小的间隙之中,为微毛细水;在高湿的条件下,纤维膨胀,水分存在于纤维内部较大的间隙之中,为大毛细水。

纤维吸湿过程表现为:水分子先吸附至纤维表面,接着水蒸气向纤维内部扩散,与纤维内部大分子上的亲水性基团结合,然后水分子进入纤维的缝隙孔洞,形成毛细水(图 6-6)。

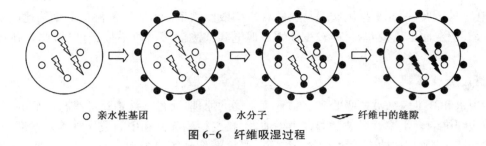

○ 亲水性基团　　　● 水分子　　　⚡ 纤维中的缝隙

图 6-6　纤维吸湿过程

2　纤维的自身影响因素分析

纤维自身因素(即内因)包括:纤维化学结构中纤维大分子亲水基团的数量和极性的强弱;纤维聚态结构中纤维的结晶度、纤维内孔隙的大小和多少;纤维形态结构中纤维比表面积的大小,截面形状、粗细及表面粗糙程度;纤维伴生物的性质和含量。

2.1　亲水性基团的数量和极性

纤维大分子中,亲水基团的多少和极性强弱均能影响其吸湿能力的大小。亲水基团的数量越多,极性越强,纤维的吸湿能力越强。

各种亲水性基团对纤维素纤维、蛋白质纤维、合成纤维的吸湿性都有很大影响。纤维素纤维(如棉、黏纤、铜氨纤维等)大分子的每一个葡萄糖剩基含有三个羟基,氢键可在水分子和羟基之间形成,所以吸湿性较好。醋酯纤维中,大部分羟基被比较惰性的乙酸基所取代,因此吸湿性较低。蛋白质纤维的主链上含有亲水性的酰胺基($—CONH$),侧链中含有羟基($—OH$)、氨基($—NH_2$)、羧基($—COOH$)等亲水性基团,因此吸湿性很好,特别是羊毛,其侧链中的亲水基团比蚕丝多,故其吸湿性优于蚕丝。合成纤维含有的亲水基团不多,所以吸湿性都较低。聚乙烯醇纤维由于其主链上含有若干羟基($—OH$),所以吸湿性较好;锦纶 66 的分子链中,每六个碳原子含有一个酰胺基,所以也具有一定的吸湿能力;腈纶的分子链中含有一定数量的$—CN$ 基,其亲水性较弱,故吸湿能力小;涤纶、丙纶缺少亲水基团,故吸湿能力很差。

2.2　纤维的结晶度

如果纤维具有同样的化学组成,但内部结构不同,纤维的吸湿性也有很大的差异,可见纤维的内部结构对吸湿性有相当大的影响。

纤维吸收的水分一般不能进入结晶区,这是因为结晶区的分子排列紧密有序,活性基在分子间形成交键,如氢键、盐式键、双硫键等,水分子不易渗入,因而纤维的吸湿作用主要产生在无定形区。因此,纤维的结晶度越低,吸湿能力越强。例如,棉和黏胶纤维虽然都是纤维素纤维,但棉纤维的结晶度为 70%,而黏胶纤维的仅为 30%(图6-7),所以黏胶纤维的吸湿能力比棉纤维高得多。

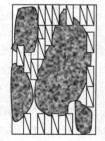
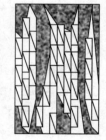

▨ 结晶区　　　▨ 非结晶区水分

　(a) 黏胶纤维　　　　　(b) 棉纤维

图 6-7　黏胶纤维与棉纤维吸湿

2.3　纤维的比表面积和内部空隙

物质表面的分子由于引力的不平衡,使它们比内层分子具有多余的能量,叫表面能。表面积越大,表面上的分子数量越多,表面能也越大。液体与气体的界面上,由于液体分子间排列较紧密,引力一般较气体分子的吸引力大,所以液体的表面分子总是力图把自己的表面收缩得最小,以降低自己的表面能,这就是表面张力。同样,固体和液体以及固体和气体之间也存在表面张力,固体的表面张力一般比液体和气体大。固体物质的表面能,不能使自己的表面积缩小,但有吸附某种物质以降低表面能的倾向,叫作固体表面的吸附作用。纤维是固体,空气中的水蒸气是气体,因而在纤维表面产生一定的吸附水蒸气的表面吸附能力。

单位体积的纤维具有的表面积,叫作纤维的比表面积。纤维的比表面积越大,表面能越大,表面吸附能力越强,纤维表面吸附的水分子数越多,表现为吸湿性越好。所以同样条件下,细纤维由于其比表面积较粗纤维大,故具有较高的吸湿能力。如图 6-8 所示,一根直径为 $2d$ 的粗纤维与两根直径为 d 的细纤维,它们的侧面积相同,而粗纤维的体积明显大于两根细纤维。图 6-9 所示的不同组分复合纤维,两组分间有一定分离度,增加了纤维的比表面积,同时纤维内空隙增大,其双重效果均利于提高纤维的吸湿能力。

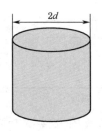 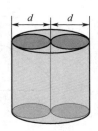

图 6-8 直径为 $2d$ 的粗纤维与直径为 d 的细纤维

图 6-9 不同组分复合纤维的断面形态

纤维内的空隙越多、越大,水分子越容易进入,毛细管凝结水增加,使纤维吸湿能力增强。如图 6-10 所示的多空纤维,可使纤维的回潮率增加 20%。黏胶纤维的结构比棉纤维疏松,是黏胶纤维的吸湿性高于棉纤维的原因之一。

2.4 纤维内的伴生物和杂质

天然纤维在生长发育过程中,往往带有一些伴生物质,这些伴生物的性能和含量对纤维的吸湿能力也有影响。例如棉纤维中含有棉蜡、果胶、脂肪等,其中棉蜡和脂肪是疏水性物质,而果胶更能吸水,因此脱脂棉纤维的吸湿能力较未脱脂的高;未成熟的棉纤维含有更多的果胶,所以其吸湿能

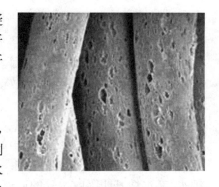

图 6-10 蜂窝状涤纶纤维的纵面形态

力比成熟棉纤维好。羊毛的表面油脂是拒水性物质,它的存在使纤维吸湿性变差。麻纤维的果胶和蚕丝中的丝胶均有利于吸湿。纤维经过染色或其他化学处理以及油剂的使用,都会使吸湿量发生一定的变化。

另外,天然纤维在采集和初加工过程中还保留一定数量的杂质,这些杂质往往具有较高的吸湿能力,因此纤维中含杂质多对纤维回潮率有一定影响。

3 外部条件影响因素分析

影响纤维回潮率大小的外部因素主要有大气条件、平衡时间以及吸放湿过程等。其中大气条件包括大气压、温度和相对湿度三个方面,由于地球表面的大气压力变化不大,所以主要

研究纤维的回潮率与相对湿度和温度之间的关系。

3.1 时间的影响——吸湿平衡与平衡回潮率

纺织材料在大气中的吸湿(放湿)过程,会不断地和空气进行水蒸气的交换,在大气里的水分子进入纤维内部的同时,水分子又因热运动从纤维中逸出。把进入纤维内的水分子数多于从纤维中逸出的水分子数的过程,称为纤维吸湿过程;反之,把进入纤维的水分子数少于从纤维中逸出的水分子数的过程,称为纤维放湿过程。当大气条件一定,经过若干时间,单位时间内被纤维吸收的水分子数等于从纤维内逸出的水分子数时,纤维的回潮率就逐渐趋于一个稳定值,这种现象称为吸湿(放湿)平衡,所达到的回潮率称为平衡回潮率。由吸湿过程达到平衡的回潮率称为吸湿平衡回潮率,由放湿过程达到平衡的回潮率称为放湿平衡回潮率。

图 6-11 所示为纤维吸湿、放湿过程中的回潮率-时间曲线。由图可见,开始时回潮率变化速度很快,但随着时间的增加,回潮率的变化逐渐缓慢下来。若要获得真正的平衡,则需经过很长的时间。在材料调湿达到平衡的实际操作中,将 2~4 h 后基本达到平衡的回潮率,即条件平衡回潮率,作为平衡回潮率。材料达到平衡回潮率所需的时间,与材料的吸湿能力、空气流速、材料的形式有关。吸湿能力较大的材料,往往达到平衡所需时间较长。散状纤维一般需几分钟至几十分钟达到平衡,纱线和织物需要几十分钟至几小时,成包的纺织材料则需更长时间。

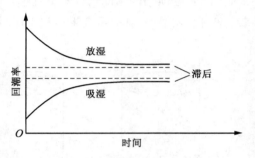

图 6-11 纤维吸湿、放湿的回潮率-时间曲线

3.2 吸放湿过程的影响——吸湿滞后性

由图 6-11 看到,同样的纤维在一定的大气温湿度条件下,从放湿达到平衡和从吸湿达到平衡,两种平衡回潮率不相等,放湿平衡回潮率总是大于吸湿平衡回潮率,这种现象叫作纤维吸湿滞后性,也称作吸湿保守性。吸湿滞后性产生的原因有以下几方面:

(1)水分子进出能量的差异 吸湿过程中,水分子是高速运动的具有动能和自由动程的颗粒;而放湿过程中,从纤维逸出的水分子被吸附着,运动能量低,活动范围小。

(2)水分子进出通道的差异 吸湿过程中,纤维表面吸附水分及纤维内缝隙空洞吸附毛细水、亲水性基团吸收水分的通道都有空间,吸附及吸收水分的阻力小;而放湿过程中,通道被水分占据,水分逸出空间小、阻力大。

(3)水分子进出结构的差异 吸湿后纤维大分子间的距离增加,部分不完善的结晶解体,使纤维吸收水分能力增加,这部分因结构变化而增加的水分,由于结构变化的不可逆性,在放湿过程中没有外在的能量释放这一部分水分。

(4)水分子进出浓度的差异 吸放湿时,纤维内外水分子浓度和分布是不一致的。吸湿时,水分分布内低外高,梯度均匀,水分由外向内扩散连续均匀;而放湿时,水分分布内高外低,梯度不均匀,无梯度差部分的水分会无法传递。

3.3 相对湿度的影响——吸湿等温线

在一定的温度条件下,纤维材料因吸湿达到的平衡回潮率和大气相对湿度的关系曲线,称为纤维材料的吸湿等温线;由放湿达到的平衡回潮率和大气相对湿度的关系曲线,称为纤维材料的放湿等温线。图 6-12 所示为几种常见纤维的吸湿等温线。由此图可见，这些曲线大体上都呈反 S 形，说明它们的吸湿机理基本上是一致的。曲线总的趋势向上，表示随着相对湿度的增大，纤维的回潮率增大；而在相对湿度 0～15％这一阶段，曲线的斜率较大，说明空气相对湿度稍有增加，平衡回潮率增加很多。这主要由于在开始阶段，自由的极性基团比较多，还没有吸收水分，极性基团的吸引力还相当强。等到这部分极性基团吸收水分以后，再进入纤维的水分子主要靠间接吸收，它们存在于小空隙中，形成毛细凝结水，这时纤维吸收的水分子比开始时减少。这表现在曲线中间一段，即相当于空气相对湿度15％～70％，曲线的斜率比较小。当空气的蒸汽部分压力达到相当大，同时纤维膨化、空隙加大，水分进入纤维内

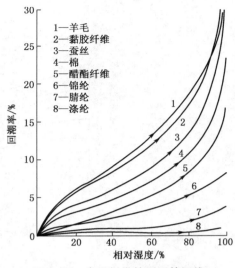

图 6-12　常见纤维的吸湿等温线

部较大的间隙时，毛细凝结水大量增加，表面吸附的能力也大大增强，所以表现为曲线，最后一段的斜率又明显增大。但是，不同纤维的吸湿等温线并不完全一致，这表明它们在相同的温湿度条件下，具有不同的平衡回潮率，而且吸湿机理也不完全相同。例如，吸湿性比较高的纤维，反 S 形比较明显；吸湿性差的纤维，反 S 形不明显。由图 6-12 还可看出，羊毛、黏胶纤维的吸湿能力最强；其次是蚕丝、棉；合成纤维的吸湿能力都较弱，其中维纶、锦纶的吸湿性稍好些，腈纶较差，涤纶更差。由于合成纤维的吸湿性差，纯纺制成的衣服不易吸收人体排出的汗液而有闷热的不舒适感。目前，常采用与吸湿性强的天然纤维或黏胶纤维混纺，以改善这一缺点。

　　纤维的吸湿滞后性，也可以用同一种纤维的吸湿等温线和放湿等温线来表示(图 6-13)。同一种纤维的吸湿等温线和放湿等温线并不重合，而是形成吸湿滞后圈，放湿等温线高于吸湿等温线，二者的差值称为吸湿滞后值。它取决于纤维的吸湿能力和相对湿度的大小。

　　在同一相对湿度下，吸湿能力大的纤维，吸湿滞后值也大。同一种纤维在相对湿度较小或较大时，吸湿滞后值较小；而在中等相对湿度时，吸湿滞后值较大。在标准大气条件下，几种常见纤维的吸湿滞后值：蚕丝 1.2％，羊毛 2.0％，黏胶纤维1.8％～2.0％，棉 0.9％，锦纶 0.25％。涤纶等吸湿性差的合成纤维，其吸湿等温线与放湿等温线基本重合。

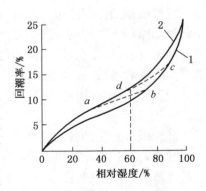

1—吸湿等温线　2—放湿等温线
图 6-13　纤维的吸湿滞后圈

3.4　温度的影响——吸湿等湿线

　　在一定的相对湿度和大气压条件下，纤维因吸湿(或放湿)达到的平衡回潮率与大气温度的关系曲线，称为纤维的吸湿等湿线。如图 6-14 所示，吸湿等湿线受温度的影响较小，一般规律是温度越高，平衡回潮率越低。其原因是水分子的热运动加剧，不易附着纤维而易脱离。但在高温高湿条件下，由于纤维发生热湿膨胀，水分子的凝结可能性和空间增大，所以平衡回潮率略有增大。

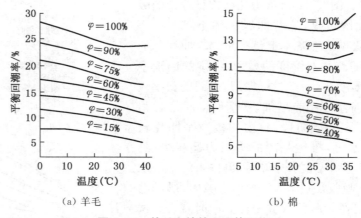

(a) 羊毛　　　　　　(b) 棉

图 6-14　羊毛和棉的吸湿等湿线

子项目 6-4 **纺织材料中水分对材料性能影响的分析**

1 水分对纺织材料质量的影响

纺织材料的质量随着吸收水分的增加而成比例地增加。因此,在贸易和生产中计算纺织材料质量时,必须折算成公定质量。

2 水分对纤维形态尺寸的影响

纤维吸湿后体积膨胀,并且这种膨胀具有各向异性,即横向的膨胀远远大于纵向,这是由于纤维的结构所决定的。因为吸湿主要是水分子进入无定形区,拆开分子间的连接点,扩大分子间距离,使纤维变粗;而纵向的增长作用不明显,故长度变化很小。有资料给出,纤维吸湿后其截面的膨胀系数:棉 20%～30%,羊毛 15%～17%,黏胶纤维 25%～52%,醋酯纤维 9%～14%;长度方向的膨胀系数:棉和羊毛近似于 0,黏胶纤维 3.7%～4.8%,醋酯纤维 0.1%～0.3%。

纤维吸湿膨胀的各向异性是导致织物缩水的主要原因之一。这是因为纤维吸湿后横向膨胀,使纱线变粗,因而纱线在织物中的弯曲程度增加,从而织物在经向或纬向比吸水前要占用更长的纱线,而纱线长度基本不变,迫使织物收缩变厚(图 6-15)。

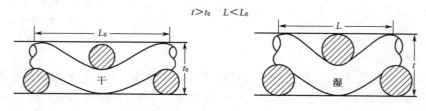

图 6-15　织物缩水

3 水分对纤维密度的影响

纤维的密度随回潮率的增加呈先增后降的特征(图6-16)。大多数纤维的密度在回潮率为 4%～6% 时达到最大。形成这种规律的主要原因是:在开始阶段,水分子首先进入纤维的缝隙和孔洞,使质量增加而体积不变,从而纤维密度增加;待水分充满孔隙后再吸湿,则纤维膨胀,体积增大,由于水的密度小于纤维密度(丙纶的密度小于水),体积增加率大于质量增加率,所以表现为密度下降。

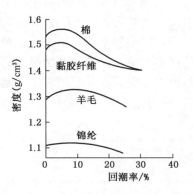

图 6-16 纤维密度随回潮率的变化

4 水分对纤维力学性能的影响

纤维吸湿后,其力学性能如强力、模量、伸长、弹性、刚度等发生变化。一般纤维随着回潮率增大,其强力下降而伸长增加。这是因为水分子进入纤维内部,减弱了大分子间的结合力,使大分子在外力作用下容易发生相对滑移和滑脱,所以纤维强力下降,伸长增加。强力下降的程度由纤维内部结构和吸湿能力决定。合成纤维由于吸湿能力较弱,所以吸湿后强力下降较小。黏胶纤维由于大分子聚合度较低,纤维断裂主要表现为大分子的滑脱,因此吸湿后强力下降较多。但是,棉、麻纤维不同于一般纤维,它们吸湿后强力反而增大,而伸长仍然下降。这是因为棉、麻的大分子聚合度较高,大分子链较长,纤维的断裂主要表现为大分子本身的断裂,而水分子进入后拆开一些大分子链上的缠结,使大分子重新排列,从而受力更加均匀,因此纤维强力增加。

吸湿后,纤维的脆性、硬度有所减弱,塑性变形增加,表面摩擦系数增大。表6-5所示为几种常见纤维在润湿状态下的强伸度变化情况。

表 6-5 常见纤维在润湿状态下的强伸度变化

纤维种类	湿干强度比/%	湿干断裂伸长率比/%	纤维种类	湿干强度比/%	湿干断裂伸长率比/%
棉	102～110	106～110	涤纶	100	100
羊毛	76～94	110～140	黏胶纤维	40～60	125～145
麻	104～120	122	维纶	85～90	115～125
桑蚕丝	80	145	锦纶	80～90	105～110
柞蚕丝	110	172	—	—	—

纤维回潮率影响纤维的力学性质,从而影响纺织加工工艺和产品质量。如回潮率过低,则纤维刚性大而发脆,且加工中易产生静电。这时纤维蓬松、飞花多,使纱条紊乱,条干不均匀,纱线毛羽多。棉纤维回潮率太小,则纺纱过程中容易拉断,对成纱强力不利。若纤维回潮率过高,则纤维不易开松除杂,容易相互扭结,使成纱外观疵点增多,而且容易缠结机器部件,影响梳理、牵伸和织造等工序的顺利进行。

5　水分对材料热学性能的影响

纺织材料吸湿时会放出热量,这是由于空气中的水分子被纤维大分子上的极性基团所吸引而与之结合,水分子将动能转化成热能而释放出来。

可以用两个指标来表示这种热效应:一是吸湿积分热,其定义是在一定温度下,质量为1g的纤维从某一回潮率开始吸湿到完全润湿时所放出的热量。吸湿能力强的纤维,其吸湿积分热也大。吸湿积分热的大小与起始回潮率有关,完全干燥的纤维吸湿到完全润湿所放出的热量,称为完全吸湿积分热。常见纤维的完全吸湿积分热见表6-6。

表6-6　常见纤维的完全吸湿积分热

纤维种类	棉	羊毛	苎麻	蚕丝	维纶	锦纶	涤纶	腈纶	醋酯纤维
积分热(J/g)	46.1	112.6	46.5	69.1	35.2	30.6	3.4	7.1	34.3

吸湿积分热的测量是将已知质量和回潮率的纤维试样,放入一已知热容量的量热器中,加入水并没过纤维,测量其温度增量。根据温度增量和测试系统的热容量,可计算出积分热。

另一指标是吸湿微分热,即纤维在给定回潮率条件下吸着1g水所放出的热量。各种干燥纤维的吸湿微分热是差不多的,为1050～1350 J/g。随着回潮率的增加,纤维的吸湿微分热会不同程度地减小。吸湿放热有助于延缓温度的迅速变化,对服装的保暖性有利。在纺、织、染、整加工中,对于烘燥设备的设计进行热工平衡计算时,要注意考虑纤维吸湿的热效应。另外,纤维及其制品的储存,必须注意通风、干燥,否则可能因为纤维的吸湿放热而使纤维发霉变质,甚至引起自燃。

6　水分对纺织材料电学性质的影响

吸湿对纺织材料电学性质的影响,主要表现为纤维的质量比电阻和介电常数随回潮率的变化而变化。干燥的纺织材料是优良的绝缘体,干燥纤维的质量比电阻在10^{11}～10^{18}数量级。当相对湿度较高时,纤维的质量比电阻可能下降10^5～10^{10}数量级。例如羊毛在相对湿度10%时的质量比电阻为$10^{13}\Omega \cdot cm$,在相对湿度为90%时质量比电阻下降到$10^7\Omega \cdot cm$以下。生产实践证明,质量比电阻在$10^8\Omega \cdot cm$以下时,纺织加工就比较顺利。因此可以通过提高车间相对湿度或对纤维给湿的方法,使纤维回潮率增加,电阻下降,导电性提高,减少静电,从而保证生产加工的顺利进行。

由于纺织材料的电阻和介电常数会随着回潮率的变化而变化,利用这一原理,可以通过测试电阻或电容的变化而间接测得纺织材料的回潮率。

【操作指导】

6-1　烘箱法纺织材料回潮率测试

1　工作任务描述

用天平称得纺织纤维的实际质量,然后在一定温度的烘箱内烘干纺织纤维,称得其干燥质量,由公式计算求出纺织纤维的回潮率和含水率。通过试验,掌握烘箱的基本结构、原理和使用方法;建立在一般温湿度条件下纤维回潮率大小的初步概念。

2 操作仪器、工具和试样

试验仪器为 YG747 型通风式快速烘箱(图 6-17)和天平(分度值为 10 mg),试样为棉、羊毛、蚕丝、苎麻、黏胶纤维、涤纶、锦纶、腈纶等纺织纤维。

3 操作要点

3.1 仪器调试

① 校正烘箱上的链条天平的水平和平衡(有些烘箱已经采用电子天平作为称量器具),校正方法与其他链条天平相同。

② 通过温控仪的触摸键调节烘干温度。纺织材料的烘干温度随纤维种类不同而改变。常见纤维的烘箱温度范围见表 6-7。

图 6-17 YG747 型通风式快速八篮恒温烘箱

表 6-7 常见纤维的烘箱温度范围

纤维种类	烘箱温度范围(℃)	纤维种类	烘箱温度范围(℃)
蚕丝	140±2	氯纶	77±2
腈纶	110±2	其他纤维	105±2

注:有协议时,也可采用其他温度,但须在试验报告中说明。

3.2 操作步骤

(1) **取样** 按产品标准或协议规定抽取样品。样品应有代表性,并防止样品水分有任何变化。

(2) **烘前质量称取** 将取出的试验试样在天平上称取 50 g,精确到 0.01 g。将称好的试样用手扯松,扯样时下面放一张光面纸,扯落的杂质和短纤维应全部放回试样中。

(3) **烘箱预热** 打开烘箱电源,使其预热。

(4) **放入试样** 等烘箱温度达到预定温度时,将已经称准的试样放入烘箱中的试样篮里,注意试样的开松。篮子应预先校准,并具有和篮座一样的标号。如果试样不足八个,需在多余的烘篮里装入等量的纤维,否则会影响烘燥速度。

(5) **烘干** 关闭箱门,按下[启动]按钮,烘箱开始工作。

(6) **烘干质量称取** 约 25 min 后,按下[暂停]按钮,1 min 后关闭排气阀,打开伸缩盖,开启照明灯,用钩篮器勾住烘篮称重并记录;放下勾住的烘篮,再旋转[转篮]手轮将下一个烘篮转至可称重的位置,用钩篮器勾住烘篮称重并记录;依次逐一完成所有试样的称重。

(7) **第二次烘干** 关闭伸缩盖,打开排气阀,按下[启动]按钮,5 min 后按上述方法进行第二次称重并依次记录称重结果,如果两次称重之间的质量差小于第二次称得质量的 0.1%,即可以认为试样已经烘干至恒定质量(纺织材料干燥处理过程中按规定的时间间隔称重,当连续两次称见质量的差异小于后一次称见质量的 0.1% 时,后一次的称见质量叫作恒定质量)。否则,按照前一步骤进行第三次称重,如此循环直至达到恒定质量为止。

如果测试在非标准大气条件下进行,则需对恒定质量进行修正。修正方法如下:

① 测定温湿度:使用通风式干湿球温湿度计,测定烘箱周围空气的温湿度,并记录。

② 按下式修正烘干质量:

$$G_s = G_0 \times (1 + C) \tag{6-7}$$

式中:G_s 为标准大气条件下测定的烘干质量(g);G_0 为非标准大气条件下测定的烘干质量(g);C 为修正系数。

C 的计算式如下:

$$C\% = a(1 - 6.58 \times 10^{-4} \times e \times r) \tag{6-8}$$

式中:a 为由纤维种类确定的常数;e 为通入烘箱的空气的饱和水蒸气压力(Pa);r 为通入烘箱的空气的相对湿度。

当修正系数 C 小于 5×10^{-4} 时,无需修正。常见纤维的 a 值见表 6-8。e 值取决于温度和大气压力,标准大气压下的 e 值见表 6-9。

表 6-8　常见纤维的 a 值

纤维种类	羊毛、黏胶纤维	棉、苎麻、亚麻	锦纶、维纶	涤纶、丙纶
a	0.5	0.3	0.1	0

表 6-9　通入烘箱的空气的饱和水蒸气压力即 e 值

温度(℃)	饱和水蒸气压力 e(Pa)	温度(℃)	饱和水蒸气压力 e(Pa)
3	760	21	2480
4	810	22	2640
5	870	23	2810
6	930	24	2990
7	1000	25	3170
8	1070	26	3360
9	1150	27	3560
10	1230	28	3770
11	1310	29	4000
12	1400	30	4240
13	1490	31	4490
14	1600	32	4760
15	1710	33	5030
16	1810	34	5320
17	1930	35	5630
18	2070	36	5940
19	2300	37	6270
20	2330	38	6620

4   指标和计算

按式(6-2)计算回潮率,精确至小数点后两位,几份试样的测试结果的平均值精确至小数点后一位。

5   相关标准

GB/T 9995《纺织材料含水率和回潮率的测定   烘箱干燥法》。

6-2   电阻测湿仪法原棉水分测试

1   工作任务描述

根据纺织纤维在不同回潮率下具有不同电阻的特性,利用电阻测湿仪测定纺织纤维所含的水分。通过试验,掌握电阻测湿仪的操作方法,并测定原棉的回潮率。记录原始数据,完成项目报告。

电阻测湿仪测定原棉水分

2   操作仪器、工具和试样

Y412A 型原棉电阻测湿仪（图 6-18）、天平（称量范围为 200 g,分度值为 10 mg)、小螺丝刀,试样为不同品级的原棉数种。

3   操作要点

3.1   仪器调整

（1）检查指针   将八节 1 号电池装入仪器中,观察表头指针是否与起点线重合,如不重合,可用小螺丝刀缓慢旋动表壳下中部的小螺丝,使其重合(检查时不开启电源)。

图 6-18   Y412A 型原棉水分测试仪

（2）调整零值和满度   将[校验开关]拨至[上层测水]或[下层测水],开启电源,按下[零值调整]按钮,旋[电压满位]旋钮,使指针与零线重合;然后将[校验开关]拨至[温差满调]处,旋[温差满调]电位器,指针与终点线重合。经上述调整后,零位一般不会变动,不必每次测量时都调整,但应定期检查。

3.2   操作步骤

① 用天平称取棉样,每份 50 g±5 g,一般取两份。

② 将棉样扯松,均匀迅速地放入测湿仪两极板之间,将玻璃盖盖好,摇动手柄,使压力器针尖端指在红点处,此时的压力为 735 N。

③ 根据原棉含水率或回潮率的大概范围,将[校验开关]拨至[上层测水]或[下层测水],开启电源开关,指针即移动,移动停止后,记下读数,再将[校验开关]拨至[温差测量]档,表上指针所指读数就是温差修正值。修正值有正值和负值,将修正值与[上层测水]或[下层测水]值代数相加,即得原棉的含水率或回潮率。若仪器表头显示为含水率,则用含水率与回潮率折算表查出回潮率。

④ 关闭电源开关,退松压力,取出原棉试样。

3.3 注意事项

① 仪器应放在干燥通风处,避免振动;也不应在烈日下曝晒,以免半导体元件受损。

② 勿任意旋动面板上的有关电位器,如有变动,必须用标准电阻箱及标准温度计校正。

③ 测试完毕,应及时切断电源开关。

4 指标和计算

将测试的两份试样的回潮率结果求平均,即得该批原棉的实际回潮率。计算至小数点后两位,按《数值修约规则》修约至小数点后一位。

5 相关标准

GB/T 6102.2《原棉回潮率试验方法 电阻法》。

6-3 电阻测湿仪法纱线水分测试

1 工作任务描述

利用电阻测湿仪测定筒子纱所含的水分。通过试验,掌握电阻测湿仪的校正和操作方法,理解仪器测试原理,对读数值进行温度修正。记录原始数据,完成项目报告。

2 操作仪器、工具和试样

YG201B 型多用纱线测湿仪(图 6-19)及附件(测湿探头、测温探头、温度计),棉筒子纱若干。

3 操作要点

3.1 仪器调整

(1)机械零点调整 插上仪器电源插头,在未开启电源开关的状态下,检查仪器机械零点,否则用小螺丝刀旋转表头小螺丝使指针到达零位。

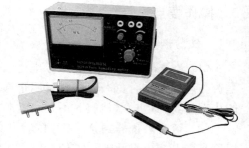

图 6-19 YG201B 型多用纱线测湿仪

(2)零点调整 开启电源开关,表上指针逐渐上升,约 2 min 后,观察指针是否停留在"0°"位置。若有偏差,可用零位调节器调节,使指针指在"0°"位置。

(3)测湿仪满度调整 将调节开关拨到红线上,表上指针立刻向右移动到 42°~43°之间的红线处。如有偏差,可用红线调节器调节,然后将调节开关拨至测量档,使指针回到"0°"线。

3.2 操作步骤

① 将被测纱线放在干燥的绝缘板上。

② 将测温探头插入筒子纱中,待温度计指针稳定时记录温度,读数精确至 0.5 ℃(二舍八入,三七作五)。每个筒子纱测试一次,第一个测试完毕,则将测温探头插入第二个筒子纱中。

③ 将测湿探头插入筒子纱中。插入方法如图 6-20 所示。在距筒子边缘 1 cm 处插入测

湿探头(两根针应沿筒子端面半径方向),拨动量程开关,使表头指针在刻度 $0\sim1.0$。每一端面沿直径方向测试两点,测试完毕,将筒子纱翻转,在另一端面再测试两点,与原先测试的两点呈十字交叉。每个筒子纱测试四点,记录测试结果。

注意:测湿探头不插入筒子纱中时,表头指针应指在零刻度线。如不指在零刻度线,即应重新调整"零位调节"和"红线调节"。

④ 测试完毕,拔去测湿与测温探头,关闭电源。

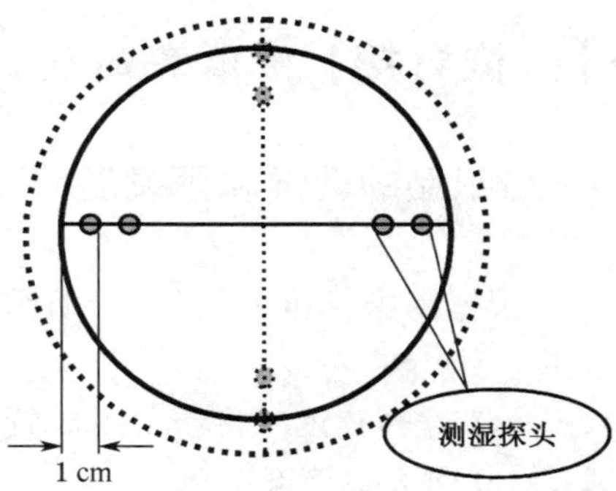

测湿探头

1 cm

图 6-20　测湿探头插入筒子纱的方式

4　指标和计算

根据温度读数平均值(精确至 $0.5\ ℃$)、回潮率读数平均值 W'(精确至 0.01%),查棉筒子纱回潮率温度修正系数表(仪器使用说明书中的表格),得到温度修正系数 K,计算实际回潮率 $W = W' + K$。计算至小数点后两位,按《数值修约规则》修约至小数点后一位。

【知识拓展】电测法原棉回潮率测试的影响因素

电测法是利用原棉回潮率与导电性能的关系从而测出回潮率的方法。即在电测器的两极板之间放入原棉,在两极板面积、纤维质量、电压和压力等条件一定的情况下,测定通过原棉的电流大小来间接地测定原棉的回潮率。

影响其测试结果的因素主要有两极板间压力、极板电压和试样质量三个方面。

1. 两极板间压力

对于一定量的棉纤维,如果体积小,其密度就大,导电性能就强;反之,体积大,密度小,导电性能就弱。另外,密度均匀度对测试结果亦有影响。由于密度大的地方受力较大,导电性能好起主导作用,故实测回潮率的值偏向于大于均匀放入时测得的回潮率。

2. 极板间电压

电压不同,测得两极板间试样的电阻值也不同。另外,电压较高时测得的电流较稳定,但电压过高会造成使用过程中存在安全隐患;而电压过小时极板间电流极不稳定,测量时存在较大误差,不能真实地反映出试样的回潮率大小。目前,原棉水分测定仪所用电压为 $90\ V\pm1\ V$。

3. 试样质量

试样质量过小时,在压力一定的情况下,因密度较小而造成通过极板间的电流较小,测量误差增大;而试样质量过大时,由于极板间的空间大小和压力相对固定,容易造成试样密度不匀,也影响测试结果的稳定性和准确性。所以,测试过程中应严格按照标准中规定的试样质量($50\ g\pm5\ g$)进行测试,以确保实验数据准确可靠。

【岗位对接】*纺织品的调湿和预调湿/试验用标准大气/常用英语词汇*

1. 纺织品的调湿和预调湿

根据国家标准 GB 6529,纺织品在进行物理或力学性能测定之前须进行调湿和预调湿处理。

（1）预调湿 将纺织品放置于相对湿度为 10%～25%、温度不超过 50 ℃ 的大气环境中,使其回潮率接近平衡。

预调湿的目的是消除调湿处理时吸湿滞后性对材料回潮率的影响。

（2）调湿 将纺织品放置于温带标准大气下进行。调湿期间,应使空气能畅通地流过纺织品,一直放置到与空气达到平衡为止。除非纺织品试验方法另有规定,自由暴露于上述条件下的流动空气的纺织品,其每隔 2 h 的连续称量的质量递变量不超过 0.25% 时,方可认为达到平衡状态;或者,每隔 30 min 的连续称量的质量递变量不超过 0.1%,也可认为达到平衡状态。遇有争议时,以前者为准。

调湿的目的是消除回潮率不同对材料物理力学性能的影响。

2. 试验用标准大气条件

（1）试验用温带标准大气
温度:20 ℃±2 ℃;相对湿度:65%±4%。

（2）试验用热带标准大气
温度:27 ℃±2 ℃;相对湿度:65%±4%。

3. 常用英语词汇

水分 moisture	恒定质量 constant mass
烘干质量 oven-drying mass	含水率 moisture content
回潮率 moisture regain	公定回潮率 commercial moisture regain

【课后练习】

1. 专业术语辨析
（1）吸湿积分热　（2）吸湿微分热　（3）标准质量(公定质量)　（4）回潮率
（5）含水率　（6）实际回潮率　（7）平衡回潮率　（8）标准状态下回潮率
（9）公定回潮率　（10）吸湿等温线　（11）吸湿等湿线　（12）吸湿滞后性
（13）吸湿平衡　（14）调湿处理　（15）预调湿处理

2. 填空题
（1）测定材料吸湿指标的方法通常分为_____和_____两大类。
（2）纺织材料在单位时间内吸收的水分与放出的水分基本相等时,称为_____。

(3) 试样在标准大气中,经调湿平衡后测得的回潮率,叫作_____。

(4) 纤维高聚物中的基水基团常见的有_____、_____、_____、_____等。

(5) 在纤维极性基团直接吸着的水分子上,再积聚的水分子称为_____。

(6) 吸湿主要发生在纤维内部结构中的_____区。

(7) 棉经丝光后,结晶度比丝光前_____,吸湿量比丝光前_____。

(8) 纤维愈细,表面积愈大,吸湿性_____。

(9) 达到吸湿平衡时的回潮率称为_____。

(10) 干燥的纤维放在一般大气中,其吸湿速度表现为开始_____,以后_____。

(11) 吸湿等温线是指在一定大气压力和温度下,纺织材料的_____和_____的关系曲线。

(12) 在标准状态下,因吸湿滞后造成的误差范围,羊毛约为_____,棉约为_____。

(13) 纺织材料进行预调湿的目的,是消除因_____所造成的误差。

(14) 温度愈高,纺织材料的平衡回潮率_____,但在高温高湿条件下,其平衡回潮率_____。

(15) 纤维充分润湿后,长度方向的膨胀_____,直径方向的膨胀_____。

(16) 干燥质量为 1 g 的纤维,从_____开始吸湿到完全润湿时所放出的热量,称为_____。

(17) 纤维的回潮率变化引起电阻和介电系数的变化,根据这个原理可用来制造_____,这是属于_____测取回潮率。

(18) 由于烘箱温度升高,箱中空气的相对湿度_____。

(19) 用烘箱法测试水分时,在同样条件下,箱内称量比箱外称量所称得的质量偏_____,计算所得的回潮率则_____。

(20) 箱外热称时,因试样受_____作用的影响,使称得的质量偏_____。

3. 是非题(错误的选项打"×",正确的选项画"○")

(   )(1) 纺织材料的吸湿性,是指在空气中吸收或放出气态水的能力。

(   )(2) 由于纺织材料具有吸湿滞后现象,所以试验前应对试样进行调湿。

(   )(3) 纺织材料在折算到标准状态下的回潮率时的质量,叫作标准质量(公定质量)。

(   )(4) 同一种纤维材料在标准状态下的回潮率是一个常量。

(   )(5) 大分子的聚合度对纤维的吸湿能力有时有一定的影响。

(   )(6) 成熟差的原棉比成熟好的原棉,吸湿性大。

(   )(7) 油脂含量高的羊毛,吸湿能力减小。

(   )(8) 纤维吸湿或放湿达到的平衡回潮率与时间近似呈直线关系。

(   )(9) 从图 6-12 可看出各种纤维的吸湿等温线都呈 S 形。

(   )(10) 在进行棉纤维的物理试验时,如果其实际回潮率低于标准状态下的回潮率,就不需考虑进行预调湿。

(   )(11) 同一种纤维的吸湿等温线与放湿等温线重合。

(   )(12) 吸湿性大的纤维,因吸湿滞后造成的差值也比较大。

（　　）（13）在相对湿度一定时,纤维的实际平衡回潮率一定。

（　　）（14）纤维吸湿后,长度和横断面发生的膨胀不同,表现了明显的各向异性。

（　　）（15）绝大多数种类的纤维,随着回潮率的增加,其强度是下降的。

（　　）（16）把烘箱放置在标准大气条件下测得的纤维回潮率,为标准状态下的回潮率。

4. 选择题

（1）烘箱法测定纺织材料的回潮率时,称得的纤维干燥质量偏小的称量方法是（　　）。

① 箱内热称　　　　② 箱外热称　　　　③ 箱外冷称

（2）黏胶纤维的吸湿能力大于棉,是由于黏胶纤维中（　　）。

① 亲水性基团多　　　　　　② 结晶度小

③ 比表面积大　　　　　　④ 疏水性伴生物少

（3）下列涤纶纤维中,吸湿能力最好的是（　　）。

① 棉型涤纶　　　　　　② 中长型涤纶

③ 毛型涤纶　　　　　　④ 超细中空涤纶

（4）吸湿后纤维强力提高的是（　　）。

① 棉、麻、柞蚕丝　　　　② 棉、毛、桑蚕丝

③ 麻、棉、黏胶纤维　　　　④ 羊毛、蚕丝

（5）吸湿后纤维强力基本不变的是（　　）。

① 棉　　　　② 涤纶　　　　③ 毛　　　　④ 黏胶纤维

（6）合成纤维吸湿能力小的原因主要是（　　）。

① 结晶度大　　　　　　② 亲水性基团少

③ 无伴生物　　　　　　④ 缝隙空洞少

（7）大多数纤维的密度最大时的纤维回潮率是（　　）。

① 6%~8%　　② 4%~6%　　③ 2%~4%　　④ 1%~2%

（8）预调湿的目的是消除（　　）对回潮率的影响。

① 吸湿滞后性　　　　　② 时间

③ 温度　　　　　　　④ 相对湿度

（9）下列纤维中吸湿滞后值最大的是（　　）。

① 羊毛纤维　　　② 蚕丝　　　③ 涤纶　　　④ 黏胶纤维

（10）纺织材料吸收水分后,纤维的（　　）。

① 电阻增加,介电常数减小　　　　② 电阻增加,介电常数增加

③ 电阻减小,介电常数减小　　　　④ 电阻减小,介电常数增加

5. 分析应用题

（1）试推导含水率与回潮率的关系式。

（2）把干燥的纺织材料放置在相对湿度从 0%→100%→0% 变化的大气条件下平衡(下页相对湿度-时间图),请根据纺织材料的吸放湿特点,在下页回潮率-时间图中绘出相应的吸放湿等温线。

（3）一个黏胶丝饼的质量为 1.180 kg,烘干后称得干燥质量为 1.062 kg,求黏胶丝饼的

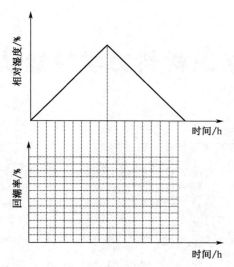

回潮率及其公定质量？（黏纤的公定回潮率为 13%）

（4）有一批混纺原料，称见质量为 2500 kg，原料的混纺比为羊毛 40%：涤纶 40%：黏纤 20%，实测回潮率为 10%，求该批原料的公定质量。（羊毛的公定回潮率为 15%，黏纤的公定回潮率为 13%，涤纶的公定回潮率为 0.4%）

（5）计算 65/35 涤/黏混纺纱在公定回潮率时的混纺百分比。

项目7 纺织材料力学性能认识与检测

教学目标

1. 理论知识:拉伸性能指标,拉伸曲线。
2. 实践技能:拉伸性能测试。
3. 拓展知识:高强度碳纤维。
4. 岗位知识:"自主"高强纤维为"神舟"护航。

▶ 【项目导入】*纤维的能耐有多大*?

　　一根纤维可能一扯就断,那是因为它纤细。如果把纤维制成截面积为 1 mm² 的材料,它的强力如下图所示,普通的锦纶纤维可达 600 N,工业用涤纶与锦纶纤维为 1500 N,特种用高强材料就更大,如 Kevlar 纤维可达 3200 N,碳纤维可达 7000 N。

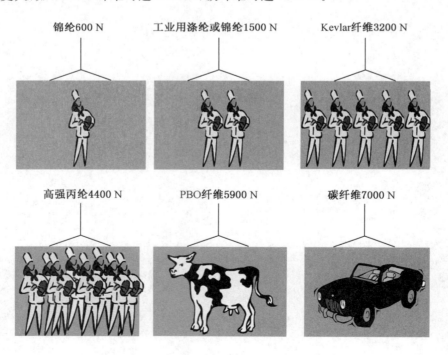

【知识要点】

子项目 7-1 纺织材料的拉伸性能

1 拉伸性能指标

纺织材料在外力作用下被破坏时,主要的、基本的方式是材料被拉断。表示材料拉伸特征的指标有许多,可以分为与拉伸断裂点相关的指标,以及与拉伸曲线相关的指标两大类。

1.1 一次拉伸断裂的指标

(1) 断裂强力 纺织材料被拉伸至断裂时所能承受的最大外力,是表示拉伸力绝对值的一种指标,基础单位为"N",衍生单位有"cN""mN""kN"等。各种强力机上测得的读数都是强力值,例如单纤维、束纤维强力分别为拉伸一根纤维、一束纤维至断裂时所需的力。强力与纤维、纱线的粗细有关,所以对不同粗细的纤维和纱线,强力没有可比性。

(2) 相对强度 指单位细度的纤维或纱线所能承受的最大拉力,包括断裂应力、断裂强度和断裂长度等。

① 断裂应力:指单位面积的纤维或纱线所能承受的最大拉力,单位为"N/mm²"或"MPa"。其计算式如下:

$$\sigma = \frac{P}{S} \tag{7-1}$$

式中:σ 为断裂应力(N/mm²);P 为纤维或纱线的断裂强力(N);S 为纤维或纱线的截面积(mm²)。

② 断裂强度:指单位细度(1 tex 或 1 D)的纤维或纱线所能承受的最大拉力,单位为"N/tex"或"N/D"。其计算式如下:

$$p_{tex} = \frac{P}{T_t} \text{ 或 } p_{den} = \frac{P}{N_{den}} \tag{7-2}$$

式中:p_{tex} 为特克斯制断裂强度(N/tex);T_t 为纤维或纱线的线密度(tex);p_{den} 为纤度制断裂强度(N/D);N_{den} 为纤维或纱线的纤度(D)。

③ 断裂长度:单根纤维或纱线,延续很长,握持上端,当握持点下悬挂总长内纤维或纱线的自身重力把纤维或纱线自身沿握持点拉断(即重力等于强力)时,这个长度就是断裂长度。一般断裂长度用 L_p 表示,单位为"km(千米)"。在生产实践中,测定纤维或纱线的断裂长度不使用悬挂法,而是用强力进行折算。其计算式如下:

$$L_p = \frac{P}{g \times T_t} \times 1000 \tag{7-3}$$

式中:L_p 为纤维或纱线的断裂长度(km);g 为重力加速度(等于 9.8 m/s²)。

相对强度的三个指标之间的换算式如下:

$$\sigma = \gamma \times p_{tex} = 9 \times \gamma \times p_{den} \tag{7-4}$$

$$p_{\text{tex}} = 9 \times p_{\text{den}} \qquad L_p = \frac{p_{\text{tex}}}{g} \times 1000 \tag{7-5}$$

式中：γ 为纤维或纱线的密度（g/cm^3）；p_{den} 为纤度制断裂强度（mN/D）；p_{tex} 为特克斯制断裂强度（mN/tex）。

（3）断裂伸长率　纤维、纱线或织物拉伸时产生的伸长占原来长度的百分率称为伸长率。拉伸至断裂时的伸长率称为断裂伸长率，它表示纺织材料承受拉伸变形的能力。其计算式如下：

$$\varepsilon = \frac{L - L_0}{L_0} \times 100\% \tag{7-6}$$

$$\varepsilon_p = \frac{L_a - L_0}{L_0} \times 100\%$$

式中：L_0 为加预张力伸直后的长度（mm）；L 为拉伸伸长后的长度（mm）；L_a 为断裂时的长度（mm）；ε 为伸长率；ε_p 为断裂伸长率。

1.2　拉伸曲线及指标

（1）拉伸负荷-伸长曲线　表示纺织材料在拉伸过程中的负荷和伸长的关系曲线称为负荷-伸长曲线。各种纤维的负荷-伸长曲线形态不一。图 7-1 所示为典型的负荷-伸长曲线。图中：$O' \rightarrow O$ 表示拉伸初期未能伸直的纤维由卷曲逐渐伸直；$O \rightarrow M$ 表示纤维变形需要的外力较大，模量增高，主要是纤维中大分子间连接键的伸长变形，此阶段应力与应变的关系基本符合胡克定律给出的规律；Q 为屈服点，对应的应力为屈服应力；$Q \rightarrow S$ 表示自 Q 点开始，纤维中大分子的空间结构开始改变，卷曲的大分子逐渐伸展，同时原先存在于大分子内或大

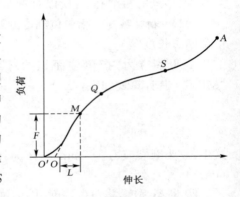

图 7-1　典型的纤维负荷-伸长曲线

分子间的氢键等次价力开始断裂，并使结晶区中的大分子逐渐产生错位滑移，所以这一阶段的变形比较显著，模量相应地逐渐变小；$S \rightarrow A$ 表示这时错位滑移的大分子基本伸直平行，由于相邻大分子的相互靠拢，使大分子间的横向结合力反而有所增加，并可能形成新的结合键，这时如继续拉伸，产生的变形主要是这部分氢键、盐式键的变形，所以，这一阶段的模量再次升高；A 为断裂点，当拉伸到上述结合键断裂时，纤维便断裂。

（2）应力-应变曲线　负荷-伸长曲线对不同粗细和不同试样长度的纤维没有可比性，如图 7-2 所示。应力-应变曲线图中，纵坐标表示相对强度，横坐标为伸长率。它可以比较不同细度和试样长度的材料的拉伸性能。

（3）初始模量　指纤维负荷-伸长曲线上起始段（纤维基本伸直后的拉伸段）较直部分的延长线上的应力与应变之比；在应力-应变曲线上，初始模量为曲线起始阶段的斜率。初始模量的大小表示纤维在小负荷作用下变形的难易程度，反映了纤维的刚性。初始模量大，表示纤维在小负荷作用下不易变形，刚性较好，其制品比较挺括；反之，初始模量小，表示纤维在小负荷作用下容易变形，刚性较差，其制品比较软。

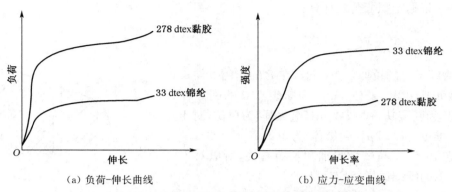

（a）负荷-伸长曲线　　　　　　　　（b）应力-应变曲线

图 7-2　278 dtex 黏胶长丝和 33 dtex 锦纶长丝的拉伸曲线

几种常见纤维的初始模量见表 7-1。如表所示，涤纶的初始模量高，湿态时几乎与干态相同，所以涤纶织物挺括，而且免烫性能好。富纤的初始模量干态时较高，但湿态时下降较多，所以免烫性能差。锦纶的初始模量低，所以织物较软，没有身骨。羊毛的初始模量比较低，故具有柔软的手感。棉的初始模量较高，而麻纤维更高，所以具有手感硬的特征。

表 7-1　几种常见纤维的拉伸指标参考值

纤维品种		断裂强度（N/tex）		钩接强度（N/tex）	断裂伸长率/%		初始模量（N/tex）	定伸长回弹率/%（伸长 3%）
		干态	湿态		干态	湿态		
涤纶	高强低伸型	0.53～0.62	0.53～0.62	0.35～0.44	18～28	18～28	6.17～7.94	97
	普通型	0.42～0.52	0.42～0.52	0.35～0.44	30～45	30～45	4.41～6.17	
锦纶 6		0.38～0.62	0.33～0.53	0.31～0.49	25～55	27～58	0.71～2.65	100
腈纶		0.25～0.40	0.22～0.35	0.16～0.22	25～50	25～60	2.65～5.29	89～95
维纶		0.44～0.51	0.35～0.43	0.28～0.35	15～20	17～23	2.21～4.41	70～80
丙纶		0.40～0.62	0.40～0.62	0.35～0.62	30～60	30～60	1.76～4.85	96～100
氯纶		0.22～0.35	0.22～0.35	0.16～0.22	20～40	20～40	1.32～2.21	70～85
黏纤		0.18～0.26	0.11～0.16	0.06～0.13	16～22	21～29	3.53～5.29	55～80
富纤		0.31～0.40	0.25～0.29	0.05～0.06	9～10	11～13	7.06～7.94	60～85
醋纤		0.11～0.14	0.07～0.09	0.09～0.12	25～35	35～50	2.21～3.53	70～90
棉		0.18～0.31	0.22～0.40	—	7～12	—	6.00～8.20	74（伸长 2%）
绵羊毛		0.09～0.15	0.07～0.14	—	25～35	25～50	2.12～3.00	86～93
家蚕丝		0.26～0.35	0.19～0.25	—	15～25	27～33	4.41	54～55（伸长 5%）
苎麻		0.49～0.57	0.51～0.68	0.40～0.41	1.5～2.3	2.0～2.4	17.64～22.05	48（伸长 2%）
氨纶		0.04～0.09	0.03～0.09	—	450～800	—		95～99（伸长 50%）

（4）**断裂功**　它是指拉断纤维所做的功，也就是纤维受拉伸到断裂时所吸收的能量。在负荷-伸长曲线上（图 7-3），断裂功就是曲线 $0—a—l_a—0$ 下所包含的面积。

断裂功根据定积分公式计算:

$$W = \int_0^{l_a} P \mathrm{d}l \tag{7-7}$$

式中:P 为纤维上的拉伸负荷(cN),在 P 的作用下伸长 $\mathrm{d}l$ 所需的微元功 $\mathrm{d}W = P\mathrm{d}l$;$l_a$ 为断裂点 a 的断裂伸长 (mm);W 为断裂功,一般以 mJ(毫焦耳)为单位,对于强力低的纤维也可以用 μJ(微焦耳)为单位。

断裂功的大小与试样粗细和长短有关,所以对不同细度和长度的纤维试样,没有可比性。

(5)断裂比功 它是指拉断单位细度(即 1 tex)、单位长度(即 1 mm)的纤维材料所需的能量(mJ),单位常用 "N/tex"。其计算式如下:

$$W_r = \frac{W}{T_t \times l} \tag{7-8}$$

式中:W 为纤维的断裂功(mJ);W_r 为断裂比功(N/tex);T_t 为纤维的线密度(tex);l 为纤维的长度(mm)。

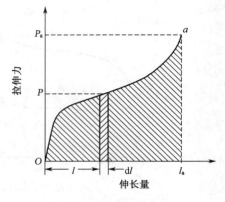

图 7-3 由拉伸曲线求断裂功

2 影响拉伸性能的因素

2.1 影响纤维拉伸性能的因素

2.1.1 纤维的内部结构

(1)大分子结构方面的因素 纤维大分子的柔曲性(或称柔顺性)与纤维的结构和性能有密切关系。影响分子链柔曲性的因素是多方面的。一般而言,当大分子较柔曲时,在拉伸外力作用下,大分子的伸直、伸长较大,所以纤维的伸长较大。

纤维的断裂取决于大分子的相对滑移和分子链的断裂两个方面。当大分子的平均聚合度较小时,大分子间结合力较小,容易产生滑移,所以纤维强度较低而伸度较大;反之,当大分子的平均聚合度较大时,大分子间的结合力较大,不易产生滑移,所以纤维的强度较高而伸度较小。例如富纤大分子的平均聚合度高于普通黏胶纤维,所以富纤的强度大于普通黏胶纤维。当聚合度分布集中时,纤维的强度也较高。

图 7-4 所示是在不同拉伸倍数下黏胶纤维的聚合度对纤维强度的影响。开始时,纤维的强度随聚合度增大而增加;但当聚合度达到一定值时,继续增大,纤维强度也不再增加。

(2)超分子结构方面的因素 纤维的结晶度高,纤维中分子排列规整性好,缝隙孔洞较少较小,分子间结合力强,纤维的强度、屈服应力和初始模量都较高,而伸度较小。但结晶度太大会使纤维变脆。此外,结晶区以颗粒较小、分布均匀为好。结晶区是纤维中的强区,无定形区是纤维中的弱区,纤维的断裂则发生在弱区,因此无定形

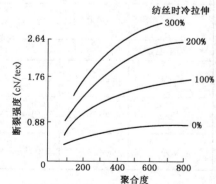

图 7-4 不同拉伸倍数下黏胶纤维聚合度对断裂强度的影响

区的结构情况对纤维强伸度的影响较大。

取向度好的纤维有较多的大分子沿纤维轴向平行排列,且大分子较挺直,分子间结合力大,有较多的大分子承担作用力,所以纤维强度较大而伸度较小。一般,麻纤维内部的分子绝大部分都和纤维轴平行,所以在纤维素纤维中它的强度较大;而棉纤维的大分子因呈螺旋形排列,其强度较麻低。化学纤维在制造过程中,拉伸倍数越高,大分子的取向度越高,所制得的纤维强度就较高而伸度较小。图 7-5 表示由不同拉伸倍数得到的取向度不同的黏胶纤维的拉伸曲线。由此图可见,随着取向度增加,黏胶纤维的断裂强度增加,断裂伸长率降低。

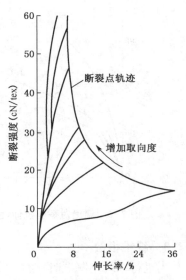

图 7-5　不同取向度的黏胶纤维的拉伸曲线

（3）**纤维形态结构方面的因素**　纤维中存在许多裂缝、孔洞、气泡等缺陷和形态结构不均一（纤维截面粗细不匀、皮芯结构不匀,以及大分子结构和超分子结构的不匀）等弱点,这必将引起应力分布不匀,并产生应力集中,致使纤维强度下降。例如,普通黏胶纤维内部的缝隙孔洞较大,而且形成皮芯结构,芯层部分的分子取向度低、晶粒较大,这些都会降低纤维的拉伸强度和耐弯曲疲劳强度。表 7-2 所示为三种黏胶长丝的强度和伸长率。

表 7-2　三种黏胶长丝的强伸度数据

黏胶长丝	干强度(cN/dtex)	湿强度(cN/dtex)	相对湿强度/%	干伸长率/%	湿伸长率/%
普通黏胶丝	1.5~2.0	0.7~1.1	45~55	10~24	24~35
强力黏胶丝	3.0~4.6	2.2~3.6	70~80	7~15	20~30
富纤丝	1.9~2.6	1.1~1.7	50~70	8~12	9~15

2.1.2 温湿度

空气的温湿度会影响纤维的温湿度和回潮率,从而影响纤维内部结构的状态和纤维的拉伸性能。

（1）**温度**　纤维强度受其内部结构和局部缺陷这两种因素的影响。在高温下,前者是主导因素;而在低温下,后者是决定因素。一般认为,对纤维高聚物而言,高温是指 $-100\ ℃$ 至室温以上的温度,低温是指 $-200\ ℃$ 以下的温度。

在纤维回潮率一定的条件下,温度高,大分子热运动能高,大分子柔曲性提高,分子间结合力削弱。因此,一般情况下,温度高,拉伸强度下降,断裂伸长率增大,初始模量下降(图7-6)。

（2）**空气相对湿度**　相对湿度越大,纤维的回潮率越大,大分子之间结合力越弱,结晶区越松散。一般情况下,纤维的回潮率大,则纤维的强度降低、伸长率增大、初始模量下降,如图7-7所示。但是,棉纤维有一些特殊性。因为棉纤维的聚合度非常高,大分子链极长,当回潮率提高后,大分子链之间的氢键有所减弱,增强了基原纤之间或大分子之间的滑动能力,这会调整基原纤和大分子的张力均匀性,从而使受力的大分子数增多,纤维强度提高。

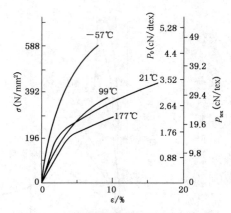
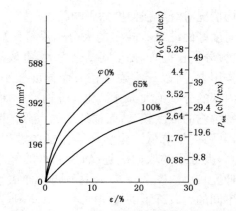

图 7-6　温度对蚕丝拉伸性能的影响　　　图 7-7　相对湿度对细羊毛拉伸性能的影响

2.1.3　纤维根数

当进行束纤维测试时,随着纤维根数的增加,测得的束纤维强力换算成单纤维强力会有所下降。这是由于束纤维中各根纤维的强度(特别是伸长能力)不一致,而且伸直状态也不同,在外力作用下,伸长能力小、较伸直的纤维首先断裂;此后将外力转嫁至其他纤维,以致这后一部分的纤维也随之断裂。由于束纤维中这种单纤维断裂的不同时性,测得的束纤维强力必然小于单根纤维强力之和。当束纤维中纤维根数越多时,断裂不同时性越明显,测得的平均强力就越偏小。

2.1.4　试样长度

由于纤维各处的截面积并不完全相同,而且各截面处的纤维结构也不一样,因而同一根纤维各处的强度并不相同,测试时总是在最薄弱的截面处拉断并表现为断裂强力。当纤维试样长度缩短时,最薄弱环节被测到的机会减少,从而使测试强力的平均值提高。纤维试样截取越短,平均强力将越高。纤维各截面的强力不均匀越厉害,试样长度对测得强力的影响也越大。

有关的标准及技术条件均明确规定了测试时的试样长度。例如,单纤维测试时试样长度通常为 10 mm 或 20 mm,而束纤维测试时试样长度通常为 3 mm。

2.1.5　拉伸速度

试样被拉伸的速度对纤维强力与变形的影响也较大。拉伸速度大,测得的强力较大,伸长也随之变化。不同拉伸速度时锦纶 66 和黏胶纤维的拉伸曲线分别如图 7-8(a)、(b)所示,曲线 1、2、3、4、5、6 的拉伸速度(%隔距长度/s)分别为 1096、269、22、2、0.04、0.001 3。

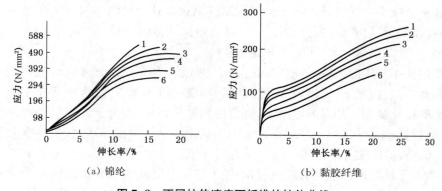

（a）锦纶　　　　　　　　　（b）黏胶纤维

图 7-8　不同拉伸速度下纤维的拉伸曲线

为了减小拉伸速度对测试结果所造成的误差,使测试结果具有可比性,应控制强力仪的下夹持器以一定速度下降,以保持拉伸至断裂时的时间不变,通常规定为"100%隔距长度/min"。

2.1.6　测试仪器

用于测定纤维拉伸断裂性质的仪器称作强力仪。根据断裂强力仪结构特点的不同,主要可分为三种类型:第一种是等速拉伸(牵引)型,如摆锤式强力仪;第二种是等加负荷(负荷增加的速度保持恒定)型,如斜面式强力仪;第三种是等速伸长(试样变形的速度保持恒定)型,如电子式强力仪。不同类型仪器测得的结果没有可比性。

随着测试技术的发展,最符合拉伸机理且精度、自动化程度高的电子强力仪得以普及,并成为标准推荐的测试仪器。

2.2　影响纱线拉伸性能的因素

影响纱线强伸度的因素主要是组成纱线的纤维性质和纱线结构两个方面。

长纤维纺的纱线强度更高

（1）纤维性质　纤维长度较长、细度较细时,成纱中纤维间的摩擦阻力较大,不易滑脱,成纱强力较高(参看本书《项目 3　纤维长度和细度检测》)。当纤维长度整齐度较好时,纤维细而均匀,成纱条干均匀,弱环少且不明显,有利于成纱强力的提高。纤维强伸度大、强伸度不匀率小时,则成纱的强伸度也大。纤维的表面性质对纤维间的摩擦阻力有直接影响,所以与成纱强力的关系也很密切。

（2）纱线结构　短纤维纱对其强伸度的影响,主要反映在捻度上(参看本书《项目 4　纱线结构认识与识别》)。

混纺纱的强伸度还与混纺纤维的性质差异及其混纺比有关(参看本书《项目 4　纱线结构认识与识别》中"混纺纱结构与性能"的内容)。

（3）测试条件　有关测试温湿度、试样长度等测试条件对纱线拉伸性能的影响,基本同纤维。

2.3　影响织物拉伸性能的因素

（1）纤维原料　纤维的性质是织物性质的决定因素,当纤维强伸度大时,织物的强伸度一般也大。纤维的初始模量、弹性、卷曲、抱合力等影响纱线强伸性能的因素,同样也会影响织物的强伸性能。

（2）纱线的影响

① 纱线粗细:由于粗的纱线强力大,所以织物强力也大。粗的纱线织成的织物紧度大,纱线间的摩擦阻力大,也使织物强力提高。纱线的细度不匀也会影响织物强力,细度不匀率高的纱线会降低织物强力。

② 纱线加捻:纱线的捻度对织物强力的影响与捻度对纱线强力的影响相似,但纱线捻度接近临界捻系数时,织物的强力已开始下降。纱线的捻向配置对强力也有影响,织物中经纬纱的捻向相反配置与相同配置相比较,前者的拉伸断裂强力较低,而后者较高。

③ 纱线结构:与转杯纱织物相比,环锭纱织物具有较高的强力和较低的伸长。线织物的强力高于相同粗细的纱织物的强力,这是因为相同粗细时股线的强力高于单纱强力。

（3）织物密度　机织物的经纬密度的改变对织物强力有显著的影响。若纬纱密度保持不变,增加经纱密度,织物的经向拉伸断裂强力增大,纬向拉伸断裂强力也有增大的趋势。由于经密增加,承受拉伸的纱线根数增多,经向强力增大;同时经密上升使经纱与纬纱的交错次数增加,使纬向薄弱环节得以弥补,结果使纬向强力也增大。若经密保持不变,随纬密增加,对中低密度织物而言,经纬向强力均增加;但对高密织物,却表现为纬向强力增大而经向强力减小的趋势。这是由于纬密增加,经纱在织造过程中受反复拉伸、摩擦的次数增加,使经纱发生了不同程度的疲劳和磨损,从而导致织物经向强力下降。通过增加经纬向密度来提高织物强力是有极限值的,而且经纬向密度达到一定程度后,反而对织物强力带来不利影响。

根据织物的密度、织物中的纱线强力,以及纱线在织物中的强力利用系数,可以估算织物的强力,称为计算强力。其计算式如下:

$$P_f = \frac{M}{10} \times 5 \times P_y \times K \tag{7-9}$$

式中:P_f 为织物计算强力(N);M 为织物密度(根/10 cm);P_y 为织物中的纱线强力(N);K 为纱线在织物中的强力利用系数。

纱线在织物中的强力利用系数 K 的物理意义是指织物某一向的断裂强力与该方向各根纱线强力之和的比值,K 可能大于1,也可能小于1,当织物紧度过大、纱线张力不匀和纱线捻度接近于临界捻系数时,K 会小于1。

(**4**)**织物组织** 机织物的组织对织物拉伸性质的影响是:在织物一定长度内纱线的交错次数多、浮线长度短时,则织物的强力和伸长大。因此,在其他条件相同时,平纹织物的强力和伸长最大;缎纹织物的强力和伸长最小;斜纹居中。

(**5**)**后整理** 棉、黏胶纤维织物缺乏弹性,受外力作用后容易起皱、变形。树脂整理可以改善织物的力学性能,增加织物弹性、折皱回复性,减少变形,降低缩水率。但树脂整理后织物的伸长能力明显降低,降低程度取决于树脂的浓度。后整理的方式、对象不同,将产生不同的强伸度结果。

子项目 7-2 纺织材料的蠕变、松弛和疲劳

1 纺织纤维的拉伸变形

纺织纤维受力后的变形,既不像弹簧(变形与受力大小成正比),又不像黏流体(变形与时间成比例),而是介于两者之间的黏弹体。纺织纤维在加工和使用过程中受一次性拉伸而断裂的情况比较少,大多数情况下,纤维受到小于断裂强力且反复拉伸的作用,由于时间积累而破坏。这与其黏弹体的力学特性有关。

纤维受外力拉伸而变形,这一变形包含三种成分——急弹性变形、缓弹性变形和塑性变形。纤维的变形能力和特征与纤维的内部结构及变化的关系密切。

(**1**)**急弹性变形** 即外力去除后能迅速回复的变形。急弹性变形是在外力作用下由纤维大分子的键角与键长发生变化所产生的,变形(键角张开、键长伸长)和回复(键角收合、键长缩短)所需要的时间都很短。

(**2**)**缓弹性变形** 即外力去除后需经一定时间才能逐渐回复的变形。缓弹性变形是在外力的作用下由于纤维大分子的构象发生变化(即大分子的伸展、卷曲、相互滑移的运动)甚至大分子重新排列而形成的。在这一过程中,大分子的运动必须克服分子间和分子内的各种作用力,因此变形过程缓慢。外力去除后,大分子链又通过链节的热运动,重新取得卷曲构象,在这一过程中,分子链的链段也同样需要克服各种作用力,回复过程同样缓慢。

（3）塑性变形 指外力去除后不能回复的变形。塑性变形是指在外力作用下纤维大分子链节、链段发生了不可逆的移动，而且可能在新的位置建立了新的分子间连接，如氢键。

纤维的三种变形，不是逐个依次出现而是同时发展的，只是各自的速度不同。急弹性变形的变形量不大，但发展速度很快；缓弹性变形则以比较缓慢的速度逐渐发展，并因分子间相互作用条件的不同而变化甚大；塑性变形必须克服纤维中大分子间更多的联系作用才能发展，因此更加缓慢。表现为拉伸曲线上不同阶段的斜率变化，即三者的比例关系在变化。

纤维的完整绝对变形 l、完整相对变形 ε 分别定义如下：

$$\left.\begin{array}{c} l = l_急 + l_缓 + l_塑 \\ \varepsilon = \varepsilon_急 + \varepsilon_缓 + \varepsilon_塑 \end{array}\right\} \tag{7-10}$$

式中：$l_急$、$l_缓$、$l_塑$ 分别为急弹性变形、缓弹性变形和塑性变形（mm）；$\varepsilon_急$、$\varepsilon_缓$、$\varepsilon_塑$ 分别为急弹性相对变形、缓弹性相对变形和塑性相对变形。

纤维的三种变形的相对比例，随纤维的种类、所加负荷的大小以及负荷作用时间的不同而不同。测定时，必须选用一定的回复时间作为区分三种变形的依据。所用时间限值不同，则三种变形的变形值也不相同。一般规定：去除负荷后 5～15 s（甚至 30 s）内能够回复的变形作为急弹性变形，去除负荷后 2～5 min（或 0.5 h 或更长时间）内能够回复的变形为缓弹性变形，不能回复的变形即为塑性变形。

几种主要纤维的拉伸变形数据见表 7-3。测试条件：使用强力仪测定；定负荷值为断裂负荷的 25%；负荷维持时间 4 h，卸荷后 3 s 读急弹性变形量，休息 4 h 后读缓弹性变形量和塑性变形量；温度 20 ℃，相对湿度 65%。

可以看出棉纤维、亚麻和生丝的塑性变形含量较高，所以其制品抗皱性较差。

表 7-3　几种主要纤维的拉伸变形数据

纤维种类	线密度（tex）	各种变形组分占完整变形的比例			施加负荷终了时完整变形占试样长度的百分率/%
		$l_急/l$	$l_缓/l$	$l_塑/l$	
中粗棉纤维	0.2	0.23	0.21	0.56	4
亚麻工艺纤维	5	0.51	0.04	0.45	1.1
细羊毛纤维	0.4	0.71	0.16	0.13	4.5
生丝	2.5	0.30	0.31	0.39	3.3
锦纶 66 短纤维	0.4	0.71	0.13	0.16	9.5
涤纶短纤维	0.3	0.49	0.24	0.27	16.2
腈纶短纤维	0.6	0.45	0.26	0.29	8.6

2　纤维的蠕变和应力松弛

由高聚物构成的纺织纤维在外力作用下变形时，其变形不仅与外力的大小有关，同时与外力作用的延续时间有关。

对于刚性体，其应力 σ 与应变 ε 的关系可以表示如下：

$$\sigma = E\varepsilon \tag{7-11}$$

式中:E 为弹性模量。

对于黏性体,若黏滞系数为 η,则其应力 σ 与应变 ε 的关系可以表示如下:

$$\sigma = \eta \times \frac{\mathrm{d}\varepsilon}{\mathrm{d}t} \tag{7-12}$$

即应力是应变速度的函数,和时间有关。黏弹体兼具这两种特性,它具有蠕变和应力松弛两种现象。

2.1 纤维的蠕变现象

纤维在恒定的拉伸外力作用下,变形随着受力时间而逐渐变化的现象称为蠕变,蠕变曲线如图 7-9(a)所示。在时间 t_1 时外力 P_0 作用于纤维而产生瞬时伸长 ε_1,继续保持外力 P_0 不变,则变形逐渐增加,其过程为 $\overline{bc}$ 段,变形增加量为 ε_2,此即拉伸变形的蠕变过程。在时间 t_2 时去除外力,则立即产生急弹性变形回复 ε_3。在 t_2 之后,拉伸力为"0"且保持不变,随着时间延续变形还在逐渐回复,其过程为 $\overline{de}$ 段,变形回复量为 ε_4。最后留下一段不可回复的塑性变形 ε_5。根据蠕变现象可知,对于黏性固体而言,几乎各种大小的拉力都可能将其拉断,这是由于蠕变使伸长率不断增加,最后导致断裂破坏,只是拉力较小时,拉断所需时间较长;拉力较大时,拉断所需时间较短。

2.2 纤维的应力松弛

在拉伸变形恒定的条件下,纤维的内应力随着时间而逐渐减小的现象称为应力松弛(也称松弛),松弛曲线如图 7-9(b)所示。在时间 t_1 时产生伸长 ε_0 并保持不变,内应力上升到 P_0,此后内应力随时间逐渐下降。

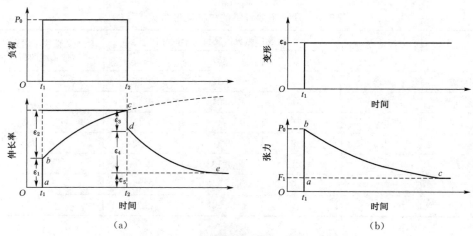

(a)   (b)

图 7-9 纤维的蠕变和应力松弛曲线

实践中的许多现象就是由于应力松弛所致,如各种卷装(纱管、筒子经轴)中的纱线都受到一定伸长值的拉伸作用,如果贮藏太久,就会出现松烂;织机上的经纱和织物受到一定伸长值的张紧力的作用,如果停台太久,经纱和织物就会松弛,经纱下垂,织口松弛,再开车时,由于开口不清、打纬不紧,就产生跳花、停车档等织疵。

纤维材料的蠕变和应力松弛是一个性质的两个方面,其实质都是由于纤维中大分子的滑移运动。蠕变是由于随着外力作用时间的延长,不断克服大分子间的结合力,使大分子逐渐沿着外力方向伸展排列或产生相互滑移而导致伸长增加,增加的伸长基本上都是缓弹性和塑性变形(黏性流动)。应力松弛是由于纤维发生变形而具有了内应力,大分子在内应力作用下逐渐自动皱缩(这是弹性的内因),取得卷曲构象(最低能力状态),并在新的平衡位置形成新的结合点,从而使内应力逐渐减小,以致消失。

蠕变和松弛是分子链运动的结果,因此,凡是影响分子链运动的因素,都是它们的影响因素。提高温度和相对湿度,会使纤维中大分子间的结合力减弱,促使蠕变和应力松弛的产生。所以,生产上常用高温高湿来消除纤维材料的内应力,达到定形之目的。例如织造前对纬纱进行蒸纱或给湿,促使加捻时引起的剪切内应力消除,以防止织造时由于剪切内应力而引起退捻,从而导致纬缩、扭变而产生疵点。

3 纤维的弹性与疲劳

3.1 纤维的弹性

弹性是指纤维变形及其回复能力。弹性回复率可以表示变形的回复能力,它是指弹性变形占总变形的百分率。其计算式如下:

$$R_{e} = \frac{L_1 - L_2}{L_1 - L_0} \times 100\% \tag{7-13}$$

式中:R_e 为弹性回复率;L_0 为纤维加预加张力使之伸直但不伸长时的长度(mm);L_1 为纤维加负荷时伸长的长度(mm);L_2 为纤维去负荷后加预加张力时的长度(mm)。

弹性回复率的大小受到加负荷情况、负荷作用时间、去负荷后变形回复时间、环境温湿度等因素的影响,在实际应用中都是在指定条件下测试的,条件不同,结果没有可比性。如我国对化纤常采用5%定伸长弹性回复率,其指定条件是使纤维产生5%伸长后保持一定时间(如1 min)测得 L_1,再去除负荷休息一定时间(如30 s)测得 L_2,代入上式求得弹性回复率。急弹性和缓弹性可以一并考虑,也可以分开来考虑。常用纺织纤维的定伸长弹性回复率见表7-1。

弹性回复能力还可以用弹性功率回复率来表示。定伸长弹性测试拉伸曲线(滞后曲线)如图7-10所示,Oa 段为加负荷时达一定伸长率时的拉伸曲线;ab 段是保持伸长一定时间,伸长不变而应力下降的直线;bc 段是去负荷后应力和应变都立即下降的曲线;cd 段是去除负荷后保持一定时间,缓弹性变形逐渐回复的直线。

由回复特征可知:$\overline{ec}$ 为急弹性变形;$\overline{cd}$ 为缓弹性变形;$\overline{dO}$ 为塑性变形;面积 A_{cbe} 相当于弹性回复功;面积 A_{oae} 相当于拉伸所做的功。按此曲线可算得弹性回复率 R_e 和弹性功回复率 W_e,计算式如下:

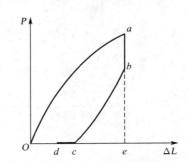

图 7-10 定伸长弹性测试拉伸曲线

$$R_{e} = \frac{\overline{ed}}{\overline{eO}} \times 100\% \tag{7-14}$$

$$W_{e} = \frac{A_{cbe}}{A_{oae}} \times 100\%$$

当测试条件相同时,弹性功回复率越大,表示其弹性越好。

纤维变形回复能力是构成纺织制品弹性的基本要素,与制品的耐磨性、抗折皱性、手感和尺寸稳定性都有很密切的关系,因此弹性回复率和弹性功回复率是确定纺织加工工艺参数极为有用的指标。弹性大的纤维能够很好地经受拉力而不改变其构造,能够稳定地保持本身的形状,且经久耐用,用这种纤维形成的制品,同样不容易失掉它本身的形状。

3.2 影响纤维弹性的因素

(1) 纤维结构的影响 如果纤维大分子间具有适当的结合点,又有较大的局部流动性,其弹性就好。局部流动性主要取决于大分子的柔曲性,大分子间的结合点则是使链段不产生塑性流动的条件。适当的结合点取决于结晶度和极性基团,结合点太少、太弱,易使大分子链段产生塑性变形;结合点太多、太强,则会影响局部流动性。

根据这一原理,可设法使纤维大分子由柔曲性大的软链段和刚性大的硬链段嵌段共聚而成,所得纤维的弹性非常优良。聚氨基甲酸酯纤维(氨纶)就是根据此原理制得的弹性纤维。

在相同的测试条件下,不同纤维的拉伸弹性回复率曲线如图7-11所示,其中(a)表示不同定负荷时的弹性回复率,(b)表示不同定伸长时的弹性回复率。

(2) 温湿度的影响 几乎所有的纤维都会随着温度的升高,弹性增加,但相对湿度对纤维弹性回复率的影响因纤维而异。

(3) 其他测试条件的影响 在其他条件相同时,定负荷值或定伸长值较大时,测得的纤维弹性回复率较小。加负荷后持续时间较长时,纤维的总变形量较大,塑性变形也有充分的发展,测得的弹性回复率较小。去除负荷后休息时间较长时,缓弹性变形回复得比较充分,因而测得的弹性回复率较大。所以,要比较纤维材料的弹性,必须在相同的条件下测试,而且所得结果只能代表当时条件下的优劣,即定负荷值或定伸长值较小时的结果不能代表定负荷值或定伸长值较大时的结果。

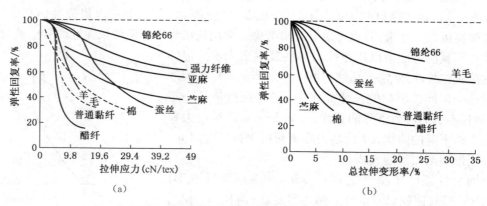

图 7-11 不同纤维的拉伸弹性回复率曲线

3.3 纤维的疲劳

纤维在小负荷长时间作用下产生的破坏称为"疲劳"。根据作用力的形式不同,可以分为静止疲劳和动态疲劳。疲劳破坏的机理,从能量学角度可以认为是外界作用所消耗的功达到了材料内部的结合能(断裂功)而使材料发生疲劳;也可以从形变学角度认为是外力作用产生的总变形和塑性变形的积累达到了材料的断裂伸长而使材料发生疲劳。

（1）**静止疲劳**　静止疲劳是指对纤维施加一不大的恒定拉伸力，开始时纤维变形迅速增长，接着呈现较缓慢的逐步增长，然后变形增长趋于不明显，达到一定时间后纤维在最薄弱的一点发生断裂的现象。这种疲劳也叫蠕变破坏。当施加的力较小时，产生静止疲劳所需的时间较长；温度高时，容易疲劳。

（2）**动态疲劳**　动态疲劳是指纤维经受反复循环加负荷、去负荷作用而产生的疲劳。图 7-12 所示为一种重复外力作用下的变形曲线，作用方式是定负荷，拉伸至规定负荷处 a，产生变形 ε_1；保持一定时间至 b，产生变形 ε_2；去除负荷立即回复至 c，产生变形回缩 ε_3；保持一定时间至 d，产生变形回缩 ε_4；再次拉伸时从 d 点开始，并遗留一段塑性变形 ε_5。图中曲线四边形 $Oabe$ 的面积是外力所作的功，曲线三角形 bec 的面积是急弹性回复功，阴影面积是缓弹性回复功，也叫修复功，曲线五边形 $Oabfd$ 的面积是净耗功。每次拉伸循环的净耗功越小，材料受到的破坏越小，耐疲劳性越好。

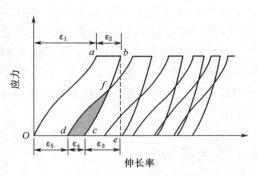

图 7-12　拉伸、回复都有停顿的重复拉伸曲线

两种纤维重复拉伸的实测例子，如图 7-13 和图 7-14 所示。由两图可以看出，两种纤维在相同的拉伸应力下，每个循环的拉伸净功，黏胶纤维比棉纤维大得多，即每次循环拉伸对黏胶纤维的破坏较大，因而黏胶纤维承受重复拉伸的次数较少，耐疲劳性差。

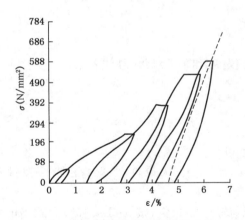

图 7-13　棉纤维的重复拉伸曲线

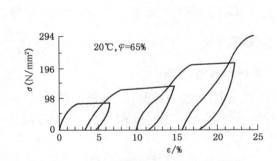

图 7-14　黏胶纤维的重复拉伸曲线

如果纤维在经受外力作用后，创造卸除载荷和停顿的条件，就能获得更长的使用寿命；尤其在回缩和停顿过程中，创造更多利于缓弹性变形回缩的条件（如水湿或略高温度下），会使结构破坏部分得到更多的回复和修补。这就是在一定条件下衣服勤换勤洗会比较耐穿的原因。

当定伸长或定负荷量较大时，每一次循环拉伸所作的拉伸功较大（材料内部的结合能消耗较大，受到的破坏也较大），材料将在较小次数的循环后因内部结合能消耗到一定程度而被拉断。反之，每一次的定伸长或定负荷量较小时，材料将能承受较多次数的重复拉伸。重复拉伸过程中，每一循环后新增加的塑性变形量是随拉伸循环次数的增多而越来越小的。当每一次的拉伸变形量很小，而材料本身的弹性回复率和拉伸功率的回复系数较大时，拉伸循环到一定

次数以后,每增加一次拉伸循环所增加的塑
性变形量将小到几乎测不出来。从这时开
始,拉伸-回缩曲线的每一循环几乎重叠在
一起,几乎呈现完全弹性的伸缩运动,每次
拉伸外力对纤维所作的功几乎全部在回缩
中抵消。近似地可以认为纤维几乎不会再
被破坏。拉伸循环次数随定负荷值的减小
而增加,如图7-15所示。图中的 P_1 称为疲
劳耐久限,即使材料不发生或很长时间才发
生疲劳的最大外力。

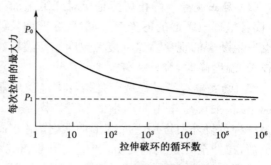

图 7-15   重复拉伸的疲劳曲线

【操作指导】

7-1 纤维和纱线强伸度测试

1   工作任务描述

了解电子单纤维强力仪、电子单纱强力仪的结构、原理和参数设置的依据,熟悉测试方法
和操作要领,理解测试指标的含义。

2   操作仪器、工具和试样

电子式单纤维强力仪、张力夹,电子式纱线强力仪,麻和羊毛纤维、纱线若干。

3   操作要点

3.1   单纤维强力测试

① 接通电源,按下控制箱[Power]键,预热 30 min。

② 按[·Esc]再按[设定]键,进入功能选择。"1":一次拉伸;"2":定伸长弹性试
验;……。

③ 按屏显提示进行操作,按[Enter]键,确认当前输入的数值,按[·Esc]键,去除当前输
入的数值。按[V/检索]键,逐页设置。

④ 设置参数。按[设置]键,进入设置状态,按显示屏内容分别设置试样长度、纤维线密
度、测试次数、预加张力等参数。

⑤ 零值校正。将上夹持器通过拉钩置于传感器下,然后在测试状态下按[5/校正]键,看
F 是否为零值,不为零值时按[2/清零]键清零,待屏显值为零后,按[·Esc]键;F 为零值时,直
接按[·Esc]键,转入测试状态。

⑥ 速度调节。在测试状态下,按[8/调速]键,键入要设定的速度后按[Enter]键。

⑦ 装试样。取下上夹持器,用张力夹随机夹取一根纤维,借助镊子把纤维垂直放入夹持
器,并拧紧夹头,注意不能太松(纤维会打滑)或太紧(夹伤纤维)。把上夹持器挂回传感器下的
拉钩上,使纤维在张力夹作用下自然进入下夹持器,并拧紧夹头。

⑧ 测试。按[拉伸]键,仪器开始测试,测完一根纤维,仪器自动打印测试结果和相关指标;若测试数值异常,可按[删除]键删除本次测试。

⑨ 输出结果。完成规定测试数后,按[6/打印]输出测试结果和拉伸曲线。

⑩ 测试完毕,按[Power]键关机。

3.2 纱线强力测试

① 开机,按[设定]键,光标出现并闪动。反复按[功能]键,轮换显示"DS:10S/DS:20S/SPEED:500/"字样,即 10 s 定时拉伸,20 s 定时拉伸,拉伸速度 500 mm/min 定速拉伸。当显示你期望的功能时,停止按[功能]键。

② 按[左移]键或[右移]键,使光标停在某一要修改的参数上,按[清除]键清除以前的设定值,按[0～9]及小数点[.]键,设置该试验条件参数。按[确认]键,确认设置数据。重复这一操作,直至所有试验参数设置完毕。设置完毕按[设定]键,光标消失。设置试验条件参数为试样线密度(tex)、试样长度(Sta)等。

③ 按[实验]键进入实验状态(按[实验]键前,上夹持器只能停在设定隔距处或设定隔距以下,下夹持器将自动定位),显示屏显示有关数据单位,并有"SILA"字样,表示仪器处于试拉状态,夹入试样按[拉伸]键,仪器拉伸。试拉结束,按[停止]键进入实际拉伸状态(定时拉伸需试拉,定速拉伸不需试拉)。

④ 按照试验要求换纱、换管、加预加张力,按[拉伸]键,拉伸至试样断裂后下夹持器自动返回到起始位置,显示屏显示各项拉伸数据。重复这一步骤,直到达到设定次数。

⑤ 此时显示屏显示[Z-DEL]字样,表示仪器进入删除状态,按[上翻]、[下翻]键、[删除]键,删除该次数据。如无删除,按[停止]键退出删除状态,显示屏显示"SYANZ"字样,进入打印统计值等待状态。

⑥ 按[统计]键打印统计值。

⑦ 关闭电源,清理整洁。

4 结果和分析

① 纤维测试结果输出。

② 纤维拉伸曲线打印。

③ 纱线测试结果输出。

5 相关标准

① GB/T 14337《化学纤维 短纤维拉伸性能试验方法》

② GB/T 3916《纺织品 卷装纱 单根纱线断裂强力和断裂伸长率的测定》。

7-2 织物强伸度测试

1 工作任务描述

了解电子式织物强力仪的结构、原理,熟悉测试方法和操作要领,分析参数设置的原因,掌握打印结果的含义,并了解影响试验结果的各种因素。要求测出数据,并按要求写出项目测试报告。

2 操作仪器、工具和试样

HD026N 型电子织物强力仪或 YG026-250 型织物强力试验机、钢尺、挑针、张力夹、剪刀等,织物试样一种。

3 操作要点

3.1 试样准备

(1) **取样** 检验布样在每批棉本色布整理后成包前的布匹中随机取样,其数量不少于总匹数的 0.5%,并不得少于 3 匹。

(2) **剪取布样** 在所取织物上剪取试验布样,剪取长度约 40 cm(上浆织物为50 cm)。试验布条必须在试验前一次剪取,并立即进行试验。试验样布上不能有表面疵点。

(3) **剪试验布条** 在试验样布上剪取试验布条。将试样剪成宽 6 cm(扯去边纱使其成为5 cm)、长 30～33 cm 的试验布条,经向和纬向各剪 5 条。

3.2 操作步骤

① 校正仪器水平。

② 检查设置仪器。连接主机与控制箱及打印机的连接线,打开电源开关,仪器自检正常后,按[设置]键,进入设置状态,设置试验参数。按[设置]键,展开菜单,每进行一项参数设置,必须按一次[←]键加以确认,然后按[↓]键换下一屏。

实验方式选择[定速拉伸],总次数:5 次。预加张力按表7-4 确定。预试 1～2 条试样,根据织物的断裂伸长率按表7-5 调整定长和拉伸速度。

表 7-4　单位面积的质量与预加张力关系表

单位面积质量(g/m²)	≤200	>200≤500	>500
预加张力(N)	2	5	10

表 7-5　断裂伸长率与拉伸速度关系表

断裂伸长率/%	<8	8～75	>75
隔距长度(mm)	200	200	100
拉伸速度(mm/min)	20	100	100

打印方式设置。移动光标[→]选择,然后按[设置]键,确认或取消该打印方式。[打印曲线]每次试验后自动打印拉伸曲线图形,[全打印]可打印每次的测试结果,[结算打印]只打印平均值。一般选择[全打印]和[结算打印]。

以上设置工作结束后,按[←]键两次,回到[设置]主菜单,再按一次[←]进入工作状态,进行试验操作,或按屏幕提示操作。

按屏幕提示,按[拉伸]键,仪器即能按预设置定长数值自动校正,使仪器上、下布夹的实际位置和设置位置一致为止。结束后按[←]键返回主菜单。

③ 测试。将剪好的试样按规定夹入上、下夹持器,按[拉伸]键,直至把试样拉断,然后显示屏显示当次的测试结果,下布夹自动返回原来的起始位置后自停,打印机打印测试结果。在全部次数的拉伸结束后,仪器自动显示并打印强力平均值(N)、伸长率平均值(%)、断裂功平均值(J)、断裂时间平均值(s)、强力 CV 值(%)、伸长率 CV 值(%)、断裂功 CV 值(%)等。若试验布条在夹钳的夹持线内断裂或从钳口中滑脱,则试验结果无效。若在距钳口 5 mm 内断裂,如钳口断裂值大于五块试样的最小值,则保留;否则舍弃。

4 结果和分析

① 结果修约。经向、纬向断裂强力分别以其算术平均值作为结果,计算结果<100 N,修约至 1 N;≥100 N 且<1000 N,修约至 10 N;≥1000 N,修约至 100 N。

② 快速测试结果处理。织物强伸度试验受温湿度条件的影响,故实验室的温湿度应控制在标准状态下,在此条件下将试样展开平放经 24 h 以上,达到一定回潮率再进行实验。但棉纺织厂通常为了迅速完成织物断裂强力的试验,按试验方法标准规定,可采用快速试验。快速试验时可以在一般温湿度条件下进行,将实测结果根据试样的实际回潮率和温度加以修正。

5 相关标准

① GB/T 3923.1《纺织品 织物拉伸性能 第 1 部分:断裂强力和断裂伸长率的测定(条样法)》。

② FZ/T 10013.2《温度与回潮率对棉及化纤纯纺、混纺制品断裂强力的修正方法 本色布断裂强力的修正方法》。

【知识拓展】高强度碳纤维

碳纤维是由 90%以上的碳元素组成的纤维。碳原子结构最规整排列的物质是金刚石,具有很高的抗拉强度,它的强度约为钢的四倍,密度为钢的四分之一,同时具有耐高温、尺寸稳定、导电性好等其他优良性能。

目前,碳纤维的应用已深入到人类活动的各个领域,特别是宇航工业、飞机制造业、汽车工业和运动器械等方面的应用,令人瞩目。例如,"哥伦比亚"号航天飞机的两个控制火箭喷口都使用碳纤维复合材料。用碳复合材料制成的飞机比铝制飞机减重 15%～30%,成本下降 20%。

【岗位对接】"自主"高强纤维为"神舟"护航

高强高模聚乙烯纤维曾经只有荷兰、美国两个国家具有完全自主知识产权。如今,中国成为第三个国家。

超高相对分子质量聚乙烯纤维(UHMWPE)在水中的自由断裂长度为无限长,在粗细相同的情况下,它所能承受的最大质量是钢丝绳的八倍,是继碳纤维、芳纶纤维之后的第三代高强高模纤维,在军事工业和航天航空领域均有不可替代的作用。它最重要的功能是防弹、防刺以及制造高级缆绳,制成的防弹衣质量比传统防弹衣轻得多而且强度更高。从 2002 年起,我国将 UHMWPE 应用于"神舟"飞船的回收系统,保障了航天事业的顺利进展。

【课后练习】

1. 专业术语辨析

　　(1) 断裂强度　　　　(2) 断裂功　　　　(3) 初始模量　　　　(4) 滑脱长度

　　(5) 缓弹性变形　　　(6) 蠕变现象　　　(7) 应力松弛　　　　(8) 疲劳

2. 填空题

　　(1) 负荷-伸长曲线的横坐标表示_____,纵坐标表示_____;应力-应变曲线的横坐标表示_____,纵坐标表示_____。

　　(2) 初始模量的大小表示纤维在_____作用下变形的难易程度,反映了纤维的_____。

　　(3) 纺织纤维受力拉伸产生的变形包括_____、_____、_____三种成分。

　　(4) 纤维疲劳分_____、_____两种。

3. 是非题(错误的选项打"×",正确的选项画"○")

　　(　　) (1) 断裂长度是指纤维或纱线拉伸至断裂时所具有的长度。

　　(　　) (2) 由高强度纤维制成的纺织品,不一定经久耐用。

　　(　　) (3) 初始模量越大,纤维刚性越大。

　　(　　) (4) 所有纤维在相对湿度较大的大气条件下平衡后,测得的强力较大。

　　(　　) (5) 温度较高的大气条件下测得的纤维或纱线强力较大。

　　(　　) (6) 拉伸速度越大,测得的强力值越小。

　　(　　) (7) 试样长度越长,测得的强力值越小。

　　(　　) (8) 天然纤维与化学纤维相比,试样长度对其拉伸性能的影响更大。

　　(　　) (9) 蠕变和松弛是材料的两种变形特性。

　　(　　) (10) 织物密度越大,强力越大。

4. 选择题

　　(1) 下列纤维中,符合黏胶纤维干湿强度特征的是(　　　)。

　　　　① 干强度 2.0 cN/tex,湿强度 1.0 cN/tex　② 干强度 3.0 cN/tex,湿强度 3.2 cN/tex

　　　　③ 干强度 3.5 cN/tex,湿强度 3.2 cN/tex　④ 干强度 6.0 cN/tex,湿强度 6.0 cN/tex

　　(2) 3 dtex 的涤纶、腈纶、丙纶纤维,断裂强力均为 16 cN,则三种纤维的断裂应力为(　　　)。

　　　　① 涤纶>丙纶>腈纶　　　　　　　　② 涤纶>腈纶>丙纶

　　　　③ 丙纶>腈纶>涤纶　　　　　　　　④ 腈纶>丙纶>涤纶

　　(3) 随着相对湿度的提高,强度变化最小的纤维是(　　　)。

①蚕丝　　　　　②涤纶　　　　　③棉　　　　　④黏胶纤维

（4）下列现象中,属于蠕变现象的是（　　　），属于松弛现象的是（　　　）。

①绳子上悬挂一个重力小于绳子断裂强力的物体,经一段时间后绳子断裂

②绳子上悬挂一个重力大于绳子断裂强力的物体,绳子即刻断裂

③绳子上悬挂一个质量变化的物体,始终保持绳子长度不变

（5）下列组织的织物中,强力较大的是（一般情况下）（　　　）

①平纹组织　　　　　②斜纹组织　　　　　③缎纹组织

5. 分析应用题

（1）测得 18 tex 棉纱的断裂强力为 270 cN,断裂伸长为 12 mm(试样长度为 500 mm),求特克斯制和旦尼尔制断裂强度和断裂伸长率。

（2）试根据下图展示的棉、毛、苎麻、黏胶纤维、涤纶和锦纶的拉伸曲线上断裂点的位置,说明它们分别属于哪种类型的纤维(低强低伸型、低强高伸型、中强中伸型、高强低伸型、高强高伸等),并比较它们的断裂强度、断裂伸长率和初始模量的大小顺序。

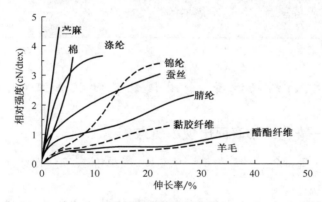

常见纤维的拉伸曲线

项目8　纺织材料热学、电学性能认识与检测

教学目标

1. 理论知识:纺织材料的热学特征及指标,纺织材料的电学特征及指标,热学、电学性能在纺织加工中的应用。
2. 实践技能:主要热学、电学指标的检测技术。
3. 拓展知识:静电纺丝/静电植绒。
4. 岗位知识:世界各国对纺织品阻燃性的相关规定。

【项目导入】 *纺织材料的热学、电学性能在纺织加工中的应用*

1　经典案例1——染色织物表面出现小斑点

某日,织布企业工程师急召纱厂与染厂总经理,说单价18元/米的20万米织物经染色后出现了重大质量问题。

布面疵点表现:粉红色织物出现针尖大小的深红色小点,分散性,大量地分布在织物表面。

台商表示:这些织物无法接收,要求供货商弥补由此造成的交货出口损失。

织布厂表示:可以肯定地说,织布厂不可能出现这样的疵布,请纱厂与染厂分析并查找原因。

染色厂表示:将有小红点的纱线分离观察,氨纶丝明显断裂,使氨纶丝回缩形成小团,说明氨纶丝有问题,是在纺纱厂形成的,建议纱厂从根本上查原因。

纺纱厂表示:第一次碰到这样的问题,用放大镜不能发现问题,说不出原因,样品带回分析。

显微镜分析结果:该织物纬纱采用 $T/R21^s$ 竹节 $+T/R21^s+40DSP$,用 $10\times10\times0.25$ 显微镜观察,氨纶丝与涤纶纤维有熔断现象。

结论:此次重大质量问题由印染厂"温度+时间"参数控制不当而引起。

2　经典案例2——纺织加工中的静电

干燥季节,静电"无孔不入"。寒暄握手时"指尖过电",早晨梳头时"怒发冲冠",晚上脱衣时"噼噼啪啪"。这些都是静电引起的。静电在纺织品的加工和使用中,如同其他一切事物一样,也是一分为二的,会形成有利和有害正负两相效应。

静电在纺织加工中的负相效应主要分为两类:一类是由静电火花放电引起的突然性爆炸事

件,一旦发生,往往造成一次性巨大损失;另一类是由静电力作用产生的吸附,给纺织加工带来很多麻烦,例如纺织纤维在纺纱过程中因相互排斥分离而不易成网,与罗拉粘连使纺纱困难,服装衣料与皮肤摩擦生电会使面料相互吸附出现"裙抱腿"现象,既影响服装美观,也导致步行困难。

静电在纺织加工中的正相效应如静电纺丝、静电植绒、静电除尘等,都是静电现象的应用。

本项目要求对收集的纺织材料进行热学与电学指标的测试,并做出评价,完成纺织材料热学、电学性能评价表(表 8-1)。

表 8-1 纺织材料热学、电学性能评价表

评价内容	发生现象	评价指标	影响因素	应用实例
常温下的热学特性				
不同温度、介质时的热学特性				
导电性能				
静电现象				

【知识要点】

子项目 8-1 纺织材料的热学性能与纺织加工

纺织材料在不同温度下表现的性质称为热学性质,是与材料的生产、使用过程密切相关的重要性能。

在纺纱加工过程中,可以将高收缩性的纤维和低收缩性的纤维混合进行纺纱,成纱后在一定的热条件作用下,使高收缩性纤维收缩、低收缩性纤维被挤出到纱线表面而成为膨体纱。

纺织材料
热学性质

在服装设计和生产过程中,服装面料和辅料的选择要考虑材料的导热性能。服装首先是用来蔽体御寒的,也就是要具有良好的绝热性能。热学性能是决定服装实用性质的重要条件。另外,裁剪过程中有时会因电裁刀的摩擦产热,沾黏熔融的纺织原料熔块,会影响正常的裁剪工作。纤维材料的热学性质包括常温下和不同温度与介质下表现的热学特性两大类。

1 常温下贮存和传递热量的能力

纺织材料在常温下具有捕捉静止空气和贮存水分及热量的能力。这种能力大小的衡量可从两个角度描述,一个角度是贮存和传递的数量,另一角度是速度,分别用比热与热量传递系数进行表述。

1.1 贮存热量

1.1.1 指标

纺织材料贮存热量的能力常用比热表达。比热是使质量为 1 g 的纺织材料,温度变化1 ℃所吸收或放出的热量,其计算公式见式(8-1)。它是单位质量物体改变单位温度时吸收或释放的内能。在室温 20 ℃下测量干燥纺织材料的比热,数值见表 8-2。

$$C = \frac{Q}{m \times \Delta T} \tag{8-1}$$

式中:C 为比热$[J/(g \cdot ℃)]$;m 为材料质量(g);ΔT 为材料温度变化(℃)。

表 8-2 各种干燥纺织材料的比热

材料名称	比热[J/(g·℃)]	材料名称	比热[J/(g·℃)]
棉	1.21~1.34	锦纶 66	2.05
亚麻	1.34	芳香聚酰胺纤维	1.21
大麻	1.35	涤纶	1.34
黄麻	1.36	腈纶	1.51
羊毛	1.36	丙纶*	1.8
桑蚕丝	1.38~1.39	玻璃纤维	0.67
黏胶纤维	1.26~1.36	石棉	1.05
锦纶 6	1.84	静止空气	1.01

注:* 在 50 ℃下测量的结果。

提高纺织材料保暖性的方法

1.1.2 常见纤维的贮热能力

各种干燥纺织材料中,锦纶 6 和锦纶 66 的比热值略大,玻璃纤维和石棉的比热值较小,其他干燥纺织材料的比热值都非常接近。

在不同温度下测得的纺织材料的比热,在数值上是不同的,但温度的影响一般不大,只有在 100 ℃以上时才可能比较明显(表 8-3)。

表 8-3 不同温度下的纺织材料比热　　　　　单位:J/(g·℃)

材料名称	温度(℃)					
	20	30	50	100	150	200
锦纶 6	1.84	1.88	—	1.97	2.14	—
锦纶 66	2.05	2.09	—	2.18	—	2.43
涤纶	1.38	—	1.42	—	1.76	3.14
丙纶	—	—	1.8	2.05	2.39	—

静止干空气的比热为 1.01 J/(g·℃),与干燥纺织材料的比热较接近;水的比热为 4.18 J/(g·℃),为一般干纺织材料比热的 2~3 倍。因此,纺织材料吸湿后,其比热相应地增大。吸湿后的纺织材料,可以看成是干材料与水的混合物。湿材料的比热 C,可以由干材料的比热 C_0、水的比热 C_w 和纺织材料的含水率 M,按下式计算:

$$C = C_0 + \frac{M}{100}(C_w - C_0) \tag{8-2}$$

1.1.3　纤维的比热对纤维加工和使用的影响

比热大小反映了材料温度变化与其所需能量之间的关系,它的变化规律对纺织加工工艺和材料的使用性能有着重要意义。

对于快速热加工的纺织工艺,其热量的供应要考虑材料的比热,否则热量过剩,会导致材料破坏和解体;热量不足,会使温度不够,热定形效果不佳。

比热大的纤维,如锦纶,吸收热量后温度不易变化。因此,用锦纶丝制成的夏季服用面料,与皮肤接触有明显的"冷感"。具有较大比热的纤维还可用于需要抵御温度骤变的场合,可自适应地实现热防护。

1.2　传递热量

1.2.1　指标

（1）导热系数　纺织材料具有多孔性,纤维内部和纤维之间有很多孔隙,而这些空隙内充满了空气。因此,纺织材料的导热过程是比较复杂的。

纺织材料的导热性用导热系数 λ 表示,法定单位是 W/(m·℃)。即当材料的厚度为 1 m 及两表面的温差为 1 ℃时,1 h 内通过 1 m² 的材料所传导的热量的焦耳(千卡)数,其计算式如下:

$$\lambda = \frac{Q \times t}{\Delta T \times A \times H} \tag{8-3}$$

式中: λ 为导热系数[W/(m·℃)]; Q 为传递热量(J); ΔT 为材料温度变化(℃); t 为材料厚度(m); A 为材料面积(m²); H 为传热时间(h)。

λ 值越小,表示材料的导热性越低,它的热绝缘性或保暖性越高。各种纺织材料的导热系数如表 8-4。

表 8-4　纺织材料的导热系数(室温 20 ℃下测量)

材料名称	λ[W/(m·℃)]	材料名称	λ[W/(m·℃)]
棉	0.071～0.073	涤纶	0.084
羊毛	0.052～0.055	腈纶	0.051
蚕丝	0.05～0.055	丙纶	0.221～0.302
黏胶纤维	0.055～0.071	氯纶	0.042
醋酯纤维	0.05	空气	0.026
锦纶	0.244～0.337	纯水	0.697

（2）绝热率　绝热率表示纺织材料的绝热性。绝热率的测试是将试样包覆在热体外面,测量保持热体恒温所需供给的热量。设 Q_0 为热体不包覆试样时单位时间的散热量(J), Q_1 为热体包覆试样后单位时间的散热量(J),则绝热率 T 可根据下式计算:

$$T = \frac{Q_0 - Q_1}{Q_0} \times 100\% = \frac{\Delta t_0 - \Delta t_1}{\Delta t_0} \times 100\% \tag{8-4}$$

式中: Δt_0 为热体不包覆试样时单位时间的温差(℃); Δt_1 为热体包覆试样时单位时间的温差(℃)。

很明显,纺织材料的绝热率与试样的厚度有关。试样越厚,单位时间内散失的热量越少,绝热率就越大。

1.2.2 纺织材料的热量传递能力

纺织材料常以不同形态用作绝热层或保温层。而这种保温层实际上包括纤维、空气和水分等,热在其中的传导,不但有纤维自身的热传导,也有热的对流与辐射。一般测得的纺织材料的导热系数是纤维、空气和水分混合物的导热系数。

由表 8-4 可以看出,静止空气的导热系数最小,也是最好的热绝缘体。因此,纺织材料的保暖性主要取决于纤维层中夹持的空气的数量和状态。在空气不流动的前提下,纤维层中夹持的空气越多,纤维层的绝热性越好;而一旦空气发生流动,纤维层的保暖性就大大下降。试验资料表明,纤维层的密度在 $0.03\sim0.06$ g/cm³ 范围时,导热系数是最小的,即纤维层的保暖性最好。从制造化学纤维的角度来看,提高化学纤维保暖性的方法之一就是制造中空纤维(图 8-1、图 8-2),使每根纤维内部夹有较多的静止空气。

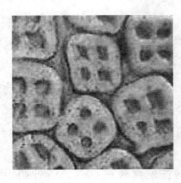

图 8-1　四孔纤维　　　　　图 8-2　九孔纤维

水的导热系数是纺织材料的 10 倍左右。因此,随着回潮率的提高,纺织材料的导热系数增大,保暖性下降。此外,纺织材料的温度不同时,导热系数也不同,温度高时导热系数略大。

2　不同温度与介质时的热学特性

2.1　热力学特性

低分子物质在不同的温度下具有固态、液态和气态三态,同样,线型非晶相高聚物具有三种不同的热力学状态:玻璃态、高弹态和黏流态。但是高聚物的三态和低分子物的三态在本质上是不同的。橡胶和聚氯乙烯等塑料都是线型非晶相高聚物,但橡胶具有很好的弹性,塑料则表现良好的硬度。其原因就是由于它们在室温下所处的状态不同,塑料所处的状态是玻璃态,橡胶所处的状态是高弹态。

纺织纤维中的合成纤维在不同的温度条件下常具有玻璃态、高弹态与黏流态,将这类纤维在一定的拉伸应力作用下,以一定的速度升高温度,同时测量试样的伸长变形随温度的变化,可以得到如图 8-3 所示的曲线,称为温度-变形曲线或热机械曲线。

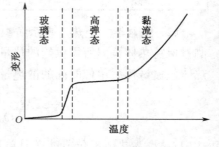

图 8-3　温度-变形曲线

玻璃态的特征是形变很困难、硬度大,类似玻璃,故称玻璃态。一般纤维在常温下均处于玻璃态。高弹态的特征是形变很容易,而且当外力解除后,链段的运动使大分子发生卷缩,变形又逐渐回复,具有高弹性。黏流态的特征是形变能任意发生,具有流动性。把高聚物加热到熔融时所处的状态就是黏流态。玻璃态、高弹态与黏流态这三种物理状态,随着温度的变化可互相转化。

(1) 玻璃化温度 T_g 由玻璃态转变为高弹态的温度称为玻璃化温度或二级转化温度。从分子运动论的观点看,玻璃化温度就是纤维内部大分子开始能够以链段为单位自由转动的温度。纤维大分子链越僵硬,极性基团越多,纤维的玻璃化温度就越高。纤维的结晶度增高或大分子间交联健的形成,都会提高纤维的玻璃化温度。天然橡胶的玻璃化温度为 $-73\,℃$,在室温时已处于高弹态。纺织纤维的玻璃化温度一般都高于室温,所以在室温下织物都能保持一定的尺寸稳定性和硬挺性。在玻璃化温度以上时,对织物稍加负荷,即可使其发生很大的变形。

(2) 黏流化温度 T_f 由高弹态转变为黏流态的温度称为流动温度或一级转变温度。流动温度的高低,与分子聚合度有密切关系,聚合度越大,流动温度越高。大多数高聚物在 $300\,℃$ 以下变为黏流态,许多高聚物包括一些合成纤维,都是利用其黏流态下的流动行为进行加工成型的。

天然纤维和再生纤维素纤维等不存在上述力学三态,加热到足够高温时,便发生分解。常见纤维的热转变温度如表 8-5 所示。

表 8-5　常见纤维的热转变温度

材料名称	温度(℃)				
	玻璃化温度	软化点	熔点	分解点	熨烫温度
棉	—	—	—	150	200
羊毛	—	—	—	135	180
蚕丝	—	—	—	150	160
锦纶6	47, 65	180	215	—	120~135
锦纶66	82	225	253	—	120~140
涤纶	80, 67, 90	235~240	256	—	160
腈纶	90	190~240	—	280~300	130~140
维纶	85	干:220~230	—	—	150(干)
		水:110			
丙纶	−35	145~150	163~175	—	100~120
氯纶	82	90~100	200	—	30~40

2.2　热形变特性

2.2.1　热可塑性

热可塑性是指加热时能发生流动变形、冷却后可以保持一定形状的性质。大多数线型聚合物均表现出热塑性,很容易进行挤出、注射或吹塑等成型加工。日常生活中,塑料袋、塑料衣挂、饮料瓶等都具有热塑性。因此,它们可以通过加热熔化来进行封口、黏合、再生资源的变形等操作。

涤纶、锦纶、丙纶等合成纤维具有较好的热可塑性。将这类合成纤维或其织物加热到玻璃化温度以上时,纤维内部大分子之间的作用力减小,分子链段开始自由转动,纤维的变形能力增大。在一定张力作用下强迫其变形,会引起纤维内部分子链间部分原有的价键拆开以及在新的位置重建;冷却和解除外力作用后,合成纤维或织物的形状就会在新的分子排列状态下稳定下来。只要以后遇到的温度不超过玻璃化温度,纤维及其织物的形状就不会有大的变化。利用这种热塑性对合成纤维进行的加工处理称为热定形。纺织材料中,变形丝(除了空气喷射变形法)的加工形成、涤纶细纱的蒸纱定捻、合成纤维织物或针织物的高温熨烫等,都是热定形的具体形式。

影响热定形效果的主要因素是温度和时间。热定形的温度要高于合成纤维的玻璃化温度,并低于软化点及熔点。温度太低,达不到热定形的目的;温度太高,会使合成纤维及其织物的颜色变黄,手感发硬,甚至熔融黏结,使织物的服用性能遭到损坏。在一定范围内,温度较高时,热定形时间可以缩短;温度较低时,热定形时间需要较长。在温度和时间这两个因素中,温度是决定热定形效果的主要因素,足够的时间是为了使热量扩散均匀。此外,适当降低定形温度,可以减少染料升华,使织物手感柔软。变形丝织物的定形尤应注意,温度过高时,在施加张力下定形会减少纤维的弯曲,甚至使弹性变差,毛型感丧失,因此其定形温度应低于正常丝。几种主要合成纤维织物的适用热定形温度见表8-6。

表8-6 热定形温度

纤维名称	热水定形温度(℃)	蒸汽定形温度(℃)	干热定形温度(℃)
涤纶	120～130	120～130	190～210
锦纶6	100～110	110～120	160～180
锦纶66	100～120	110～120	170～190
丙纶	100～120	120～130	130～140

合成纤维及其织物经高温处理后应迅速冷却,使纤维内部分子间的相互位置很快冻结而固定下来,形成较多的无定形区,使织物手感柔软和富有弹性。如果高温处理后长时间缓慢冷却,则纤维内部分子的相互位置不能很快地固定,除了纤维及其织物的变形会消失外,还会引起纤维内部结构的结晶颗粒粗大,使织物弹性下降和手感变硬。

在热定形过程中对织物施加张力,不仅有利于布面的舒展和平整,而且有利于热定形效果的提高。因为张力的作用有利于分子链段的取向移动,但张力的大小要适当,张力过小,织物的褶皱未充分舒展就进行热处理,会使褶皱定形更难除去;张力过大,织物薄而板硬,热水收缩率提高。在生产实际中,织物的品种以及对风格的要求不同,施加的张力大小也不同。如轻薄织物,要求滑爽挺括,施加的张力应大一些;厚而要求柔软的织物,张力可小一些,甚至可以不施加张力,进行松式定形,织物的尺寸稳定性好;对于涤纶低弹丝针织品,为了既不过分影响变形丝的弯曲,又能调整线圈结构的稳定,有利于织物的门幅和改善物理力学性能,张力应低一些。

合成纤维织物经热定形处理后,尺寸稳定性、弹性、抗褶皱性都有很大改善。

天然纤维与再生纤维素纤维、再生蛋白质纤维等非热熔性纤维,不具有热塑性。但天然纤维中的羊毛纤维也称其有热塑性,它的本质与合成纤维的热塑性不同。羊毛纤维的热塑性是在热湿条件下,其大分子构型由 α 螺旋链结构向 β 折叠链结构的转变。

2.2.2 热收缩性

一般的固体材料受热作用而温度上升时,都会发生轻微的膨胀,即长度或体积有所增加。合成纤维则相反,受热后发生收缩。原因是合成纤维在纺丝成形过程中,为了获得良好的物理力学性能,曾受到拉伸作用,使纤维伸长几倍,因此纤维中残留内应力,因玻璃态的约束而未能回缩;当纤维的受热温度超过一定限度时,纤维中的约束减弱,从而产生收缩。这种因受热而产生的收缩,称为热收缩。热收缩程度用热收缩率表达,按下式计算:

$$\mu = \frac{L_0 - L}{L_0} \times 100\% \tag{8-5}$$

式中:μ 为热收缩率;L_0 为收缩前长度(mm);L 为收缩后长度(mm)。

在合成纤维中,氯纶和维纶的热收缩比较大。氯纶在 70 ℃ 左右就开始收缩,温度升高,收缩率增大;温度至 100 ℃ 时,收缩率可达 50% 以上。目前,氯纶织物或针织物只能低温染色或在 30~40 ℃ 下洗涤。维纶在热水中的收缩率为 5% 以上。

长丝和短纤维在成形过程中,因经受的拉伸倍数不同,受热后产生的收缩也不同。长丝拉伸倍数大,热收缩率大;短纤维的拉伸倍数较小,热收缩率也小。例如,锦纶和涤纶长丝的沸水收缩率一般为 6%~10%,短纤维的沸水收缩率一般为 1% 左右。此外,它们的热收缩率随热处理的条件不同而异,温度高,热收缩率大。温度相同时,对于具有一定吸湿性的纤维(如锦纶)来说,湿热处理的收缩率大于干热处理的收缩率;而对于吸湿性很低的涤纶来说,情况并非如此。图 8-4 所示为锦纶 6、锦纶 66 和涤纶三种长丝分别用三种方法进行热处理后的收缩情形。

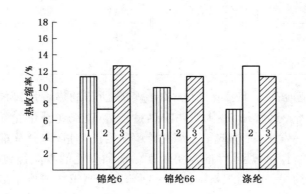

1—沸水收缩　2—热空气收缩(190 ℃,15 min)
3—饱和蒸汽收缩[125 ℃(锦纶 6)/130 ℃(锦纶 66 和涤纶),3 min]
图 8-4　三种合成纤维长丝的热收缩率

由图 8-4 可以看出,锦纶 6 和锦纶 66 在饱和蒸汽中的收缩率最大,在沸水中的收缩率次之,在热空气中的收缩率最小;吸湿性很差的涤纶则不同,在温度较高的热空气中的收缩率最大,在温度最低的沸水中的收缩率最小。可见,仅用沸水收缩率来表示合成纤维的热收缩性能是不够全面的,应当根据合成纤维及其织物的具体加工或使用情况,采用相应的指标表示其热收缩性能。

在生产过程中,如果将热收缩率差异较大的合成纤维进行混纺或交织,则印染加工过程中可能在织物表面形成疵点。因此,纺织厂应检验各批合成纤维的热收缩率,作为选配原料的参考。此外,合成纤维纯纺或混纺织物或针织物,在纺织染整加工过程中不断地受到拉伸作用,特别是湿热条件下的拉伸作用,会导致织物内部积累一定数量的缓弹性伸长和塑性伸长,而且在湿热条件下产生的缓弹性伸长在一般大气条件下的收缩是很缓慢的,从而使织物在穿用过程中经洗涤或熨烫时发生热收缩。因此,为了生产质优且尺寸稳定的合成纤维织物和针织物,需要进行热定形加工。

2.2.3 热熔孔性

涤纶、锦纶等合成纤维织物,在穿着过程中接触烟灰的火星、电焊火花、砂轮火花等热体时,可能在织物上形成孔洞。纺织材料的这种性能,叫熔孔性。织物抵抗熔孔现象的性能,叫抗熔孔性。因此,织物的抗熔孔性也是织物坚牢耐用的一个方面,是织物服用性能的一项内容。

涤纶、锦纶等热塑性合成纤维,其织物瞬时接触温度超过其熔点的火花或其他热体时,接触部位就会吸收热量并开始熔融,熔体向四周收缩,最终在织物上形成孔洞。火花熄灭或热体脱离,孔洞周围已熔断的纤维端就相互黏结,使孔洞不再继续扩大。

和上述合成纤维的情况不同,天然纤维和黏胶纤维在受到热的作用时不软化、不熔融,当温度过高时即分解或燃烧。使天然纤维分解或使合成纤维织物熔成孔洞的现象发生,除了热体的表面温度必须高于天然纤维的分解点和合成纤维的熔点外,热体还必须能够提供足够的热量,因而还和热体与织物的接触时间有关。从 50 ℃开始接触热体至天然纤维分解或合成纤维熔融所需吸收的热量见表 8-7。

表 8-7　几种纤维吸收的热量

纤维名称	温度范围（℃）	吸收热量（J/g）	纤维名称	温度范围（℃）	吸收热量（J/g）
棉	50～280	293.1	涤纶	50～250	117.2
羊毛	50～250	397.8	锦纶	50～220	146.5

从表 8-7 可以清楚地看到,使 1 g 涤纶或锦纶熔融所需的热量,仅为使 1 g 棉或羊毛分解所需热量的 30%～50%。这就是说,从消耗的热量来看,使涤纶或锦纶织物产生熔孔所需要的热量少,熔孔比较容易发生;使棉或羊毛织物分解所需的热量多,分解难发生。这是因为,吸湿性的强弱是影响纺织材料抗熔孔性的重要因素。棉和羊毛的吸湿性较强,其织物中含有较多的水分,而水的比热约为一般纺织材料的 2～3 倍,所以当织物与热体接触后,要吸收较多的热量,首先使水分升温和蒸发。这是天然纤维和黏胶纤维抗熔孔性较好的重要原因。此外,涤纶和锦纶的导热系数均大于棉和羊毛,当涤纶或锦纶的织物表面与热体接触时,热体的热量会较快地传导到织物的邻近部分,这也是涤纶和锦纶织物抗熔孔性较差的原因之一。

目前,国际上还没有统一的织物抗熔孔测试仪器和评定方法,主要采用落球法和烫法。所谓落球法,就是把玻璃球或钢球在加热炉内加热到所需要的温度后,使之落在水平放置并具有一定张力的织物试样上,这时试样与热球接触的部位开始熔融或焦化,最后试样上形成孔洞,而热球落下。用试样上形成孔洞所需要的热球的最低温度或最低温度的十分之一,或用热球在织物试样上停留的时间来评定织物的抗熔孔性。所谓烫法,就是将加热到一定温度的热体

（金属棒、纸烟）等与织物试样接触，经过一定时间后，观察试样接触部分的熔融状态，进行评定；或将纸烟点燃，以 75°角与织物表面接触，测定织物产生熔孔的时间。表 8-8 所示的资料是用玻璃落球法测试的各种织物的抗熔孔性结果，织物的抗熔孔性以试样上形成孔洞所需的玻璃球的最低温度表示。

表 8-8　常见纤维织物的抗熔孔性

纤维名称	坯布单位面积质量(g/m²)	抗熔孔性(℃)	纤维名称	坯布单位面积质量(g/m²)	抗熔孔性(℃)
棉	100	>550	涤/棉(85/15)	110	510
羊毛	220	510	毛/涤(50/50)	190	450
涤纶	190	280	腈纶	220	510
锦纶	110	270	诺梅克斯	210	>550
涤/棉(65/35)	100	>550	—	—	—

　　实践证明，织物的抗熔孔性大约在 450 ℃以上即为良好。由表 8-8 可以看出，棉、毛等天然纤维织物的抗熔孔性都很好；腈纶织物与毛织物接近；涤纶和锦纶的抗熔孔性较差，其织物需要进行抗熔整理，但是，当它们与棉、毛等天然纤维或黏胶纤维混纺时，混纺织物的抗熔孔性可以得到明显改善。例如，涤纶与棉混纺，混纺织物的抗熔孔性与毛织物接近；用 20%的黏胶纤维与涤纶或锦纶混纺，混纺织物的抗熔孔性大幅度提高。但是，当涤纶与醋酯纤维混纺时，织物的抗熔孔性提高得不多，达不到良好水平（图 8-5）。

　　此外，织物的质量与组织等对织物的抗熔孔性也有影响，在其他条件相同时，轻薄织物更容易熔成孔洞。

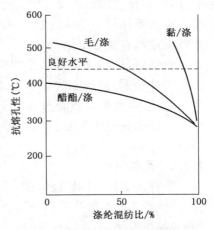

图 8-5　混纺比与织物的抗熔孔性

2.3　热质变特性

2.3.1　耐热性

　　纺织纤维在高温下保持其物理力学性能的能力称为耐热性。纺织纤维的耐热性根据材料受热时力学性能的变化进行评定。纺织纤维的热稳定性是指材料对热裂解的稳定性。纺织纤维的热稳定性根据材料受热前后在正常大气条件下性能的变化来评定。当受热温度超过 500 ℃时，材料热稳定性称为耐高温性。纺织纤维受热的作用后，一般强度下降，下降的程度随温度、时间及纤维种类而异。几种主要纺织纤维的耐热性能见表 8-9。

表 8-9　纺织纤维的耐热性

纺织纤维名称	剩余强度/%				
	在 20 ℃时未加热	在 100 ℃时经过		在 130 ℃时经过	
		20 天	80 天	20 天	80 天
棉	100	92	68	38	10
亚麻	100	70	41	24	12
苎麻	100	62	26	12	6

（续　表）

纺织纤维名称	剩余强度/%				
	在 20 ℃时未加热	在 100 ℃时经过		在 130 ℃时经过	
		20 天	80 天	20 天	80 天
蚕丝	100	73	39	—	—
黏胶纤维	100	90	62	44	32
锦纶	100	82	43	21	13
涤纶	100	100	96	95	75
腈纶	100	100	100	91	55
玻璃纤维	100	100	100	100	10

　　棉纤维与黏胶纤维的耐热性优于亚麻、苎麻；特别是黏胶纤维，加热到 180 ℃时强度损失很少，可制作轮胎帘子线。羊毛的耐热性较差，加热到 100～110 ℃时即变黄，强度下降，通常要求干热不超过 70 ℃，洗毛不超过 45 ℃。蚕丝的耐热性比羊毛好，短时间内加热到 110 ℃时，纤维强度没有显著变化。

　　合成纤维中，涤纶和腈纶的耐热性较好，不仅熔点或分解点较高，而且长时间受到较高温度的作用时，强度损失较少。尤其是涤纶，其耐热性很高，在 150 ℃左右加热 168 h，颜色不发生变化，强度损失不超过 30%；在相同温度下处理 1000 h，仅稍有变色，强度损失不超过 50%。锦纶的耐热性较差。维纶的耐热水性能较差，在水中煮沸，维纶织物会发生变形或部分溶解。

2.3.2　燃烧性

　　各种纺织材料的燃烧性能不同。纤维素纤维与腈纶易燃烧，燃烧迅速；羊毛、蚕丝、锦纶、涤纶、维纶等是可燃烧的，容易燃烧，但燃烧速度较慢；氯纶、聚乙烯醇—氯乙烯共聚纤维（维氯纶）等是难燃的，与火焰接触时燃烧，离开火焰后自行熄灭；石棉、玻璃纤维等是不燃的，与火焰接触也不燃烧。

　　易燃织物容易引起火灾。衣服燃烧时，聚合物的熔融能严重伤害皮肤。各种纤维可能造成的危害程度，与纤维的点燃温度、火焰传播的速度和范围以及燃烧时产生的热量有关。几种主要纺织纤维的点燃温度和火焰最高温度见表 8-10。

表 8-10　纺织纤维的可燃性

纤维名称	点燃温度（℃）	火焰最高温度（℃）	纤维名称	点燃温度（℃）	火焰最高温度（℃）
棉	400	860	锦纶 6	530	875
黏胶纤维	420	850	锦纶 66	532	—
醋酯纤维	475	960	涤纶	450	697
三醋酯纤维	540	885	腈纶	560	855
羊毛	600	941	丙纶	570	839

　　纺织材料的可燃性大都采用极限氧指数 LOI（Limit Oxygen Index）表示。极限氧指数是指材料点燃后在氧-氮大气里维持燃烧所需要的最低的含氧量体积百分数。

$$LOI = \frac{O_2 \text{的体积}}{O_2 \text{的体积} + N_2 \text{的体积}} \times 100\% \tag{8-6}$$

极限氧指数大,说明材料难燃;指数小,说明易燃。在普通空气中,氧气的体积比例接近20%。从理论上讲,纺织材料的极限氧指数只要超过21%,在空气中就有自灭作用。但实际上,发生火灾时,由于空气中对流等作用的存在,要达到自灭作用,纺织材料的极限氧指数需要在27%以上。一些纯纺织物的极限氧指数如表8-11所示。

表8-11 纯纺织物的极限氧指数

纤维名称	织物单位面积质量（g/m²）	极限氧指数/%	纤维名称	织物单位面积质量（g/m²）	极限氧指数/%
棉	220	20.1	腈纶	220	18.2
黏胶纤维	220	19.7	维纶	220	19.7
三醋酯纤维	220	18.4	丙纶	220	18.6
羊毛	237	25.2	丙烯腈共聚纤维	220	26.7
锦纶	220	20.1	氯纶	220	37.1
涤纶	220	20.6	—	—	—

根据 LOI 值,可将纺织材料分为易燃、可燃、难燃、不燃四类,如表8-12。

表8-12 根据 LOI 的纤维分类

纤维分类	LOI/%	燃烧状态	纤维品种
易燃	≤20	易点燃,燃烧速度快	棉、麻、黏胶等纤维素纤维,丙纶,腈纶
可燃	20~26	可点燃,能续燃,燃烧速度较慢	羊毛、蚕丝、涤纶、锦纶、维纶、醋酯纤维
难燃	26~34	接触火焰燃烧,离开火焰自灭	芳纶、氯纶、改性腈纶、改性涤纶、改性丙纶
不燃	≥34	常态环境中有火源作用时短时间内不燃烧	多数金属纤维、碳纤维、硼纤维、石棉、PBI、PBO、PPS 纤维

提高纺织材料的难燃性有两个途径,即对纺织材料进行防火整理和制造难燃纤维。在各种纺织材料的防火整理或难燃整理中,棉和涤纶的防火整理发展得最快,主要原因是它们的易燃性和大量的使用。棉的极限氧指数为20.1%,涤纶为20.6%,指数很低,极易燃烧,各国对此都很重视。

涤纶纤维的难燃化,目前主要在纤维制造中解决,即在熔体中加入难燃剂制成难燃纤维。关于纯涤纶织物的防火整理,目前采用最多和最有代表性的是 TDBPP 或溴乙烯树脂整理法,TDBPP 不与纤维发生化学结合,耐洗性很好,能经得起 50 次洗涤且难燃性不下降,缺点是纤维手感稍有发硬。

涤纶混纺织物的难燃化,比纯纺织物更为复杂。混纺织物的易燃性大,涤/棉混纺织物比纯棉或纯涤纶织物都易燃。其原因主要是混纺织物中棉纤维起骨架作用,使涤纶不易产生熔化滴液,提高了混纺织物的可燃性;而且,涤纶混纺比对可燃性的影响很大（表8-13）。

表 8-13 涤纶混纺比对混纺织物极限氧指数的影响

涤纶混纺比/%	100	90	80	70	60	50	40	30	20	10	0
极限氧指数/%	20.6	19.2	18.8	18.6	18.4	18.4	18.4	18.4	18.6	18.8	20.1

关于涤/棉混纺织物的防火处理,首先要考虑其混纺比。如果涤纶混纺比低于 30%,则可采用纯棉织物的防火整理方法;如果涤纶混纺比达到 50% 或以上,则既要考虑棉的防燃,也要考虑涤纶的防燃,一般采用 THPC 和 TDBPP 混合难燃剂处理。

各种合成纤维的燃烧性能不同,所用的防火整理剂也不同。锦纶织物可用硫脲、羟基酰胺等;腈纶织物可用含有磷、硫、氮、卤的化合物;维纶织物也可用四羟甲基氯化磷(THPC)。

织物的防火整理,关键是耐洗涤,衡量洗涤性的好坏,是考察经 50 次洗涤后材料的难燃性指标是否有显著下降。此外,还要测定纤维上磷(P)元素和氮(N)元素的变化情况。

难燃纤维有两类:一类是在纺丝原液中加入防火剂,混合纺丝制成,如黏胶纤维、腈纶、涤纶的改性防火纤维;另一类是由合成的难燃聚合物纺制而成,如诺梅克斯(Nomex)、库诺尔(Kynol)、杜勒特(Dunette)等。

诺梅克斯是一种芳香聚酰胺耐高温合成纤维的商品名称,学名为聚间苯二甲酰间苯二胺纤维,简称芳纶 1313 或 HT－1 纤维,1967 年开始工业生产。这种纤维长时期在高温作用下,强度下降很少,如在 260 ℃下 1000 h,仍能保持原有强度的 65%～75%;耐辐射性能强;不燃不熔,加热至 400 ℃时,纤维逐渐分解。这种纤维可用作飞机轮胎帘子线、宇宙航行服和高温过滤材料等,还可与其他纤维混纺,用于家具织物及地毯等。

库诺尔是一种有机防火纤维。这种纤维是采用低聚合度的热塑性酚醛树脂进行熔融纺丝,然后在酸、醛溶液中硬化而成。这种纤维不溶不熔,耐热性与难燃性极好,在 2500 ℃的乙炔火焰中仅收缩 15%,比玻璃纤维的防火性还好,可用于防火织物。

杜勒特是一种聚酰亚胺纤维。聚酰亚胺是己撑二胺与苯均四酸的聚合物。为提高难燃性能,可对这种纤维进行防火整理。这种纤维在短时间内可耐 648 ℃高温,广泛用于消防服装、工作服、军用上装、帷幕及装饰品等。

棉织物和难燃纤维的极限氧指数见表 8-14。诺梅克斯与棉混纺时,混纺织物的极限氧指数随诺梅克斯混纺比的增加而增大(图 8-6)。

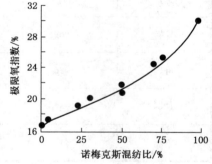

图 8-6 诺/棉混纺织物的极限氧指数与混纺比的关系

表 8-14 棉织物和难燃纤维的极限氧指数

纤维名称	棉	棉(防火整理)	诺梅克斯(Nomex)	库诺尔(Kynol)	杜勒特(Dunette)
织物单位面积质量（g/m²）	153	153	220	238	160
极限氧指数/%	15～17	26～30	27～30	29～30	35～38

子项目8-2 纺织材料的电学性能与纺织加工

纺织材料在加工和使用过程中,会发生许多电学现象,主要包括材料的导电性质、介电性质和静电现象。利用纺织材料的电学性质,可以间接地测量纺织材料的含水量等指标;利用介电性质可以间接测试纺织材料的细度与厚度;利用静电现象可进行静电纺丝和静电植绒加工,但静电会引起加工困难,并影响服装穿着舒适性。

纺织材料
电学性质

1 导电性质

在电场作用下,电荷在材料中定向移动而产生电流的特征称为材料的导电性质。材料根据导电能力分为超导体、导体、半导体和绝缘体。干燥的纺织材料为绝缘体,在工业和国防工业作为绝缘材料。

材料的导电能力主要与材料对电流的阻碍作用有关,其物理量常用电阻表示。纺织材料导电性质的表征指标常用比电阻,有体积比电阻、质量比电阻和表面比电阻。

1.1 导电表征指标

(1)体积比电阻 ρ_v 该指标是指单位长度材料上所施加的电压与单位截面上流过的电流之比,即:

$$\rho_v = \frac{U/L}{I/S} = R \times \frac{S}{L} \tag{8-7}$$

式中:ρ_v为体积比电阻,即电导率($\Omega \cdot cm$);R为电阻(Ω);S为材料面积(cm^2);L为材料长度(cm)。

在数值上,体积比电阻等于材料长1 cm和截面积为1 cm^2时的电阻值。

(2)质量比电阻 ρ_m 对于纺织材料来说,由于截面积或体积不易测量,正如表示细度一般不用截面积一样,表示材料的导电性能一般也不采用体积比电阻,而采用质量比电阻ρ_m。

质量比电阻是指单位长度上的电压与单位线密度上的电流之比,即:

$$\rho_m = \frac{U/L}{I/W/L} = \frac{R \times W}{L^2} = \gamma \times \rho_v \tag{8-8}$$

式中:ρ_m为质量比电阻($\Omega \cdot g/cm^2$);W为材料质量(g);γ为材料密度(g/cm^3)。

在数值上,质量比电阻等于试样长1 cm和质量为1 g时的电阻值。

纺织材料的质量比电阻可以通过测试时材料的电阻值、质量及电极间的距离直接计算得到。由质量比电阻与体积比电阻的关系可求得体积比电阻。

(3)表面比电阻 ρ_s 纤维柔软且细长,体积或截面积难以测量。纺织材料的导电现象主要发生在材料表面,因此用表面比电阻来表征材料电学性质。它是指单位长度上的电压与单位宽度上的电流之比,即:

$$\rho_s = \frac{U/L}{I/B} = \frac{R \times B}{L} \tag{8-9}$$

式中:ρ_s 为表面比电阻(Ω);B 为材料宽度(cm)。

在数值上,表面比电阻等于试样长 1 cm 和宽度为 1 cm 时的电阻值。

各种材料的电阻较大,因此通常用质量比电阻的对数来表达纺织材料的导电性,常见纤维的质量比电阻值的对数见表 8-15。从表中可以看出,天然纤维中棉、麻纤维的比电阻较低,羊毛和蚕丝较高;化学纤维中合成纤维的比电阻较大。

1.2 影响导电性能的因素

(1)材料含水率 按欧姆定律,材料的电阻就是电压与电流之比。但是,实际测试中,影响这个比值的因素很多,其中影响最大的是纤维的含水率。对于大多数吸湿性纺织材料来说,在空气相对湿度为 30%~90% 时,纺织材料的含水率(M)和质量比电阻(ρ_m)间有以下近似关系:

$$\rho_m \times M^n = K \tag{8-10}$$

或

$$\lg \rho_m = -\lg M + \lg K \tag{8-11}$$

各种纤维及纱线的 n 和 $\lg \rho_m$ 值见表 8-15。

表 8-15 纺织材料的质量比电阻

纤维名称	n	$\lg \rho_m(\Omega \cdot g/cm^2)$ ($M=10\%$)	$\lg \rho_m(\Omega \cdot g/cm^2)$ ($\varphi=65\%$)	纱线名称	n	$\lg \rho_m(\Omega \cdot g/cm^2)$ ($M=10\%$)	$\lg \rho_m(\Omega \cdot g/cm^2)$ ($\varphi=65\%$)
棉	11.4	5.3	6.8	棉纱	11.4	4.1	5.6
亚麻	10.6	5.8	6.9	洗过的棉纱	10.7	4.8	6.0
苎麻	12.3	6.3	7.5	亚麻纱	10.6	4.6	5.7
羊毛	15.8	10.4	8.4	苎麻纱	12.3	5.1	6.3
蚕丝	17.6	9.0	9.9	毛纱	15.8	9.3	7.3
黏胶纤维	11.6	8.0	7.0	洗过的毛纱	14.7	10.8	8.8
锦纶	—	—	9~12	蚕丝纱	17.6	7.9	8.7
涤纶	—	—	8.0	黏胶纱	11.6	6.8	5.8
涤纶(去油)	—	—	14	锦纶纱	—	—	8~11
腈纶	—	—	8.7	涤纶纱	—	—	7.6
腈纶(去油)	—	—	14	腈纶纱	—	—	6.9

含水率低时(棉低于 3.5%、黏胶低于 7%、羊毛和蚕丝低于 4%),含水率(M)与质量比电阻的对数($\lg \rho_m$)接近直线关系。

在影响纺织材料含水(回潮)率的诸多外部因素中,空气相对湿度的影响比较显著,尤其是吸湿性纤维,由于相对湿度变化而引起材料质量比电阻的变化可达 4~6 个数量级。常见纤维的质量比电阻与相对湿度的关系如图 8-7 所示。

在中等湿度范围内,材料达吸湿平衡时,空气相对湿度与质量比电阻的对数 $\lg \rho_m$ 之间,也近似成直线关系。

(2)环境温度 与大多数半导体材料一样,纺织材料的电阻值随着温度升高而降低。一般认为,温度升高,纤维与杂质等电离的电荷增加,纤维的体积增大,比电阻降低。对于多数纤维,温度每升高 5 ℃,质量比电阻降低 5 倍(图 8-8)。

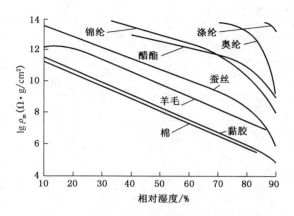

图8-7 相对湿度与材料质量比电阻的关系

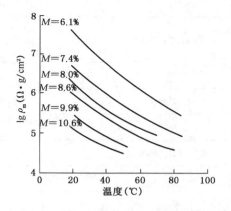

图8-8 温度与材料质量比电阻的关系

（3）**纤维伴生物** 天然纤维中有利于纤维吸湿能力的伴生物，例如棉纤维中的果胶杂质、毛纤维中的脂汗、丝纤维中的丝胶，都可以降低纤维的比电阻，增加纤维的导电能力。在化学纤维中，特别是吸湿能力较差的合成纤维，在纤维中添加含有抗静电成分的化纤油剂，能大大地降低纤维的比电阻，改善纤维可纺性。

（4）**测试条件** 测试比电阻时，电压高低、测试时间的长短和使用的电极材料，对材料比电阻的测试值有一定影响。当电压较高时，测得的比电阻偏小，故不同电压条件下测试的电阻值无可比性；随着测试时间的增加，比电阻增加，因此，测试纺织材料比电阻时，读数要迅速，一般要求在几秒种内完成；测试所用的电极材料不同，测试结果亦不同，目前电阻测试仪通常用不锈钢作电极材料。

2 介电性质

2.1 介电现象

干燥纺织材料的电阻较大，在外电场作用下，因分子极化而具有介电质的性质，即在静电场中，材料表面出现感应电荷，形成内部内场，减小外电场强度（图8-9）。如果将电介质填充到电容器中，电容器容量将会增加。

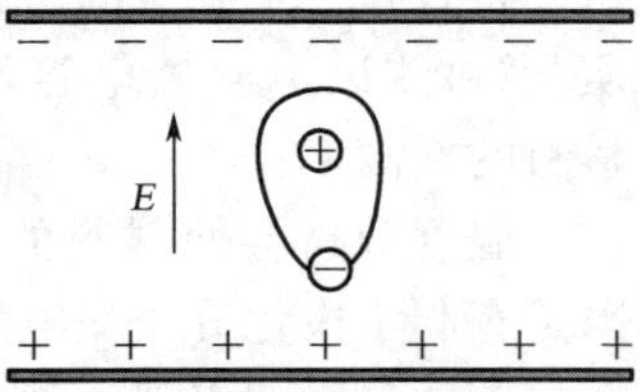

2.2 介电常数

衡量介电现象强弱的物理量为相对介电常数，也称介电常数（ε）。以电容器为例，介电常数是指充满介电质的电容器的电容增大倍数，即：

图8-9 电介质在电场中极化

$$\varepsilon = \frac{C}{C_0} \tag{8-12}$$

式中：C为充满电介质时的电容量；C_0为充满真空时的电容量。

介电常数为一无量纲的量，它的大小就表示绝缘材料贮存电能的能力。表8-16列出了几种纤维的介电常数。在工频（50 Hz）条件下，干燥纤维材料的介电常数在2～5，真空的介电常数等于1，空气的介电常数接近于1，液态水的介电常数约为20，而固态水的介电常数为81。

表 8-16　几种纤维的介电常数

纤维名称	相对湿度 0%		相对湿度 65%	
	1 kHz	100 kHz	1 kHz	100 kHz
棉	3.2	3.0	18.0	6.0
羊毛	2.7	2.6	5.5	4.6
黏胶纤维	3.6	3.5	8.4	5.3
醋酯纤维	2.6	2.5	3.5	3.3
锦纶	2.5	2.4	3.7	2.9
涤纶	2.8	2.3	4.2	2.8
腈纶(去油)	—	—	2.8	2.5

2.3　影响介电常数的因素

（1）**纤维内部结构**　对介电常数影响较大的纤维内部结构主要是纤维相对分子质量、分子极性及分子堆积密度。相对分子质量较小、极性基团极性较强、基团数量较多和分子堆积紧密的材料，介电常数较大。

（2）**外部因素**　纤维集合体由纤维、纤维伴生物、空气和水四部分组成，因此纤维材料的介电常数大小会受到纤维材料的填充密度、纤维在电场中的排列方向、纤维含杂、环境温度、相对湿度、电场频率等众多因素的影响。

由于水的介电常数远大于纤维，所以回潮率对纤维的介电常数有较大影响（图 8-10）。利用这一特性，将一定量的纤维材料作为电容器介质，通过测试电容器电容量，可间接地测试纺织材料的回潮率。

温度升高会使材料的介电常数增加，原因是有利于极化分子在电场中取向。频率对介电常数的影响表现为随着外电场频率的增加，材料的介电常数减小，这与极性分子的取向运动总是滞后于电场频率的变化有关，当频率较大时，这种滞后现象愈明显。棉纤维在 1 kHz 与 100 kHz 两种频率下，其介电常数与回潮率的关系如图 8-11 所示。

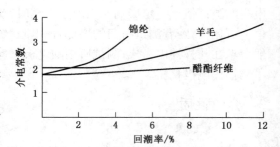

图 8-10　回潮率与介电常数的关系

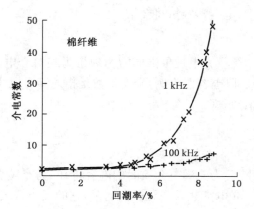

图 8-11　不同频率下的介电常数

3 静电现象

3.1 静电现象

纺织材料之间及纺织材料与加工机件间相互接触、摩擦或挤压时,由于电子转移并产生电荷积聚,从而使一种材料带正电荷、另一种材料带负电荷的现象,称为纺织材料的静电现象。静电现象是一个动态过程。对于金属来说,由于它们是电的良导体,电荷极易漏导而不会积累。对于高聚物的纺织纤维来讲,它们的比电阻很高,特别是吸湿能力差的合成纤维的比电阻更高,极易积聚电荷。

3.2 静电电位序列

两个绝缘体摩擦分开后,所带电荷极性与材料的介电常数有关,介电常数大的,静电电位高,带正电荷;相反,介电常数小的,静电电位低,带负电荷,如图 8-12 所示。由试验所得的各种纤维的静电电位序列如表 8-17(试验条件为温度 30 ℃、空气相对湿度 33%)。当表中两种纤维发生摩擦时,排在表的前面靠近"(+)"的纤维带正电荷,位于后面靠近"(-)"的纤维带负电荷。

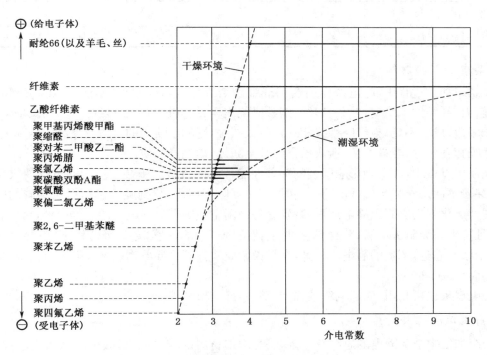

图 8-12 静电电位序列与介电常数的关系

表 8-17 静电电位序列

(+)玻璃→头发→羊毛→黏胶→棉→蚕丝→纸→钢→硬质橡胶→醋酯纤维→聚乙烯醇→涤纶→合成橡胶→腈纶→氯纶→腈氯纶→偏氯纶→聚乙烯→丙纶→氟纶(-)

在不同条件下测试得到的电位序列并不完全相同,有的甚至相差很大,但大体上带酰胺(肽)键(—CONH)的羊毛、蚕丝、锦纶排在序列表中靠"(＋)"一端,纤维素纤维在中间,丙纶等碳链高分子排在靠"(—)"一端。

纺织材料所带静电的强度,用单位质量(或单位面积)的材料的带电量(库仑或静电单位)表示。各种纤维的最大带电量接近相等,而静电衰减速度却不大相同。决定静电衰减速度的主要因素是材料的表面比电阻。表 8-18 所示为织物的表面比电阻与电荷半衰期的关系。

表 8-18　织物的表面比电阻与电荷半衰期的关系

织物表面比电阻 $\rho_s(\Omega)$	2×10^{10}	2×10^{11}	2×10^{12}	2×10^{13}	2×10^{14}	2×10^{15}	2×10^{16}
电荷半衰期 $t_{1/2}(s)$	0.01	0.1	1.0	10	100	1000	10000

织物的表面比电阻越大,电荷半衰期越长。因此,如果把纺织材料的表面比电阻降低到一定程度,静电现象就可以防止。表 8-19 为织物的表面比电阻与抗静电作用的关系。

表 8-19　表面比电阻与抗静电作用的关系

织物表面比电阻 $\lg\rho_s(\Omega)$	>13	12~13	11~12	10~11	<10
抗静电作用	没有	很少	中等	较好	好

3.3　静电现象与纺织加工

在纺织加工过程中,静电的作用会使纤维黏结或分散,材料分层不清。纺纱梳棉时爬道夫、绕斩刀,纤维网不稳定;并条、粗纱、细纱时绕皮辊、绕罗拉,条子、纱线发毛,断头增多;络筒时筒子塌边,成形不良;整经时纱线相互排斥或纠缠,影响纱线间的张力及整经的顺利进行;织造时经线相互纠缠、开口不清,造成松紧经甚至断经,影响产品质量。

在使用过程中,静电则影响服装的穿着性能。不同质料的服装产生的静电会使衣服相互纠缠,穿着不便。衣料与皮肤电荷不同时,会相互吸附出现"裙抱腿"现象,影响穿着的舒适性及美观性。化纤类衣服因静电严重,特别容易吸附空气中带异性电荷的尘埃微粒,易使衣服黏污,而且特别易吸附头皮屑;贴身穿着时,会使皮肤产生刺痒感,穿着舒适性下降;穿着化纤衣服,由于摩擦起电,产生的静电压很高,在触摸金属物件等可导电物或与人握手时会放电,产生电击感而令人不适。

静电现象也可利用,如静电纺丝、静电纺纱、静电植绒等。

3.4　静电消除主要措施

纺织加工中消除静电的思路有三条,一是增加材料的导电能力,减少电荷的积聚;二是发生相反的电荷,中和静电荷;三是减少材料与材料间、材料与机件间的摩擦,防止静电荷的产生。具体的方法与措施有以下几条:

(1) 适当提高空气相对湿度　提高空气相对湿度,能增加纤维的回潮率,降低纤维的比电阻,从而增加纤维的导电能力,及时逸散静电荷,减少电荷积聚,消除静电作用。对于羊毛和醋酯纤维,要产生明显的防静电效果,车间的相对湿度要提高到65％以上。对于吸湿能力较强的纤维,这一方法较为有效。而对于吸湿能力较差的纤维,提高车间相对湿度来消除静电的效果并不明显,相反,还可能恶化劳动条件和成纱质量,锈蚀机器设备。

（2）**使用抗静电剂**　抗静电剂的抗静电本质是使用表面活性剂，增加纤维的吸湿能力，降低纤维表面比电阻。这一方法是一种暂时的处理方法，达不到永久的抗静电效果。

（3）**不同纤维混纺**　一是在易产生静电的合成纤维中，混入吸湿能力较大的天然纤维或再生纤维，提高合成纤维的回潮率；二是混纺的两种纤维，在加工中与机件摩擦产生相反电荷而相互中和；三是混入少量的有机或导电纤维，增加纤维的导电能力。例如，在织物中混入质量混纺比为 $0.2\% \sim 0.5\%$ 的金属导电纤维，能达到永久、优良的抗静电效果。

（4）**使用抗静电纤维**　抗静电纤维的类型有：在制造合成纤维时，加入亲水性基团或链节；嵌入导电性碳粉或金属粉末；制造具有亲水性皮层的复合纤维。这些抗静电纤维通过纤维吸湿能力增加或提高导电能力来降低材料的静电现象。

（5）**纤维上油**　毛纤维纺纱一开始就加入和毛油，减少纤维间以及纤维与机件间的摩擦，以防止静电现象。化纤生产中上的油剂，也具有润滑剂成分，能达到减摩的目的，降低静电。

（6）**加工机件接地或尖端放电**　高速运转机件尽可能接地，以便尽快地泄漏纤维与机件的静电荷；或在纤维及其制品通道中设置尖端放电针，使电荷迅速逸散。

▶【操作指导】

8-1　纺织面料的绝热率测试

1　工作任务描述

用试样包覆热体的方法测试纺织面料的绝热率，完成测试报告。

2　操作仪器、工具和试样

易拉罐两个、温度计两支、绝热泡沫板、测试试样等。

3　操作要点

3.1　试样准备和仪器调节

将待测试样放置在测试条件（如温度 20 ℃±2 ℃，相对湿度 65％±2％）下平衡一定时间（如8～24 h），将易拉罐的上、下两端用泡沫板绝热，将温度计通过泡沫板伸入易拉罐。

3.2　操作步骤

① 将试样的宽度裁剪成略大于（1～5 mm）易拉罐的高度，长度裁剪为易拉罐周长的一倍、两倍或三倍。用一倍长度的试样将其中一个易拉罐包覆好。

② 将一定温度的水分别注满两个易拉罐，用泡沫板将易拉罐上、下两端绝热，开始计时。

③ 观察并记录两个易拉罐中的温度变化，直至计时结束。

4　指标和计算

用式(8-4)计算试样的绝热率。

8-2 化纤长丝沸水收缩率测试

1　工作任务描述

　　将沸水(100 ℃)作为测定用收缩介质,将化纤长丝置于其中进行收缩处理,测量处理后的化纤长丝丝绞或变形丝单根样丝的收缩量,进而计算合成纤维长丝的沸水收缩率,完成测试报告。

2　操作仪器、工具和试样

　　1 m立式量尺(最小分度值为1 mm)、YG086型缕纱测长仪、预加张力重锤、金属挂钩、烧杯和电炉、化纤长丝或变形丝若干。

3　操作要点

3.1　试样准备

　　每批产品取10个卷装丝(筒装或绞装)。卷装丝从由同一设备条件、同一工艺过程并连续生产的同一整批的产品中随机抽取。每个卷装丝(筒装或绞装)取一个试样,全批共试验10次。

3.2　操作步骤

3.2.1　绞状法(适用于合成纤维长丝)

　　① 将卷装丝筒管插在筒管架上,引出丝头,经张力装置,拉去约5 m的丝,固定在测长仪纱框的夹片上,把丝均匀、平整地卷绕在纱框上,绕取25 m,头尾打结,小心地从纱框上退下,防止乱绞。

　　② 将试样丝绞放置在标准大气条件下,按表8-20规定的平衡时间进行煮前平衡。

表8-20　煮前平衡

纤维名称	涤纶	锦纶	丙纶
最少平衡时间(h)	2	3	5

　　③ 把每一个试样丝绞分别挂在立式量尺上端的钩子上,使丝绞内侧对准标尺刻度处,在丝绞下端挂上预加张力重锤(合成纤维长丝的预加张力采用0.5 cN/tex±0.1 cN/tex×圈数×2),并防止丝绞扭转。待30 s后,视线对准标尺刻度,准确量出煮前长度L_0,精确到0.5 mm。

　　④ 将各丝绞扭成"8"字形,再对折使之成为四层圈状,用纱布包好,然后放入100 ℃的沸水中煮沸30 min,将纱布包取出呈水平放置,压出水分,打开纱布,将丝绞顺序平放在晾丝架上。处理时,需待水煮沸后才能放入丝绞,并严格控制煮沸时间,防止纱布包浮出水面。

　　⑤ 把煮后丝绞经1 h预调湿处理后放置在标准大气条件下,按表8-21的规定进行煮后平衡。

表8-21　煮后平衡

纤维名称	涤纶	锦纶	丙纶
最少平衡时间(h)	2	4	3

⑥ 将平衡后的丝绞上端挂在立式量尺上,下端挂上原预加张力重锤,待 30 s 后,准确量取煮后长度 L_1,精确到 0.5 mm。

3.2.2　单根法(适用于合成纤维变形丝)

① 从每个试验室样品筒管(绞)上剪取 60～70 cm 长的试样,平放在绒板上。

② 将试样放置在标准大气条件下,按表 8-22 的规定进行煮前平衡。

表 8-22　煮前平衡

纤维名称	涤纶	锦纶	丙纶
最少平衡时间(h)	2	3	5

③ 逐根将试样夹入立式量尺上端的夹持器中,在试样下面挂上预加张力重锤(变形丝预加张力采用 1.0 cN/tex±0.2 cN/tex),待 30 s 后,在零点(上夹持点)和 50 cm 处(M 点)做标记(即煮前长度为 50 cm),取下预加张力重锤。

④ 取下试样,把试样对折平放,用纱布包好,放入沸水中煮 30 min,煮后将纱布包取出,呈水平放置,压干水分。煮沸时必须防止纱布包浮出水面。

⑤ 打开纱布,取出试样,经 1 h 预调湿处理,然后放置在标准大气条件下,按表 8-23 的规定进行煮后平衡。

表 8-23　煮后平衡

纤维名称	涤纶	锦纶	丙纶
最少平衡时间(h)	2	4	3

⑥ 将平衡后的试样分别挂于立式量尺上,零点处对准夹持器的边缘,挂上原预加张力重锤,待 30 s 后,记录零点到 M 点之间的长度(即煮后长度 L_1),精确到 0.5 mm。

4　指标和计算

$$沸水收缩率 = \frac{L_0 - L_1}{L_1} \times 100\% \tag{8-13}$$

式中:L_0 为煮前长度(cm);L_1 为煮后长度(cm)。

以 10 次试验的算术平均值为试验结果,计算至两位有效小数,舍入至一位有效小数。

5　相关标准

GB/T 6505《化学纤维　长丝热收缩率试验方法(处理后)》。

8-3　化学纤维比电阻测试

1　工作任务描述

利用纤维比电阻仪,取一定质量、一定几何形状、具有一定密度的纤维,在其两端加上一定的电压,然后测定纤维的电阻值,计算纤维的体积比电阻和质量比电阻。要求完成整个测试过程,记录原始数据,完成项目报告。

2　操作仪器、工具和试样

　　YG321 型纤维比电阻仪(图 8-13)及附件、天平(最小分度值 0.01 g)、镊子、化学纤维一种。

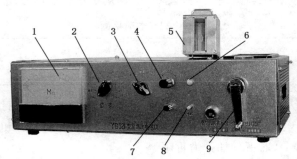

1—指示仪表　2—倍率选择开关　3—测试开关　4—"∞"调节旋钮
5—纤维测试盒　6—电源指示灯　7—满度调节旋钮
8—电源开关　9—加压装置摇手柄

图 8-13　YG321 型纤维比电阻仪

3　操作要点

3.1　仪器调整

　　① 使用前,电源开关应在[关]的位置,[倍率]开关置于[∞]处,[放电—测试]开关在[放电]位置。

　　② 仪器接地端用导线妥善接地。

　　③ 接通电源,将[放电—测试]开关拨到[100 V]测试位置,预热 30 min 后,慢慢调节[∞]调节旋钮,使仪表指针指在[∞]处。

　　④ 将[倍率]开关拨至[满度]位置,调节[满度]调节旋钮,使表头指针指在[满度]位置。

　　⑤ 反复将[倍率]开关拨至[∞]处和[满度]位置,检查仪表指针是否在[∞]处和[满度]位置,直到把仪器调整好为止。

　　注意:调试时,不允许放入测试盒;用四氯化碳将测试盒内清洗干净,并用纤维比电阻仪测试其绝缘电阻,不低于 $10^{14}\,\Omega$ 后方可使用。

3.2　操作步骤

　　① 从实验室样品中随机、均匀地取出 30 g 以上的纤维,用手扯松后进行预调湿和调湿,调湿时间 4 h 以上,使试样达到吸湿平衡(每隔 30 min 连续称量的质量递变量不超过 0.1%)。

　　② 从已达到吸湿平衡的样品中,随机称取 15 g 纤维(精确到 0.1 g)各两份,用于比电阻测定。

　　③ 取出测试盒压块,用大镊子将 15 g 试样均匀地填入盒内并推入压块,然后将测试盒放入仪器槽内,转动摇手柄直至摇不动为止。

　　④ 将[放电—测试]开关拨到[放电]位置,使极板上因填装纤维产生的静电散逸后,再将[放电—测试]开关拨到[100 V]测试档进行测量。

　　⑤ 测试电压选在[100 V]档,拨动[倍率]开关,使电表的读数比较稳定为止。这时的指针

读数乘上倍率,即为被测纤维在一定密度的电阻值。为了减少读数误差,指针应尽量在表盘的右半部分,否则可将测试开关置于[50 V]电压档测试。注意:这时应将表盘读数除以2,再乘上倍率。

⑥ 测试过程中如果出现读数指针不断偏移的情况,以通电后1 min的读数作为被测纤维的电阻值。

⑦ 将[放电—测试]开关拨到[放电]位置,[倍率选择]开关拨至[∞]处,取出纤维测试盒,进行第二份试样的测试。

4 指标和计算

(1) 体积比电阻

$$\rho_v = \frac{R \times m}{L^2 \times \gamma} \qquad (8-14)$$

式中:ρ_v为纤维体积比电阻($\Omega \cdot cm$);R为纤维实测电阻值(Ω);m为纤维质量(g);L为两极板之间的距离(2 cm);γ为纤维的密度(g/cm^3)。

比电阻值计算到小数点后两位,测试结果以两次测试的算术平均值表示,最后修约到小数点后一位。

表 8-24　常见纤维的密度值

纤维名称	涤纶	腈纶	锦纶	丙纶	维纶	氯纶
密度(g/cm^3)	1.39	1.19	1.14	0.91	1.21	1.38

(2) 质量比电阻

质量比电阻为ρ_v与纤维密度的乘积,见式(8-8)。

5 相关标准

① GB/T 14342《化学纤维　短纤维比电阻试验方法》。

② GB/T 6529《纺织品　调湿和试验用标准大气》。

③ GB/T 8170《数值修约规则与极限数值的表示和判定》。

④ GB/T 14334《化学纤维　短纤维取样方法》。

【知识拓展】静电纺纳米纤维/静电植绒

1 静电纺纳米纤维

静电纺丝这种思路在六七十年前产生,然而对静电纺丝的大量实验工作和深入的理论研究,是近三十年中随纳米纤维的开发才完成的。当前,静电纺丝已经成为纳米纤维的主要制备方法之一,目前有平行板垂直排布静电纺丝机和卧式静电纺丝机(图 8-14、图 8-15)。静电纺丝装置主要由高压发生器、溶液储存装置、喷射装置和收集装置四个部分所组成。

高压电源一般采用最大输出电压(30～100 kV)的直流高压静电发生器来产生高压静电

场。溶液储存装置中装满聚合物溶液或熔融液,并插入一个金属电极,该电极与高压电源相连,使液体带电。喷射装置为内径 0.5~2 mm 的毛细管。接收装置可以是金属平板、网格或滚筒等,将丝条收集起来。聚合物溶液/熔体置于储液管中,并将储液管置于电场中,由于电场力的作用,溶液中带电荷部分克服溶液的表面张力从溶液中喷出,这时储液管口形成一股锥形(称为 Taylor 锥)的喷射流。射流在喷射过程中,溶剂挥发,丝条固化,并最终落在收集装置上,形成类似无纺布的纤维毡。

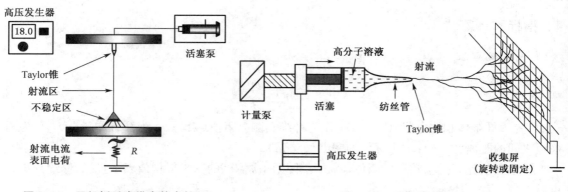

图 8-14　平行板垂直排布静电纺丝　　　　图 8-15　卧式静电纺丝

2　静电植绒

利用高压静电场中带不同电荷的物体发生同性相斥或异性相吸的物理特性,将丝束切割成纤维短绒,即绒毛,经过染色处理,应用静电原理将纤维绒毛一根根直立地安置在涂有黏合剂的基布上,再经过后道工序整理的工艺,称作静电植绒。

如图8-16所示,绒毛等物质本身不带电,但在强电场的作用下会向一定的方向运动。静电植绒装置的上部金属网与振动平台相接,上面放着通过处理的纤维绒毛;下部有一块与它平行的金属板;中部由传动的需要植绒的纺织品构成。金属网连接高压直流电源的负极,金属板连接电源的正极并接地。当电源接通时,在金属网与金属板之间形成极强的电场,由于网板间距离值远小于网板的面积值,所以两板间的电力线几乎垂直于织物的表面。工作时,金属网有规则地振动,使绒毛通过金属网眼均匀地落下并带负电荷,又由于绒毛带同种电荷,在强电场作用下彼此平行地沿电力线方向插入织物,被牢固地吸附在预先涂有胶合剂图像的织物上;而

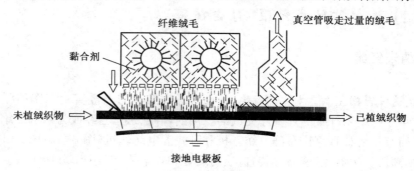

图 8-16　静电植绒工艺过程

落在其他地方的绒毛和纺织品接触后带正电荷,由于电荷的互相作用,又飞回金属网,重新带上负电荷。这样周而复始,就可以得到具有立体感的图案或花纹产品。

静电植绒技术不仅可以应用于纺织品,还可以应用于橡胶、瓷器、玻璃、塑料、纸、金属等材料。在静电植绒加工中,绒毛除了因接触而带电外,还因进入电场受到极化作用而带电,保证了绒毛向正极板方向运动,促使绒毛在均匀电场中不停地转动,使得绒毛直立于基布表面而不会平躺在上面。

➡ 【岗位对接】世界各国对纺织品阻燃性的相关规定

纺织品由于其本身的结构特点,是引发火灾的主要材料。因此,纺织制品(如服装、地毯、窗帘和床垫等)的燃烧性能越来越受到人们的重视。一些发达国家制定了相关的技术法规和标准,对服装、地毯、窗帘和床垫等纺织品的阻燃性能提出了要求,并要求按照法规中规定的方法进行测试,达不到所规定要求的商品将被禁止进口和出售。

1 美国的阻燃性相关法规

美国早在 1953 年就通过了《易燃织物法案》(FFA),在 1954 年和 1967 年又先后对其进行修订,由美国国会颁布,并由美国消费者产品安全委员会(CPSC)强制执行。据此,CPSC 还制定了:服用纺织品的可燃性标准(16C. F. R. 1610);乙烯基塑料膜可燃性标准(16C. F. R. 1611);儿童睡衣的可燃性标准:0~6X 号(16C. F. R. 1615);儿童睡衣的可燃性标准:7~14 号(16C. F. R. 1616);地毯类产品表面可燃性能标准(16C. F. R. 1630);小地毯类产品表面可燃性能标准(16C. F. R. 1631);床垫的可燃性能标准(16C. F. R. 1632)。

中国出口美国的儿童服饰,常因为不符合产品阻燃性要求而被实施召回。

2 日本的阻燃性相关法规

日本对服装类产品没有特别地规定其阻燃性能要求,但要求公共建筑内以及需要防火的场所中使用的窗帘和地毯类纺织品必须符合《日本消防法》的规定,主要内容包括:

① 阻燃产品的阻燃性能必须高于政令所规定的标准。

② 阻燃制品或材料必须施加与阻燃性能相对应的防火标志,未施加规定标志的阻燃制品或材料,均不得销售或以销售为目的进行陈列或展出,若有违法行为,除对违法人员处以罚款外,还将对法人处以相应的罚金或拘留。

③ 2 m² 或以上的地毯必须通过日本阻燃协会的测试认证。

此外,日本还制定了有关阻燃制品检验和标志使用的相关标准、实施细则等技术文件及相关管理规定。日本阻燃制品检验和标志的发放、使用,由政府委托日本防火协会具体实施。

3 加拿大的阻燃性相关法规

加拿大联邦政府消费者行政省颁发的《危险品法》(*Hazardous Products Act*)规定:不合格的制品必须张贴警告标志,且提供制品安全数据表。然后,在此基础上又批准通过了《危险产品(儿童睡衣)条例》《危险产品(地毯)条例》《危险产品(帐篷)条例》《危险产品(玩具)条例》和《危险产品(床垫)条例》。

4 欧盟的阻燃性相关法规

欧盟的一些国家也制定了相关的法规或标准,要求在医院、宾馆、饭店、婴幼儿护理用房等公共设施中采用阻燃织物、幕布、地毯等阻燃制品,其建筑材料或装修材料的阻燃性能也必须符合相关标准的要求,同时须使用欧盟统一的 CE 标志。

【课后练习】

1. 专业术语辨析

(1) 比热 C　　　(2) 导热系数 λ　　　(3) 玻璃化温度 T_g　　　(4) 黏流化温度 T_f

(5) 极限氧指数　　　(6) 抗熔孔性　　　(7) 质量比电阻 ρ_m　　　(8) 体积比电阻 ρ_v

(9) 表面比电阻 ρ_s　　　(10) 电位序列

2. 填空题

(1) 比热越大,表示纤维储存热量的能力_____,常见纤维的比热比水_____;导热系数越大,表示纤维传递热量的能力_____,即保暖性较_____,常见纤维的导热系数较水_____。

(2) 常见纤维中,导热系数较小的有_____、_____、_____等,较大的有_____、_____等。

(3) 合成纤维在不同的温度下表现出_____、_____、_____三种力学状态。

(4) 纤维素纤维中,可制作轮胎帘子线的是_____,原因是_____。

(5) 常见纤维中,极限氧指数大于 27% 、具有阻燃性的纤维是_____。

(6) 利用静电进行的纺织加工有_____、_____、_____等。

3. 是非题(错误的选项打"×",正确的选项画"○")

(　　)(1) 棉是易燃纤维,涤纶是可燃纤维,故涤/棉混纺织物较纯棉织物的可燃性低。

(　　)(2) 涤纶纤维在热空气中的收缩率低于其在沸水中的收缩率。

(　　)(3) 纤维集合体中的空气越多,其保暖性越好。

(　　)(4) 中空和超细纤维具有比较好的保暖性。

(　　)(5) 所有纤维都具有热可塑性。

(　　)(6) 合成纤维的抗熔孔性较差。

(　　)(7) 纤维素纤维较蛋白质纤维易燃烧。

(　　)(8) 纺织材料的电阻值随着温度的升高而降低。

4. 选择题

(1) 热定形的温度高于(　　　)

　　① 玻璃化温度　　　② 黏流化温度　　　③ 软化温度

(2) 下列因素中,影响纤维的静电现象最大的是(　　　)

　　① 含水率　　　② 温度　　　③ 纤维中的伴生物种类和含量

（3）合成纤维在下列哪种状态下，变形能力最小（　　）

  ① 玻璃态   ② 高弹态   ③ 黏流态

（4）在沸水中热收缩率较大的纤维是（　　）

  ① 锦纶 6 短纤维   ② 锦纶 6 长丝   ③ 涤纶短纤维   ④ 涤纶长丝

5. 分析应用题

（1）冬季服装需要好的保暖性，选择什么样的材料可使服装保暖性优良？

（2）何为热塑性？哪些材料具有热塑性？材料的热塑性在生产中有什么应用？

（3）纺织材料从燃烧性能的角度看，分为哪些类别？如果想降低织物的可燃性，从哪些方面着手？

（4）如何评价织物的燃烧性能？

（5）分析涤纶与锦纶纤维在不同介质中的热收缩特点。

（6）解读下图，找出材料的介电常数与大气环境的关系，并分析：

  ① 介电常数与材料含水量的关系；

  ② 如果把纺织材料作为电容器的介质，电容器的电容与材料的含水量有何关系？

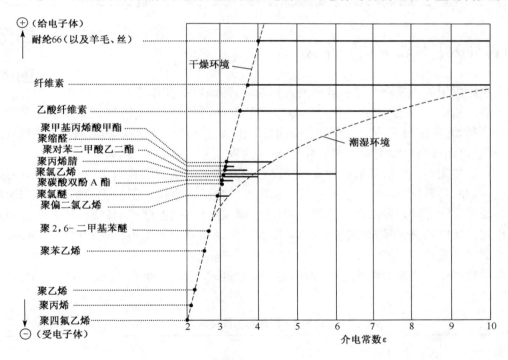

（6）纺织加工中，哪类材料易产生静电？消除静电的方法有哪些？

项目 9 织物耐用性认识与检测

教学目标

1. 理论知识:表征织物耐用性的指标及其适用对象。
2. 实践技能:织物耐用性指标的检测和分析。
3. 拓展知识:时尚界的耐用性。
4. 岗位知识:织物耐磨性的实际穿着试验。

【项目导入】织物的使用牢度

织物耐用性
检测技术

大多数服用织物还没等穿破就已被人们遗弃,即织物的使用牢度一般不被消费者关心。然而,生产织物的单位必须重视产品的使用牢度,使织物的加工过程能顺利进行,并保证织物的使用寿命。特别是工作服、运动服、野营服,其耐用性则必须首先被考虑;对于价格昂贵而牢度较差的羊绒衫,耐用性也是关注的重点。

织物在使用过程中所受的力和磨损情况是很复杂的。例如服装的领口、袖口部分的织物在承受摩擦时,同时存在弯曲变形;臀部的织物在较大的垂直压力下经受摩擦;膝部和肘部的织物所受摩擦常伴随着多次反复拉伸作用;洗涤时,在受到剧烈摩擦的同时,还有洗涤剂和热湿的作用。所以,表征织物耐用性的内容,模拟织物在服装中的受力方式,有耐磨、拉伸、撕破和顶破等多个视角。

本项目要求对收集的织物进行耐用性指标的测试,并做出评价,完成织物耐用性评价表(表 9-1)。

表 9-1 织物耐用性评价表

织物耐用性内容	定量评价(评价指标及数值)	定性评价(好、较好、中、较差、差)	影响的基本因素				
			纤维性质	纱线结构	织物结构	后整理	其他
织物耐磨性							
织物撕破性							
织物顶破性							

【知识要点】

子项目 9-1　织物的耐磨性能

织物的耐磨性是指织物抵抗摩擦而损坏的性能。织物在使用过程中经常与接触物体之间发生摩擦,如:外衣与桌、椅物件摩擦;工作服与机器、机件摩擦;内衣与身体皮肤及外衣摩擦;床单、袜子、鞋面用布与人体及接触物体摩擦。通过对被服损坏原因的研究发现,70%的破坏是由磨损引起的,所以织物的耐用性主要决定于织物的耐磨性。

1　织物耐磨损性的测试方法

织物在使用中因摩擦作用而损坏的方式有很多,也很复杂,而且在摩擦的同时还受到其他物理的、化学的、生物的、热的,以及气候的影响。因此,测试织物的耐磨性时,为了尽可能地接近织物在实际使用中受摩擦而损坏的情况,测试方法有多种。

1.1　平磨

平磨是模拟衣服袖部、臀部、袜底等处的磨损情况,使织物试样在平放状态下与磨料摩擦。根据对织物摩擦的方向,又分为往复式和回转式两种。图 9-1 所示为往复式平磨测定仪,试样 1 平铺于平台 2 上(注意经纬向),用夹头 3 和 4 夹紧,底部包有磨料(如砂纸)5 的压块 6 压在试样上,工作台往复运动,使织物磨损。图 9-2 所示为回转式平磨测定仪,试样 1 由扣环 3 夹紧在工作圆台 2 上,一对砂轮 4 作为磨料(有不同粗糙度的砂轮供选择),工作圆台转动,使织物磨损,磨下的纤维屑被空气吸走,保证了磨损效果。对于毛织物,国际羊毛局规定用马丁旦尔摩擦试验仪(Martindale Abrasion Tester)进行测试。该仪器属于多轨迹回转磨。

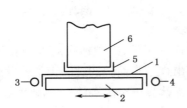

图 9-1　往复式平磨测定仪

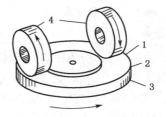

图 9-2　回转式平磨测定仪

1.2　曲磨

曲磨指织物试样在反复屈曲状态下与磨料摩擦所发生的磨损。它模拟上衣的肘部和裤子的膝部等处的磨损。图 9-3 所示为曲磨测定仪,试样 1 的一端夹在上平台的夹头 2 中,绕过磨刀 3,另一端夹在下平台的夹头 4 中,磨刀受重锤 5 的拉力并使试样受到一定的张力,上平台固定不动(只能上下运动,方便夹样),下平台则往复运动,织物受到反复曲磨,直至断裂。

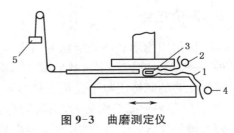

图 9-3　曲磨测定仪

1.3 折边磨

折边磨指将织物试样对折,使织物折边部位与磨料摩擦而损坏。它模拟上衣领口、袖口、袋口以及裤脚口和其他折边部位的磨损。图9-4所示为折边磨测定仪,试样1对折夹入夹头2,伸出一段折边,平台3上包有磨料(如砂纸)4并往复运动,织物折边部位因此受到磨损。

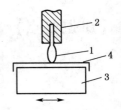

图9-4 折边磨测定仪

1.4 动态磨

动态磨是使织物试样在反复拉伸的弯曲状态下受反复摩擦而磨损。图9-5所示为动态磨测定仪,试样1的两头夹在往复板2的两边,并穿过滑车3上的多个导辊,重块4上包覆磨料5,以一定压力压在织物试样上,随着往复板和滑车的往复相对运动,织物受到弯曲、拉伸、摩擦的反复作用。

1.5 翻动磨

翻动磨是使织物试样在任意翻动的拉伸、弯曲、压缩和撞击状态下经受摩擦而磨损。它模拟织物在洗衣机内洗涤时受到的磨损情况。图9-6所示为翻动磨测定仪,将边缘已经缝合或黏封(防止边缘纱线脱落)的试样,放入试验筒1内,叶轮2高速回转翻动试样,试样在受到拉伸、弯曲、打击、甩动的同时与筒壁上的磨料3反复碰撞摩擦。

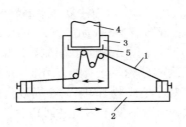

图9-5 动态磨测定仪

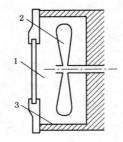

图9-6 翻动磨测定仪

1.6 穿着试验

穿着试验是将不同的织物试样分别制成衣、裤、袜子等,组织适合的人员在不同工作环境下穿着,定出淘汰界限。例如,裤子的臀部或膝部出现一定面积的破洞为不能继续穿用的淘汰界限。经穿用一定时间后,观察分析,根据限定的淘汰界限定出淘汰率。淘汰率是指超过淘汰界限的件数与试穿件数之比,以百分数表示:

$$淘汰率 = \frac{超过淘汰界限的件数}{试穿件数} \times 100\% \qquad (9-1)$$

2 评价指标

评价织物耐磨性的指标有两类,一类是单一性的,一类是综合性的。单一性的又分为两种,一种是以摩擦一定次数后试样的物理性能变化来表示,另一种是以试样的物理性能达到规定变化时的摩擦次数来表示。归类如下:

① 经一定摩擦次数后,织物的物理力学性能、形状等的变化量、变化率、变化级别等。如强力损失率,透光、透气增加率,厚度减少率,表面颜色、光泽、起毛起球的变化等级等。

② 磨断织物所需的磨损次数。

③ 试样的某种物理性质达到规定变化时的磨损次数。如磨到两根纱线断裂或出现破洞时织物所受的摩擦次数。此类指标常用于穿着试验。

④ 综合耐磨值，即涵盖平磨、曲磨及折边磨的这一指标，按下式计算：

$$综合耐磨值 = \frac{3}{\dfrac{1}{耐平磨值} + \dfrac{1}{耐曲磨值} + \dfrac{1}{耐折边磨值}} \tag{9-2}$$

3 磨损破坏机理

织物的磨损表现为纤维的磨损断裂、纤维的抽出掉落、纱线的解体、织物结构的破环（纱线间联系的破环）。这些破损形式的引发原因可归纳如下：

3.1 纤维疲劳断裂

这是纤维被破坏的基本方式。相互摩擦的物体表面，由于凹凸不平的表面相对运动时的瞬时碰撞受力，使纤维伸长变形。当磨料划过，撞击去除后，伸长变形的一部分回复，另一部分不能回复的则为塑性变形。织物表面凸起部分反复摩擦碰撞，由于塑性变形积累，纤维断裂。

纤维疲劳断裂还可能由于热学作用而加剧。摩擦使织物表面的温度升高，当达到纤维的软化点时，纤维的力学性质发生明显变化，特别是纤维的弹性急速下降，从而加速织物的磨损。

3.2 纤维抽出

织物中纤维随磨料作用逐渐抽动，部分纤维片段露出织物表面，甚至与织物分离，使纱体变细，织物变薄，结构松懈。这种形式主要出现在磨料较粗而织物结构较松、纤维间抱合力较小的情况下。

3.3 纤维被切割而断裂

磨料锐利的凸起部分切割纤维，使纤维表面出现裂痕，在反复的拉伸、弯曲作用下，裂口扩大，导致纤维断裂。这种形式的破坏主要呈现在纤维抱合力较大、纱线和织物结构较紧密而磨料较细锐的情况下。

3.4 纤维表面磨损

光滑的磨料与抱合力较大、纱线及织物结构很紧密的织物相互接触时，织物表面在反复的摩擦作用下，纤维两端和屈曲部位的表面出现零碎轻微的破裂，原纤结构随之呈现，露出丝状纤毛。这种原纤化的现象，主要发生在原纤结构较发达的天然纤维、再生纤维及涤纶、锦纶等合成纤维中。

4 影响织物耐磨损性的主要因素

4.1 纤维性质

（1）纤维的几何特征 纤维的长度、细度和截面形态对织物的耐磨性有一定影响。当纤维比较长时，成纱强伸度较好，有利于织物的耐磨；当纤维线密度为 2.78～3.33 dtex 时，织物比较耐磨。纤维在这一细度范围内，有较好的成纱强伸度，既不至因纤维太细而易断裂，也不至因纤维太粗而使抱合力太小，使纤维易抽拔，因此有利于织物的耐磨性。在同样的外力作用下,圆形截面纤维的抗弯刚度较小,故织物耐磨性一般优于异形纤维织物。特别在耐曲磨和耐折边磨方面,圆形截面纤维织物较明显地优于异形纤维织物(这也是织物易起球且掉球难的原因);而对于耐平磨性,圆形截面纤维织物的优势并不十分稳定。

(2)纤维的力学性质 纤维的力学性质对织物的耐磨性相当重要。特别是纤维在小负荷反复作用下的变形能力、弹性回复率和断裂功对织物耐磨性的影响很大。当纤维弹性好、断裂比功大时,织物的耐磨性好。锦纶、涤纶织物的耐磨性都很好,特别是锦纶织物的耐磨性最好,因此,多用来制作袜子、轮胎帘子布等。丙纶织物的耐磨性也较好。维纶织物的耐磨性比纯棉织物好,因此棉/维混纺可提高织物的耐磨性。腈纶织物的耐磨性属中等。羊毛纤维织物在较缓和的条件下,耐磨性也相当好。麻纤维的强度高,但伸长率低,断裂比功小,弹性差,因此织物耐磨性差。黏胶纤维的弹性差,在反复负荷作用下的断裂功小,织物耐磨性也差。

4.2 纱线的结构

(1)纱线的捻度 纱线的捻度适中时,在其他条件相同的情况下,织物的耐磨性较好。捻度过大时,纤维在纱中的可移性小,纱线刚硬,而且捻度大时,纤维自身的强力损失大,这些都不利于织物的耐磨性。若纱线捻度过小,纤维在纱中受束缚的程度太小,遇摩擦时纤维易从纱线中抽拔,也不利于织物的耐磨性。

(2)纱线的条干 纱线条干差时,较粗部分的纱线捻度小,纤维在纱中易被抽拔,因此不利于织物耐磨性。

(3)单纱与股线 细度相同时,股线织物的耐平磨性优于单纱织物,因为纤维在股线中不易被抽拔。但由于股线结构较单纱紧密,纤维的可移性小,所以其耐曲磨性和耐折边磨性能差。

(4)混纺纱中纤维的径向分布 混纺纱中,耐磨性好的纤维若多分布于纱的外层,有利于织物的耐磨性,例如涤/棉、涤/黏、毛/腈等混纺纱线。如能使涤纶多分布于纱的外层,会提高混纺织物的耐磨性。

4.3 织物的结构

织物的结构是影响织物耐磨损性的主要因素之一,因此可以通过改变织物的结构来提高织物的耐磨性。

(1)织物厚度 织物厚度对织物耐平磨性的影响很显著。织物厚些,耐平磨性提高,但耐曲磨和折边磨的性能下降。

(2)织物组织 织物组织对耐磨性的影响随织物的经纬密度不同而不同。在经纬密度较低的织物中,平纹织物的交织点较多,纤维不易抽出,有利于织物的耐磨性。在经纬密度较高的织物中,以缎纹织物的耐磨性为最好,斜纹次之,平纹最差。因为经纬密度较高时,纤维在织物中的附着相当牢固,纤维破坏的主要方式是纤维产生应力集中,被切割断裂。这时,若织物浮线较长,纤维在纱中可适当移动,有利于织物耐磨性。当织物经纬密度适中时,则以斜纹织物的耐磨性为最好。

针织物的耐磨性与组织的关系也很密切,其基本规律与机织物相同。纬平组织的耐磨性优于其他组织。因为织物表面光滑,支持面较大,纤维不易断裂和抽出。

(3)织物内经纬纱细度 织物组织相同时,织物中的纱线粗些,织物的支持面大,织物受摩擦时不易产生应力集中;而且纱线粗时,纱截面上包括的纤维根数多,纱线不易断裂。这些都有利于织物的耐磨性。

（4）**织物支持面**　织物支持面大，说明织物与磨料的实际接触面积大，接触面上的局部应力小，有利于织物的耐磨性。

（5）**织物平方米质量**　织物平方米质量对各类织物的耐平磨性都是极为显著的。耐磨性几乎随平方米质量的增加线性地增长。但对于不同织物，其影响程度不同。同样单位面积质量的织物，机织物的耐磨性优于针织物。

（6）**织物表观密度**　织物的密度、厚度与表观密度直接有关。试验证明，织物表观密度达到 $0.6\,g/cm^2$ 及以上时，耐折边磨性明显变差。

4.4　试验条件

试验条件是影响织物耐磨试验数据的重要条件。

（1）**磨料**　不同的磨料之间无可比性。磨料的种类很多，有各种金属材料、金刚砂材料、皮革、橡皮、毛刷及各种织物，常用的是金属材料、金刚砂材料以及标准织物。不同的磨料引起不同的磨损特征，表面光滑的金属材料，特别是标准织物的作用，比金刚砂缓和，纤维多因疲劳或表皮损伤而断裂；金刚砂的作用比较剧烈，纤维多为切割断裂或抽拔而使纱线解体，最终使织物磨损。

（2）**张力和压力**　试验时施加于试样上的张力或压力大时，织物经较少的摩擦次数，就会被磨损。

（3）**温湿度**　试验时的温湿度也会影响织物的耐磨性，而且对不同纤维的织物，其影响程度不同。对于吸湿性好的纤维，影响大；对于吸湿性差的涤纶、丙纶、腈纶、锦纶等纤维织物，几乎没有影响或影响较小。对黏胶纤维织物的影响为最大，因为该纤维吸湿后强力降低，加上纤维的吸湿膨胀，使织物变得硬挺，故耐磨性明显下降。实际穿着试验还表明，由于织物受日晒、汗液、洗涤剂等作用，不同环境下使用相同规格的织物，其耐磨性不同。

4.5　后整理

后整理可以提高织物的弹性和折皱回复性，但整理后织物的强力、伸长率有所下降。当作用比较剧烈、压力比较大时，强力和伸长率对织物耐磨性的影响是主要的，因此，树脂整理后织物耐磨性下降。当作用比较缓和、压力比较小时，织物的弹性回复率对织物耐磨性的影响是主要的，因此，树脂整理后织物表面的毛羽减少，这有利于织物的耐磨性。实际经验还表明，树脂整理对织物耐磨性的影响程度与树脂浓度有关。

分析表明，织物耐磨性的优劣，是多种因素的综合结果，其中以纤维性质和织物结构为主要因素。在实际生产中，应根据织物的用途、使用条件不同，选用不同的纤维种类和纱线、织物结构，以满足对织物耐磨性的要求。

子项目 9-2　织物的撕破性能

织物的边缘受到一集中负荷作用，使织物撕开的现象称为撕破或撕裂。织物在使用过程中，衣物被物体钓挂，局部纱线受力拉断，使织物形成条形或三角形裂口，也是一种撕裂现象。撕裂强力与断裂功有较为密切的关系，它比拉伸断裂强力更能反映织物经整理后的脆化程度。

因此,目前我国对经树脂整理的棉型织物、毛型化纤纯纺或混纺的精梳织物进行撕裂强力试验。针织物除特殊要求外,一般不进行撕破试验。

1 织物撕破性能的测试方法

织物的撕裂性能测试方法目前有舌形法、梯形法和落锤法三种。

1.1 舌形法

分为单舌法和双舌法,常用的为单舌法,测试在织物等速伸长型(CRE)强力仪上进行,试样为矩形(图9-7、图9-8,图中 * 号为撕裂终点标记)。

测试时将两舌片分别夹于强力机的上、下夹钳内,试样上的切口对准上、下夹钳的中心线,并使上夹钳内的舌片布样正面在后、反面在前,下夹钳内的舌片布样则正面在前、反面在后(图9-9)。

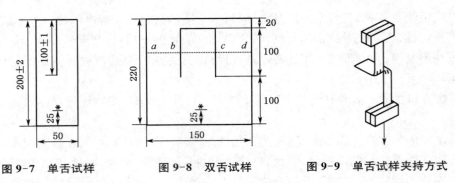

图9-7 单舌试样   图9-8 双舌试样   图9-9 单舌试样夹持方式

1.2 梯形法

梯形法测试在织物等速伸长型(CRE)强力仪或等速牵伸型(CRT)强力仪上进行,试样为梯形(图9-10)。试验时,在试样短边正中剪出一条规定长度的切口,沿梯形不平行两边夹入上、下夹头内,试样有切口的一边呈紧张状态,为有效隔距部分;另一边呈松弛皱曲状态(图9-11)。

1.3 落锤法

试样为矩形(图9-12)。落锤法试验原理是将一矩形织物试样夹紧于落锤式撕裂强力机的动夹钳与固定夹钳之间,试样中间开一切口,利用扇形锤下落的能量,将织物撕裂,仪器上有指针指示织物撕裂时的受力大小。

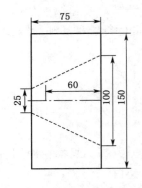  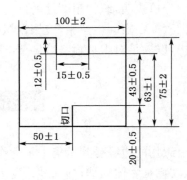

图9-10 梯形法试样   图9-11 梯形试样夹持方式   图9-12 落锤式试样

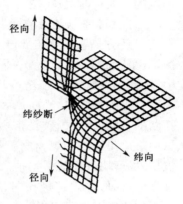

2 撕破机理

2.1 单舌法撕破

受拉系统的纱线上下分开受拉伸时,非受拉系统的纱线与受拉系统的纱线间产生相对滑移并靠拢,在切口处形成近似三角形的受力区域,称为受力三角区(图9-13)。在滑动过程中,由于纱线间存在摩擦力,非受拉系纱线的受力和伸长变形迅速增加,底边上第一根纱线的受力最大,其余纱线随离开第一根纱线的距离依次减小。当张力和伸长增大到受力三角区第一根纱线的断裂强力和伸长时,第一根纱线发生断裂,出现了撕破过程中的第一个负荷峰值。接着下一根纱线开始成为受力三角区的底边,撕拉到断裂时又出现另一个负载峰值,直到非受拉系统纱线依次逐根断裂,织物被撕破。

图 9-13　单舌法撕破过程

从广义上看,落锤法也属于舌形法,其撕破机理与单舌法类似;不同的是,撕裂时受拉系统的纱线受拉方式随落锤沿圆周方向摆动,即受圆周切向力作用,而非线性向下的拉伸外力。

2.2 双舌法撕破

双舌法撕破机理与单舌法基本相同,不同的是撕破过程中会形成两个受力三角区,且两个三角区底边上的纱线不一定同时断裂,所以,撕破曲线中出现的负荷峰值较单舌法频繁。若出现两个三角区的底边同时断裂,则峰值较高。

2.3 梯形法撕破

梯形法撕破时,受力三角形不明显,受力的纱线即为受拉纱线。其撕破过程如图9-14所示。

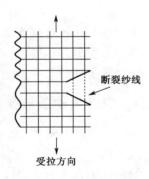

随着负荷的增加,试样紧边受拉的纱首先伸直,切口边缘的第一根纱线变形最大,负担较大的外力,和它相邻的纱线所负担的外力随其离开第一根纱线距离的增加而逐渐减小。当第一根纱线达到断裂伸长时,纱线断裂,出现一个撕破负荷峰值;接着下一根纱线变为切口处的第一根纱线,撕拉到断裂时又出现另一个负载峰值;直到受拉系统纱线依次逐根断裂,织物被撕破。

图 9-14　梯形法撕破过程

3 撕破曲线及指标

3.1 撕破曲线

织物撕破曲线表达撕破过程中负荷与伸长的变化关系,在附有绘图装置的强力仪上,可记录撕破曲线。图9-15所示为单舌法撕破曲线,图9-16所示为梯形法撕破曲线。

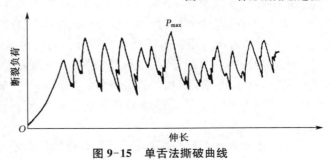

图 9-15　单舌法撕破曲线

3.2 指标

（1）**最大撕破强力** 最大撕破强力指撕裂过程中出现的最大负荷值，单位为牛顿（N）。

（2）**五峰平均撕破强力** 指单缝法撕裂过程中，在切口后方撕破长度 5 mm 后，每隔12 mm分为一个区，五个区的最高负荷值的平均值为五峰平均撕裂强力，也称平均撕破强力、五峰均值撕破强力。

我国统一规定，经向撕破是指撕破过程中经纱被拉断的试验，纬向撕破是指撕破过程中纬纱被拉断的试验。用单缝法测织物撕破强力时，规定经纬向各测五块，以五块试样的平均值表示所测织物的经纬向撕破强力；梯形法规定经纬向各测三块，以三块的平均值表示所测织物的经纬向撕破强力。

（3）**十二峰均值撕破强力** 单缝撕裂时测得撕口距离约 75 mm 的撕裂曲线，从第一撕裂峰开始至拉伸停止处等分为四段，舍去第一段，在后面三段中各找出两个最大峰和两个最小峰，总计十二个峰，求其平均即为十二峰均值撕破强力。计算图例如图 9-17 所示。作为峰的条件是该峰两侧强力下降段的绝对值至少超过上升段的绝对值 10%，否则不算作峰。

（4）**全峰均值撕破强力** 与十二峰均值撕破力类似，只是将后三段中的所有峰值都用来计算平均值。

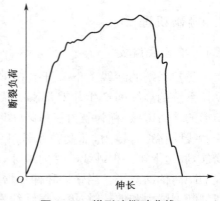

图 9-16 梯形法撕破曲线

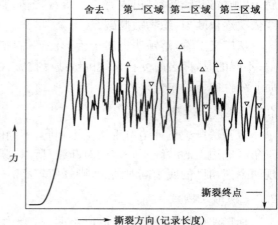

图 9-17 十二峰均值撕破强力

4 影响织物撕破强力的因素

（1）**纱线性质** 织物的撕破强力与纱线的断裂强力大约成正比，与纱线的断裂伸长率关系密切。当纱线的断裂伸长率较大时，受力三角区内同时承担作用力的纱线根数较多，因此织物的撕破强力大。经纬纱线间的摩擦阻力对织物的撕破强力有消极影响，当摩擦阻力较大时，两系统的纱线不易滑动，受力三角区变小，同时承担外力的纱线根数少，因此织物撕破强力小。所以，纱线的捻度、表面形状对织物的撕破强力也有影响。

（2）**织物结构** 织物组织对织物撕破强力有明显影响。在其他条件相同时，三原组织中，平纹织物的撕破强力最低，缎纹最高，斜纹介于两者之间。织物密度对织物撕破强力的影响比较复杂，对于低密度织物，随密度增加，抗撕能力增加；但当密度比较高时，随织物密度增加，织物撕破强力下降。最关键的因素是组织和密度，可通过影响纱线的可滑移性来影响撕破强力。

（3）**树脂整理** 对于棉织物、黏胶纤维织物，经树脂整理后纱线伸长率降低，织物脆性增加,织物撕破强力下降,下降的程度与使用的树脂种类、加工工艺有关。

　　(4)**试验方法与环境**　试验方法不同时,测试的撕破强力不同,无可比性。因为撕破方法不同时,受力三角区的特征有明显差异,对单缝法有利的因素未必对梯形法有利。撕破强力大小与拉伸力一样,受温湿度、撕破速度等的影响。

<h2 style="text-align:center">子项目9-3　织物的顶破和胀破性能</h2>

　　织物在垂直于织物平面的负荷作用下而破坏的现象称为织物顶破或胀破。它可反映织物的多向强伸特征。服用织物的膝部、肘部的受力情况、手套、袜子、鞋面用布在手指及脚趾处的受力及特殊用途的织物(降落伞、滤尘袋、三向织物、非织造土工布等)使用时的受力特征,与织物顶破时受到的垂直于织物平面的受力相近。纬编针织物具有较大的纵横向延伸能力,两个方向的相互影响较大,通常用顶破性能考核其耐用性。

1　织物顶破和胀破性能的测试方法

1.1　弹子法

　　弹子法是利用钢球球面来顶破织物。弹子式顶破试验机结构如图9-18所示,其主要机构与织物拉伸强力仪相近,用一对支架(上、下支架)、代替强力机的上、下夹头,上支架与下支架可相对移动,试样夹在一对环形夹具之间。当下支架下降时,顶杆上的弹子(钢球)向上顶试样,直到试样顶破为止。这种测试方法适用于服装、手套、袜子、鞋面等织物的顶破性能。

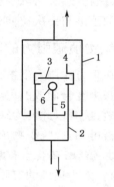

1—上支架　2—下支架　3—试样
4—夹具　5—顶杆　6—弹子

图9-18　弹子式顶破试验机结构

1.2　弹性膜片法

　　弹性膜片法是利用气压式或液压使织物胀破。织物胀破试验仪结构如图9-19所示。试样放在压罩和气压箱之间,试样下面放上适当厚度和韧性较好的橡皮衬垫,打开进液开关,通入压缩液体将试样胀破,从仪器液压表得胀破强度(kN/m^2),从伸长计得试样胀破扩胀度(mm)。这种仪器较适用于降落伞、滤尘袋、水龙带等织物。弹性膜片法的试验结果较弹子法稳定。部分原因是

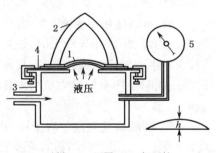

1—试样　2—压罩　3—气压箱
4—橡皮衬垫　5—液压表

图9-19　织物胀破试验仪结构

弹子法顶破时,圆形试样的近中心部位与钢球球面接触会产生局部摩擦,使部分负荷由摩擦时的滑动阻力所承担;而弹性膜片法胀破时,气体或油压在试样上均匀分布。

2　顶破性能评价指标

　　(1)**顶破强力**　使弹子垂直作用于布面使织物顶起破裂的最大外力,用于弹子法。

（2）**顶破强度** 织物单位面积上所承受的顶破强力,单位为"N/cm²",用于弹子法。羊毛衫片常用顶破强度评价其耐用性。

（3）**胀破强度** 与顶破强度的含义相同,单位为"kN/m²",用于弹性膜片法。

（4）**胀破扩胀度** 指胀破压力下的织物膨胀程度,以胀破高度或胀破体积表示。胀破高度为膨胀前试样的上表面与胀破压力下试样顶部之间的距离,单位为"mm";胀破体积为达到胀破压力时所需的液体体积。

3 顶破机理

织物是各向异性材料,当织物局部平面受一垂直的集中负荷作用时,织物各向产生伸长。机织物中,沿各向作用的张力复合成一剪切应力,首先在变形最大、强力最薄弱的位置使纱线断裂,导致织物破裂。针织物中,各线圈相互勾接连成一片,共同承受伸长变形,直至织物破裂。织物的顶破与一次拉伸相比,它是多向受力。

4 影响织物顶破强力的因素

织物在垂直作用力下被顶破时,受力是多向的,因此织物产生各向伸长。当沿织物经纬两个方向的张力复合而成的剪应力大到一定程度时,即等于织物最弱处纱线的断裂强力时,此处的纱线断裂;接着以此处为缺口,出现应力集中,织物沿经(直)向或纬(横)向撕裂,裂口呈直角形。由分析可知,影响织物顶裂强力的因素与影响其拉伸性能的因素接近。

（1）**纱线的断裂强力和断裂伸长** 当织物中纱线的断裂强力和伸长率较大时,织物的顶破强力较高,因为顶破的实质是织物中纱线产生伸长而发生的断裂。

（2）**织物厚度** 在其他条件相同的情况下,较厚的织物,顶破强力大。

（3）**织物织缩** 当织物织缩大而且经、纬向的织缩差异并不大时,在其他条件相同的情况下,织物顶破强力大。若经、纬向织缩差异大,当经、纬纱的断裂伸长率相同时,织物必沿织缩小的方向撕裂,顶破强力偏低,裂口为直线形。

（4）**织物经纬向密度** 织物经、纬两向的结构与性质的差异对顶破与胀破强力有很大的影响。当经、纬密差异较大时,织物顶裂时经、纬两向的纱线没有同时发挥承担最大负荷的作用,织物沿密度小的方向撕裂,顶破强力偏低,裂口呈直线形。当经、纬密相近时,经、纬两系统的纱线同时发挥承担最大负荷的作用,织物沿经、纬两向同时开裂,顶破和胀破强力较大,裂口呈现 L 形。

（5）**纱线钩接强度** 对于针织物,纱线的勾接强度大时,织物的顶破强力高。此外,纱线细度、线圈密度也影响针织物的顶破强力,提高纱线的线密度和线圈密度,织物顶破强力有所提高。

【操作指导】

9-1 织物耐磨性测试

1 工作任务描述

利用圆盘式织物平磨测试仪,测试机织物的耐磨性,并对织物的磨损性能做出评价。按规定要求测试织物的耐磨性,记录原始数据,完成项目报告。

2 操作仪器、工具和试样

Y522型圆盘式织物平磨仪及砂轮、吸尘器、六角扳手等附件,天平,米尺,划样板,剪刀,织物若干。

3 操作要点

3.1 试样准备

将织物剪成直径为125 mm的圆形试样,在试样中央剪一个小孔,共裁5～10个试验试样,试样上不能有破损。

3.2 操作步骤

3.2.1 方法一

① 将计数器7转至零位。

② 将试样放在工作圆盘上夹紧,并用六角扳手旋紧夹布圆环,使试样受到一定张力,表面平整。

③ 选用适当的砂轮(轻薄型织物用细号砂轮,中厚型织物用中号砂轮,厚重型用粗号砂轮),然后放下左、右支架。砂轮愈粗,号数愈小。

④ 选择适当的压力,加压质量的选择见表9-2。

⑤ 调节吸尘管高度,使之高出试样1～1.5 mm。

⑥ 吸尘管的风量根据磨屑的多少,通过平磨仪右侧的调压手轮进行调节。

⑦ 开启电源开关进行试验,当织物表面出现1～2根纱线断裂时,记录摩擦次数。

⑧ 当试验结束后,抬起支架、吸尘管,取下试样,清理砂轮。

⑨ 重复上述步骤,直到试样全部测试完毕。

表9-2 不同织物的加压质量和适用砂轮种类

织物类型	砂轮种类(砂轮号数)	加压质量(不含砂轮质量)(g)
粗厚织物	A—100(粗号)	750(或1000)
一般织物	A—150(中号)	500(或750、250)
薄型织物	A—280(细号)	125(或250)

3.2.2 方法二

① 磨损前的织物性能测试,根据评价指标需要,选以下任一种:

a. 用天平称重并记录织物试样的磨前质量。

b. 用强力仪测试织物强力。

c. 用厚度仪测试织物厚度。

② 按方法一的步骤对织物进行规定次数的磨损试验。

③ 对磨损试验后的试样进行质量、强力、厚度测试,并记录。

4 指标和计算

（1）磨断1～2根纱线所需摩擦次数

（2）试样质量减少率

$$试样质量减少率 = \frac{G_0 - G_1}{G_0} \times 100\%$$ （9-3）

式中：G_0 为磨损前的试样质量（g）；G_1 为磨损后的试样质量（g）。

（3）试样厚度减少率

$$试样厚度减少率 = \frac{T_0 - T_1}{T_0} \times 100\%$$ （9-4）

式中：T_0 为磨损前的试样厚度（mm）；T_1 为磨损后的试样厚度（mm）。

在相同的试验条件下，试样厚度减少率越大，织物越不耐磨。

（4）试样断裂强力变化率

$$试样强力降低率 = \frac{F_0 - F_1}{F_0} \times 100\%$$ （9-5）

式中：F_0 为磨损前的试样强力（N）；F_1 为磨损后的试样强力（N）。

在相同的试验条件下，试样强力降低率越大，织物越不耐磨。

测定断裂强力的试样尺寸：长 10 cm、宽 3 cm，在宽度两边扯去相同根数的纱线，使其成为 10 cm× 2.5 cm 的试条，采用强力仪进行测定。

计算精确至小数点后三位，按 GB/T 8170 修约至小数点后两位。

9-2 织物撕破性能测试

1 工作任务描述

利用织物拉伸强力测试仪及冲击摆锤强力仪，测试织物的撕破性能。根据舌形法、梯形法及落锤法的规定要求，对织物进行取样和测试，记录原始数据，完成项目报告。

2 操作仪器、工具和试样

HD026N 型电子织物强力仪、YG033A 型落锤式织物撕裂仪（图 9-20）、钢尺、剪刀、撕破试条划样板等，织物试样一种。

3 操作要点

3.1 试样准备

3.1.1 舌形法

按图 9-7 和图 9-8 所示的试样尺寸要求制作样板，用样板在织物上取样；单舌形剪出长 100 mm 的线型切口线，双舌形剪出长 100 mm、宽 50 mm 的下框型"⊔"切口线；取样数量及位置根据

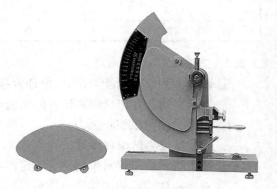

图 9-20　YG033A 型落锤式织物撕裂仪

产品技术条件或有关方协议确定。如无上述要求，可按图 9-21 所示裁取两组试样，一组为经向，一组为纬向，每组试样至少五块或按协议取更多。

3.1.2 梯形法

按图 9-10 所示的试样尺寸要求制作样板，用样板在织物上取样；取样数量及位置根据产品技术条件或有关方协议确定，一般沿经向和纬向各剪五块试样。

3.1.3 落锤法

按图 9-12 所示的试样尺寸要求制作样板，用样板在织物上取样；取样数量及位置根据产品技术条件或有关方协议确定。如无上述要求，可按图 9-22 所示裁取两组试样，一组为经向，一组为纬向，每组试样至少五块或按协议取更多。

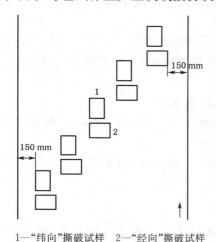

1—"纬向"撕破试样　2—"经向"撕破试样

图 9-21 舌形法取样位置

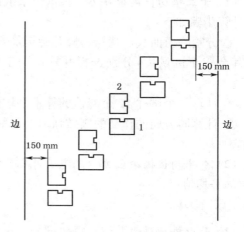

1—"纬向"撕破试样　2—"经向"撕破试样

图 9-22 落锤法取样位置

3.2 操作步骤

3.2.1 舌形与梯形法

（1）**仪器调试** 舌形法采用等速伸长试验型（CRE），梯形法采用等速伸长试验型（CRE）或等速牵引型（CRT）。试验速度为 100 mm/min±10 mm/min；隔距长度，舌形法为 100 mm、梯形法为 25 mm。

（2）**试样夹持** 单舌试样的每条裤腿分别夹入一个铗钳中，切口线与铗钳的中心线对齐；双舌试样的舌头夹在铗钳的中心且对称，如图9-23，使直线 bc 刚好可见，试样两长条对称地夹入仪器的移动铗钳中，使直线 ab 和 cd 刚好可见，并使试样的两长条平行于撕力方向；梯形试样沿梯形不平行两边夹住试样，使切口位于两铗钳中间，梯形短边保持拉紧，长边处于折皱状态。试样夹持均不加预张力并避免松弛现象。

（3）**操作** 开动仪器使撕破持续拉至试样的终点标记处。

3.2.2 落锤法

（1）**仪器调试** 选择摆锤的质量，使试样的测试结果落在相应标

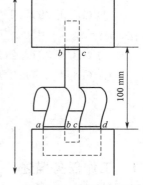

图 9-23 双舌法试样夹持方法

尺 15%～85% 的范围内。校正仪器零位,将摆锤升到起始位置。

(2) 试样夹持 试样长边与铗钳的顶边平行地夹入铗钳中,底边放至铗钳的底部,在凹槽对边用小刀切一个 20 mm±0.5 mm 的切口,余下的撕裂长度为 43 mm±0.5 mm。

(3) 操作 按下摆锤停止键,放开摆锤。当摆锤回摆时将其握住,以免破坏指针的位置,根据测量尺上的分度值读出撕破强力,单位为牛顿(N)。

4 指标和计算

4.1 舌形法

(1) 十二峰均值撕破强力 根据记录纸记录的强力-伸长曲线(图 9-17),人工计算撕破强力,计算步骤如下:

① 分割峰值曲线。从第一峰开始至最后峰结束,等分成四个区域。第一区域峰值舍去不用,其余三个区域内,分别选择并标出两个最高峰和两个最低峰,最高峰记为△、最低峰记为▽。

② 计算每个试样 12 个峰值的算术平均值,单位为"牛顿"(N)。

③ 计算同方向的样品的撕破强力的总算术平均值,以"牛顿"(N)表示,并保留两位有效数字。

(2) 全峰均值撕破强力 用电子计算方法统计强力—伸长曲线上的第一到第三区域所有峰值的平均值。

4.2 梯形法

(1) 最大撕破强力 记录每块试样的最大撕破强力,计算经向与纬向各五块试样的算术平均值和变异系数,修约到一位小数。适用于测试仪器无电子记录器的情况。

(2) 全峰均值撕破强力 若测试仪器有电子记录器,统计全峰均值撕破强力。

4.3 落锤法

最大撕破强力:记录每块试样的最大撕破强力,计算经向与纬向各五块试样的算术平均值,修约到一位小数。

5 相关标准

① GB/T 3917.1《纺织品 织物撕破性能 第 1 部分:撕破强力的测试 冲击摆锤法》。

② GB/T 3917.2《纺织品 织物撕破性能 第 2 部分:舌形试样撕破强力的测试》。

③ GB/T 3917.3《纺织品 织物撕破性能 第 3 部分:梯形试样撕破强力的测试》。

9-3 织物顶破和胀破性能测试

1 工作任务描述

利用多功能织物强力测试仪或织物顶(胀)破强力仪,测试织物的顶破和胀破性能。按规定要求,对织物进行取样和测试,记录原始数据,完成项目报告。

2 操作仪器、工具和试样

HD026N 型电子织物强力仪或 YG032A 型织物胀破强力仪（图 9-24）、剪刀、顶破圆形划样板等，机织物、针织物试样各一种。

3 操作要点

3.1 试样准备

3.1.1 弹子法

在织物的不同部位取圆形试样 5 块，每块的直径为60 mm。

图 9-24　YG032A 型织物胀破强力仪

3.1.2 弹性膜片法

根据产品标准规定或根据协议取样，若产品标准中没有规定，按图 9-25 取样。试样面积为 50 cm²（直径 79.8 mm）。一般不需要裁剪试样即可进行试验。

3.2 操作步骤

3.2.1 弹子顶破法——HD026N 型织物强力仪

① 设置试验方式为［顶破拉伸］。

② 调整织物强力仪的上、下铗钳间的距离为 450 mm。

③ 设置下铗钳下降速度为 300 mm/min。

④ 将试样放入夹布圆环内夹紧，再将其平放在夹头架上并推到底。

⑤ 启动机器进行试验，待试样完全顶破后，仪器自动恢复原状。

⑥ 仪器自动显示并打印顶破强力（N）。

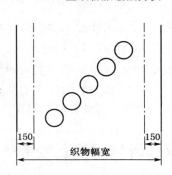

图 9-25　弹性膜片法取样位置

3.2.2 弹性膜片法——YG032A 型织物胀破强力仪

（1）试样夹持　将试样覆盖在弹性膜片上，呈平坦无张力状态，再用环形夹具将试样夹紧。

（2）胀破时间调节　用两个预试样进行预试，观察平均胀破时间是否在规定范围内。如不符合要求，调节加压速率。

注：一般织物规定胀破时间为 30 s±10 s；毛型织物为 15 s±10 s。

（3）正式测试　用调节好的加压速率对试样逐一测试，记录胀破强度和胀破扩胀度。如果试样在夹具圆环边缘破裂，应另取试样重新测试。

（4）膜片校正数测试　采用与上述测试相同的方法，在无试样的情况下用夹具夹住膜片，使膜片膨胀达到上述试样的平均胀破扩胀度，此时所需压力即为膜片校正数。

4 指标和计算

① 计算 5 块试样的顶破强力算术平均值，精确至小数点后一位。

② 按下式计算试样胀破强度：

$$试样胀破强度 = A - B$$

式中：A 为膜片顶破试样的平均胀破强度（kN/m^2）；B 为膜片校正数（kN/m^2）。

5　相关标准

① GB/T 7742.1《纺织品　织物胀破性能　第 1 部分：胀破强力和胀破扩胀度的测定　液压法》。

② ISO 2960《纺织品　胀破强力和胀破扩胀度的测定　弹性膜片法》。

③ FZ/T 01030《针织物和弹性机织物　接缝强力和扩张度的测定　顶破法》。

【知识拓展】时尚界的耐用性

耐用性成了如今时尚界的新名词。作为一个理念，它囊括了所有经久耐用的产品。从服装角度，指不会过时的、可用于投资的经典款式。这与时尚界流行的"快餐式"的一次性消费理念背道而驰。这一潮流的产生被认为是物极必反的结果，是人们消费道德理性的回归。

服装的耐用性主要体现在款式的经典与售后服务上。服装面料的耐用性不仅仅体现在是否破损，消费者对于耐用性的要求则更多地表现在织物是否保持原有的色泽和形态上。

【岗位对接】织物耐磨性的实际穿着试验

织物的实验室耐磨试验结果，可能与实际穿着时的情况不一致。原因是实际穿着时的受力方式较为复杂，几种类型的磨损同时发生；另外，实际使用中往往伴有日晒、汗液、洗涤剂等作用。比如曾将规格相同的棉/丙混纺织物和棉/维混纺织物左右对拼，制成衬衫给农民穿，制成裤子给邮递员穿。结果，衬衫上表现为棉/丙混纺织物不耐磨，裤子上则表现为棉/维混纺织物不耐磨。这是因为农民穿的衬衫磨损时伴有较强的日晒，而丙纶的耐光性差；邮递员穿的裤子为单一的磨损，而丙纶的单一磨损性较维纶好，故棉/丙织物较为耐磨。

【课后练习】

1. 专业术语辨析

（1）综合耐磨值　　　　（2）淘汰率　　　　　（3）经向撕破

（4）纬向撕破　　　　　（5）撕破曲线　　　　（6）十二峰均值撕破强力

（7）胀破强度　　　　　（8）胀破扩胀度

2. 填空题

（1）织物磨损试验的方法有_____、_____、_____、_____、_____等，它们分别模拟服装_____、_____、_____、_____、_____的实际磨损方式。

（2）织物磨损时纤维破坏的形式有_____、_____、_____、_____等。

（3）股线的耐_____优于单纱，而耐_____、_____不及单纱。

（4）织物的_____增加，耐平磨性明显增加，而耐曲磨性与耐折边磨性能下降。

（5）织物撕破试验的方法有_____、_____、_____三种。

（6）表达织物撕破性能的指标有_____、_____、_____、_____等。

（7）织物顶破试验的方法有_____、_____两种,分别适用于_____、_____、_____、_____和_____、_____、_____的织物。

（8）表达织物顶破性能的指标有_____、_____、_____、_____等。

3. **是非题（错误的选项打"×",正确的选项画"○"）**

（　　）（1）平纹组织织物较斜纹组织、缎纹组织织物耐磨。

（　　）（2）麻织物因为强力大而具有优良的耐磨性。

（　　）（3）毛织物在较小负荷下的耐磨性较好。

（　　）（4）腈纶纤维是合成纤维中耐磨性仅次于锦纶的纤维。

（　　）（5）耐平磨性较好的织物,其耐曲磨性与耐折边磨性亦相应较好。

（　　）（6）树脂整理有利于织物耐磨性的提高。

（　　）（7）圆形截面纤维的耐磨性优于非圆形纤维。

（　　）（8）纤维越细,其织物的耐磨性越好。

（　　）（9）平纹组织织物较斜纹组织、缎纹组织织物的撕破强力大。

（　　）（10）织物密度越大,撕破强力越大。

（　　）（11）树脂整理有利于织物撕破强力的提高。

（　　）（12）伸长能力较大的纱线形成的织物,顶破强力较大。

（　　）（13）当经、纬纱采用同种纱线,织物密度相近时,顶破裂口呈现 L 形。

（　　）（14）纱线勾接强度越大,针织物的顶破强力越大。

4. **选择题**

（1）测试时相对湿度对织物耐磨性能影响最大的织物是（　　）。

① 棉织物　　　② 麻织物　　　③ 黏胶织物　　　④ 合成纤维织物

（2）织物密度中等时,耐磨性较好的组织是（　　）。

① 平纹组织　　　② 斜纹组织　　　③ 缎纹组织

（3）经纬密配置不同的下列三种织物,经纬纱均采用 36tex 的纱线,耐磨性最好的织物是（　　）。

① 280×200　　　② 300×200　　　③ 260×200

（4）下面三种织物的经纬纱密度和线密度相同,则耐平磨性较好的织物是（　　）。

① 经纬纱均采用同捻向股线,股线捻系数为 600

② 经纬纱均采用异捻向股线,股线捻系数为 600

③ 经纬纱均采用捻系数为 600 的单纱

（5）下列不同用途的织物,用撕破强力考察其耐用性更合理的是（　　）。

① 内衣　　　② 毛衫　　　③ 雨伞伞面　　　④ 袜子

（6）撕破强力通常用来评价（　　）的脆化程度。

① 机织染整产品　　　② 针织染整产品　　　③ 原色非织造织物

（7）下列不同用途的织物,用顶破强力考察其耐用性更合理的是（　　）。

① 牛仔布　　　② 毛巾　　　③ 过滤材料　　　④ 衬衫布

(8) 顶破强力通常用来评价(　　)的耐用性能。

　① 机织产品　　　　　② 针织产品　　　　　③ 非织造织物

5. 综合应用题

(1) 观察三种纤维的拉伸曲线,分析三种纤维织物的耐磨性(纤维规格均为 3.33 dtex×75 mm),并判断这三种纤维可能是什么纤维。

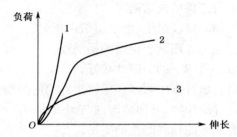

(2) 作为硬领面料,希望织物耐用性好些,从纤维种类、纱线捻度、织物经纬密及织物组织上应如何考虑?

(3) 分析单舌法与双舌法的十二峰撕破强力的变异系数大小。

(4) 比较梯形法与舌形法撕破时纱线的受力特征。

(5) 分析密度很小的纱布类织物的拉伸断裂强力很低而撕破强力比较高的原因。

(6) 分析弹子法与弹性膜片法测试织物顶破性能时的受力特征。

项目 10　织物外观性认识与检测

教学目标

1. 理论知识：织物外观性的表征内容、评价指标及影响因素。
2. 实践技能：织物外观性指标的检测和分析。

【项目导入】织物的外观特性

消费者、经销商及服装设计师对于织物的检查和选择，通常是以织物外观为基础的，包括颜色、光泽、悬垂性、织物疵点等。除了这些直观的视觉外观性外，织物在使用过程中还会表现出表面形态的变化，例如免烫性、折痕回复性、起毛起球性、勾丝性、收缩性等。这些性能的表征，需要专业人员对织物进行适当的检测与分析，才能做出正确的评价。

本项目要求对收集的织物进行外观性指标的测试，并做出评价，完成织物外观性评价表（表 10-1）。

表 10-1　织物外观性评价表

织物外观性内容	定量评价（评价指标及数值）	定性评价（好、较好、中、较差、差）	影响的基本因素				
			纤维性质	纱线结构	织物结构	后整理	其他
织物折痕回复性							
织物悬垂性							
织物起毛起球性							
织物勾丝性							
织物下水尺寸变化性							

【知识要点】

子项目 10-1　织物的折痕回复性

织物在穿用和洗涤过程中，因受到反复揉搓而产生折皱的回复程度，称为折痕回复性。即除去引起织物折皱的外力后，由于弹性使织物回复到原来状态的性能。因此，也常称织物的折皱回复性为抗皱性或折皱弹性。由折皱性大的织物制成的服装，在穿用过程中易起皱，即使服装色彩、款式和尺寸合体,也因容易形成折皱而失去其美学性,而且因折皱处易磨损而降低其使用性。

1 织物折痕回复性的测试方法

1.1 垂直法

试样为凸形(图 10-1)。试验时,试样沿折叠线 1 垂直对折,平放于试验台的夹板内,再压上玻璃承压板;然后,在玻璃承压板上加上一定压重,经一定时间后释去压重,取下承压板,将试验台直立,由仪器上的量角器读出试样两个对折面之间张开的角度。此角度称为折痕回复角。通常将较短时间(如 15 s)后的回复角称为急弹性折痕回复角,将较长时间(如 5 min)后的回复角称为缓弹性折痕回复角。

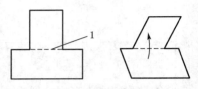

图 10-1 折皱回复性测试(垂直法)

1.2 水平法

试样为条形(图 10-2)。试验时,试样 1 水平对折夹于试样夹 2 内,加上一定压重,定时后释压;然后,将夹有试样的试样夹插入仪器刻度盘 3 上的弹簧夹内,并使试样一端伸出试样夹外,成为悬挂的自由端。为了消除重力的影响,在试样回复过程中必须不断地转动刻度盘,使试样悬挂的自由端与仪器的中心垂直基线保持重合。经一定时间后,由刻度盘读出急弹性折痕回复角和缓弹性折痕回复角。通常以织物正反两面的经、纬两向的折痕回复角作为指标。

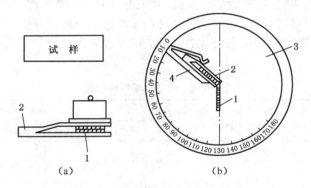

图 10-2 折皱回复性测试(水平法)

2 评价指标

2.1 折痕回复角 α

指在规定条件下,受力折叠的试样卸除负荷后,经一定时间两个对折面形成的角度,单位为度(°),分为经(纵)向折痕回复角、纬(横)向折痕回复角和总折痕回复角,总折痕回复角为经、纬向折皱回复角之和。

2.2 折痕回复率 R

织物的折痕回复角占 180°的百分率即折皱回复率,也是常用指标,计算式如下:

$$R = \frac{\alpha}{180} \times 100\%$$

(10-1)

式中:R 为折痕回复率;α 为折痕回复角(°)。

应该指出,折痕回复角实质上只是反映了织物单一方向、单一形态的折痕回复性。这与实际使用过程中织物多方向、复杂形态的折皱情况相比,还不够全面。国外已研制出能使试样产生与实际穿着相近的折痕的试验仪器。试验时,试样经仪器处理产生折痕,然后释放作用力,放置一定时间后用目测方法比对标准样照,对折痕状态评级判定。

3 影响织物折皱弹性的主要因素

3.1 纤维性质

(1)纤维的几何特征 纤维的线密度和形态影响纤维的弯曲性质,尤其是线密度,其影响较为突出。当纤维较粗时,纤维刚性较大,不易产生折痕。例如涤/黏棉型化纤混纺织物,在保持混纺比不变的情况下,用 3.3 dtex(3 D)纤维与 2.2～2.8 dtex(2.0～2.5 D)纤维相比,织物的折痕回复性好;如果再混用适量的 5.56 dtex(5 D)纤维,则织物的折痕回复性更好。

纤维的截面和纵面形态也会影响织物的折痕回复性。对于异形截面的纤维,一方面由于刚性较大,不易产生折痕;另一方面,外力释放后纤维、纱线间的切向滑动阻力较大,使折痕回复能力受影响。一般,异形纤维织物的折痕回复性不如圆形纤维织物,但差异不大。类似地,纵面光滑的化纤织物的折痕回复性较粗糙的化纤织物好。

(2)纤维弹性 纤维弹性是影响织物折痕回复性最主要的因素。弹性优良的涤纶、氨纶、丙纶及羊毛,其织物的折痕回复性较好。与锦纶纤维相比,涤纶纤维的急弹性变形比例较大,缓弹性变形比例小,其织物具有起皱后有在极短时间内急速回复的性能;锦纶纤维的弹性回复率虽然较涤纶大,但急弹性变形比例小,缓弹性变形比例大,因此锦纶织物起皱后往往需要较长时间才能回复。

(3)纤维表面摩擦性质 纤维表面摩擦系数适中时,织物的折痕回复性较好。当纤维表面摩擦系数过小时,在外力作用下,纤维间易发生较大的滑移,外力释放后,这种较大的滑移大多不能回复,使织物产生折痕。而当纤维表面摩擦系数过大时,外力释放后,纤维依靠本身的回弹性进行相对移动的阻力较大,也使织物一旦产生皱痕便不易消除。

3.2 纱线的结构

纱线的捻度对织物的折痕回复性的影响较大。在一般的捻度范围内,随着捻度增加,纱线弹性与刚性增加,织物的折痕回复性较好。例如丝绸织物常采用强捻纱以提高其抗皱性。但捻度过高也不利于织物的抗皱性,过高的捻度使纤维产生很大的扭转变形,塑性变形增加,同时纤维间束缚很紧,当外力释放后,纤维间作相对移动而回复的程度极低,织物表面产生的皱痕不易消退。

3.3 织物的结构

织物厚度对织物折痕回复性的影响显著,织物厚,其折痕回复性提高。机织物三原组织中,平纹组织交织点最多,外力释放后,纱线不易相对移动而难以回复到原来的状态,故织物的折痕回复性较差;缎纹组织交织点最少,织物的折痕回复性较好。针织物中,线圈长度较长时,纱线间切向滑动阻力小,织物在外力作用下容易产生较大折痕且不易回复。经、纬密对织物的折痕回复性也有影响,一般规律是:随着经、纬密的增加,纱线间的切向滑动阻力增大,织物的折痕回复性有下降的趋势。

4 后整理

对于棉、麻、黏胶等纤维素纤维织物和丝绸等易皱织物,后整理可以显著提高织物的弹性和折皱回复性。

子项目 10-2 织物的悬垂性

织物因自重下垂的程度和形态称为悬垂性。裙子、窗帘、桌布、帷幕等织物要求具有良好的悬垂特性。西服等外套用织物的悬垂性对服装的曲面造型有直接的影响,悬垂性优良的织物形成的服装具有自然飘逸的外观特性。

1 织物悬垂性的测试方法及指标

悬垂性的测试一般采用圆盘法(图 10-3)。将一定面积的圆形试样,放在圆盘架上,织物因自重沿小圆盘周围下垂,形成均匀折叠的悬垂试样。

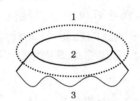

1—试样 2—圆盘架 3—悬垂试样

图 10-3 织物悬垂性测试(圆盘法)

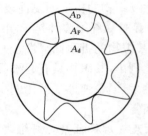

A_D—试样面积 A_F—投影面积 A_d—小圆盘面积

图 10-4 试样投影面积

表示织物悬垂性的指标为悬垂系数 F,指试样下垂部分的投影面积与其原面积之比的百分率(图 10-4),计算式如下:

$$F = \frac{A_D - A_d}{A_F - A_d} \times 100\% \qquad (10-2)$$

其中 A_D、A_F、A_d 的测量可以采用描图称重法,即取匀质纸片,分别按织物面积、投影图形轮廓及小圆盘面积剪下并称重,以质量替代面积再由式(10-2)计算织物悬垂系数。

为了快速测量,大多采用光电式织物悬垂性测试仪,其原理如图10-5所示。织物试样放在圆盘架上自然下垂。在试样盘架的下面装有抛物面反光镜,点光源位于反光镜的焦点上。由反光镜射出的平行光束射到试样上,部分光线被试样遮挡,未被试样遮挡的光线射向位于试样上方的另一抛物面反光镜,反射光聚焦于光敏元件上,将光通量变化信号转换成电流变化,再由电流变化间接测出织物悬垂系数。

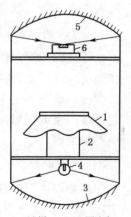

1—试样 2—圆盘架
3—反光镜 4—点光源
5—反光镜 6—光敏元件

图 10-5 光电式织物悬垂性测试仪原理

采用光电式原理测试织物悬垂系数，是建立在假设织物完全不透明的基础上的，对于具有一定透光性的织物，测量结果会产生误差，可用剪纸法求织物悬垂系数。

织物悬垂系数小，织物较柔软，具有较好的悬垂性。但用悬垂系数评价织物悬垂性，只能表达织物下垂的程度，无法表达织物下垂的形态。如某些身骨疲软的织物，尽管测出的悬垂系数很小，但侧面的波曲形状的活泼性、调和性及平衡度、丰满度不一定美观。因此，对织物悬垂性的评价，应将悬垂系数与波曲形态的美观性结合考虑。

2　影响织物悬垂性的主要因素

2.1　纤维性质

纤维的刚柔性是影响织物悬垂性的主要因素。由刚硬的纤维制成的织物，悬垂性较差，如麻织物；柔软的纤维制成的织物，则具有较好的悬垂性，如羊毛织物和蚕丝织物。

2.2　纱线结构

纱线的捻度对纱线的刚性有影响，捻度较大，纱线手感较硬，织物的悬垂性较差。长丝纱的捻度往往较短纤维纱小，因此长丝纱织物的悬垂性较短纤维纱织物优良。

2.3　织物结构

织物厚度及经、纬纱密度增加，织物抗弯刚度增加，不利于织物下垂，悬垂性变差。织物紧度较小，纱线松动的自由度较大，有利于织物的悬垂性。织物单位面积质量会直接影响织物因自重下垂的程度，随着织物单位面积质量的增加，悬垂系数变小；但单位面积质量过小，织物会产生轻飘感，悬垂性也不良。

子项目 10-3　织物的起毛起球性

织物经摩擦后起毛球的程度称为起毛起球性。织物起毛球不但影响织物外观和手感，还影响表面摩擦、抱合性与耐磨性。

1　起毛起球机理

织物起毛起球过程如图 10-6 所示，可分为起毛(a)、纠缠成球(b)、毛球脱落(c)三个阶段。织物在穿用过程中受多种外力和外界的摩擦作用，经过多次的摩擦，纤维端伸出织物表面形成毛茸，称为织物起毛；继续穿用时，茸毛如不易被磨断而纠缠在一起，在织物表面形成许多小球粒，称为织物起球。

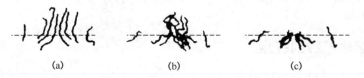

(a)　　　　　　　(b)　　　　　　　(c)

图 10-6　起毛起球的过程

如果在穿用过程中形成毛茸后纤维很快地因摩擦断裂或滑出纱体而掉落，或织物内纤维被束缚得很紧，纤维毛茸伸出织物表面较短，织物表面并不能形成小球。纤维毛茸纠缠成球后，在织物表面会继续受摩擦作用，达到一定时间后，毛球会因纤维断裂而从织物表面脱落。起毛起球随时间的变化曲线（即起球曲线）如图 10-7 所示。因此，评定织物起毛起球性的优劣，不仅看织物起毛起球的快慢、多少，还应视其脱落的速度而定。

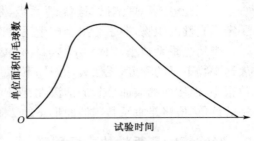

图 10-7　织物起毛起球与时间的关系

2　织物起毛起球性的测试方法及指标

测试织物起毛起球性的方法有圆轨迹法、马丁代尔法和起球箱法。

2.1　圆轨迹法

如图 10-8 所示，织物的起毛起球分别进行。首先，试样在一定压力（重锤）的作用下，以圆周运动轨迹与尼龙毛刷摩擦一定次数，使织物表面产生毛茸；然后，试样与标准织物进行摩擦，使织物起球。经一定次数后，与标准样照对比，评定起球级别。此法多用于低弹长丝机织物、针织物及其他化纤纯纺或混纺织物。

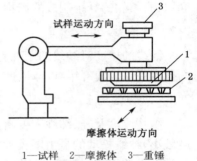

1—试样　2—摩擦体　3—重锤

图 10-8　圆轨迹法原理

2.2　马丁代尔法

如图 10-9 所示，在一定压力（加压砝码）下，织物试样与摩擦体进行摩擦，达到规定次数后，将试样与标准样照对比，评定起球级别。马丁代尔法的原理与圆轨迹法相似，但测试方法不同。该方法是目前国际羊毛局规定的用来评定精纺或粗纺毛织物起球的标准方法。不同之处在于摩擦体可以是本身织物或标准磨料、摩擦轨迹呈李莎茹（Lissajous）曲线、一次性可完成多块试样的测试。此法适用于大多数织物，对毛织物更为适宜，但不适合厚度超过 3 mm 的织物。

2.3　起球箱法

将一定规格的织物试样缝成筒状，套在聚氨酯载

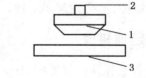

1—试样　2—加压砝码　3—摩擦体

图 10-9　马丁代尔法原理

样管上，然后放入衬有橡胶软木的起球箱内，开动机器使起球箱转动，试样因此受到摩擦作用。起球箱翻动一定次数后，自动停止，取出试样，评定织物起球等级。该方法适用于毛织物及其他较易起球的织物。

3　织物起毛起球等级的评定

评定织物起毛起球性的方法很多，由于纤维、纱线以及织物结构不同，毛球大小、形态不同，起毛起球以及脱落速度不同，因此很难找到一种十分合适的评定方法。

目前用的较多的是评级法，将试样在标准条件下与同类织物的标准样照对比，评定等级。

标准样照分五级,一级最差,五级最好,一级为严重起毛起球,五级为不起毛起球(图10-10)。该方法的缺点是受人为目光的影响,可能出现同一试样由不同的人评定时测试结果不一致的情况,且一类织物必须制成一种标准。此外可以用单位面积织物上毛球的个数或毛球的总质量来表达。

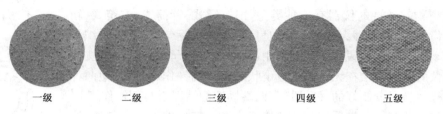

| 一级 | 二级 | 三级 | 四级 | 五级 |

图10-10 起毛起球标准样照(精梳光面)

4 影响织物起毛起球的主要因素

4.1 纤维性质

纤维性质是织物起毛起球的主要原因。纤维的力学性能、几何性质和卷曲多少都影响织物的起毛起球性。从日常生活中发现,棉、麻、黏胶纤维织物几乎不产生起球现象,毛织物有起毛起球现象;锦纶、涤纶织物最易起毛起球,而且起球快、数量多、脱落慢;其次是丙纶、腈纶、维纶织物。由此看出,纤维强力高、伸长率大、耐磨性好,特别是耐疲劳的纤维,起毛起球现象明显。纤维较长、较粗时,织物不易起毛起球,长纤维纺成的纱,纤维少且纤维间抱合力大,所以织物不易起毛起球;粗纤维较硬挺,起毛后不易纠缠成球。一般来说,圆形截面的纤维比异形截面的纤维易起毛起球,因为圆形截面的纤维抱合力较小而且易弯曲纠缠。另外,卷曲多的纤维易起球,细羊毛比粗羊毛易起球就是因为细羊毛易弯曲、纠缠且卷曲丰富。

4.2 纱线的结构

纱线捻度、条干均匀度影响织物起毛起球性。纱线捻度大时,纱中纤维被束缚得很紧密,纤维不易被抽出,所以不易起球。因此,对于涤/棉混纺织物,适当增加纱的捻度,不仅能提高织物滑爽硬挺的风格,还可降低起毛起球性。纱线条干不匀时,粗节处的捻度小,纤维间抱合力小,纤维易被抽出,所以织物易起毛起球。精梳纱织物与普梳织物相比,前者不易起毛起球。花式线、膨体纱织物易起毛起球。

4.3 织物的结构

织物结构对织物的起毛起球性也有很大影响。在织物组织中,平纹织物的起毛起球性最低,缎纹最易起毛起球。针织物较机织物易起毛起球。针织物的起毛起球与线圈长度、针距大小有关,线圈短、针距小时织物不易起毛起球。表面平滑的织物不易起毛起球。

子项目10-4 织物的勾丝性

织物中的纤维或纱线,由于勾挂被拉出形成丝环或被勾断而突出在织物表面的特性,称为勾丝性。织物勾丝主要发生在长丝织物和针织物中。一般在织物与粗糙、尖硬的物体摩擦时,织物中的纤维被勾出,在织物表面形成丝环和抽拔痕;当作用剧烈时,单丝还会被勾断。织物勾丝后外观恶化,而且影响耐用性。

1 织物勾丝性的测试

测定织物勾丝性的仪器有三种类型,即钉锤式、针筒式、方箱式(箱壁上有锯齿条)。其原理大致相似,都是仿照织物实际勾丝情况,使织物试样在运动中与某些尖锐物体相互作用,从而产生勾丝;所不同的是:针筒式勾丝仪的试样一端在无张力的自由状态下与刺针作用,而其他两种方法的试样两端是缝制好的,即试样在两端固定的情况下与刺针作用。

织物勾丝性测试是先采用勾丝仪使织物在一定条件下发生勾丝,然后与标准样照对比评级,分为一级~五级,五级最好,一级最差。

图 10-11 所示为钉锤式勾丝仪。试验时,试样缝制成圆筒形,套在由橡胶包覆、外裹有包毡的滚筒上,滚筒上方装有由链条连接的铜锤。当滚筒转动时,铜锤上的突针不停地在试样上随机勾挂跳动,使织物产生勾丝现象。

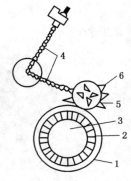

1—试样　2—包毡
3—滚筒　4—链条
5—铜锤　6—突针

图 10-11　钉锤式勾丝仪

2 影响织物勾丝性的主要因素

影响勾丝性的因素有纤维性状、纱线性状、织物结构及后整理加工等,其中以织物结构的影响最为显著。

2.1 纤维性状

圆形截面的纤维与非圆形截面的纤维相比,圆形截面的纤维容易勾丝。长丝与短纤维相比,长丝容易勾丝。纤维的伸长能力和弹性较大时,能缓和织物的勾丝现象。这是因为织物受外界粗糙、尖硬物体勾引时,伸长能力大的纤维可以由本身的变形来缓和外力的作用;当外力释去后,又可依靠自身较好的弹性局部回复。

2.2 纱线结构

一般规律是结构紧密、条干均匀的不易勾丝。所以,增加纱线捻度,可减少织物勾丝;线织物比纱织物不易勾丝;低膨体纱比高膨体纱不易勾丝。

2.3 织物结构

结构紧密的织物不易勾丝,这是由于纤维被束缚得较为紧密而不易被勾出。表面平整的织物不易勾丝,这是因为粗糙、尖硬的物体不易勾住织物中的纱线或长丝纤维。针织物勾丝现象比机织物明显,其中平针织物不易勾丝,纵、横密度大、线圈长度短的针织物不易勾丝。

2.4 后整理

热定形和树脂整理能使织物表面变得更光滑平整,织物勾丝现象有所改善。

子项目 10-5　织物的尺寸稳定性

织物尺寸在热、湿、洗涤等条件下发生变化的性能,称为织物的尺寸稳定性,主要表现为缩水性与热收缩性。织物在常温水中浸渍或洗涤干燥后,长度和宽度方向发生的尺寸收缩程度称为缩水性;织物在受到较高温度作用时发生的尺寸收缩程度称为热收缩性,热收缩主要发生在合成纤维织物中。

1 尺寸变化机理

1.1 缩水机理

织物缩水的普遍机理是由于吸湿后纤维、纱线的缓弹性变形的叠加回复而引起的。在纺织染整加工过程中,纤维、纱线多次受拉伸作用,内部积累了较多的剩余变形和较大的应力。当水分子进入纤维内部后,使纤维大分子之间的作用力减小,加工过程中的内应力得到松弛,加速了纤维和纱线的缓弹性变形的回复,从而使织物尺寸发生明显回缩。织物的这一类收缩可以通过良好的热定形来克服。

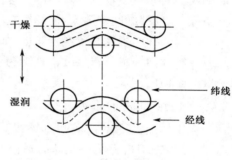

吸湿性较好的天然纤维和再生纤维的织物,其缩水原因还在于吸湿后纤维体积发生膨胀,纤维直径增加、纱线变粗,纱线在织物中的屈曲程度增大而迫使织物收缩(图 10-12)。

毛织物缩水除了上述两种原因外,还在于其缩绒性。

1.2 热收缩机理

织物发生热收缩的主要原因是:合成纤维在纺丝成形过程中,为获得良好的力学性能,均受到一定的拉伸作用,并且纤维、纱线在整个纺织染整加工过程中受

图 10-12 纤维直径增加引起的织物缩水

到反复拉伸,当织物在较高温度下受热的作用时,纤维大分子取得卷曲构象,因此产生不可逆的收缩。

受热方式不同,热收缩率不同,所以织物的热收缩性表征有沸水收缩率、干热空气收缩率、汽蒸收缩率等。

2 尺寸稳定性的测试及指标

织物的尺寸稳定性用尺寸变化率表示,计算式如下:

$$尺寸变化率 = \frac{L_0 - L_1}{L_0} \times 100\% \qquad (10\text{-}3)$$

式中:L_0 为处理前织物经、纬(或纵、横)向长度(mm);L_1 为处理后织物经、纬(或纵、横)向长度(mm)。

织物缩水性的测试方法有浸渍法和洗衣机法两种。浸渍法是静态的,主要适用于使用过程中不经剧烈洗涤的纺织品,如毛、丝及篷盖布等。洗衣机法是动态的,主要适用于服装用织物。织物热收缩性的测试是将试样放置在不同的热介质中或进行熨烫,测量作用前后的尺寸变化。

3 影响尺寸稳定性的因素

3.1 纤维吸湿性

纤维吸湿性是影响织物缩水性的主要因素之一。天然纤维和再生纤维素纤维的吸湿性较

好,因纤维吸湿膨胀所引起的织物缩水率较大;合成纤维的吸湿性差,有的几乎不吸湿,因此合成纤维织物的缩水率很小。

3.2 纱线捻度

纱线捻度与织物缩水率有一定关系。低捻纱织物的收缩率比强捻纱织物大,原因是织物中纤维与纱线活动的空间大。机织物中,经纱加工时承受的张力及摩擦的机会较多,所加的捻度通常较纬纱大,因此吸湿膨胀较不容易,纬纱直径增加较经纱大,使经纱与纬纱交织的屈曲增加,导致经向的缩水率较纬向大。

3.3 织物结构

织物结构对缩水性的影响较大。与纱线捻度同样的原因,稀松组织的织物比紧密织物的收缩大。对于机织物,以经、纬纱紧度配置的影响为最大。当经纱紧度大于纬纱紧度时,经纱间空隙小,而纬纱间空隙大,使纬纱之间有较大的余地让纬纱吸湿膨胀,故经向缩水率比纬向大;反之,当纬纱紧度大于经纱紧度(如麻纱、横贡缎等),纬向缩水率较经向大;当经、纬紧度相近时,经、纬向缩水率较接近。针织物下水后,线圈收缩变小,使纵、横向产生收缩,纵向缩水率一般大于横向。

3.4 织物加工时的张力

在织物加工过程中,纤维和纱线受到较大的张力作用。例如:纱线加捻时,纤维被拉伸;织造时,经纱在织机上呈拉紧状态;针织机上成圈时被拉长等。当织物处于湿润和无张力条件时,应力松弛,织物产生回缩。在一般张力范围内,随着张力增加,纤维和纱线产生的总变形量增大,缓弹性变形量亦较大,下水后由缓弹性变形的回复所引起的织物缩水率明显增加。

3.5 防缩整理

棉、黏胶织物经树脂整理后,一部分羟基与树脂官能团结合,减少了游离羟基数,织物吸湿性降低,从而达到织物缩水的目的。对羊毛织物进行剥鳞处理,缩绒性降低,织物的缩水率减少。织物防缩还可进行液氨处理和热水预缩。对于涤纶、丙纶等热收缩率较大的合成纤维,常在印染加工中进行预热定形或预缩工艺,以此改善其热收缩性。

➤ 【操作指导】

10-1 织物折痕回复性测试

1 工作任务描述

利用织物折皱弹性仪测试机织物的折痕回复性。按规定要求取样并测试织物的折痕回复角,记录原始数据,计算折痕回复性指标,完成项目报告。

2 操作仪器、工具和试样

LLY-02 型织物折皱回复测定仪(图 10-13,水平法)、YG(B)541D 型全自动数字式织物折皱弹性仪(图 10-14,垂直法),有机玻璃压板、手柄、试样尺寸图章、剪刀、宽口镊子、机织物一种。

图 10-13　LLY-02 型织物折皱
回复测定仪

图 10-14　YG541D 型全自动数字式
织物折皱弹性仪

3　操作要点

3.1　试样准备

（1）**样品**　从一批织物中随机抽取若干匹，每一匹剪下一段组成样品，取样位置距离布端至少 3 m，且不能在有折痕、弯曲或变形的部位剪取。织物匹数与段长关系见表 10-2。

表 10-2　织物匹数与样品段长的关系

一批织物的匹数	抽样匹数	样品长度（cm）	样品的总数量（段数×cm）
3 或少于 3	1	30	1×30
4～10	2	20	2×20
11～30	3	15	3×15
31～75	4	10	4×10
75 或以上	5	10	5×10

（2）**试样**　每次试验所需试样至少 20 个，由各段样品平均分摊。其中经向（或纵向、长度方向）与纬向（或横向、宽度方向）各一半，各半中再分正面对折和反面对折两种。试样在样品上的采集部位如图 10-15 所示，试样尺寸如图 10-16 所示，试样离布边的距离大于 150 mm。裁剪试样时，尺寸必须正确，经（纵）、纬（横）向剪得平直。在样品和试样的正面打上织物经向或纵向的标记。

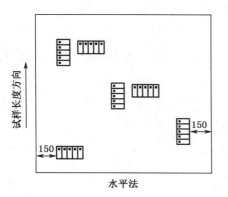

水平法

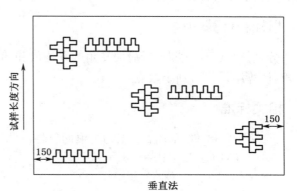

垂直法

图 10-15　30 个试样的采集部位

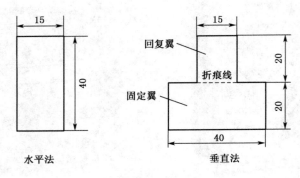

图 10-16 试样尺寸

3.2 操作步骤

3.2.1 水平法

① 将裁好的试样沿长度方向两端对齐折叠,并用宽口钳夹住,夹住位置离布端不超过 5 mm;再将其移至标有 15 mm×20 mm 标记的平板上,使试样正确定位后,随即轻轻加上 10 N 的压力重锤,加压时间为 5 min±5 s。

② 加压时间一到,即卸去负荷。用夹有试样的宽口钳转移至回复角测量装置的试样夹上,使试样的一翼被夹住,另一翼自由悬垂(通过调整试样夹,使悬垂的自由翼始终保持垂直)。

③ 试样卸压后 5 min 读取折痕回复角,精确至最邻近的 1°。如果自由翼轻微卷曲或扭转,则以该翼中心和刻度盘轴心的垂直平面作为折痕回复角读数的基准。

3.2.2 垂直法

① 开启总电源开关,仪器左侧指示灯亮。按琴键开关,使光源灯亮。将试样翻板推倒贴在小电磁铁上,此时翻板处在水平位置。

② 将剪好的试样,接五经五纬的顺序,夹在试样翻板刻度线的位置上,并用手柄将试样沿折痕折叠,盖上有机玻璃压板。

③ 按工作按钮,经一段时间,电动机启动。此时,10 个重锤每隔 15 s 按顺序压在每个试样翻板上(加压重锤的质量为 500 g)。

④ 加压时间 5 min 即将到达时,仪器发出响声报警,自动测量弹性回复角并显示数据。

⑤ 再过 5 min 后,以同样的方法测量织物的缓弹性回复角。用经向与纬向的平均回复角之和来代表该样品的总折皱弹性指标。当仪器左侧指示灯亮时,说明第一次试验完成。

4 指标和计算

分别计算经向(纵向)折痕回复角的平均值和纬向(横向)折痕回复角的平均值、总折痕回复角,计算结果保留到小数点后一位。

5 相关标准

① GB/T 3819《纺织品 织物折痕回复性的测定 回复角法》。

② ASTM D1388;BS3356。

10-2 *织物的悬垂性测试*

1 工作任务描述

利用织物悬垂性测定仪测试织物的悬垂性。按规定要求取样并采用直接读数法与描图称重法两种方法,测试织物的悬垂系数,记录原始数据,统计并计算悬垂系数指标,完成项目报告。

2 操作仪器、工具和试样

YG811 型织物悬垂性测定仪,分度值小于或等于 10 mg 的天平一台或求积仪一台,钢尺、剪刀、半圆仪、笔和制图纸等。

3 操作要点

3.1 试样准备

① 在距离样品布边 100 mm 范围内,裁取直径为 240 mm 的无折痕试样两块。

② 在每块圆形试样的正面,用半圆仪定出经、纬向以及与经、纬向成 45°的四个点 A、B、C、D(图 10-17),分别与圆心 O 连成半径线,即 OA、OC 代表织物的经向和纬向,OB、OD 代表与织物经向和纬向成 45°夹角的方向。

③ 在每块圆形试样的圆心剪(冲)出直径为 4 mm 的定位孔。

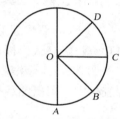

图 10-17 悬垂性试样
制备示例

3.2 操作步骤

3.2.1 直接读数法

① 校正仪器。

② 将试样托放在夹持盘上,使 OA 线与一支架相吻合,加上盖,轻轻向下按三次。

③ 将测试方法开关拨至"直读"。

④ 静止 3 min,蜂鸣器响后,记下读数,调零后依次测出 OB、OC、OD 三个读数。

3.2.2 描图称重法

① 剪取与试样大小相同的制图纸,在天平上称重。

② 把仪器调整到描图法状态。

③ 将试样托放在夹持盘上,使 OA 线指向操作者,再依次放上有机玻璃划样块、制图纸以及上盖,轻轻向下按三次,静止 3 min,开始描图,然后剪下图形,再次称重,按式(10-4)求出悬垂系数。

$$F = \frac{G_2 - G_3}{G_1 - G_3} \times 100\%$$ （10-4）

式中:F 为悬垂系数;G_1 为与试样相同大小的纸重(mg);G_2 为与试样投影图相同大小的纸重(mg);G_3 为与夹持盘相同大小的纸重(mg)。

当选定 G_1 纸片直径为 240 mm、夹持盘直径为 120 mm 时,$G_3 = G_1/4$。若有求积仪,可根据测得的面积计算悬垂系数。仲裁试验用描图称重法。

4　指标和计算

计算每份样品的平均悬垂系数,按 GB/T 8170 修约至整数。

5　相关标准

FZ/T 01045《织物悬垂性试验方法》。

10-3　织物起毛起球性测试

1　工作任务描述

利用织物起毛起球测试仪测试织物的起毛起球性。按规定要求取样,并采用圆轨迹法、马丁代尔法、起球箱法三种测试方法,测试织物的起毛起球级别,记录原始数据,完成项目报告。

2　操作仪器、工具和试样

① YG502 型起毛起球仪(图 10-18,圆轨迹法),磨料织物(2201 全毛华达呢),泡沫塑料垫片,裁样器(或模板、笔、剪刀),标准样照,评级箱,试样一种。

② YG511 型滚箱式起毛起球仪(图 10-19,起球箱法)(方形木箱,内壁衬以厚 3.2 mm 的橡胶软木),聚氨酯载样管,方形冲样器(或模板、笔、剪刀),缝纫机,胶带纸,标准样照,评级箱,试样一种。

图 10-18　YG502 型起毛起球仪

图 10-19　YG511 型滚箱式起毛起球仪

③ YG401 型织物平磨仪(马丁代尔仪)(图 10-20,马丁代尔法),机织毛毡,聚氨酯泡沫塑料,直径为 40 mm 圆形冲样器(或模板、笔、剪刀),标准样照,评级箱,试样若干。

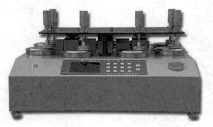
图 10-20　YG401 型织物平磨仪(马丁代尔仪)

3 操作要点

3.1 试样准备

（1）取样部位及调湿处理　在离布边 100 mm 以上部分随机剪取试样,在试验用标准大气条件下经预调湿、调湿并进行测试,仲裁试验用二级标准大气条件。

（2）试样大小及数量

① 圆轨迹法:剪取直径为 113 mm±0.5 mm 的试样五块。

② 马丁代尔法:剪取直径为 40 mm 的织物一组四块为试样,直径为 140 mm 的织物一组四块作为磨料。

③ 起球箱法:剪取 125 mm×125 mm 的试样四块,将试样测试面向里对折后,在距边 12 mm 处用缝纫机缝成试样套,其中两个纵(经)向的试样套和两个横(纬)向的试样套;把缝好的试样套反过来,使织物测试面朝外(图 10-21)。

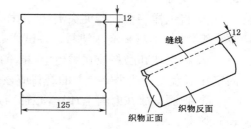

图 10-21　起球箱法试样套剪取和缝合

3.2 操作步骤

3.2.1 圆轨迹法

① 调试仪器保持试验水平,尼龙刷保持清洁,分别将泡沫塑料垫片、试样和磨料装在试验夹头和磨台上。

② 仪器参数设置,按表 10-3 调节试样夹头加压压力及摩擦次数。

表 10-3　试样夹头加压压力及摩擦次数

样品类型	加压压力(cN)	起毛次数	起球次数
化纤丝针织物	590	150	150
化纤机织物	590	50	50
军需服(精梳混纺)	490	30	50
精梳毛织物	780	0	600
粗梳毛织物	490	0	50

③ 试样正面朝外装入上磨头夹中。

④ 抬起工位座板并转动,使毛刷位于上磨头的下方(若不需要起毛,这一步省略)。

⑤ 按[启动]按钮起毛,起毛结束,仪器自停。

⑥ 抬起工位座板并转动,使磨料织物位于上磨头的下方。

⑦ 按[启动]按钮起球,直到仪器自停。

⑧ 取下试样,在评级箱内,根据试样上的球粒大小、密度、形态对比相应标准样照,以最邻近的 1/2 级评定每块试样的起球等级,当试样正面起球状况异常时,视其对外观服用性能的影响程度综合评定并加以说明。

3.2.2 起球箱法

① 清洁起球箱,箱内不得留有任何短纤维或其他影响试验的物质。

② 将计数器拨转到预置转数。粗纺织物的预置转数为 7200,精纺织物的预置转数为

14400或按协议确定。

③ 将试样在均匀的张力下套在载样管上,试样套缝边应分开并扁平地贴在载样管上。为了固定试样在载样管上的位置和防止试样边松散,在试样边上包以胶带纸(长度不超过载样管圆周的一圈半)。

④ 把四个套好试样的载样管放进箱内,牢固地关上箱盖。

⑤ 启动起球箱,当计数器达到所需转数后,从载样管上取下试样,拆去缝线,展平试样,在评级箱内对比标准样照,评定每块试样的起球程度,以最邻近的1/2级表示。

3.2.3 马丁代尔法

① 将试样装在仪器夹头上,使试样的测试面朝外。所试织物质量不大于 500 g/m² 或为复合织物时,不需垫泡沫塑料。各试样夹上的试样,应受到同样的张力。

② 将毛毡和磨料放在磨台上,把重砣放在磨料上,然后放上压环,旋紧螺母,使压环、磨料固定在磨台上。四个磨台上的磨料应该受到同样的张力。

③ 把磨头放在磨料上加压,心轴穿过面板轴承而套在磨头上,此时压在磨料上的压力为196 cN。

④ 预置计数器为1000,开动仪器,转动达 1000 次,仪器即自动停止。

⑤ 取下试样,在评级箱内对比标准样照,评定每块试样的起球程度,以最邻近的1/2级表示。

4 指标和计算

对圆轨迹法,计算五个试样的等级的算术平均数,并修约至邻近的1/2级。马丁代尔法和起球箱法则以四块试样的等级平均值(级)表示试样的起球等级。计算平均值时修约到小数点后两位,如小数部分小于或等于 0.25,则向下一级靠(如 2.25 即为两级);如大于或等于 0.75,则向上靠(如 2.85 即为三级);如大于 0.25 或小于 0.75,则取 0.5。

5 相关标准

① GB/T 4802.1《纺织品 织物起毛起球性能的测定 第1部分:圆轨迹法》。

② GB/T 4802.2《纺织品 织物起毛起球性能的测定 第2部分:改型马丁代尔法》。

③ GB/T 4802.3《纺织品 织物起毛起球性能的测定 第3部分:起球箱法》。

【课后练习】

1. 专业术语辨析

(1) 折痕回复率　　　(2) 悬垂系数　　　(3) 勾丝性　　　(4) 急(缓)弹性折痕回复角

2. 填空题

(1) 织物折痕回复角试验的方法有＿＿＿＿、＿＿＿＿两种,其中＿＿＿＿受织物自重的影响。

(2) 织物悬垂系数测试方法＿＿＿＿、＿＿＿＿两种,对于＿＿＿＿织物宜采用＿＿＿＿方法。

(3) 织物起毛起球测试方法有＿＿＿＿、＿＿＿＿、＿＿＿＿等,分别适用于＿＿＿＿、

_____ 、_____织物起毛起球性的测试。

（4）织物勾丝性的测试方法有 _____ 、_____ 等。勾丝现象经常发生在_____、_____ 等织物中。

（5）织物缩水的主要原因有 _____ 、_____ 等。毛织物的缩水性还由于毛织物具有_____。织物热收缩性主要发生在_____织物中。

3. 是非题（错误的选项打"×"，正确的选项画"○"）

（　）（1）纱线的条干均匀度对织物起毛起球性有影响。

（　）（2）织物悬垂系数越大，悬垂性越好。

（　）（3）起毛起球评定分一级～五级，一级表示织物的抗起毛起球性最好。

（　）（4）通常，锦纶织物的急弹性折痕回复性好于涤纶织物。

（　）（5）机织物三原组织中，平纹组织织物的抗皱性最好。

（　）（6）机织物密度增加，织物厚度增加，所以织物的抗皱性增加。

（　）（7）缎纹组织织物较平纹组织织物易起毛起球。

（　）（8）纤维越细，其织物的抗起毛起球性越差。

4. 选择题

（1）影响织物折痕回复性的主要因素是（　　　）。

① 纤维弹性　　　② 纱线捻度　　　③ 织物组织　　　④ 织物密度

（2）影响织物悬垂性的主要因素是（　　　）。

① 纤维细度　　　② 纤维刚性　　　③ 织物组织　　　④ 纱线捻度

（3）下列织物中勾丝性可能最明显的织物是（　　　）。

① 涤纶长丝针织物　　　　　　② 棉针织物

③ 毛针织物　　　　　　　　　④ 涤/棉混纺针织物

（4）下面三种织物的经纬纱密度和线密度相同，则抗皱性较好的织物是（　　　）。

① 经纬纱均采用 3.3 dtex（3 D）涤/黏纤维

② 经纬纱均采用 2.2～2.8 dtex（2.0～2.5 D）涤/黏纤维

③ 经纬纱均采用 5.56 dtex（5 D）涤/黏纤维

5. 综合应用题

（1）观察下表中织物经、纬向的缩水率大小，分析各种织物的经、纬向紧度配置特征，哪些是经向大于纬向？ 哪些是经、纬向相近？ 哪些是纬向紧度大于经向紧度？ 并分析原因。

几种织物的缩水率

织物名称	经向	纬向	织物名称	经向	纬向
黏纤卡其	10%	8%	50/50 棉/维卡其	5.5%	2%
65/35 涤/黏平布	2.5%	2.5%	平布	3.5%	3.5%
棉卡其	4%～6%	2%	麻纱	2%	4%
65/35 涤/棉卡其	1.5%	1.2%	棉府绸	4%	2%

（2）分析精梳纱织物的抗起毛起球性优于普梳纱织物的原因。

项目 11　织物舒适性认识与检测

【项目导入】 织物的舒适特性

　　舒适性对于服用织物来说,越来越受到人们的重视,尤其是剧烈运动的服装,已成为影响运动水平的一个要素,为此开发了各种不同目的的高科技舒适产品。

　　织物的舒适性包括感官舒适和生理舒适两方面。感官舒适是指人们对服装中织物的颜色、质地、花纹及刚柔性等感官上的满意度,多由心理因素引起,会因人而异。生理舒适是从人体的生理角度出发,对织物湿热的要求,常指高温环境下的凉爽舒适与低温环境下的保暖舒适,又称为湿热舒适性,主要内容包括透气防风性、透湿保湿性、透水防水性和传热隔热性。

　　本项目要求对收集的织物进行舒适性指标的测试,并做出评价,完成织物舒适性评价表(表 11-1)。

表 11-1　织物舒适性评价表

织物舒适性内容	定量评价(评价指标及数值)	定性评价(好、较好、中、较差、差)	影响的基本因素				
			纤维性质	纱线结构	织物结构	后整理	其他
透气防风性							
透湿保湿性							
透水防水性							
传热隔热性							

【知识要点】

子项目 11-1　织物的透气防风性

　　织物通过空气的程度称为透气性,防止通过空气的性能为防风性。夏季服装用织物应具有较好的透气性,以获得凉爽舒适感;冬季外衣用织物应具有较小的透气性,使服装中储存较多的静止空气,以获得保暖舒适感。某些特殊用途织物对透气性有特定的要求。如羽绒被服面料,透气性要小于一定值,保证织物中纤维间、纱线间的空隙较小,防止羽绒钻出;降落伞和船帆也要求透气性低些,以提高因阻力所产生的推进力。

1 织物透气性的测试方法和原理

织物的透气性使用透气量仪进行测量,其结构如图 11-1 所示。仪器由前后空气室、抽气风扇以及压力计等组成。

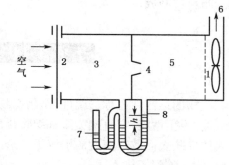

抽气风扇转动时,空气透过试样进入前空气室,经气孔和后空气室,从排气口排出。由于空气通过气孔时的截面缩小,静压会下降,即前、后空气室间的空气有压力差,其值由压力计(8)指示,即 h 值。试样两边的压力差可用压力计(7)测量。根据流体力学原理,透过试样的空气流量 Q 的计算式如下:

1—抽气风扇　2—试样　3—前空气室
4—气孔　5—后空气室　6—排气口　7,8—压力计

$$Q = Kd^2\sqrt{h} \qquad (11-1)$$

图 11-1　织物透气量仪结构

式中:Q 为空气流量(kg/h);K 为常数,与流量系数、压力计(8)中的液体密度等有关;d 为气孔直径(m);h 为前、后空气室静压差(mm)。

由上式可知,通过织物的空气流量与气孔直径的平方和前、后空气室的静压差的平方根成正比。气孔直径可根据不同的织物透气量选取,一旦确定,它即为定值,所以测定 h 值即可得到织物的空气流量。

在保持试样两边的压力差一定的条件下,测定单位时间内透过织物的空气量,就可以测得织物的透气性指标(透气量或透气率)。透过的空气愈多,织物的透气性愈好。

2 影响织物透气性的主要因素

织物的透气性主要与纱线间、纤维间的空隙大小、多少及织物厚度有关,即与织物的经纬密度、纱线线密度、纱线捻度等有关。

2.1 纤维性质

(1)纤维的几何特征　纤维几何形态关系到纤维集合成纱时纱内空隙的大小和多少。大多数异形截面纤维制成的织物的透气性比圆形截面纤维的织物好。

(2)纤维弹性和吸湿性　压缩弹性好的纤维制成的织物的透气性较好。吸湿性强的纤维,吸湿后纤维直径明显膨胀,织物紧度增加,透气性下降。

2.2 纱线结构

纱线捻系数增大时,在一定范围内使纱线密度增大,纱线直径变小,织物紧度降低,因此织物透气性有提高的趋势。在经、纬(纵、横)密度相同的织物中,纱线线密度减小,织物透气性增加。

2.3 织物结构

对于织物几何结构,增加织物厚度,透气性下降。就织物组织而言,平纹织物的交织点最多,浮长最短,纤维束缚得较紧密,故透气性最小;斜纹织物的透气性较大;缎纹织物更大。纱线线密度相同时,随着经、纬密的增加,织物透气性下降。经缩绒(毛织物)、起毛、树脂、涂胶等后整理后,织物透气性有所下降。宇航服结构中的气密限制层,通常采用气密性好的涂氯丁锦纶胶布材料制成。

子项目 11-2　织物的透湿保湿性

织物的透汽性也称透湿性,是指织物透过水汽的性能。服装用织物的透湿性是一项重要的舒适、卫生性能,它直接关系到织物排放汗汽的能力。尤其是内衣,必须具备很好的透湿性。当人体皮肤表面散热蒸发的水汽不易透过织物陆续排出时,就会在皮肤与织物之间形成高温区域,使人感到闷热不适。

当织物两边的蒸汽压力不同时,蒸汽会从高压一边透过织物流向另一边。蒸汽分子通过织物有两条通道,一条是织物内纤维与纤维间的空隙;另一条通道则凭借纤维的吸湿能力和导湿能力,使接触高蒸汽气压的织物表面纤维吸收气态水,并向织物内部传递,直到织物的另一面,又向低压蒸汽空间散失。

1　织物透湿性的测试方法和原理

织物透湿性测试多用透湿杯蒸发法。即将织物试样覆盖在盛有一定量蒸馏水的杯上,放置在规定温湿度的试验箱内;由于织物两边的空气存在相对湿度差,使杯内蒸发产生的水汽透过织物发散;经规定间隔时间(如 24 h),先后两次称量,根据杯内水量的减少来计算透湿量,如下式:

$$WVT = \frac{24 \times \Delta m}{S \times t} \tag{11-2}$$

式中:WVT 为每平方米每小时的透湿量$[g/(m^2 \cdot h)]$;Δm 为同一个试验杯两次称量之差(g);S 为试样试验面积(m^2);t 为试验时间(h)。

此外,也可采用透湿杯吸湿法来测试织物的透湿量。该法是在干燥的吸湿杯内装入吸湿剂,将试样覆盖,然后置于规定温湿度条件的试验箱内,经规定间隔时间,先后两次称量,计算透湿量。

2　影响织物透湿性的主要因素

2.1　纤维性质

纤维的吸湿性与透湿性密切相关。吸湿性好的天然纤维和再生纤维所形成的织物,都具有较好的吸湿性。其中,苎麻纤维的吸湿性好,而且吸放湿速率快,因此苎麻织物具有优良的透湿性,是夏季理想的舒适面料。合成纤维的吸湿性较差,有的几乎不吸湿,仅少量水汽能依靠纤维吸湿传递至织物外层,但由于吸湿少,纤维、纱线的膨胀亦小,水汽直接通过织物中纤维间、纱线间空隙而逸散的数量相对较多。合成纤维中,丙纶纤维的芯吸作用较强,虽然其回潮率接近于零,水分不能直接由纤维吸湿传递,但可通过毛细管芯吸而传递出去,故丙纶织物具有良好的透湿性。增加合纤的透湿性,常用增加纤维比表面积及增加纱线中纤维间空隙的方法,例如微孔纤维、H 形、十字形等扁平截面纤维。如图 11-2 所示,十字形、H 形纤维的沟槽,增加了纤维的芯吸能力,通过芯吸传导水汽。

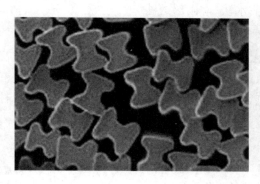

图 11-2 H 型和十字形导湿纤维截面

2.2 纱线与织物结构

纱线捻度低、结构松或径向分布过程中吸湿性好的纤维向纱线外层转移,均有利于吸湿,织物的透湿性较好。织物结构紧密时,一方面纤维吸湿能力降低,另一方面内部空隙减少,故透湿性明显下降。

2.3 环境条件

织物的透湿性随着环境温度的升高而增加,但随着相对湿度的增加而减少。

子项目 11-3 织物的透水防水性

织物透水性是指液态水从织物一面渗透到另一面的性能。而阻止液态水滴透过织物的性能为防水性。由于织物用途不同,对织物透水防水性的要求不同。对于工业用过滤布,要有良好的透水性。雨伞、雨衣、篷帐、鞋布和冬季外衣织物,则要求有良好的防水性。

因此,织物的透水性、防水性与织物结构、纤维的吸湿性、纤维表面的蜡质、油脂等有关。为满足特殊需要,可对织物进行防水整理,生产高防水的织物,还可以生产既防水又透汽的织物。

1 防水机理

水通过织物有三种通道。首先,水分子通过纤维与纤维、纱线与纱线间的毛细管作用从织物一面到达另一面;其次,纤维吸收水分,使水分从一面到达另一面;第三,水压作用迫使水透过织物空隙到达另一面。

当水滴附着于织物表面时,水滴在织物表面接触点的切线所形成的角称为接触角(θ),接触角是水分子间凝聚力和水分子与织物表面分子间附着力的函数。接触角越大,表明水分子与织物表面分子间附着力越小,防水性越好。一般当 $\theta > 90°$ 时,织物防水性较好;当 $\theta < 90°$ 时,织物容易被水润湿。

2 织物防水性的测试方法及指标

织物防水性的测试有三种方法:静水压法、沾水法、淋雨渗透法。

2.1 静水压法测织物抗渗水性

常采用静水压式抗渗水测定仪。它采用将水位玻璃筒以一定速度提起从而增加水位高度的方法,逐渐增加作用在试样上面的水压。当从试样下方的反光镜中观察到试样下面有三处出现水滴(或出现三滴水)时,立即停止上升水位玻璃筒,由刻度尺读出水位玻璃筒上的水柱高度(cm),水柱越高,织物的抗渗水性越好。

2.2 沾水法测织物的抗湿性

该法采用绷架式抗淋湿性测定仪(图11-3)。测试织物防水性时,将试样夹在环形夹持器中,并放于绷架上,使试样平面与水平面成 45°角;将常温(20 ℃)定量水通过喷头喷射到试样表面,喷完后,取下夹持器,沿绷架和试样平行方向轻击数下,去除浮附在试样表面的水分。最后与标准样照(图11-4)对比评分(或评级,分为一级～五级,对应下述的 100～50 分):100 分为无湿润,90 分为稍有湿润,80 分为有水滴状湿润,70 分为有相当部分湿润,50 分为全都湿润,0 分为正反面完全湿润;也可称出试样质量的变化来测定沾水量。

图11-3 织物沾水仪

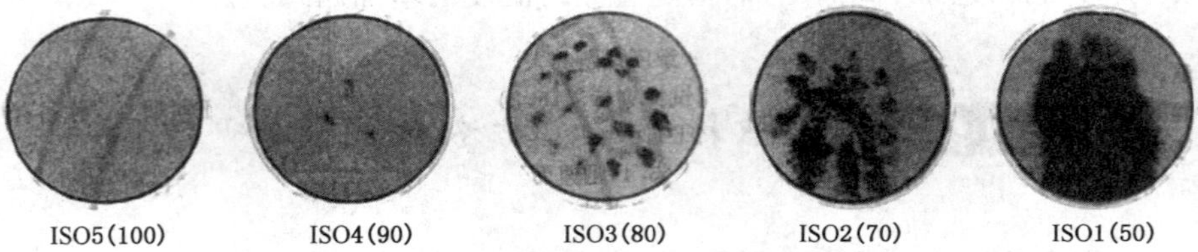

玻璃漏斗
支承环
橡皮管
淋水喷头
支架
试样
试样支座
底座

 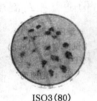

ISO5(100)　　ISO4(90)　　ISO3(80)　　ISO2(70)　　ISO1(50)

图11-4 淋水试验等级

2.3 淋雨渗透法测试织物防水性

试样放置在 45°试样架上(图11-5),试样背面垫有一张已知质量的吸水纸,将定量的水从一定高度喷淋到有一定张力的试样正面上,喷淋后将吸水纸称重,求出透水量;或者在试样背面垫一块湿度检测板,将水从一定高度喷淋到织物表面,当试样有渗透时,测定所需时间和持续淋雨的流量。

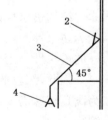

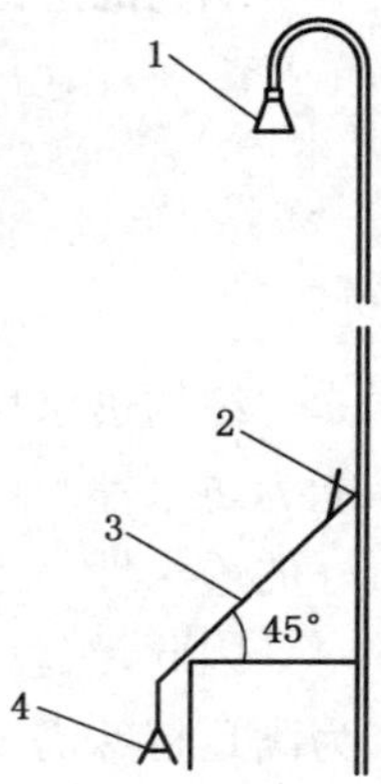

1—喷头　2—夹持器
3—试样架　4—弹簧夹

图11-5 渗透试验仪

3 影响织物防水透水性的主要因素

3.1 纤维性质

纤维的亲疏水性对防水透水性有一定的影响。吸湿性差的纤维,其织物一般都具有较好的抗渗水性。而纤维表面存在的蜡质、油脂等可使水滴附着于织物的接触角大于 90°,从而具有一定的抗淋性,但随着织物洗涤次数的增加将逐渐退化。

3.2 织物结构

织物结构中,影响防水透水性的主要因素是织物紧度。紧度较大的织物,水分不易通过,使织物具有一定的抗渗水性。织制高密织物是织物获得透汽防水织物的途径之一。超细纤维的发展,为生产具有防水透湿功能的高密织物提供了有利条件。这类织物密度是普通织物的 20 倍,不经拒水整理,即可耐 $9.8 \times 10^3 \sim 1.5 \times 10^4$ Pa 的水压。高密防水织物广泛应用于体育、户外活动服装及防寒服中。

3.3 拒水整理

拒水整理是织物具有拒水性的主要途径,是指将拒水整理剂通过层压或涂层方法施加至织物中,封闭织物中可渗水的缝隙,使织物具有拒水性。但这一处理往往使水汽不能通过,织物的透汽、透湿性也随之降低,早期的防水织物就属于这一类型。随着防水技术研究的不断发展,具有防水透湿双重功能的织物开发水平不断提高。其基本原理是利用液态水滴孔径大于汽态水滴(水滴直径为 $100 \sim 3000~\mu m$,汽态水滴 $0.0004~\mu m$),使整理后织物中的微孔小于液态水滴而大于汽态水滴。

Gore-tex(戈尔泰可斯)织物是最早应用层压法制取的防水透水织物,产品的关键技术是把平均孔径为 $0.14~\mu m$ 的聚四氟乙烯微孔薄膜(PTFE)胶合在织物上。第二代 PTFE 膜是由 PTFE 膜和拒油亲水组分聚氨酯构成的复合膜,具有仅允许水蒸气分子通过而其他液体均不能通过的高选择性,使织物充分散发体表汗气,营造良好的服装微气候环境。

目前,生产和应用较多的防水透湿织物多采用微孔涂层法。该技术始于 20 世纪 60 年代后期及 70 年代初,是在织物表面施加一层连续的微孔聚氨酯(PU)树脂膜,微孔直径是水滴的 $1/5000 \sim 1/2000$,却为水蒸气的 700 倍,因而最小的雨滴也不能通过,使织物具有防水且透湿及防风能力。

子项目 11-4　织物的传热隔热性

织物传递(或阻止)外界和人体热量交换的能力,为传(隔)热性。穿着在人体上的服用织物,它们本身不能产生能量,不能使人体温暖。织物的保暖性仅依赖于其传递热量的能力,传递热量的能力越小,绝热性越好,保温作用越大。

1　织物传热隔热性测试及指标

织物传热性测试常采用恒温法,主要测试覆盖试样前、后试验板保持恒温所需的热量或时间,由此计算织物传热隔热性指标。

1.1　保温率

指无试样时的散热量和有试样时的散热量之差与无试样时的散热量之比的百分率,其计算式如下:

$$Q = \frac{Q_1 - Q_2}{Q_1} \times 100\% \qquad (11\text{-}3)$$

式中：Q 为保温率；Q_1 为无试样时的散热量（W/℃）；Q_2 为有试样时的散热量（W/℃）。

1.2 传热系数

指纺织品表面温差为 1 ℃时通过单位面积的热流量，单位为 W/(m² · ℃)，其定义式如下：

$$U = \frac{P}{A \times \Delta t} \qquad (11\text{-}4)$$

式中：U 为传热系数[W/(m² · ℃)]；P 为散热量（W）；A 为试验板面积（m²）；Δt 为试验板与空气的温差（℃）。

1.3 克罗值

常用来表示服装保温性的指标是克罗值（clo）。它是指在室温 21 ℃，相对湿度 50% 以下，气流速度 10 cm/s（无风）的条件下，试穿者静坐不动，其基础代谢为 58.15 W/m²[50 kcal/(m² · h)]，感觉舒适并维持其体表平均温度为 33 ℃时，所穿衣服的保温值为 1 clo。

$$1 \text{ clo} = 0.155 \text{ ℃} \cdot \text{m}^2/\text{W} \qquad (11\text{-}5)$$

2 影响织物传热隔热性的主要因素

2.1 纤维性状

（1）纤维细度 纤维的粗细与织物的传热隔热性有直接关系。纤维直径越小，比表面积越大，纤维"捕捉"静止空气的能力越大，使纤维间有更多的静止空气，织物的保温性越好。如羽绒、羊绒、超细纤维的保暖性分别优于羽毛、羊毛、普通纤维。

（2）中空纤维 与细纤维相同的道理，中空纤维由于内部有较多的静止空气，保暖性较好。如被服中的填充材料，多选用多孔涤纶，一方面提高保暖性，另一方面降低纤维密度，使被服不仅保暖且质轻舒适。

（3）纤维回潮率 由于水的传热系数约为干燥纤维的 10 倍，所以回潮率大时，织物的保暖性降低。

（4）纤维的压缩弹性回复率 纤维的压缩弹性回复率对织物的保暖性的影响十分显著。弹性回复率小的纤维，受外力作用，尤其是压缩时，纤维间空隙变小，静止空气含量减少，织物的保暖性明显变差。如羊毛纤维、腈纶纤维及涤纶纤维，由于具有优良的弹性回复率，织物始终能保持较好的保暖性；而棉纤维等，由于弹性回复率较差，新、旧棉花胎的保暖性有明显区别。

（5）纤维的传热系数 纤维传热系数与织物的保暖性直接相关，传热系数小的纤维所制成的织物的保暖性较好。如氯纶纤维具有较低的传热系数，因此氯纶毛线及织物具有优良的保暖性。

2.2 织物结构

（1）织物厚度 织物厚度与织物保暖性之间近似成直线关系，即随着织物厚度增加，织物的保暖性线性增加。

（2）**织物表观密度**　织物表观密度对织物保暖性也有很大影响。织物的传热系数通常随其表观密度增加导致空气含量减小而增加；但当织物的表观密度过低而使纤维间空气发生对流时，织物传热系数随表观密度的增加而减小，因而传热系数与织物表观密度的关系有一极小值存在。实验表明，表观密度为 $0.03 \sim 0.06$ g/cm^3 时，传热系数最小。一般织物的表面密度均小于这一极小值。因此，通常情况下，织物中空气含量减小，传热系数增加。

【操作指导】

11-1　织物透气性测试

1　工作任务描述

利用织物透气量仪测试织物的透气量或透气率。按规定要求取样并进行测试，记录原始数据，计算和分析透气性指标，完成项目报告。

2　操作仪器、工具和试样

Y461E-Ⅱ型数字式透气量仪（图 11-6），织物若干。

图 11-6　Y461E-Ⅱ型数字式透气量仪

3　操作要点

3.1　试样准备

（1）**样品**　从一次装运货物或批量货物中随机抽取，数量见表 11-2。

表 11-2　批样的抽取匹数

装运或批量货物的数量（匹）	≤3	4～10	11～30	31～75	≥75
批样的最少数量（匹）	1	2	3	4	5

（2）**实验室样品**　从批样的每一匹中剪取长度至少为 1 m 的整幅织物作为实验室样品。样品在离布端 3 m 以上的部位随机选取，而且不能有折皱或明显疵点。

（3）**试样**　试样面积为 20 cm^2，裁取面积应大于 20 cm^2；同样条件下，同一样品的不同部位应重复测定至少 10 次。

3.2　操作步骤

（1）**参数设置**

① 透气率/透气量的设定：按［设定］键，进入设置状态，［试样压差］数字字段闪烁，这时按［透气率/透气量］切换键。

② 测试面积的设定：透气率/透气量设定后，选择［透气率］测定，面积有 5 cm^2、20 cm^2、

$50 \mathrm{~cm}^2$、$100 \mathrm{~cm}^2$ 四种可供选择;如果选择[透气量]测定,面积有 $19.6 \mathrm{~cm}^2(\phi 50 \mathrm{~mm})$、$38.5 \mathrm{~cm}^2(\phi 70 \mathrm{~mm})$ 两种可供选择。

③ 喷嘴直径的设定:共有 11 种选择,分别为 $\phi 0.8 \mathrm{~mm}$、$\phi 1.2 \mathrm{~mm}$、$\phi 2 \mathrm{~mm}$、$\phi 3 \mathrm{~mm}$、$\phi 4 \mathrm{~mm}$、$\phi 6 \mathrm{~mm}$、$\phi 8 \mathrm{~mm}$、$\phi 10 \mathrm{~mm}$、$\phi 12 \mathrm{~mm}$、$\phi 16 \mathrm{~mm}$、$\phi 20 \mathrm{~mm}$。

(2) 装试样 把试样自然地放在已选好的定值圈上,对于柔软织物,应再套上试样绷直压环,使试样自然平直。试样放好后,压下试样压紧圈压紧试样。

(3) 测试 按[工作]键,仪器进入校零状态(校正指示灯亮),校零完毕,蜂鸣器发短声"嘟",仪器自动进入测试状态(校正指示灯亮,测试指示灯亮),测试完毕显示透气率/透气量。

(4) 重复以上操作,测试其他试样。

4 指标和计算

计算透气率/透气量平均值和变异系数。透气率修约至测量档满量程的 2%,变异系数修约至最邻近的 0.1%。

5 相关标准

GB/T 5453《纺织品 织物透气性的测定》eqv ISO 9237。

11-2 织物传热隔热性(保温性)测试

1 工作任务描述

采用平板式织物保温仪或管式织物保温仪测试织物的传热隔热性。按规定要求取样并测试,记录原始数据,统计与计算织物的保温率、传热系数及克罗值,完成项目报告。

2 操作仪器、工具和试样

YG606 型平板式保温仪或管式织物保温仪,时钟、划笔、剪刀,织物若干。

3 操作要点

3.1 试样准备

① 样品应置于规定大气条件下调湿 24 h。

② 若为平板式,每份样品取试样三块,试样尺寸为 30 cm×30 cm;如为管式,每份样品取试样经、纬各两块,试样尺寸为 20 cm×16 cm。

3.2 操作步骤

3.2.1 方法 A——平板式恒定温差散热法

(1) 空白试验

① 设定试验板、保护板、底板温度为 36 ℃。

② 将仪器预热一定时间,等试验板、保护板、底板温度达到设定值且温度差异稳定在 0.5 ℃ 以内时,即可开始试验。

③ 试验板加热后指示灯灭时,立即按下[启动]开关,开始试验。

④ 空白试验至少测定五个加热周期,等最后一个加热周期结束时,立即读取试验总时间和累计加热时间。

⑤ 在试验过程中记录仪器的罩内空气温度。

⑥ 每天开机只需做一次空白试验。

(2) 有试样试验

① 将试样正面向上平铺在试验板上,并将试验板四周全部覆盖。

② 使仪器预热一定时间,对于不同厚度和回潮率的试样,预热时间可不等,一般预热 30～60 min。

③ 当试验板加热后指示灯灭时,立即按下[启动]开关,开始试验。

④ 至少测定五个加热周期,等最后一个加热周期结束时,立即读取试验总时间和累计加热时间。

⑤ 在试验过程中记录仪器罩内空气温度。

3.2.2 方法 B——管式定时升温降温散热法

(1) 空白试验

① 按下各程序键,使加热管预热 1 min。

② 试样架上不放试样,盖上外罩,按下[空白试验]键,仪器开始工作,记录显示器自动显示的起点数和空白数,用于检查有试样试验时加热管的初始状态,每次开机只需做一次空白试验。空白试验结束后,按下[回复]键,移去外罩,使加热管冷却。

(2) 有试样试验

① 按下[检查]键,等显示器显示数值恢复到空白试验的起点数时,即可开始有试样试验。

② 试样正面向里放在试样架上,试样宽度恰好完全覆盖住加热管,并用夹持器将试样固定。

③ 盖上外罩,按下[试验]键,开始试验。

④ 试验结束,显示器自动显示试验结果,依次记录保温率、传热系数和克罗值。

4 指标和计算

4.1 方法 A

计算每块试样的保温率、传热系数、克罗值,以三块试样的算术平均值为最终结果,按《数值修约规则》取四位有效数字。

(1) 保温率

$$Q = \left(1 - \frac{Q_2}{Q_1}\right) \times 100\% \tag{11-6}$$

式中:Q 为保温率;Q_1 为无试样时的散热量(W/℃);Q_2 为有试样时的散热量(W/℃)。

$$Q_1 = \frac{N \times \dfrac{t_1}{t_2}}{T_p - T_S} \tag{11-7}$$

$$Q_2 = \frac{N \times \dfrac{t_1'}{t_2'}}{T_p - T_S'} \tag{11-8}$$

式中：N 为试验板电热功率(W)；t_1，t_1' 为分别无试样、有试样时的累计加热时间(s)；t_2，t_2' 分别为无试样、有试样时的实验总时间(s)；T_p 为试验板平均温度(℃)；T_s，T_s' 为分别无试样、有试样时的罩内空气平均温度(℃)。

（2）传热系数

$$U_2 = \frac{U_{t0} \times U_1}{U_{t0} - U_1} \tag{11-9}$$

式中：U_2 为试样传热系数[W/(m²·C)]；U_{t0} 为无试样时的试验板传热系数[W/(m²·C)]；U_1 为有试样时的试验板传热系数[W/(m²·C)]。

$$U_{t0} = \frac{P}{A \times (T_p - T_S)} \tag{11-10}$$

$$U_1 = \frac{P'}{A \times (T_p - T_S')} \tag{11-11}$$

式中：A 为试验板面积(m²)；P，P' 分别为无试样、有试样时的热量损失(W)。

$$P = N \times \frac{t_1}{t_2} \tag{11-12}$$

$$P' = N \times \frac{t_1'}{t_2'} \tag{11-13}$$

（3）克罗值

$$clo = \frac{1}{0.155U_2} \tag{11-14}$$

4.2　方法 B

分别计算四块试样的保温率、传热系数和克罗值算术平均值，按《数值修约规则》修约规定取四位有效数字。

5　相关标准

GB/T 11048《纺织品　生理舒适性　稳态条件下热阻和湿阻的测定》。

【课后练习】

1. 专业术语辨析

　　（1）保温率 Q　（2）传热系数 U　（3）克罗值 clo　（4）防水透湿性

2. 填空题

　　（1）织物保温性试验的方法有_____、_____两种。

　　（2）织物透汽性测试主要采用_____方法，用_____指标表达织物的透汽性。

　　（3）织物透水防水性的测试方法有_____、_____、_____等，分别测试织物的

_____、_____和_____。

3. **是非题**(错误的选项打"×",正确的选项画"○")

（　　）（1）克罗值通常用来表达机织物的传热隔热性。

（　　）（2）织物克罗值越大,保温性越好。

（　　）（3）织物的紧度是织物结构中影响织物透水防水性的主要因素。

（　　）（4）织物中空气含量越多,织物的保暖性越好。

（　　）（5）疏水性纤维较亲水性纤维具有较好的透水防水性。

（　　）（6）织物厚度增加,织物保暖性线性增加。

（　　）（7）织物的透气性与纤维的吸湿能力有密切关系。

（　　）（8）纤维越细,其织物保温性越好。

4. **选择题**

（1）丙纶纤维的透湿性优于其他合成纤维,主要原因是丙纶纤维具有（　　）。

　　① 芯吸作用　　　② 透湿速率大　③ 吸湿能力大　④ 密度小,纤维中缝隙空洞多

（2）下列纤维形成的絮片,保暖性较好的是（　　）。

　　① 1.5 D×38 mm 涤纶　　　　② 0.9 D×38 mm 涤纶

　　③ 1.5 D×38 mm 腈纶　　　　④ 0.9 D×38 mm 腈纶

（3）若要生产防水透汽织物,选择下列（　　）纤维较为合理。

　　① 涤纶长丝　　② 棉纤维　　③ 毛纤维　　④ 维纶纤维

（4）冬季外衣面料,选用（　　）性能的织物,具有较好的保温性。

　　① 透气量大,传热系数小,防水性好

　　② 透气量小,传热系数小,回潮率大

　　③ 透气量小,传热系数小,防水性好

5. **综合应用题**

（1）从原料、结构和产品后整理着手设计一织物,要求该织物具有防水透气性。

（2）描述织物最有(无)效发挥导湿功能的典型温湿度条件。

参考文献

［1］张一心.纺织材料.3 版.北京:中国纺织出版社,2017.

［2］[美]阿瑟·普莱斯.织物学.祝成炎,虞树荣,译.北京:中国纺织出版社,2003.

［3］姚穆.纺织材料学.5 版.北京:中国纺织出版社,2020.

［4］于伟东.纺织材料学.3 版.北京:中国纺织出版社,2018.

［5］张海霞,宗亚宁.纺织材料学实验.2 版.上海:东华大学出版社,2021.

［6］张大省,周静宜.图解纤维材料.北京:中国纺织出版社,2015.

［7］翁毅.纺织品检测实务.2 版.北京:中国纺织出版社,2018.

［8］张志.山羊绒纤维鉴别图谱.呼和浩特:内蒙古人民出版社,2005.

［9］[德]Karl Mahall.纺织品质量缺陷及成因分析——显微技术法.张嘉红,译.北京:中国纺织出版社,2008.

［10］李青山.纺材纤维鉴别手册.3 版.北京:中国纺织出版社,2009.

［11］李汝勤,宋钧才,黄新林.纤维和纺织品测试技术.4 版.上海:东华大学出版社,2015.

［12］张大省,王锐.超细纤维生产技术及应用.北京:中国纺织出版社,2007.

［13］张喜昌.纺纱工艺与质量控制.北京:中国纺织出版社,2008.

［14］刘荣清.棉纱条干不匀分析与控制.北京:中国纺织出版社,2007.

［15］逄奉建.新型再生纤维素纤维.沈阳:辽宁科学技术出版社,2009.

［16］纺织工业科学技术发展中心.中国纺织标准汇编.3 版.北京:中国标准出版社,2016.